高等教育教材

碳达峰 碳中和 导论

Introduction of Carbon Peak
and Carbon Neutrality

黄占斌　主编
梁军平　马妍　副主编

化学工业出版社
·北京·

内容简介

实现碳达峰碳中和（简称"双碳"）目标，是一场广泛而深刻的经济社会系统性变革，对加强新时代各类人才培养提出了新要求。本书以习近平生态文明思想为指导，面向"双碳"目标，基于"双碳"人才的通用能力和专业能力提高的要求，在对我国"双碳"目标政策法律法规解读的基础上，重点对碳循环与碳减排的科学基础、传统化石能源与清洁能源及其碳排放、碳排放的主要工业源及其控制、碳汇建设对碳中和的作用、碳捕集、碳存储和利用以及碳排放核算与管理、碳市场与碳交易及碳资产与碳金融等方面进行简要分析。

本书包含了高等院校人才培养体系中所要求掌握的"双碳"基本知识和技能，坚持理论与实践相结合，注重培养学生的创新精神和实践技能，具有实用性、案例性、精练性、新颖性等特点。本书可作为高等院校、科研院所、企事业单位进行"双碳"教育的通用教材，也可作为"双碳"从业人员的自学和参考用书。

图书在版编目（CIP）数据

碳达峰碳中和导论 / 黄占斌主编；梁军平，马妍副主编. —北京：化学工业出版社，2024.5
高等教育教材
ISBN 978-7-122-45764-6

Ⅰ.①碳… Ⅱ.①黄… ②梁… ③马… Ⅲ.①二氧化碳—节能减排—中国—高等学校—教材 Ⅳ.①X511

中国国家版本馆 CIP 数据核字（2024）第 108079 号

责任编辑：提 岩 旷英姿　　　　　　文字编辑：崔婷婷
责任校对：宋 玮　　　　　　　　　　装帧设计：王晓宇

出版发行：化学工业出版社（北京市东城区青年湖南街13号　邮政编码100011）
印　　装：河北鑫兆源印刷有限公司
787mm×1092mm　1/16　印张18¼　彩插1　字数437千字　2024年7月北京第1版第1次印刷
购书咨询：010-64518888　　　　　　售后服务：010-64518899
网　　址：http://www.cip.com.cn
凡购买本书，如有缺损质量问题，本社销售中心负责调换。

定　　价：55.00元　　　　　　　　　版权所有　违者必究

《碳达峰碳中和导论》
编委会

主　　编：黄占斌

副 主 编：梁军平　马　妍

编委会主任：宋　凯　范中启

副 主 任：赵丽霞　梁军平　卜庆伟

编委会成员（按姓氏笔画排序）：

王　伟　王建兵　竹　涛　刘　莉　刘沐琪

刘慧成　孙志明　孙佳雪　李　鸿　李轶伟

何新春　汪　莹　张　萌　金　锋　祝丽华

贺小芮　徐志韬　徐唯佳　黄占斌　崔　强

彭　彰　董子平　程　立　谢金亮

前言
PREFACE

应对气候变化，保护地球家园，是全人类共同的责任。2020 年 9 月，习近平主席在第七十五届联合国大会一般性辩论上，向世界作出实现"双碳"目标的中国承诺：中国二氧化碳（CO_2）排放力争于 2030 年前达到峰值，努力争取 2060 年前实现碳中和。碳达峰是 CO_2 排放量由增转降的拐点，碳中和是实现 CO_2"净零排放"的平衡点，碳达峰碳中和（简称"双碳"）是绿色可持续发展的必由之路。

我国是世界最大的发展中国家和碳排放国家，积极应对气候变化需要全民努力，通识教育和人才培养成为实现我国"双碳"目标的重要行动。2022 年 5 月教育部印发了《加强碳达峰碳中和高等教育人才培养体系建设工作方案》，明确加强绿色低碳教育，将绿色低碳理念纳入教育教学体系；推动高校参与或组建碳达峰碳中和相关国家实验室、全国重点实验室和国家技术创新中心；加快紧缺人才培养等重点任务。批准设置储能科学与工程、新能源汽车与工程、碳储科学与工程、氢能科学与工程、智慧能源工程等 10 余个本科专业。开展通识教育，加快"双碳"人才培养，迫切需要编写集科普与专业教材于一体、具有一定适应性的"双碳"导论。为此，有色金属工业人才中心与中国产业研究院碳中和与生态修复创新研究中心牵头组织国内专家编写了本书。本书共分 12 章，主要内容包括："双碳"目标任务与政策法律法规、碳循环与碳减排的科学基础、传统化石能源与清洁能源及其碳排放、碳排放工业源及其控制、碳汇建设、碳捕集、碳存储和利用、碳排放核算与管理、碳市场与碳交易、碳资产与碳金融等。

本书由有色金属工业人才中心总体策划，由中国矿业大学（北京）、中国产业研究院碳中和与生态修复创新研究中心黄占斌教授和清华大学、中国产业研究院碳中和与生态修复创新研究中心梁军平研究员组织编写。本书第 1、2 章由中国矿业大学（北京）马妍编写；第 3 章由中国矿业大学（北京）黄占斌、孙佳雪编写；第 4 章由中国矿业大学（北京）卜庆伟编写；第 5 章由中国矿业大学（北京）竹涛编写；第 6 章由中国恩菲技术工程有限公司何新春，中国建筑科学研究院王伟，中国建筑科学研究院建筑材料研究所李鸿，中钢设备有限公司（北京）金锋、程立编写；第7章由中国矿业大学（北京）张萌编写；第8章由中国矿业大学（北京）王建兵、孙志明编写；第9章由中环联合认证中心彭彰和中国电影科学技术研究所崔强编写；第10章由中国产业发展研究院刘沐琪和北京中创碳投科技有限公司李轶伟编写；第11、12章由中国矿业大学（北京）汪莹编写。全书由黄占斌、梁军平和孙佳雪统稿。有色金属工业人才中心宋凯副主任、赵丽霞主任助理对本书的编写思路、总体设计给予了指导，提出了建设性意见和建议；祝丽华、邓盼盼等同志对本书组稿、出版发行作出了贡献，在此一并表示感谢！

由于编者水平所限，书中难免有不足之处，敬请读者朋友们批评指正。

编者

2024 年 1 月

目录
CONTENTS

第3章　碳循环与碳减排的科学基础………………………038

第4章　传统化石能源及其碳排放………………………069

第1章

碳达峰碳中和与中国行动

实现碳达峰碳中和（简称"双碳"）目标是一场广泛而深刻的经济社会系统性变革，要把碳达峰碳中和纳入生态文明建设整体布局，拿出抓铁有痕的劲头，如期实现 2030 年前碳达峰、2060 年前碳中和的目标。本章立足低碳发展、聚焦经济政策、展望未来趋势，全景式呈现我国实现碳达峰碳中和目标的重点任务、有效路径和具体措施，深入认识和理解实现"双碳"目标的重大意义，有序推进碳达峰碳中和工作，落实碳达峰行动方案，确保顺利实现碳中和目标[1]。

1.1 碳达峰碳中和

1.1.1 碳达峰碳中和概念

应对气候变化，保护地球家园，是全人类共同的责任。《巴黎协定》明确指出"把全球平均气温较工业化前水平升幅控制在 2℃之内，并为把升温控制在 1.5℃之内而努力"。为实现上述目标，在共同但有区别的原则下，各国要立足行动，根据本国国情作出应对气候变化的自主贡献，为全球应对气候变化行动作出安排。

作为目前最大的发展中国家和碳排放国家，中国积极应对气候变化。习近平主席在第七十五届联合国大会一般性辩论上发表讲话，郑重宣示，我国二氧化碳排放力争于 2030 年前达到峰值，努力争取 2060 年前实现碳中和。碳达峰是指二氧化碳排放量达到历史最高值，然后经历平台期进入持续下降的过程，是二氧化碳排放量由增转降的历史拐点。碳中和是某个地区在一定时间内人为活动直接和间接排放的二氧化碳，与其通过植树造林等吸收的二氧化碳相互抵消，实现二氧化碳"净零排放"。碳达峰意味着经济社会发展与二氧化碳排放的脱钩，是碳中和的基础和前提，达峰时间的早晚和峰值的高低直接影响碳中和实现的时长和实现的难度。碳中和意味着人类活动对碳平衡的干扰降低到极低水平，碳中和是对碳达峰的紧约束，达峰行动方案必须在实现碳中和的引领下制定[2]。碳达峰与碳中和紧密相连，本身就是从资源依赖向技术依赖的发展转型。

碳中和的实现首先要求能源、工业和交通等领域最大程度地减排，但受限于资源、技术或安全、经济等因素，少部分排放并不能完全避免，其中一部分通过森林、海洋等碳汇进行自然吸收，另一部分通过应用碳移除等技术处理，将人为产生的碳排放对自然的影响通过技术创新降低到几乎可以忽略的程度，达到人为排放源和汇新的平衡，真正实现人和自然的和谐共生。

1.1.2 碳达峰碳中和意义

做好碳达峰碳中和工作是应对气候变化的必要手段。"双碳"目标的提出是以习近平同志为核心的党中央统筹国内国际两个大局作出的重大战略决策，事关中华民族永续发展和构建人类命运共同体，对加快经济社会发展全面绿色转型、实现我国高质量发展和全面建成社会主义现代化强国具有重大意义。

（1）"双碳"行动展现大国责任与担当　第一次工业革命以来，我国 CO_2 累计排放量远低于发达国家。作为世界上最大的发展中国家，中国将在最短的时间内完成碳排放强度全球最大降幅，充分展现了我国实施积极应对气候变化国家战略的雄心和决心。建立健全绿色低碳循环发展经济体系，积极参与气候变化国际谈判，成为全球生态文明建设的重要参与者、贡献者、引领者，体现真正的大国格局、大国战略、大国担当。

（2）促进生态文明建设，实现绿色可持续发展　我国生态文明建设进入了以降碳为重点战略方向、推动减污降碳协同增效、促进经济社会发展全面绿色转型、实现生态环境质量改善由量变到质变的关键时期[3]。碳达峰碳中和已纳入生态文明建设整体布局，大力实施节能减排，全面推进清洁生产，推动我国产业绿色低碳循环发展，加快形成绿色生产生活方式，实现人与自然和谐共生，不断促进生态文明建设取得新成就。

（3）推进现代化经济建设，支持经济高质量发展　我国已进入高质量发展阶段，面临减排幅度大、转型任务重、时间窗口紧等诸多困难和挑战，亟须经济社会发展和能源系统全面绿色低碳转型。做好"双碳"工作，加强我国绿色低碳科技创新，持续壮大绿色低碳产业，显著提升经济社会发展质量效益，为我国全面建成社会主义现代化强国提供强大动力。

（4）做好碳达峰碳中和工作是维护能源安全的重要保障　能源在人类社会进步进程中不可或缺，与经济社会、生态环境相互制约、相互影响。我国能源消费总量中非化石能源占比低，能源安全保障面临较大压力。立足我国能源资源禀赋，坚持先立后破，深入推进能源革命，加强煤炭清洁高效利用，加快规划建设新型能源体系。增强能源供应的稳定性、安全性、可持续性。

1.2　中国"双碳"目标形势和任务

1.2.1　"双碳"目标的战略思路

（1）碳排放预测与路径研究　当前对国内外主要研究机构相关报告的综合分析表明我国能源生产和消费将在未来四十年经历颠覆性变化，如表 1-1 所示。

表 1-1　主要研究机构对能源消费和二氧化碳排放趋势预测[4-10]

项目	年份	清华大学	国务院发展研究中心	全球能源互联网发展合作组织	国家发展改革委能源所	生态环境部环境规划院	国际能源署	劳伦斯伯克利国家实验室
一次能源消费总量/亿吨标煤	2020	49.4	49		48.9	49.6	49.9 ～ 50.6	50
	2025	55.0	55	55.7	52.5	54.8		
	2030	55 ～ 60.6	60	60.4	55.5	60.3	51.2 ～ 55.8	54（2029）/60（2030）

续表

项目	年份	清华大学	国务院发展研究中心	全球能源互联网发展合作组织	国家发展改革委能源所	生态环境部环境规划院	国际能源署	劳伦斯伯克利国家实验室
一次能源消费总量/亿吨标煤	2035	54～60.0	60	61.1～61.5	56.0	62.9		
	2050	50～62.3	54	60～61.5	57.7	63.2	42.7～53.7	
	2060			59～61.8		63.5		
非化石在一次能源消费中占比/%	2020	16	16		14	16.4		15
	2025	20～21	21	28	19	20.3		
	2030	22～39	26	23～36	30	24.4		19.7
	2035	35～41	34	43	43	29.2		
	2050	36～86	66	76～77	66	66.3		29
	2060					94.3		
能源活动碳排放/亿吨 CO_2	2020	100	101		101	99	114	
	2025	105	104		100	103		109.3
	2030	103～111	104	97	89	105	94～114	
	2035	79～94	90	77	70	102		
	2050	15～91	24		4	39	13～83	50.1
	2060					0-6		

为降低碳排放量，通过工业工程和能源活动的改革创新，负排放技术的应用等排放路径，我国能源活动二氧化碳排放量争取在"十四五"时期进入峰值平台期，2030 年之后开始逐渐下降，直至 2060 年前实现净零排放，如图 1-1（详见彩图）所示。

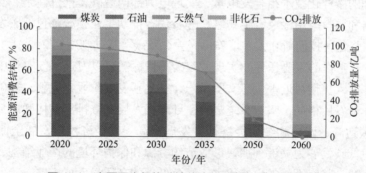

图 1-1　主要研究机构碳达峰实施路径的"中线定位"

（2）"双碳"目标的阶段任务　立足于对我国国情和发展战略的预判，并借鉴主要经济体长期低排放发展战略及主要机构研究结论，将我国碳中和愿景的实施路径分为三个阶段。

一是达峰平台期（2035 年前）。经济社会发展全面绿色转型时期，广泛形成绿色生产生活方式，碳排放达峰后稳中有降，生态环境从根本上好转，适应气候变化能力和韧性发展达到先进水平，重点领域、行业和地方创造条件尽早实现能耗"双控"，美丽中国建设目标基本实现[11]。到 2035 年，非化石能源消费比重达到 35% 左右，二氧化碳排放总量控制在 125 亿吨左右，主要绿色低碳产业和科技将有望达到国际先进水平。这一阶段应避免转型所带来的安全风险，是夯实基础的阶段，同时该阶段的峰值水平高低也决定了下一阶段减排的压力和代价大小。

二是深度脱碳期（2035—2050 年）。这个阶段要争取实现近零碳和数字经济"两翼"驱动，带动生产和生活方式的根本性转变，逐步打造与高比例非化石能源相适应的智慧能源产业生态和政策市场体系，未采取碳捕集措施的火电企业和工业设施基本退出。二氧化碳排放总量控制在 30 亿吨左右。到 21 世纪中叶，我国将有望全面建成以低碳排放为特征的现代工业体系、先进智慧的现代化交通体系和高效零碳的城乡建设发展体系，并建成全球最大的低碳、零碳和负排放技术创新中心。

三是源汇中和期（2050—2060 年）。绿色低碳循环发展的经济体系和清洁低碳安全高效的能源体系全面建立，能源利用效率达到国际先进水平，非化石能源消费比重达到 80% 以上。二氧化碳排放总量有望控制在 15 亿吨左右，森林等自然生态系统碳汇以及生物质能结合碳捕集和封存（BECCS）、直接空气捕获（DAC）等高效率、低成本的工程碳移除技术将得到系统性开发，碳中和目标顺利实现，生态文明建设取得丰硕成果，开创人与自然和谐共生新境界。

1.2.2 "双碳"目标的重点任务

党的十八大以来我国绿色低碳发展迈出坚实步伐，产业结构持续升级，能源结构不断优化，能效水平稳步提升，二氧化碳排放控制成效明显，生态系统碳汇能力不断提升。为扎实推进碳达峰碳中和重点任务，开展如下行动：加强工作统筹协调，从我国现阶段国情实际出发，按照碳达峰碳中和"1+N"政策体系有关部署，有计划分步骤实施好"碳达峰十大行动"；深入推进能源革命，逐步淘汰常规燃煤发电，快速增加以可再生能源为主，碳捕集、利用和封存及核能为辅的多样化技术组合发电量，实现电力部门脱碳；推进建筑、交通等领域清洁低碳转型，燃料和原料改用绿氢、生物燃料等替代；推动工业领域绿色低碳发展；提升生态系统碳汇能力；强化科技创新和人才培养；完善"双碳"基础制度[12]。

（1）"双碳"工作的主要任务 实现"双碳"目标需要以习近平新时代中国特色社会主义思想为指导，深入贯彻习近平生态文明思想，立足新发展阶段，完整、准确、全面贯彻新发展理念，构建新发展格局，坚持系统观念，处理好发展和减排、整体和局部、短期和中长期的关系，把碳达峰、碳中和纳入经济社会发展全局，以经济社会发展全面绿色转型为引领，以能源绿色低碳发展为关键，加快形成节约资源和保护环境的产业结构、生产方式、生活方式、空间格局，坚定不移走生态优先、绿色低碳的高质量发展道路，确保如期实现碳达峰碳中和。

《中共中央 国务院关于完整准确全面贯彻新发展理念做好碳达峰碳中和工作的意见》提出 10 方面 31 项重点任务，明确了碳达峰碳中和工作的路线图、施工图。"双碳"目标的主要任务是：推进经济社会发展全面绿色转型；深度调整产业结构；加快构建清洁低碳安全高效能源体系；加快推进低碳交通运输体系建设；提升城乡建设绿色低碳发展质量；加强绿色低碳重大科技攻关和推广应用；持续巩固提升碳汇能力；提高对外开放绿色低碳发展水平；

健全法律法规标准和统计监测体系；完善投资、金融、财税、价格等政策体系。

（2）行业引领实现"双碳"目标

① 能源领域。能源是实施碳达峰碳中和战略的核心领域。国家提出了到 2060 年，先进核能、可再生能源及能效技术得到持续进步与发展，非化石能源消费比重将达到 80% 以上，能源系统实现二氧化碳净零排放等一系列目标。为实现该目标，需强化能源消费强度和总量双控，建设新型电力系统，深化能源体制机制改革，大幅提升能源利用效率。

② 工业领域。工业领域要加快绿色低碳转型和高质量发展，发展循环经济，坚决遏制"两高"项目盲目发展。"十四五"期间筑牢工业领域碳达峰基础；"十五五"期间，在实现工业领域碳达峰的基础上强化碳中和能力，基本建立以高效、绿色、循环、低碳为重要特征的现代工业体系[13]。

我国提出深度调整产业结构、深入推进节能降碳、积极推行绿色制造、大力发展循环经济、加快工业绿色低碳技术变革、主动推进工业领域数字化转型六项重点任务，聚焦钢铁、建材、石化化工、有色金属等重点行业的达峰行动（见表 1-2）和提升绿色低碳产品供给两大行动。

表 1-2　重点行业达峰行动

重点行业	达峰行动
钢铁	富氢碳循环高炉冶炼、氢基竖炉直接还原铁、碳捕集利用封存等技术取得突破应用，短流程炼钢占比达 20%
石化化工	合成气一步法制烯烃、乙醇等短流程合成技术实现规模化应用
有色金属	电解铝使用可再生能源比例提至 30% 以上
消费品	热电联产占比达 90% 以上，印染低能耗技术占比达 60%
装备制造	创新研发一批先进绿色制造技术，大幅降低生产能耗
电子	电子材料、电子整机产品制造能耗显著下降
建材	原燃料替代水平大幅提高，突破玻璃熔窑窑外预热、窑炉氢能煅烧等低碳技术，在水泥、玻璃、陶瓷等行业改造建设一批减污降碳协同增效的绿色低碳生产线，实现窑炉碳捕集利用封存技术产业化示范

③ 城乡建设和建筑部门。城乡建设领域力争 2060 年前，全面实现绿色低碳转型，全面实现系统性变革，全面建成美好人居环境，全面实现城乡建设领域碳排放治理现代化，人民生活更加幸福。国家从建设绿色低碳城市与打造绿色低碳县城和乡村两个维度布局了重点任务[14]。建筑部门需要提升建筑能效，普及电力化。大力发展节能低碳建筑，加快优化建筑用能结构。

④ 交通运输领域。从优化交通运输结构、推广节能低碳型交通工具、积极引导低碳出行、增强交通运输绿色转型新动能等方面推动交通运输高质量发展。

⑤ 农林业领域。农林业是保障碳达峰碳中和实现不可或缺的方面。到 2030 年，农业农村减排固碳与粮食安全、乡村振兴、农业农村现代化统筹推进的合力充分发挥，温室气体排放和农业农村生产生活用能排放强度进一步降低，农田土壤固碳能力显著提升，农业农村发展全面绿色转型取得显著成效[15]。

⑥ 碳汇能力建设。巩固生态系统碳汇能力，稳定现有森林、草原、湿地、海洋、土壤、

冻土的固碳作用。提升生态系统碳汇增量，到2030年，全国森林覆盖率达到25%左右，森林蓄积量达到190亿立方米。实施生态保护修复重大工程，深入推进大规模国土绿化行动，实施森林质量精准提升工程，加强草原、湿地和海洋等生态系统保护和修复，加强生态系统碳汇基础支撑。

（3）企业实现"双碳"目标的探索 企业是市场、碳排放和发展碳中和技术的主体，是助力我国低碳转型的中坚力量。摸清自己的"碳家底"，明确碳排放范围；在明确排放范围的基础上，企业需明确排放总量，即开展碳核算；结合企业特征，制定科学的碳减排目标和具体的行动路线图；"核心减排"是重点，发展培育低碳技术；建立全供应链碳中和管理体系；运用数字化转型赋能；注重碳风险管理与信息披露；评估碳减排成本，应对碳关税对经济的影响。同时中央企业应发挥践行碳达峰碳中和战略的示范引领作用。

1.2.3 "双碳"目标的挑战与保障

（1）机遇与挑战并存 实现碳达峰碳中和对中国目前以高碳的化石能源为主的能源结构提出了新要求，带来了新机遇，在工业化、新型城镇化深入推进，经济发展和民生改善任务还很重的情况下，作为世界上最大的发展中国家，我国的能源消费仍将保持刚性增长，现有的能源生产和消费结构都将迎来重大调整。

我国从碳达峰到碳中和的时间紧、任务重。西方发达国家从碳排放的最高点到最低点的时间将近70年，而我国承诺从碳达峰到碳中和时间仅为30年左右，将在全球历史上最短的时间内完成世界上最高的碳强度减排任务。现有政策的碳减排工作取得了显著成效，实施现状如表1-3所示。但碳达峰政策制度构建尚处于探索阶段，需要系统研究构建碳达峰政策体系，为碳达峰提供政策动力。

表1-3 碳达峰政策实施现状 [16]

碳达峰政策实施现状	
碳排放强度考评政策为实施碳排放总量控制提供了基础	绿色低碳生活与消费政策不断完善
排污许可证和碳排放协同控制机制开始推动	重点行业温室气体排放核算和报告机制初步建立
清洁生产政策尚未考虑碳达峰工作需求	碳交易市场开始由点到面推开
税收政策的降碳作用发挥不足	碳信息披露制度尚处于起初阶段
绿色金融为低碳项目提供了重要资金保障	能源价格补贴政策机制助推绿色低碳发展

我国突破性技术尚未成熟，全面绿色转型的基础薄弱，实现净零排放目标仍具有巨大的挑战。从全球来看，发达国家并未完全兑现此前为发展中国家提供充分资金支持的承诺，"双碳"资金缺口较大。除了资金机制外，技术研发和转让、能力建设等实施手段仍然较为有限，这无疑将会大大影响碳中和目标的实现。

（2）实现"双碳"目标的保障 实现"双碳"目标，我国具备的基础包括：绿色可持续发展战略深入人心，强大的国家综合实力奠定经济基础，科技创新奠定技术基础，具有良好的市场和政策环境。

减排不是减生产力和不排放，而是要走生态优先、绿色低碳发展道路，促进经济绿色转型[17]。坚持统筹谋划，在降碳的同时确保能源安全和群众正常生活。加强技术创新，提高研发能力，大力发展 IEA 清洁能源技术和风电光伏、绿色建材、新型储能、碳移除和资源利用、数字信息智能技术与低碳零碳负碳技术的系统化耦合和规模化应用等突破性技术。健全法律法规，完善标准计量体系，提升统计监测能力。为碳中和做好财政金融价格政策、标准计量体系、督查考核等保障措施，坚持减污降碳协同增效，全面支撑"双碳"目标实现。我们不能用短期的困难来否定长期目标，也不能过度牺牲长期利益来解决短期问题。把握好降碳的节奏和力度，实事求是、循序渐进、持续发力，保障"双碳"目标如期实现。

1.3　中国"双碳"目标行动

1.3.1　"双碳"目标的八大战略

（1）能源安全战略　高度重视实现碳达峰碳中和过程中的能源安全问题，传统能源逐步减退要建立在新能源安全可靠替代的基础上[18]。我国能源安全的现状及措施如图 1-2 所示。

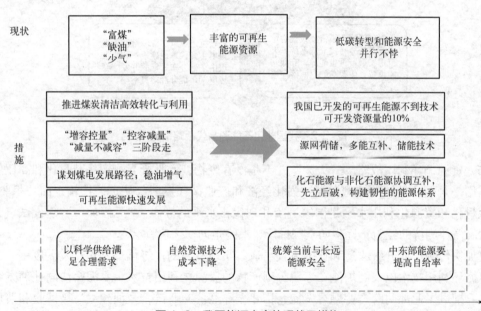

图 1-2　我国能源安全的现状及措施

（2）节约提效优先战略　坚持节约优先的基本国策。将节能减排作为关键指标纳入现代化能源体系和地区发展规划；通过有序推进产业结构调整、转型升级和合理布局，加快压减双高工业产能，提升整体用能效率；通过节能降碳科技攻关和示范应用，推进行业用能效率提升；健全能源管理和节能提效法律法规，发挥法律法规和标准对节能的约束作用；加强对重点用能单位的余能等的回收利用，提高综合利用水平。

（3）再电气化战略　电气化是促进能效提升和产业结构升级的重要手段，以电能替代和发展电制原料燃料为重点，大力提升重点部门电气化水平。措施见表 1-4。

表1-4 相关部门电气化措施

工业	钢铁行业发展电炉炼钢、氢冶金
化工	发展电制原材料技术，高比例电能乙烯全流程技术
有色	发展再生有色金属冶金、低温低压电解铝新技术
交通	加快发展电动汽车、氢燃料电池汽车
建筑	推广炊事、生活热水的电气化以及夏热冬冷地区的热泵采暖技术

（4）非化石能源替代战略　非化石能源替代战略即在新能源安全可靠逐步替代传统能源的基础上，不断提高非化石能源（核＋可再生）比重。措施见图1-3。

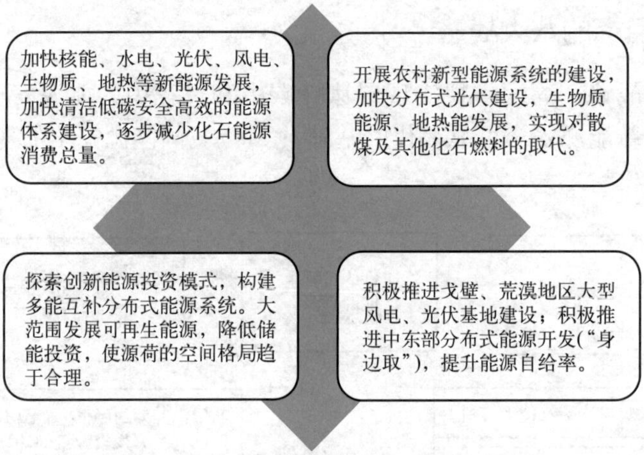

图1-3　我国非化石能源替代战略措施

（5）资源循环利用战略　"无废"并不是没有废物，而是废弃物源头减量化和高比例资源化利用，是循环发展的典型内涵。强化经济和产业循环发展，从资源依赖走向技术驱动。固废减量化和资源化利用水平是国家进步和现代化水平的标志。"无废城市"建设试点，将积累发展循环经济的经验，逐步向全国推广，最终走向"无废社会"。

要加快传统产业升级改造和业务流程再造，实现资源的多级循环利用；发展废钢、废矿物油等循环利用技术以及高炉渣、赤泥等副产物的资源化利用技术、水泥窑协同处理废弃物技术等，推进工业部门跨产业融合发展，构建循环经济产业链；全面建立垃圾回收和清运体系，增强资源高效循环利用的基础支撑。谋划好关键原材料回收利用顶层设计，保障关键矿产资源安全。

（6）固碳战略　坚持生态吸碳与人工用碳相结合，增强生态系统吸碳固碳能力与规模。增加森林、草原、土壤和湿地碳汇；重视碳捕集与封存（CCS）和碳捕集、利用与封存（CCUS）等碳移除技术的研发，努力降低成本，取得技术、经济和环保的综合效益。

（7）数字化战略　全面推动数字化降碳和碳管理应用，助力产业升级和结构优化，促进生产生活方式绿色变革。

（8）国际合作战略　以构建人类命运共同体的大国责任和担当，更大力度地推进和深化国际合作。创新科学与技术合作模式，多层次全方位开展低碳科技领域国际合作；积极开展低碳相关标准和标识的国际合作；积极参与全球治理，深化与气候、能源及产业等相关国际组织的合作，提升国际话语权。

1.3.2 践行"双碳"目标的行动路径

实现碳达峰碳中和的长期愿景，供给侧和消费侧必须发生与之相适应的、深刻的、跃迁式的变革。建立工业、建筑、交通和能源领域新的生产力和生产关系，加快健全绿色低碳循环发展经济体系。具体措施见表1-5。

表1-5 供给侧和消费侧"双碳"重点任务[19]

供给侧	消费侧
构建绿色低碳供给侧体系。提升绿色低碳产品供给能力；推动产业结构高端化、能源消费低碳化，构建现代化产业体系。淘汰落后产能，严控煤电项目，提高终端部门的电气化水平	引导消费侧的高质量发展，从源头上降低建筑能耗和碳排放量；优化消费侧能源结构，积极推动可再生能源应用；引导消费侧绿色低碳方式；全面促进重点领域消费绿色转型
提供高质量的供给侧需求。保障高质量低碳工业产品的供给，促进节能降耗、提质增效。推动绿色低碳材料的全生命周期减碳。研发低碳、零碳技术的工艺和产品，降低工业碳排放强度	强化绿色消费科技和服务支撑，推广应用先进绿色低碳技术、推动产供销全链条衔接畅通和构建废旧物资循环利用体系等；建立健全绿色消费制度保障体系；完善绿色消费激励约束政策
优化供给侧结构的用能结构。推动工业流程和工艺降碳，实现交通运输的燃料替代、钢铁和化工行业的原料替代。推广氢能炼钢、石化电解水制氢等新能源在高耗能行业的规模化应用。以数字化、智能化、信息化技术赋能绿色制造、智造	完善引导绿色能源消费的制度和政策体系。主要完善能耗"双控"（碳排放总量和强度双控）和非化石能源目标制度、工业领域绿色能源消费支持政策、交通运输领域能源清洁替代政策、建筑绿色用能和清洁取暖政策。建立健全绿色能源消费促进机制

推进"双碳"工作，必须坚持全国统筹、节约优先、双轮驱动、内外畅通、防范风险的原则，更好发挥我国制度优势、资源条件、技术潜力、市场活力。围绕国家碳达峰目标，高质量推动需求侧碳达峰碳中和进程，做好实现"双碳"目标的八大抓手[20]。

（1）提升经济发展质量和效益，以产业结构优化升级为重要手段实现经济发展与碳排放脱钩。如图1-4所示。

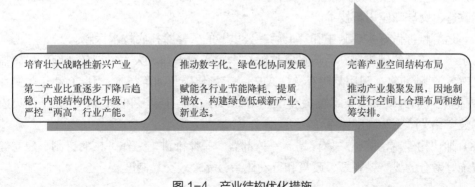

图1-4 产业结构优化措施

（2）加快构建新能源占比逐渐提高的新型电力系统，安全稳妥实现电力行业净零排放。

稳妥推进煤电减量，加快煤电灵活性改造，实现存量煤电安全有序的清洁利用，平稳过渡到存量替代阶段。储能助力新能源消纳与稳定，近期着力发展抽水蓄能，保证电力平衡和系统惯量，中远期大力发展电化学、压缩空气、制氢等多类型新型储能。充分发挥市场作用消纳新能源，建立完善容量补偿机制及辅助服务市场，完善电力预警机制，利用需求侧响应、虚拟电厂等技术辅助新能源消纳。

电力行业到 2030 年，碳排放达到峰值，约 44 亿吨。非化石能源发电量占比重达 51%。2060 年前，实现净零排放，煤电、气电转型为基础保障和系统调节电源，碳排放分别为 5.3 亿吨、2.5 亿吨并全部捕集。非化石能源发电量占比 92%，风光发电量占比达 56%。

（3）以电气化和深度脱碳技术为支撑，推动工业部门碳排放有序达峰和渐进中和。

通过产能控制、工艺升级、能效提升和能源替代的方式实现达峰，2060 年实现深度减排。持续推进工艺替代升级、电气化、深度减排技术攻关，工业部门 2060 年直接碳排放降低至约 5 亿吨，确保实现碳中和。

（4）打造清洁低碳、安全高效的能源体系是实现碳达峰碳中和的关键和基础。

坚持节能与提效"双轮驱动"，供给与消费"两端发力"，持续推动单位 GDP 能耗和碳排放下降。安全平稳向非化石能源为主体转变，非化石能源占比将提高至 80%。推进化石能源与非化石能源协调、融合发展，计划如表 1-6。

表 1-6　化石能源与非化石能源协调发展

化石能源消费梯次达峰	2035—2050 年迈向碳中和
煤炭 2025 年左右达峰［43 亿吨］ 石油 2030 年左右达峰［7.8 亿吨］ 天然气 2035 年左右达峰［6500 亿立方米］ 2060 年化石能源主要发挥托底保供和工业原料作用	煤炭加速减量和天然气消费控制，主要用于电源 石油稳步减量，主要用于化工原料 氢能在难减排领域逐渐实现规模化应用 智慧能源系统与能源储备系统全面建成

（5）通过高比例电气化实现交通工具低碳转型，推动交通运输部门实现碳达峰碳中和。

提高运输工具电气化水平，推动铁路电动化，推动内河航运船舶电气化替代。推进可持续航空燃料、氢燃料电池等航空燃料替代。协同发力推动交通运输行业减排。

（6）以突破绿色建筑关键技术为重点，实现建筑用电用热零碳排放。

加强新建建筑节能和既有建筑改造与延寿，倡导节约优先，避免"大拆大建"，加强建筑节能改造，突破和应用新技术。

（7）运筹帷幄做好实现碳中和"最后一公里"的碳移除托底技术保障。

对于不可避免的碳排放，需通过碳移除技术等实现中和。大力发展林业碳汇，碳捕集与封存（CCS），碳捕集、利用与封存（CCUS），二氧化碳驱油等技术，到 2060 年可实现年碳移除 26 亿吨。加大碳移除技术攻关和产业培育力度，推进碳汇和 CCS/CCUS 工程集成示范工程，健全相关政策和制度体系。

（8）加快构建减污降碳一体谋划、一体部署、一体推进、一体考核的机制，建立健全减污降碳统筹融合的战略、规划、政策和行动体系，完善碳交易制度。

1.3.3　健全碳达峰政策体系

积极稳妥推进碳达峰碳中和，需要重视政策创新的动能作用。达峰不是快速攀高峰，需要的是削峰发展、压低峰位，现有的碳减排政策体系显然不能满足新形势的需求，需要加快推进现有政策体系的改革与调整，为碳达峰目标顺利实现提供推动力。

首先，从行业部门看，钢铁、化工、水泥、火电、建材、建筑、交通运输部门等我国重点行业部门占我国碳排放总量的 90% 左右，这些重点行业部门的碳达峰进程直接影响到全国"双碳"目标的实现，因此政策创新首先从重点行业部门入手，建立健全重点行业部门的降碳政策体系[21]。其次，把碳达峰目标、降碳责任落实到各地区，根据各地区的实际情况制定差异化的碳达峰路径和政策，充分发挥各地区优势，是在全社会总成本最优条件下的达峰策略选择。我们需优先推进重点区域率先开展碳达峰，制定实施省级地区碳达峰分类推进政策，强化城市碳达峰激励与引导政策。

完善碳达峰政策实施的支撑体系。一是以减污降碳为主线，推进低碳发展政策与生态环境保护政策的统筹融合，构建涵盖行业部门、重点区域地区、减排相关方的政策体系。二是要强化总量控制目标，逐步构建完善以碳排放总量控制为核心的碳达峰政策体系。三是建立顺畅高效的碳达峰统筹协调机制。重点行业部门从宏观上抓好碳排放总量控制，从中观上强化激励与引导，从微观上落实到碳许可监管的政策体系。四是碳达峰是一个系统性工程，从政策上要加强对行业、部门和相关方的指导推进，强化配套支撑体系建设，健全碳达峰碳中和法律标准体系，强化降碳科学技术创新和应用，构建碳信息公开与共享机制等为碳达峰政策体系的实施落地提供全面支撑与保障。健全碳达峰政策具体措施见表 1-7。

表 1-7 碳达峰重点政策及路径 [16]

碳达峰重点政策	碳达峰重点政策推进路径	
	2021—2025 年	2026—2030 年
建立健全碳排放总量控制制度	将碳排放总量控制机制纳入气候变化立法可行性研究，作为约束性指标纳入地方控制温室气体排放工作方案	健全碳排放总量控制制度法律体系、考核体系 强化国家和地区间碳排放总量目标衔接
加快构建排污许可证与碳排放管控协同制度	开展火电、钢铁等重点行业温室气体排放与排污许可管理相关试点研究 将碳排放交易的基础工作纳入排污许可管理	推进更多行业温室气体排放与排污许可管理相关试点 健全排污许可证与碳排放管控协同机制
将降碳要求融入清洁生产政策	修订《清洁生产促进法》和《清洁生产审核办法》 将碳排放控制纳入清洁生产审核、"降碳"相关指标纳入清洁生产标准体系	加大对自愿性清洁生产审核企业的政策激励力度 完善节能低碳监管与激励政策 优化完善清洁生产标准体系
健全低碳名录清单政策	研究制定高/低碳产业或产品名录并将其体现在限制类和淘汰类产业政策中予以约束 将低碳产品纳入政府采购目录	适时更新调整碳排放管控名录和环境保护综合名录等清单中的碳排放要求 健全完善高碳/低碳产业、产品名录
建立健全碳信息披露制度	加速碳信息披露体系框架规范化建设 引入第三方审计与环境评价系统	加强碳信息披露执行与监管的法律支撑
健全碳排放权交易制度	完善《碳排放权交易管理暂行条例》 完善碳排放 MRV 体系相关制度	完善碳市场交易制度 逐步推动期权产品等金融产品创新
研究适时开征碳税	开展将 CO_2 纳入环境保护税研究 推进纳入环境保护税征管范围	做好《环境保护税法实施条例》等配套法规的修订工作

续表

碳达峰重点政策	碳达峰重点政策推进路径	
	2021—2025 年	2026—2030 年
深化能源资源价格机制改革	建立能够反映生态补偿成本、环境成本的煤炭价格形成机制 设立低碳发展基金和研发专项 向低碳能源开发的企业进行价格补贴 不同碳绩效的企业实施不同电价政策	促进高碳能源定价科学化改革 完善低碳能源开发利用的补贴政策 丰富新能源汽车补贴形式 建立与岸电设施使用效益相挂钩的财政资金奖励机制
积极推进碳金融政策创新	补充完善《绿色债券支持项目目录》和《绿色产业指导目录》 引导金融机构探索设立市场化的碳基金	引导社会资本流向应对气候变化的经济活动 提高绿色金融的气候风险管理能力
强化低碳社会参与政策	制定社会公众参与减污降碳行为指导规范，出台保障社会公众参与监督低碳减排执行与反馈机制的相关法律法规	健全绿色低碳建筑发展的法律法规体系 健全低碳生活的社会公众参与平台与机制建设

1.3.4　"双碳"背景下市场经济政策

在迈向碳达峰碳中和道路上，市场化机制手段在"双碳"工作中至关重要。研究构建碳达峰碳中和市场经济体系，坚持双轮驱动、两手发力，根据不同阶段目标，适时调整优化市场经济政策。市场机制的核心是确保每个控排单位为其碳排放支付应有的价格。政府将价格手段和交易手段相结合，初步形成以碳排放交易为主，补贴、价格等共同发力的碳达峰碳中和市场经济政策体系。

碳达峰阶段，压缩"两高"新增项目、减少排放增量，打好结构调整基础，重点发挥市场经济政策在减污降碳、节能增效中的带动作用。建立全国碳市场，研究开征碳税，完善差别电价阶梯电价，推进新能源价格和补贴政策，健全生态补偿[22]。

碳达峰至碳中和阶段，产业结构和能源结构深度调整，稳定发挥市场经济政策在促进深度减排、新能源发展、技术固碳和生态固碳等领域的激励作用。全面推进碳市场和碳税，完善新能源和固碳技术的价格和补贴政策，丰富碳金融产品。总体思路如图 1-5 所示。

总体概括"双碳"目标下重点市场经济政策任务：碳达峰阶段，重点是探索健全碳市场交易制度，基本建成市场规范、交易活跃的全国碳交易市场；碳中和阶段，推进建成成熟稳定、多交易主体、涉碳领域全覆盖、多政策协同的全国碳排放权交易机制。在交易范围上尽快纳入更多行业和企业；在运行机制上充分发挥碳市场的压力传导机制；在碳市场能力建设上加快法治建设和制度完善；在碳市场政策手段上加快推进碳金融政策创新。

（1）碳税政策　环境保护税为开征碳税提供了制度框架基础和社会基础，碳核算统计体系的完善和碳税的国际经验，使开征碳税具有可行性。事实证明复合型碳定价机制能有效发挥碳减排效果，基于国情及碳减排的实际需要，统筹考虑碳交易和碳税两种政策手段的并行和综合应用，进一步完善碳交易的同时择机开征碳税。碳税方案见表 1-8。

2030 年前，坚持低税率宽税基，税收用于企业返还或补贴；到 2060 年，实施高税率宽税基，税收用于支持碳汇等相关技术。

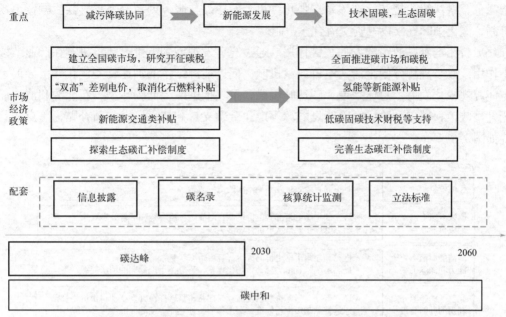

图 1-5　市场经济政策工具在实现"双碳"目标中的总体思路

表 1-8　碳税方案

征税对象	消耗化石燃料、直接向环境排放温室气体的企业等
税率设置	递进式分阶段逐步提高税率，开征时明确分阶段税率表
税收使用	支持碳减排、发展新能源、创新碳吸收等活动
税收优惠	对参加碳排放交易覆盖的给予税收优惠

（2）构建碳汇效益价值实现的生态补偿政策机制

① 实施生态补偿政策促进协同生态降碳。将基于自然的解决方案作为碳汇效益补偿的基本原则，探索生态环境分类碳汇效益补偿机制，逐步将碳汇功能的配额权益纳入统一碳排放权交易市场。估算固碳潜力，构建统一设定碳排放核算及碳核查标准。加强区域政府合作，建立有效的监管体系。

② 推进市场化、多元化碳汇生态补偿机制。健全市场化的碳补偿机制途径，实现市场碳排放权价格发现功能，引导多方市场主体积极参与到碳减排的生态补偿行动中。通过引导资金、技术等资源要素的区域转移，构建市场化的补偿机制。研究建立"碳减排贡献度"交易机制，通过资金补助等多元方式进行补偿。

（3）碳信息披露促进提升现代气候治理能力　披露的意义在于促进精准节能减碳政策制定，促进市场机制充分发挥作用，促进全民投入节能减碳行动。制定披露机制框架，构建披露体系，明确披露方式，完善披露监管责任制。从加快建立完善上市公司碳信息披露机制到不断拓展披露主体范围，建立政府、企业、公民全社会范围的碳排放、碳汇等信息披露机制。

（4）金融政策是解决"双碳"工作资金供给的必要手段　加快建立金融支持"双碳"目标的总体路径指南，实施应对气候变化的投融资的战略规划；完善金融支持"双碳"目标的政策体系，积极推进气候投融资政策创新与实施；优化金融支持"双碳"目标的标准体系，健全绿色金融法律法规和标准体系；强化绿色金融产品与服务创新，完善气候投融资市场激励机制；深化国际气候投融资交流合作机制。

（5）价格与补贴政策要发挥关键作用　通过充分发挥差别电价等政策机制在产业结构调整中作用，逐步理顺并健全清洁电价政策机制，促进能源结构的加速转型优化，引导促进可再生能源规模化发展。总体来说，碳达峰阶段，重点推进能源低碳转型、新能源和清洁能源车船补贴政策；碳中和阶段，围绕氢能源等产业金融支持和技术研发创新补贴为重点。具体措施如图 1-6 所示。

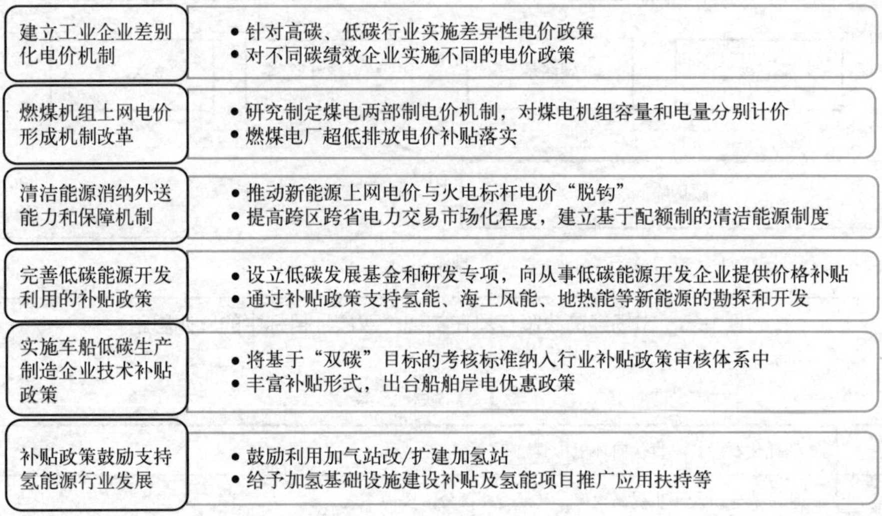

建立工业企业差别化电价机制	● 针对高碳、低碳行业实施差异性电价政策 ● 对不同碳绩效企业实施不同的电价政策
燃煤机组上网电价形成机制改革	● 研究制定煤电两部制电价机制，对煤电机组容量和电量分别计价 ● 燃煤电厂超低排放电价补贴落实
清洁能源消纳外送能力和保障机制	● 推动新能源上网电价与火电标杆电价"脱钩" ● 提高跨区跨省电力交易市场化程度，建立基于配额制的清洁能源制度
完善低碳能源开发利用的补贴政策	● 设立低碳发展基金和研发专项，向从事低碳能源开发企业提供价格补贴 ● 通过补贴政策支持氢能、海上风能、地热能等新能源的勘探和开发
实施车船低碳生产制造企业技术补贴政策	● 将基于"双碳"目标的考核标准纳入行业补贴政策审核体系中 ● 丰富补贴形式，出台船舶岸电优惠政策
补贴政策鼓励支持氢能源行业发展	● 鼓励利用加气站改/扩建加氢站 ● 给予加氢基础设施建设补贴及氢能项目推广应用扶持等

图 1-6　价格与补贴政策

（6）加强支撑能力体系建设　支撑能力体系可以从健全法律法规、提升统计监测能力、完善标准体系等方面入手，见表 1-9。

表 1-9　支撑能力体系建设

健全法律法规	构建有利于绿色低碳发展的法律体系，推动能源法、可再生能源法、循环经济促进法、清洁生产促进法等制定、修订
提升统计监测能力	加强二氧化碳排放统计核算能力建设，提升信息化实测水平。依托和拓展自然资源调查监测体系，实施生态保护修复碳汇成效监测评估
完善标准体系	建立健全"双碳"标准计量体系。完善地区、行业、企业、产品等碳排放核查核算报告标准。制定重点行业和产品温室气体排放标准
强化科技创新和人才培养	建立节能降碳和新能源技术产品研发国家重点实验室、国家技术创新中心、重大科技创新平台。建设碳达峰、碳中和人才体系
完善监测监管与评估机制	加强温室气体重点排放单位监督管理，纳入生态环境监管执法工作统一组织实施
加快先进适用技术研发和推广	加强新型储能技术攻关、示范和产业化应用。推广节能低碳技术

（7）碳名录清单政策作为发挥好市场机制作用的载体　逐步从侧重于碳排放端的名录政策思路调整到构建基于全生命周期的碳名录制定技术与政策，从重点限制高碳行业到重点鼓励低碳 / 零碳 / 负碳行业企业。建立基于全生命周期的产品 / 服务碳排放核算标准，筛选典型

高碳和低碳排放行业，制定典型行业全生命周期的碳名录，针对高碳和低碳等名录的不同管理需求，从准入、税收、贸易、金融等方面实施差别化的环境管理政策。

1.3.5　以科技创新助力"双碳"进程

我国碳排放量基数大、碳达峰到碳中和时间短，从技术上讲，加快绿色低碳科技革命，不仅要注重绿色低碳技术的攻关和研发，还要做好从基础研究、关键核心技术突破到综合示范的全链条布局。从进程上看，要在经济社会可持续发展的基础上实现"双碳"目标，必须在科技创新上下更大功夫，强化降碳科学技术创新和应用[23]。

科技创新是碳达峰碳中和的关键因素，通过科技创新的乘数效应，能够促使全社会碳减排成本降低。我国低碳、零碳、负碳技术的发展尚不成熟，技术种类多、成本高、技术集成难，实现碳达峰碳中和目标亟须颠覆性的技术突破。加强科研攻关，有效降低能耗，推进改造升级，着力提质增效。大力研发应用和推广低碳、零碳、负碳技术，如氢能、核聚变技术、减污降碳协同技术、碳捕集碳封存等技术。全面推进绿色低碳科技创新，推动核心技术突破，打造市场化应用的技术优势和成本优势。

探讨路径对策，构建创新体系[24]。国家从能源、工业、交通运输和其他部门构建现代技术体系，如图 1-7 所示。同时也要健全绿色低碳科技创新体系。重点从建立科技创新联合体，

图 1-7　构建现代技术体系

鼓励产学研用联合攻关，健全低碳技术标准体系，建设低碳能源数字化发展的数据中心等方面入手。通过科技和政策创新共建清洁美丽世界，最终实现全球生态文明的共同繁荣。

《科技支撑碳达峰碳中和实施方案（2022—2030年）》统筹提出支撑2030年前实现碳达峰目标的科技创新行动和保障举措，并为2060年前实现碳中和目标做好技术研发储备。到2030年，进一步研究突破一批碳中和前沿和颠覆性技术，形成一批具有显著影响力的低碳技术解决方案和综合示范工程，建立更加完善的绿色低碳科技创新体系，有力支撑单位GDP二氧化碳排放比2005年下降65%以上，单位GDP能源消耗持续大幅下降。该方案提出了10大行动，具体包括：能源绿色低碳转型科技支撑行动，低碳与零碳工业流程再造技术突破行动，城乡建设与交通低碳零碳技术攻关行动，负碳及非二氧化碳温室气体减排技术能力提升行动，前沿颠覆性低碳技术创新行动，低碳零碳技术示范行动，碳达峰碳中和管理决策支撑行动，碳达峰碳中和创新项目、基地、人才协同增效行动，绿色低碳科技企业培育与服务行动，碳达峰碳中和科技创新国际合作行动。

我们必须抓住机遇，迎接挑战，下好先手棋，打好主动仗。只要坚持不懈努力，狠抓绿色低碳技术攻关，加快先进技术研发和推广应用，发挥好科技创新这个"关键变量"的作用，就一定能为我国实现碳达峰碳中和目标提供有力支撑。

思考题

1. 何谓碳达峰、碳中和，"双碳"目标提出的背景是什么？
2. 如何理解"双碳"工作是经济增长的驱动力？
3. 我国低碳减排与碳市场政策有何关系？
4. 如何把握区域定位梯次有序推进碳中和？
5. 推动绿色低碳全民行动，谈谈生活中你为碳中和作的贡献。

参考文献

[1] 吴冰. 碳达峰碳中和目标挑战与实现路径［M］. 北京：东方出版社，2022.

[2] 河北省生态环境厅. 碳达峰碳中和理论政策与实用指南［M］. 北京：中国环境出版集团，2022.

[3] 谢剑锋. 碳达峰碳中和知识手册［M］. 北京：经济日报出版社，2022.

[4] 项目综合报告编写组.《中国长期低碳发展战略与转型路径研究》综合报告［J］. 中国人口·资源与环境，2020，30（11）：1-25.

[5] 李继峰，郭焦锋，高世楫，等. 我国实现2060年前碳中和目标的路径分析［J］. 发展研究，2021，38（4）：37-47.

[6] 全球能源互联网发展合作组织. 中国2030年能源电力发展规划研究及2060年展望［R］. 2021.

[7] 戴彦德，康艳兵，熊小平，等. 2050中国能源和碳排放情景暨能源转型与低碳发展路线图［M］. 北京：中国环境出版社，2017.

[8] 蔡博峰，曹丽斌，雷宇，等. 中国碳中和目标下的二氧化碳排放路径［J］. 中国人口·资源与环境，2021，31（1）：7-14.

[9] ZHOU N, LU H Y, KHANNA N, et al. China Energy Outlook：Understanding China's Energy and Emissions Trends［EB/OL］.［2023-02-21］. https://china.lbl.gov/sites/default/files/China Energy Outlook 2020.pdf.

[10] 柴麒敏. 美丽中国愿景下我国碳达峰、碳中和战略的实施路径研究［J］. 环境保护，2022，50（6）：21-25.

[11] 中华人民共和国国家发展和改革委员会. 中共中央关于制定国民经济和社会发展第十四个五年规划和二〇三五年远景目标的建议［EB/OL］.［2023-02-21］. https://www.ndrc.gov.cn/fggz/fgdj/zydj/202011/t20201130_1251646_ext.html.

[12] 胡飞. 积极稳妥推进碳达峰碳中和［EB/OL］.［2023-02-21］. http://cpc.people.com.cn/n1/2022/1111/c448544-32563758.html

[13] 工业和信息化部，国家发展改革委，生态环境部. 工业和信息化部 国家发展改革委 生态环境部关于印发工业领域碳达峰实

施方案的通知［EB/OL］.［2023-02-21］. https://www.mee.gov.cn/xxgk2018/xxgk/xxgk10/202208/t20220802_990575.html.

［14］住房和城乡建设部，国家发展改革委. 住房和城乡建设部　国家发展改革委关于印发城乡建设领域碳达峰实施方案的通知［EB/OL］.［2023-02-21］. https://www.mohurd.gov.cn/gongkai/zhengce/zhengcefilelib/202207/20220713_767161.html.

［15］中华人民共和国农业农村部，国家发展改革委. 农业农村部 国家发展改革委关于印发《农业农村减排固碳实施方案》的通知［EB/OL］.［2022-07-21］. http://www.moa.gov.cn/govpublic/KJJYS/202206/t20220630_6403715.htm.

［16］董战峰，葛察忠，毕粉粉，等. 碳达峰政策体系建设的思路与重点任务［J］. 中国环境管理，2021，（06）：106-112+60.

［17］习近平. 深入分析推进碳达峰碳中和工作面临的形势任务 扎扎实实把党中央决策部署落到实处［N］. 人民日报，2022-01-26（3）.

［18］中国发展改革报社. 实现"双碳"目标离不开关键技术的重大突破［EB/OL］.［2023-02-21］. https://www.ndrc.gov.cn/wsdwhfz/202204/t20220415_1322099_ext.html.

［19］王金南，徐华清. 碳达峰碳中和导论［M］. 北京：中国科学技术出版社，2023.

［20］中国能源研究会核能专业委员会. 中国能源研究会 2021 年会成功举办［EB/OL］.［2023-02-21］. http://cers2018.cninfos.com/articles/202204/20220421142753.html.

［21］董战峰. 董战峰：政策创新推动碳达峰［EB/OL］.［2023-02-21］. http://gooootech.com/news/detail-10305792.html.

［22］郝春旭，董战峰，葛察忠，等. 董战峰等：国家环境经济政策进展评估报告 2020［EB/OL］.［2023-02-21］. http://www.caep.org.cn/yclm/zghjghyzjzs/zghjghyzjzs_21956/202106/t20210605_836403.shtml.

［23］冯华. 以科技创新助力"双碳"进程（人民时评）［N］. 人民日报，2022-08-22（5）.

［24］彭静，梁秋坪. 加快绿色低碳科技创新 助力"双碳"目标实现［N］. 人民日报，2022-08-10（14）.

第 2 章

中国实现碳达峰碳中和目标的政策体系

气候变化是全人类面临的共同挑战，事关人类可持续发展。中国一贯高度重视应对气候变化工作，将其摆在国家治理更加突出的位置，将碳达峰碳中和纳入生态文明建设整体布局和经济社会发展全局。近年来，中国持续完善碳达峰碳中和目标政策体系和支撑保障，围绕碳达峰碳中和目标，有力有序有效推进各项重点工作，已建立起碳达峰碳中和"1+N"政策体系，制定中长期温室气体排放控制战略，推进全国碳排放权交易市场建设，编制实施国家适应气候变化战略。本章主要介绍中国碳达峰碳中和目标的政策背景形势、政策体系框架、重点政策实施成效和支撑保障。

2.1 政策背景

实现碳达峰碳中和是以习近平同志为核心的党中央经过深思熟虑作出的重大决策，是着力解决资源环境约束突出问题、实现中华民族永续发展的必然选择，是构建人类命运共同体的庄严承诺。中国的碳达峰碳中和承诺是自我加压的主动行为，通过政策手段驱动二氧化碳排放力争于 2030 年前达到峰值、2060 年前实现碳中和至关重要。

2.1.1 碳达峰碳中和目标的政策内涵

碳达峰往往在发达经济体中首先出现，为发展中国家和地区总结经济规律、主动加压制定政策驱动碳达峰碳中和提供参考。碳达峰碳中和目标的政策内涵主要表现在以下方面：

一是经济发展低碳。在基于"环境 - 社会 - 经济"包容关系的可持续发展框架下，碳达峰碳中和需要经济社会发展与能源、二氧化碳排放等资源环境消耗脱钩，内在要求是关键自然资本不可减少，自然资本、人力资本等要素资本结构合理 [1]。

二是能源系统清洁。碳达峰碳中和的深层次问题是能源问题，高比例发展可再生能源是剥离经济发展、能源消费与二氧化碳排放相关关系的关键，工业、建筑、交通运输等部门以及生产生活的各个环节均需要通过能源电力系统协同建立起广泛而复杂的经济联系 [2]。

三是产业结构高质。在全球碳排放紧约束的背景下，实现产业结构高度化需要站在全球价值链嵌入、分工、重构的角度，基于安全性、稳定性、韧性需求分析优化路径，促进产品高附加值化，产业组织合理化、集约化，产业高技术化以及加工深度化。

四是技术创新驱动。工业化发展范式下，能源结构调整、产业结构调整乃至经济发展与技术创新和应用部署的关系密切，能源、工业、建筑、交通运输、消费等领域的技术成熟度被视为实现碳中和的关键，碳达峰碳中和是围绕低碳、零碳乃至负碳技术创新与应用展开的竞争 [3]。

2.1.2　碳达峰碳中和目标的政策导向

"十一五"以来，中国已经拥有了门类齐全、覆盖广泛的气候政策，不仅有已经形成特色的行政指令性政策（如目标责任考核制度）和"由点及面"的试点示范优良实践，也有经济激励类（如价格政策、总量-交易政策、财税补贴政策，也包括补贴退坡）、直接规制类（如法律、法规和标准）、低碳研发科技政策等 [4]。碳达峰碳中和目标路径的落实需要公共政策的推动和保障，有待明确政策设计原则与取向，充分发挥政府与市场的作用。

一是强化目标约束导向。表面上，碳达峰碳中和是逐步扩大的将温室气体纳入范围的过程，表现为从二氧化碳排放增速为零过渡至温室气体净增量为零。实质上，两者内在逻辑一致，要求碳达峰以碳中和为导向提前规划布局，中国将在"十四五""十五五"期间经历战略转型。碳达峰的"峰"并不必然是单峰，更可能进入一段峰值水平呈小幅波动状态的平台期，除了以经济停滞为代价的"一刀切"政策，还要警惕以长期技术"锁定"为代价的短期减排活动。

二是锚定提前达峰与削峰发展。政策驱动型碳达峰推动峰值点左移，提前达峰不是快速攀高峰、争空间，而是要削峰发展、压低峰位，以便走向碳中和。中国选择"削峰"模式，尽管前期对能源、经济转型提出较高要求，但能规避高碳锁定、路径依赖以及产能过剩等问题，具有可操作性 [5]。中国面临比工业化国家时间更紧张、幅度更大的减排要求。提前达峰的政策驱动碳中和长期目标，中国越早以"削峰"模式实现二氧化碳达峰，越能为碳中和目标争取更多的时间和空间。

三是把握正确思路方向。政策驱动碳达峰碳中和必须首先明确方向性问题，解决好"立什么""破什么"的问题，坚持先立后破，兼顾经济发展和能源安全，充分考虑中国发展阶段、空间布局、产业结构、能源结构等基本国情，通盘谋划、稳中求进，把握好节奏、统筹好发展、安排好制度，不搞"碳冲锋""运动式减碳"。

四是实施差异化行动策略。从区域公平的角度分析，碳达峰碳中和对煤炭等高耗能、高排放产业的冲击集中于少数地区，政策设计的有效性原则既要坚持"帕累托改进"原则，也要坚持"卡尔多改进"补偿原则，对利益受损主体给予适度关照。中国各个地区资源禀赋、经济发展程度、产业结构等均存在较大差异，不仅要考虑不同地区、不同产业的碳减排路径差异，优先选择对经济发展影响小、可持续的经济发展方式，还要从碳排放空间中为新产业和新技术发展预留容量。

五是充分发挥政府与市场的协作。实现碳达峰碳中和目标需要市场手段与行政手段相结合，要充分发挥市场在资源配置中的决定性作用，同时发挥好政府调节作用。多采用市场化手段，充分发挥碳市场和绿色金融市场能促进碳排放隐性成本显性化、外部成本内部化功能，优化碳排放空间、时间资源。此外，政府要更好地发挥作用，建立健全碳达峰碳中和政策法规体系，特别是减污降碳激励约束政策，完善能源和环境公共服务，保障公平公正的营商环境和市场秩序。

2.2　支撑碳达峰碳中和目标的政策体系框架

习近平总书记在党的二十大报告中指出，"中国式现代化是人与自然和谐共生的现代化"，要"加快发展方式绿色转型","积极稳妥推进碳达峰碳中和"。自 2020 年 9 月中国在联合国大会上提出 2030 年前实现碳达峰、2060 年前实现碳中和目标以来,各地区、各部门围绕落实碳达峰碳中和目标,碳达峰碳中和"1+N"政策体系和中长期减排战略持续完善,基本形成了上下联动、条块结合、齐抓共管的工作格局。如图 2-1 所示。

图 2-1　中国碳达峰碳中和目标的政策体系框架

2.2.1　完善碳达峰碳中和工作的顶层设计

(1)强化系统设计与统筹实施　碳达峰碳中和工作得到了我国国家领导的高度重视和关注,多次就碳减排目标和行动作出重要指示。2021 年,为强化对碳达峰碳中和各项工作的组织领导和统筹协调,我国成立了碳达峰碳中和工作领导小组,负责统筹协调相关政策和行动,加强部门间协作和信息共享,推动碳减排目标的实现。31 个省(区、市)均已成立省级碳达峰碳中和工作领导小组，加强地方碳达峰碳中和工作统筹，编制完成本地区碳达峰实施方案，有序推进能源结构优化和产业结构调整，推动重点领域绿色低碳发展水平持续提升。碳达峰碳中和工作上下联动、统筹有序的工作机制已经建立。

（2）成为高质量发展重要任务　2021 年 2 月 2 日，国务院发布《关于加快建立健全绿色低碳循环发展经济体系的指导意见》，要求"建立健全绿色低碳循环发展的经济体系，确保实现碳达峰、碳中和目标，推动我国绿色发展迈上新台阶"。2021 年 3 月 13 日，《中华人民共和国国民经济和社会发展第十四个五年规划和 2035 年远景目标纲要》将绿色低碳发展作为重要组成部分，提出"积极应对气候变化。落实 2030 年应对气候变化国家自主贡献目标，制定 2030 年前碳排放达峰行动方案。实施以碳强度控制为主、碳排放总量控制为辅的制度，支持有条件的地方和重点行业、重点企业率先达到碳排放峰值。推动能源清洁低碳安全高效利用，深入推进工业、建筑、交通运输等领域低碳转型。锚定努力争取 2060 年前实现碳中和，采取更加有力的政策和措施"等要求，并将"2025 年单位国内生产总值二氧化碳排放较 2020 年降低 18%"作为约束性指标。各省（区、市）也均将绿色低碳发展作为"十四五"规划的重要内容，明确具体目标和工作任务，并对发展低碳环保做出相关部署。2021 年 5 月 26 日，碳达峰碳中和工作领导小组第一次全体会议提出"当前要围绕推动产业结构优化、推进能源结构调整支持绿色低碳技术研发推广、完善绿色低碳政策体系、健全法律法规和标准体系等，研究提出有针对性和可操作性的政策举措"等内容。

（3）"1+N"政策体系不断健全　2021 年 10 月，《中共中央 国务院关于完整准确全面贯彻新发展理念做好碳达峰碳中和工作的意见》（以下简称"意见"）和《2030 年前碳达峰行动方案》（以下简称"方案"）相继发布，这两个重要文件共同构成碳达峰碳中和"1+N"政策体系的顶层设计，明确了碳达峰碳中和工作的时间表、路线图、施工图。"意见"坚持系统观念，提出了 10 个方面 31 项重点任务。"方案"对推进碳达峰工作作出总体部署，提出了碳达峰十大行动。此后，各相关部门相继发布了能源、工业、交通运输、城乡建设、农业农村、减污降碳等重点领域碳达峰实施方案，煤炭、石油、天然气、钢铁、有色金属、石化化工、建材等重点行业碳达峰实施方案，以及科技支撑、能源保障、碳汇能力、财政支持政策、标准计量体系、统计核算、人才培养等支撑保障方案，这一系列文件共同构成碳达峰碳中和"1+N"政策体系中的"N"。总体上看，系列文件已构建起目标明确、分工合理、措施有力、衔接有序的碳达峰碳中和政策体系，形成各方面共同推进的良好格局，为实现"双碳"目标提供源源不断的工作动能。

（4）各省（区、市）明确碳达峰目标路径　针对中央提出的碳达峰碳中和"1+N"政策体系，各地加快制定碳达峰碳中和的实施意见和碳达峰实施方案，对推动落实碳达峰碳中和工作发挥了重要作用。各地提出了到 2025 年、2030 年、2060 年的主要目标与任务；确保到 2030 年经济社会绿色低碳转型发展取得显著成效，二氧化碳排放量达到峰值并实现稳中有降；确保到 2060 年绿色低碳循环的经济体系和清洁低碳安全高效的能源体系全面建成，碳中和目标顺利实现。从各地已发布的碳达峰碳中和实施意见和碳达峰实施方案来看，其共同点在于确保 2030 年前碳达峰、2060 年前碳中和目标如期完成，区别在于实现碳达峰碳中和的路径不同。由于能源资源禀赋、碳汇资源等差异较大，各地结合自身实际制定了差异化的非化石能源消费比重、森林覆盖率、森林蓄积量等阶段性目标[6]。

（5）创新与完善绿色低碳政策　鼓励节能减排，加强对能源的管控和调控，完善能耗强度和总量"双控"制度，新增可再生能源和原料用能不纳入能源消费总量控制。引导传统高耗能、高排放产业向低碳、环保产业转型升级，推进工业绿色化发展，推广绿色制造、绿色消费和绿色供应链管理，提高资源利用效率和产业竞争力。健全"双碳"标准，构建统一规范的碳排放统计核算体系，推动能耗"双控"向碳排放总量和强度"双控"转变。逐步完善财税、价格、投资、金融等支持应对气候变化的政策，开展气候投融资试点。初步构建多维度、多领域、多层级的碳达峰碳中和标准体系，涉及传统能源、新能源和可再生能源、节能环保、绿色低碳循环经济等多个领域，着力提升标准衔接性和有效性。加强绿色低碳科技创新和应用，推动科技与经济、社会、环境相协调发展，鼓励企业创新和技术进步，培育新兴绿色低碳产业。

2.2.2 制定中长期温室气体排放控制战略

2021 年 10 月，中国正式提交《中国落实国家自主贡献成效和新目标新举措》和《中国本世纪中叶长期温室气体低排放发展战略》[7-8]。这是中国履行《巴黎协定》的具体举措，体现了中国推动绿色低碳发展、积极应对全球气候变化的决心和努力，推动碳达峰碳中和目标的实现。

（1）提出落实国家自主贡献的新目标新举措 中国提出的新的国家自主贡献目标是"二氧化碳排放力争于 2030 年前达到峰值，努力争取 2060 年前实现碳中和。到 2030 年，中国单位国内生产总值二氧化碳排放将比 2005 年下降 65% 以上，非化石能源占一次能源消费比重将达到 25% 左右，森林蓄积量将比 2005 年增加 60 亿立方米，风电、太阳能发电总装机容量将达到 12 亿千瓦以上"。《中国落实国家自主贡献成效和新目标新举措》总结了 2015 年以来，中国落实国家自主贡献的政策、措施和成效，提出了新的国家自主贡献目标以及落实新目标的重要政策和举措，阐述了中国对全球气候治理的基本立场、所作贡献和进一步推动应对气候变化国际合作的考虑。重点讲述应对气候变化的顶层设计，以及在工业、城乡建设、交通、农业、全民行动等重点领域控制温室气体排放取得的新进展，总结能源绿色低碳转型、生态系统碳汇巩固提升、碳市场建设、适应气候变化等方面的成效。

（2）制定长期温室气体低排放发展战略 《中国本世纪中叶长期温室气体低排放发展战略》在总结中国控制温室气体排放重要进展的基础上，提出中国 21 世纪中叶长期温室气体低排放发展的基本方针、战略愿景、战略重点及政策导向，部署经济、能源、工业、城乡建设、交通运输等十个方面的战略重点。该战略涵盖了未来几十年的时间，将中国的经济、社会和环境发展与低碳、绿色和可持续发展紧密结合起来，通过制定长期温室气体低排放发展战略，中国在实现碳达峰和碳中和目标的同时，也将为全球气候变化治理作出贡献。

2.2.3 推进和实施适应气候变化重大战略

中国是全球气候变化的敏感区和影响显著区。党的十八大以来，中国把主动适应气候变化作为实施积极应对气候变化国家战略的重要内容，积极开展重点区域、重点领域适应气候变化行动，强化监测预警和防灾减灾能力，推进和实施适应气候变化重大战略，努力提高适应气候变化能力和水平。

（1）编制实施国家适应气候变化新战略 为统筹开展适应气候变化工作，2013 年，中国首次制定了国家适应气候变化战略，明确了到 2020 年国家适应气候变化工作的指导思想和原则以及主要目标，制定基础设施、农业、水资源、海岸带和相关海域、森林和其他生态系统、人体健康、旅游业和其他产业七大重点任务。2022 年 6 月，中国编制完成《国家适应气候变化战略 2035》，对当前至 2035 年适应气候变化工作作出统筹谋划部署，更加突出气候变化监测预警和风险管理，并分别从自然生态系统和经济社会系统两个维度明确了水资源、陆地生态系统、海洋与海岸带、农业与粮食安全、健康与公共卫生、基础设施与重大工程、城市与人居环境、敏感二三产业等重点领域适应任务。强调在多层面构建适应气候变化区域格局，将适应气候变化与国土空间规划结合，并考虑气候变化及其影响和风险的区域差异，提出覆盖全国八大区域和京津冀、长江经济带、粤港澳大湾区、长三角、黄河流域等重大战略区域适应气候变化任务。同时，进一步细化了战略实施保障措施。

（2）开展重点区域适应气候变化行动　针对城市地区，制定《城市适应气候变化行动方案》《海绵城市专项规划编制暂行规定》等文件。其中，《城市适应气候变化行动方案》提出到 2030 年适应气候变化科学知识广泛普及，城市适应气候变化能力全面提升等目标任务。扎实推进 30 个城市气候适应型城市建设试点工作，探索符合各地实际的城市适应气候变化建设管理模式。《海绵城市专项规划编制暂行规定》则是致力于提升城市基础设施建设的气候韧性，最大限度地减少城市开发建设对自然和生态环境的影响，在总结 30 个海绵城市建设试点城市经验的基础上，自 2021 年起，继续在 45 个城市开展系统化全域推进海绵城市建设示范。针对沿海地区，组织开展年度全国海平面变化监测、影响调查与评估工作，严格管控围填海，加强滨海湿地保护，提高沿海重点地区抵御气候变化风险能力。在其他重点生态地区，如青藏高原、西北农牧交错带、西南石漠化地区、长江与黄河流域等生态脆弱地区，开展气候适应与生态修复工作，提高其对低温冰雪、洪涝、台风等极端天气的适应能力[9]。

（3）推进重点领域适应气候变化行动　实施以南水北调工程为代表的跨流域、跨区域水资源配置工程，推进江河湖泊治理骨干工程建设，实施了小流域综合治理、坡耕地综合整治、病险淤地坝除险加固和新建淤地坝、拦沙坝等国家水土保持重点工程，2022 年全国完成水土流失治理面积 6.36 万平方公里。积极推进绿色农业和气候智慧型农业，完善农田基础设施，引导生态脆弱、灾害多发易发区主动调整种植结构和选用抗逆性强的作物品种，农业应对气候变化韧性显著增强。截至 2021 年底，已完成种草改良草原 4600 万亩和 9 亿亩高标准农田建设任务，农田灌溉水有效利用系数达到 0.568，森林覆盖率达到 24.02%，草原综合植被盖度达到 56.1%，湿地保护率达到 52.65%。

（4）强化监测预警和防灾减灾能力　强化监测预测预警、影响风险评估和自然灾害风险监测、调查和评估，完善自然灾害监测预警预报和综合风险防范体系，提升气候风险管理能力。加大了气候变化相关科学研究的投入，鼓励科技创新，提高气象、水文和地质灾害监测预警技术水平，提高应对气候变化的能力。建立全国范围内多种气象灾害长时间序列灾情数据库，完成国家级精细化气象灾害风险预警业务平台建设。建立空天地一体化的自然灾害综合风险监测预警系统，发布综合防灾减灾规划，实施自然灾害防治九项重点工程建设，发挥国土空间规划对提升自然灾害防治能力的基础性作用，实现基层气象防灾减灾标准化全国县（区）全覆盖。中国积极参与全球气候变化治理，加强与国际组织和其他国家的合作，共同开展气候变化监测预警和防灾减灾工作，推进全球气候变化应对。

2.3　重点政策实施成效

目前，中国碳达峰十大行动相关政策顺利推进，能源转型与产业结构调整加快推动，碳排放强度持续下降，新能源汽车、光伏、风电等产业迅速发展，绿色低碳投资、绿色金融、财税价格、碳市场等重点政策深入推进，碳达峰碳中和政策实施取得积极成效。

2.3.1　碳达峰十大行动相关政策顺利推进

（1）能源绿色低碳转型行动方面　印发实施《推动能源绿色低碳转型做好碳达峰工作的实施方案》《关于完善能源绿色低碳转型体制机制和政策措施的意见》《"十四五"现代能源体系规划》《氢能产业发展中长期规划（2021—2035 年)》《"十四五"可再生能源发展规划》《能源碳达峰碳中和标准化提升行动计划》等和煤炭、石油、天然气行业碳达峰实施方案，出台《关于促进新时代新能源高质量发展的实施方案》，系统推进能源绿色低碳转型工作，形成政策合力。新能源保持较快增长，风电光伏发电装机规模不断扩大，风电光伏逐步成为新增装机和新增发电量的主体，截止到 2022 年底，全国风电光伏发电装机突破了 7 亿千瓦，风电、光伏发电装机均处于世界第一[10]。终端用能清洁替代加快实施，出台《关于进一步推进电能替代的指导意见》等政策，推动工业、交通运输、建筑、农业农村等重点领域持续提升电气化水平。深入推进北方地区清洁取暖，截至 2021 年底，清洁取暖面积达到 156 亿平方米，清洁取暖率 73.6%，累计替代散煤超过 1.5 亿吨，对降低 $PM_{2.5}$ 浓度、提高空气质量贡献率超过三分之一[11]。

（2）节能降碳增效行动方面　国务院印发《"十四五"节能减排综合工作方案》，对"十四五"全国节能工作进行总体部署，明确全国和各领域、各地区节能目标任务，压实各地区和有关部门主体责任。各省（区、市）均结合实际制定了本地区"十四五"节能减排工作方案。工业和信息化部联合国家发展改革委、财政部等部门印发《工业能效提升行动计划》，住房城乡建设部印发《"十四五"建筑节能与绿色建筑发展规划》，交通运输部、民航局、国铁集团分别印发绿色交通发展、民航、轨道交通专项规划。财政部、税务总局等部门发布节能节水等领域项目企业所得税优惠目录，加大税收优惠政策支持力度。新增可再生能源和原料用能不纳入能源消费总量控制。落实中央经济工作会议精神，国家发展改革委联合国家统计局等部门印发进一步做好新增可再生能源和原料用能不纳入能源消费总量控制的工作通知，明确具体操作办法。大力推进工业和能源领域节能降碳，2021 年全国火电机组平均供电煤耗降至 302.5 克标准煤／千瓦时，同比下降 2.4 克标准煤／千瓦时。

（3）工业领域碳达峰行动方面　制定工业领域碳达峰实施方案及有色金属、建材等重点行业碳达峰方案，既聚焦工业绿色低碳转型，明确碳达峰路径，又突出行业特色，注重增加绿色低碳产品供给。研究制定汽车、造纸、纺织等行业减碳路线图和电力装备绿色低碳创新发展行动计划。制定发布《"十四五"工业绿色发展规划》，统筹谋划关键目标、重要任务和工作举措，搭建多层次政策框架体系。积极推动产业转型升级，编制《关于"十四五"推动石化化工行业高质量发展的指导意见》《钢铁工业高质量发展指导意见》，发布石化化工行业鼓励推广应用技术产品目录，引导行业采用先进适用技术工艺。建立健全标准体系，编制工业领域碳达峰碳中和标准体系建设指南，利用财政资金支持重点原材料、重点装备制造业碳达峰碳中和和工业数字化碳管理公共服务平台建设，探索构建重点产品碳足迹基础数据库。支持重点行业节能降碳技术改造示范，印发《关于加强产融合作推动工业绿色发展的指导意见》，加强与金融机构战略合作，引导金融资源支持工业绿色低碳高质量发展。

（4）城乡建设碳达峰行动方面　2021年10月，中共中央办公厅、国务院办公厅印发《关于推动城乡建设绿色发展的意见》，提出"到2025年，城乡建设绿色发展体制机制和政策体系基本建立，碳减排扎实推进；到2035年，城乡建设全面实现绿色发展，碳减排水平快速提升"目标要求。2022年6月，农业农村部、国家发展改革委印发《农业农村减排固碳实施方案》，提出实施稻田甲烷减排、化肥减量增效、畜禽低碳减排、渔业减排增汇、农机绿色节能、农田碳汇提升、秸秆综合利用、可再生能源替代、科技创新支撑、监测体系建设等十大行动。住建部、国家发展改革委印发《城乡建设领域碳达峰实施方案》，从建设绿色低碳城市与打造绿色低碳县城和乡村方面明确了实现碳达峰的路径。《"十四五"建筑业发展规划》《"十四五"推进农业农村现代化规划》《"十四五"住房和城乡建设科技发展规划》《"十四五"建筑节能与绿色建筑发展规划》《建材行业碳达峰方案》也陆续制定印发，推进城乡建设实现绿色低碳转型。据住房和城乡建设部数据，截至2020年底，全国累计建成绿色建筑面积超66亿平方米，累计建成节能建筑面积超过238亿平方米，节能建筑占城镇民用建筑面积比例超过63%；全国城镇完成既有居住建筑节能改造面积超过15亿平方米，为减少碳排放、逐步实现"双碳"目标贡献力量[12]。

（5）交通运输绿色低碳行动方面　制定印发《数字交通"十四五"发展规划》《"十四五"现代综合交通运输体系发展规划》《绿色交通"十四五"发展规划》《交通领域科技创新中长期发展规划纲要（2021—2035年）》等政策文件，推动交通运输结构持续优化，持续推进城市绿色货运配送工作，开展国家公交都市建设示范工程。2022年6月，交通运输部等部门印发贯彻落实《中共中央 国务院关于完整准确全面贯彻新发展理念做好碳达峰碳中和工作的意见》的实施意见，从优化交通运输结构、推广节能低碳型交通工具、积极引导低碳出行、增强交通运输绿色转型新动能等方面落实。持续加大新能源汽车推广应用力度，2022年中国免征新能源汽车车辆购置税879亿元，同比增长92.6%，新能源汽车产销实现705.8万辆和688.7万辆，同比分别增长96.7%和93.4%。中国新车销量中新能源汽车占比由2021年的1/8增至2022年的1/4，新车销售中每4辆车就有1辆新能源汽车，政策资金引导作用成效显著。

（6）循环经济助力降碳行动方面　印发实施《"十四五"循环经济发展规划》，以全面提高资源利用效率为主线，围绕助力降碳任务，部署工业、社会生活、农业三大领域重点工作。积极构建资源循环型产业体系和废弃物循环利用体系，印发《关于做好"十四五"园区循环化改造工作有关事项的通知》《关于"十四五"大宗固体废弃物综合利用的指导意见》《关于加快废旧物资循环利用体系建设的指导意见》《关于加快推进废旧纺织品循环利用的实施意见》等，深入推进园区循环化改造，开展大宗固体废弃物综合利用示范，完善废弃物循环利用政策。出台资源综合利用企业所得税优惠目录、资源综合利用增值税优惠目录等，支持循环经济发展。健全标准规范，有关行业部门陆续出台绿色设计、清洁生产、再生原料、绿色包装等相关标准规范。加大资金支持力度，中央财政资金支持循环经济试点示范建设，中央预算内资金支持园区循环化改造、资源循环利用、固体废弃物综合利用等项目建设。2021年，9类再生资源回收利用量达3.85亿吨，利用再生资源相比使用原生材料减少了约7.5亿吨二氧化碳排放[13]。

（7）绿色低碳科技创新行动方面 2022年6月，科技部等九部门印发《科技支撑碳达峰碳中和实施方案（2022—2030年）》，提出科技支撑碳达峰碳中和的创新方向，统筹低碳科技示范和基地建设、人才培养、低碳科技企业培育及国际合作等措施，推动科技成果产出及其示范应用，为实现碳达峰碳中和目标提供科技支撑。2022年10月，党的二十大报告提出"加快节能降碳先进技术研发和推广应用，倡导绿色消费，推动形成绿色低碳的生产方式和生活方式"。2022年12月，中央经济工作会议强调"要加快绿色低碳前沿技术研发和推广应用"。技术创新让绿色低碳新兴产业走上"风口"，2022年前三季度全球二氧化碳排放量同比增长2%，而中国排放量同比下降了1.7%；中国绿色产业企业数量从2017年的不足100万家增至2022年10月的超240万家；新材料、节能环保产业总营收均超过2000亿元，同期增幅超过30%。各地与各行业也认识到科技创新是同时实现经济社会发展和碳达峰碳中和的关键，纷纷行动起来建设先进的绿色低碳技术创新策源地。四川省提出"到2025年，将布局一批绿色低碳技术领域的创新平台，力争在清洁能源、晶硅光伏、动力电池和存储等绿色低碳优势产业领域，突破重大关键技术200项以上，培育重点产品100项以上"。深圳则提出"到2025年新能源产业增加值达到1000亿元"。

（8）碳汇能力巩固提升行动方面 坚持山水林田湖草沙一体化保护和修复，科学推进大规模国土绿化行动，强化国土空间规划和用途管控，严守生态保护红线，稳定现有森林等的固碳作用，提升生态系统碳汇增量。2021年12月31日，国家市场监督管理总局、中国国家标准化管理委员会发布《林业碳汇项目审定和核证指南》，确定了审定和核证林业碳汇项目的基本原则，提供了林业碳汇项目审定和核证的术语、程序、内容和方法等方面的指导和建议，适用于中国温室气体自愿减排市场林业碳汇项目的审定和核证。2022年2月21日，自然资源部发布《海洋碳汇经济价值核算方法》，提出了海洋碳汇能力评估和海洋碳汇经济价值核算的方法，适用于海洋碳汇能力评估和海洋碳汇经济价值核算与区域比较。2021年，中国森林覆盖率达到24.02%，森林蓄积量达到194.93亿立方米，森林覆盖率和森林蓄积量连续30多年保持"双增长"，是全球森林资源增长最多和人工造林面积最大的国家[14]。自2000年以来，中国始终是全球"增绿"的主力军，全球新增绿化面积中约1/4来自中国。

（9）绿色低碳全民行动方面 各地区各有关部门系统推进绿色生活创建行动，深入开展生态文明宣传教育，有力促进消费结构绿色转型，推动全民节约意识、环保意识、生态意识不断增强。国家发展改革委会同有关部门印发实施《绿色生活创建行动总体方案》及七大领域单项行动方案，推动节约型机关、绿色家庭、绿色学校、绿色社区、绿色出行、绿色商场、绿色建筑等创建行动取得积极进展。持续开展全国节能宣传周、全国节水宣传周、全国低碳日、全民植树节、世界环境日、国际生物多样性日、世界地球日、"美丽中国，我是行动者"等主题宣传活动，社会公众广泛动员。《中华人民共和国反食品浪费法》深入实施，粮食节约和反食品浪费工作走上法治轨道，28家中央部委、人民团体、中央企业依法建立粮食节约和反食品浪费专项工作机制，扎实推进粮食生产、储存、运输、加工、消费全链条节约减损。国家发展改革委会同有关部门印发实施《促进绿色消费实施方案》，强化科技、服务、制度、政策等全方位支撑，倡导政府、企业、社会、公众多方共治，全面促进消费绿色低碳转型升级。

专栏 2-1　树垃圾回收新时尚　汇聚绿色低碳全民力量
——上海市徐汇区田林街道垃圾分类示范行动案例

上海市徐汇区田林街道自 2019 年被评为上海市生活垃圾分类示范街镇以来，坚持贯彻落实《上海市生活垃圾管理条例》，锚定提升居民的可回收物回收体验度，在泡沫塑料回收上"下功夫"，创新小程序预约上门回收模式及环保小屋自助交投模式，完善点站场运行制度，切实践行低碳生活理念。

一是完善"互联网 + 回收"体系，打通两网融合居民端"最后一百米"。田林街道委托专业第三方公司研发"旧物再生"小程序，居民能在线上了解回收物去向，也能随时在小程序首页查询小区最近的排片信息，让居民感受到可回收物再生带来的环保效应。激励模式以现金收益 + 碳积分兑换为主，兑换物有服务、权益、荣誉等。

二是打造无人值守环保小屋，创新源头细分类自助交投新模式。将爱建园原有的垃圾库房升级改造为环保小屋，将其打造为居民身边的环保再生利用科普宣传基地，分为：可回收物回收宣传区、助力"双碳"科普区、塑料精细分类区、打包机器作业区、爱心公益回收区、环保手工体验区及可回收物自助交投区。家庭闲置物品可在此进行交换，也可通过定向捐赠，使闲置物继续发挥价值、物尽其用。同时，环保小屋中还布置了许多环保再生产品。

三是前置化旧物处理，点站场有序衔接运转。田林街道可回收物回收中转站实现称重、打包、储存、转运等功能，统一归集、整理社区回收的可回收物，分类打包后集中外运至区级集散场，在收运体系中做到"承上启下"，更是在疫情管控期间为可回收物回收体系发挥了重要枢纽作用。疫情防控期间，为有效阻断泡沫箱带来的疫情扩散风险，加快解决泡沫箱收运处置问题，田林街道与主体企业组建专项工作群，落实巡查 - 问题反馈 - 及时清运 - 复检复查闭环管理。

四是科技赋能，落实闭环管理模式。依托区级信息平台建设，建立线上线下联动机制，开展大数据归集和分析，动态调整"一点位一方案"，实现服务点回收效率最大化。同时开展可回收物回收服务大数据运算，建立街道可回收物基础数据库，推进并不断完善可回收物回收数据信息化管理平台建设。

2022 年 1 ~ 6 月田林街道可回收物回收实效持续提升，日均回收量已达 18.7 吨，较 2021 年同比增长 12.6%。有了旧物再生回收小程序，居民再也不用愁搬不动、没时间等问题，随时都可以预约上门回收。一年以来，许多居民表示自己已经养成了定时交投的习惯，不仅得到了收益，更重要的是还能亲身参与其中，居民社区共同受益，促进低碳社区建设。

（10）各地区梯次有序推进碳达峰行动方面　　"十三五"期间，北京、天津、山西、海南、重庆、云南、甘肃、新疆 8 省（区、市）发布了各自的"十三五"控制温室气体排放工作方案，山东和江苏发布了低碳发展工作方面发展报告，上海发布了其城市总体规划方案，以上 11 个省（区、市）均提出了明确的碳排放达峰目标。习近平总书记作出碳达峰碳中和重大宣示以来，各地区认真贯彻落实党中央、国务院决策部署，建立健全统筹协调机制，结合经济社会发展实际，积极谋划、有序推进碳达峰碳中和各项工作，31 个省（区、市）均已成立省级碳达峰碳中和工作领导小组，编制完成本地区碳达峰实施方案。各地区统筹推进碳排放权、电力交易、用能权等市场建设，通过设立"双碳"专项资金和基金等方式，吸引社会资本投入绿色低碳发展领域。湖北建成运行全国碳排放权注册登记系统，持续完善相关制度设计。江西财政设立碳达峰碳中和专项资金，统筹支持开展绿色低碳循环发展示范、加强"双碳"基础能力建设等。

2.3.2　加快推进绿色金融发展

（1）建立了较为完整的绿色金融政策体系　2015年9月，中共中央、国务院发布了《生态文明体制改革总体方案》，第一次明确了建立绿色金融体系的总体设想。根据《生态文明体制改革总体方案》中提出的"构建绿色金融体系"有关要求，不断完善绿色金融政策，基本形成绿色金融制度架构，初步建立绿色金融规范标准，金融领域环境信息披露得到加强，金融机构鼓励支持政策不断完善，绿色信贷、绿色债券、绿色发展基金、绿色保险、碳金融等政策日益完善，金融与生态环境保护融合的深度、广度不断扩展。2016年8月，中国人民银行、财政部等七部委联合发布了《关于构建绿色金融体系的指导意见》，明确了我国绿色金融的定义、激励机制、发展方向和风险监控措施等，建立我国绿色金融顶层框架体系。2021年9月，中共中央和国务院发布《关于完整准确全面贯彻新发展理念做好碳达峰碳中和工作的意见》，将绿色金融作为"双碳"目标推进的重要抓手，有序推进绿色低碳金融产品和服务开发，引导金融机构、社会资本和企业为绿色低碳项目投融资。2021年10月，国务院在《2030年前碳达峰行动方案》指出绿色金融应在国际合作、"一带一路"和经济政策三方面助力"双碳"工作。

（2）强化气候投融资政策探索与实践　2020年10月，生态环境部等五部门联合印发了《关于促进应对气候变化投融资的指导意见》，作为气候投融资领域首个具有指导性作用的文件，明确了气候投融资的内涵外延、重要目标、指导原则、支持范围、主要任务和组织保障等关键问题，并提出了气候投融资工作的关键路径，包括模式创新与地方实践。在此基础上，2021年12月底，生态环境部等九部门联合印发了多个通知、方案，包括《关于开展气候投融资试点工作的通知》及《气候投融资试点工作方案》，要求通过3~5年的努力，试点地方基本形成有利于气候投融资发展的政策环境，培育一批气候友好型市场主体，探索一批气候投融资发展模式，打造若干个气候投融资国际合作平台，使资金、人才、技术等各类要素资源向气候投融资领域充分聚集。并于2022年8月公布气候投融资试点名单，包括湖北省武汉市武昌区、北京市密云区、上海市浦东新区等23个试点区域。相关政策如表2-1所示。

表2-1　中国大力推进绿色金融政策创新与应用

时间	文件主要内容
2015.09	国务院发布《生态文明体制改革总体方案》，对中国生态文明领域改革进行顶层设计，首次提出绿色金融体系战略
2016.08	央行、财政部等七部委联合印发《关于构建绿色金融体系的指导意见》，明确了中国绿色金融的定义、激励机制、发展方向和风险监控措施等，建立我国绿色金融顶层框架体系
2017.06	国务院决定在浙江、广东、新疆、贵州和江西五省（区）设立绿色金融改革创新试验区，推动绿色金融的区域探索
2019.03	发改委等七部门联合印发《绿色产业指导目录（2019年版）》，明确了绿色产业的定义和分类
2020.09	国家主席习近平在联合国大会上表示，中国将提高国家自主贡献力度，采取更加有力的政策和措施，二氧化碳排放力争于2030年前达到峰值，争取在2060年前实现碳中和

续表

时间	文件主要内容
2020.10	生态环境部、发改委、央行、银保监和证监会五部门联合发布《关于促进应对气候变化投融资的指导意见》，明确气候变化投融资的定义和支持范围，从政策、标准、社会资本、地方实践和国际合作五个方面推进
2021.02	国务院发布《关于加快建立健全绿色低碳循环发展经济体系的指导意见》，提出要大力发展绿色金融和绿色交易市场机制，完善绿色标准，确保"双碳"目标实现
2021.05	生态环境部联合发改委、央行等八部门联合印发《关于加强自由贸易试验区生态环境保护推动高质量发展的指导意见》，鼓励发展排污权交易市场和探索绿色债券、绿色股权投融资业务，要以绿色金融手段支持和健全生态产品价值实现机制
2021.09	《中共中央 国务院关于完整准确全面贯彻新发展理念做好碳达峰碳中和工作的意见》，将绿色金融作为"双碳"目标推进的重要抓手，有序推进绿色低碳金融产品和服务开发，引导金融机构、社会资本和企业为绿色低碳项目投融资
2021.10	国务院在《2030 年前碳达峰行动方案》指出绿色金融应在国际合作、"一带一路"和经济政策三方面助力"双碳"工作
2021.11	央行推出碳减排支持工具和 2000 亿元煤炭清洁高效利用专项再贷款，重点支持清洁能源、节能环保和碳减排技术三个碳减排领域
2021.12	生态环境部联合发改委、央行等九部委联合印发《关于开展气候投融资试点工作的通知》，配套发布《气候投融资试点工作方案》，正式启动了中国气候投融资地方试点的申报工作，引导市场资金投向气候领域，实现"双碳"目标

专栏 2-2　深圳气候投融资改革模式与经验 [15]

深圳作为粤港澳大湾区的重要战略城市，积极响应国家号召，率先推出多个创新举措推动气候投融资改革，引导和促进更多资金投向应对气候变化领域的投资和融资活动，实现具有深圳特色的绿色低碳发展。其中多项举措都取得明显成效，被国家发展改革委作为典型经验和创新举措进行推广借鉴。

一是建立气候投融资项目库。积极开展深圳气候投融资项目库的定向和公开征集工作，意在为入库项目提供创新金融方案和产业财税政策。并在此基础上开拓征集途径，发挥发改、工信、国资、住建、交通运输、城市管理等行业管理部门的优势，运用"互联网＋大数据"等手段，唤醒"沉睡"的绿色资产链，打通获取绿色气候项目的渠道。截止到 2022 年 11 月份，入库项目达 41 个，待筛选项目达 82 个。涵盖了深圳可再生能源、低碳交通、废弃物管理和废水低碳化处治等领域的项目以及深圳企业在外地投资的气候友好型项目，融资总需求高达 363 亿元。

二是创新资金进出便利化制度和金融财税政策。鼓励多种方式依法引进各类境外资金投资境内气候项目，允许各类投资于境内气候项目的境外资金依法有序退出，并引导境内外的低息长周期的资金投向入库项目。积极对接并推动人民银行推出的"碳减排支持工具"落地深圳，给符合条件的深圳金融机构提供低成本资金，为后期该类机构及时投资入库项目做好前期铺垫。

三是打造气候项目市场化投融资服务新模式。开展形式多样的投融资对接专题活动，例如：政府－企业－金融机构三方洽谈会等。2021 年底举办的深圳气候投融资改革首批试点业务合作签约仪式上，华夏银行与创维光伏、拓日新能等入库项目签署了战略合作协议，标志着深圳气候投融资改革制度框架下第一批入库项目获得融资。紧随其后，深圳市生态环境局与人民银行深圳市中心支行也签署了战略合作协议，双方在项目库建设等多方面深化合作，并与相关银行共同推动12家商业银行和25家绿色企业（项目）开展对接。其间新增绿色信贷授信额度达225亿元，其中10家企业已经贷款87.47亿元。根据统计，截至2022年三季度末，深圳市绿色贷款余额6027亿元，同比增长43.8%。

四是建立健全碳排放权交易管理系统。深圳市启动碳市场至今已平稳运行八个履约周期，目前碳排放管控单位共计750家，覆盖工业、交通运输两大领域31个行业。市生态环境主管部门通过系统管理企业碳排放权注册登记、温室气体排放信息报告等数据。碳排放权交易管理系统作为绿色金融信息系统载体之一，将积极与各产业部门探讨推进，打通政府、金融机构和企业间信息分享的通道，解决绿色金融业务开展过程中的信息不对称问题。

（3）创新丰富绿色金融产品与服务　推动绿色信贷稳步发展，促进绿色债券市场扩容，创新推出碳中和债券、可持续发展挂钩债券等金融产品，推动金融机构开展碳金融创新。截至2021年末，金融机构绿色贷款余额15.9万亿元，同比增长33%，其中，包括风电和光伏发电在内的清洁能源产业贷款余额4.2万亿元，同比增长31.7%；中国境内绿色债券余额1.1万亿元，同比增长33.2%，各类主体2021年发行碳中和债券2743亿元。逐步完善激励约束机制，开展绿色金融评价，创设推出碳减排支持工具，引导金融机构在自主决策、自担风险的前提下，向清洁能源、节能环保、碳减排技术等碳减排重点领域内的企业提供碳减排贷款。截至2021年底，通过碳减排支持工具发放再贷款资金855亿元，支持金融机构向碳减排领域发放符合要求的贷款1425亿元，带动年度碳减排2876万吨二氧化碳当量[16]。

（4）强化金融领域环境信息披露制度建设　2020年，习近平总书记主持召开中央全面深化改革委员会第十七次会议，审议并通过了《环境信息依法披露制度改革方案》，将上一年度因生态环境违法行为被追究刑事责任或者受到重大行政处罚的上市公司和发债企业确定为主体，要求其披露环境信息，规定当企业发生相关行政许可事项变更、受到环境行政处罚等对社会公众及投资者有重大影响或引发市场风险的环境行为时，应及时向社会披露相关环境信息。2021年，生态环境部印发《企业环境信息依法披露管理办法》，提出企业应当披露企业基本信息、企业环境管理信息，污染物生产、治理与排放信息、碳排放信息等相关环境信息；人民银行发布《金融机构环境信息披露指南（试行）》，推动金融机构披露环境信息。2022年，生态环境部印发实施《企业环境信息依法披露格式准则》，对年度环境信息依法披露报告和临时环境信息依法披露报告的内容与格式进行了规定。

2.3.3　完善财税价格政策

（1）建立了完善的新能源汽车财政支持政策体系　从2009年开始，国家各部门及地方政府均相继出台了对于新能源汽车进行财政补贴的相关政策，新能源汽车补贴制度极大地推动了新能源汽车产业的发展，为构建清洁低碳的产业链、促进充电桩等公共基础设施的建设奠定了基础。2020年4月，财政部等四部委联合发布的《关于调整完善新能源汽车补贴政策的通知》明确，为平缓补贴退坡力度和节奏，原则上2020—2022年补贴标准分别在上一年基础上退坡10%、20%、30%。综合技术进步、规模效应等因素，将新能源汽车推广应用财政补贴政策实施期限延长至2022年底，平缓了补贴的退坡力度和节奏。2011—2022年中国新能源汽车产业发展迅猛，产量和销量分别由 2011 年的 0.83 万辆和 0.82 万辆上升到 2022 年的 705.8 万辆和 688.7 万辆，2022 年新能源汽车市场占有率达到 25.6%。据测算，交通运输行业推广应用新能源汽车每年可减少碳排放约 5000 万吨[17]。

（2）完善绿色税收政策支持　党的十八大以来，按照绿色发展和生态文明建设的战略要求，中国积极推动税制的绿色化改革和转型，逐步构建起具有中国特色的绿色税收制度，在促进资源节约集约利用、生态环境保护、应对气候变化和推行绿色发展理念等方面发挥了积极作用。2020 年"双碳"目标提出以来，我国的绿色税收体系建设重点从减污逐步转向降碳，重点围绕绿色低碳发展，着重落实与完善节能节水、资源综合利用等税收优惠政策，以期更好发挥税收的调节和导向作用。根据国家税务总局发布的《支持绿色发展税费优惠政策指引汇编》统计，目前中国共实施 4 方面 56 项涉及支持环境保护、促进节能环保、鼓励资源综合利用、推动低碳产业发展等绿色税费政策[18]。2021 年，在上述政策基础上，完善资源综合利用的增值税政策，以及修订了环境保护、节能节水项目、资源综合利用的企业所得税优惠目录。绿色税制改革在促进节能和提高能效、调整能源结构和减少碳排放方面发挥了重要作用。据统计，2012—2021 年，中国的能耗强度累计下降 26.2%，相当于完成二氧化碳减排 29.4 亿吨[19]。在能源结构上，煤炭消费占比逐步下降，由 2012 年的 68.5% 下降到 2020 年的 56.8%，下降了 11.7 个百分点。

（3）能源价格补贴政策助推绿色低碳发展　中国能源价格改革总体上按照市场化的方向稳步推进，能源价格形成机制和补贴政策不断完善。多个省份对高耗能行业实行更严格的差别化电价政策，建立基于工业领域能耗标准的阶梯电价，对能源消耗超过限额标准的企业实行惩罚性电价，促使企业能耗指标降低，推动了碳排放强度下降和行业低碳高质量发展。逐步形成了新能源产业发展补贴政策体系，地方政府相继发布光伏电站补贴新政策，逐步建立和形成可再生能源电力与其他电源、电力用户互动共生、利益共享的市场机制[20]。大规模的"煤改电""煤改气"大幅削减了局部地区的煤炭消费量，有效减少了碳排放，如京津冀及周边"2+26"城市 2016—2019 年累计实现清洁取暖 1500 万户，减少煤炭消费 2505 万吨，净减少碳排放 1749 万吨[21]。绿色交通补贴政策助力交通绿色低碳发展。出台了允许港口企业等岸电设施运营企业收取电费政策、岸电价格支持政策，以浙江省为例，截至 2018 年底，累计完成 750 余套岸电设施建设，全省岸电使用量突破 500 万 kW·h，减少船舶碳排放 3500 多吨[22]。一些地方研究建立了与柴油货车淘汰更新相挂钩的新能源车辆推广应用财政补贴政策，多地也出台了本地的老旧柴油货车补贴方案。

2.3.4　推进市场化机制建设

（1）构建支撑全国碳市场运行的政策法规体系　积极推进立法进程，构建由部门规章、规范性文件、技术规范等组成的全国碳市场制度体系，为全国碳市场提供较高层级的政策法规保障。2021 年 2 月 1 日起施行《碳排放权交易管理办法（试行）》，建立了碳排放权登记、交易、结算、企业温室气体排放核算报告核查等配套制度，加快修订《温室气体自愿减排交易暂行办法》及相关配套技术规范，对全国碳市场运行的各个环节和相关方权责进行相应规定。2022 年，全国碳市场的主管部门生态环境部通过部门规章文件，继续深入推动碳市场的制度建设与标准完善，其中最重要的三份政策文件是《关于做好 2022 年企业温室气体排放报告管理相关重点工作的通知》《关于公开征求〈2021、2022 年度全国碳排放权交易配额总量设定与分配实施方案（发电行业）〉（征求意见稿）意见的函》和《关于印发〈企业温室气体排放核算与报告指南 发电设施〉〈企业温室气体排放核查技术指南 发电设施〉的通知》。2022 年底，生态环境部发布了《全国碳排放权交易市场第一个履约周期报告》，系统总结全国碳市场第一个履约周期的建设运行经验。此外，国务院将《碳排放权交易管理暂行条例》列入立法计划。相关政策如表 2-2 所示。

表 2-2　中国碳市场建设相关政策（2022 年）

时间	政策文件
2022.02.17	关于做好全国碳市场第一个履约周期后续相关工作的通知
2022.03.15	关于做好 2022 年企业温室气体排放报告管理相关重点工作的通知
2022.06.08	关于高效统筹疫情防控和经济社会发展 调整 2022 年企业温室气体排放报告管理相关重点工作任务的通知
2022.09.20	对十三届全国人大五次会议各项关于推动碳市场建设的建议的答复
2022.11.03	关于公开征求《2021、2022 年度全国碳排放权交易配额总量设定与分配实施方案（发电行业）》（征求意见稿）意见的函
2022.11.09	关于公开征求《企业温室气体排放核算方法与报告指南 发电设施》《企业温室气体排放核查技术指南 发电设施》意见的通知
2022.12.21	关于印发《企业温室气体排放核算与报告指南 发电设施》《企业温室气体排放核查技术指南 发电设施》的通知
2022.12.31	生态环境部发布《全国碳排放权交易市场第一个履约周期报告》

（2）碳市场建设取得积极进展和成效　中国推动全国碳市场于 2021 年 7 月 16 日正式启动上线交易，是全球覆盖排放量规模最大的碳市场。全国碳市场运行期间，市场运行平稳有序，交易价格稳中有升，促进企业减排温室气体和加快绿色低碳转型的作用初步显现，有效发挥了碳定价功能。2014—2020 年，中国每年碳排放总量在 90 亿～ 100 亿吨之间，呈现缓慢增长态势；碳配额市场年成交量则未曾突破 1 亿吨，碳配额成交量与碳排放总量的占比不高于 0.7%。随着全国碳排放权交易市场的启动，第一个履约周期共纳入发电行业重点排放单位 2162 家，实际发放配额企业 2011 家、涉 4474 台机组，年覆盖二氧化碳排放量约 45 亿吨，是欧盟碳市场第四阶段覆盖排放量的 2 倍以上，碳价总体在 40 ～ 60 元 / 吨范围内波动，平均价格为 42.8 元 / 吨，价格发现机制作用初步显现。试点省市碳排放权交易政策减排成效显著，重点排放单位履约率高，有效促进了温室气体减排，推动了省域低碳城市建设和碳普惠平台搭建 [23]。

2.4　强化实现碳达峰碳中和目标的保障能力建设

中国持续完善碳达峰碳中和目标的支撑保障，在法律法规和标准制定、碳排放统计核算监测体系建设、科技创新支撑、人才培养和能力建设等方面取得积极进展和成效，不断提升对碳达峰碳中和的支撑能力。

2.4.1　建立健全法律法规标准

（1）加快推动碳达峰碳中和相关法律法规制定与实施　在国家层面，积极推进《碳排放权交易管理暂行条例》立法进程，努力完善全国碳市场的立法保障，构建以条例为法律基础，部门规章、规范性文件、技术规范为支撑的制度体系。在部门层面，已实施《清洁发展机制项目运行管理暂行办法》《中国清洁发展机制基金管理办法》《温室气体自愿减排交易管理暂行办法》《节能低碳产品认证管理办法》《碳排放权交易管理办法（试行）》等专门部门规章。在地方立法层面，2021 年 11 月 1 日起，《天津市碳达峰碳中和促进条例》正式实施，是全国首部以促进实现碳达峰碳中和目标为立法主旨的省级地方性法规；《山西省应对气候变化办法》《青海省应对气候变化办法》《南昌市低碳发展促进条例》《石家庄市低碳发展促进条例》等地方性法规或政府规章已实施；上海、深圳出台了碳排放权交易有关专项法规[24]。这些行政法规、部门规章和地方立法的探索与实践对推进应对气候变化与生态环境保护工作、实现碳达峰碳中和目标发挥了重要作用。

（2）持续完善碳达峰碳中和相关标准体系　2021 年 10 月，中共中央、国务院印发了《国家标准化发展纲要》，提出完善绿色发展标准化保障，要求"建立健全碳达峰、碳中和标准。加快节能标准更新升级，加快完善地区、行业、企业、产品等碳排放核查核算标准，完善低碳产品标准标识制度，研究制定生态碳汇，碳捕集利用与封存标准，实施碳达峰、碳中和标准化提升工程等"。2022 年 10 月 18 日，国家市场监管总局、国家发改委等九部门联合发布《建立健全碳达峰碳中和标准计量体系实施方案》，作为国家碳达峰碳中和"1+N"政策体系的保障方案之一，明确中国碳达峰碳中和标准计量体系工作总体部署，对相关行业、领域、地方和企业开展碳达峰碳中和标准计量体系建设工作起到指导作用。在现有国家标准中，覆盖计量、能耗限额、能效、在线监测、检测、系统优化用能能量平衡、能源管理、节能量与节能技术评价、分布式能源及绩效评估等节能类国家标准 390 余项，现行强制性能耗限额与能效标准分别为 112 项和 75 项。碳排放领域涉及计量、监测、核算、管理和评估等系列标准，已发布温室气体管理相关 16 项国家标准，正在制修订的标准 30 余项[25]。在现有行业标准中，涉及绿色、节能、可再生能源、循环经济、能效、能耗、温室气体等多个领域的行业标准 700 余项，覆盖环境保护、石油天然气、煤炭、交通运输、林业等行业领域。

2.4.2　建立健全碳排放监测统计核算体系

（1）碳监测评估试点取得阶段性成果　2021 年 9 月，生态环境部发布《碳监测评估试点工作方案》，聚焦重点行业、城市和区域开展碳监测评估试点，探索推动建立碳监测评估技术方法体系，发挥示范效应。行业层面，积极开展监测和核算数据比对，已分析 709 组自然月自动监测小时数据，完成 64 万个场站泄漏监测。在抓试点推进方面，城市层面，从无到有建设温室气体监测网络，已建成 26 个高精度、90 个中精度监测站点。区域层面，实施部分国家空气背景站高塔采样系统升级改造，开展全国及重点区域温室气体立体遥感监测。试点已取得阶段性成果：一是初步证实 CO_2 在线监测具有较好应用前景，火电和垃圾焚烧行业 CO_2 在线监测法与核算法结果整体可比，成本也相当，有的还能减轻企业负担。二是通过开展"卫星＋无人机＋走航"综合监测，油气田开采行业初步建立了 CH_4 泄漏识别技术方法，可应用于生产环节检测。三是利用卫星遥感监测数据，对全球主要城市 / 地区温室气体浓度时空变化进行分析研究，初步了解了全球 CO_2 和 CH_4 浓度及其时空分布状况[26]。

（2）有序推进碳排放统计核算工作　2021 年 8 月，中国成立碳排放统计核算工作组，已初步建立涵盖国家、地方、行业、企业、设施、产品等多层级碳排放统计核算体系。组织开展了电力、钢铁、水泥等重点排放行业重点排放单位 2013—2021 年碳排放核算报告工作，相关企业组建了专业碳排放管理机构，建设碳排放管理信息系统，开展碳排放核查工作。2022 年 4 月 22 日，国家发改委、国家统计局、生态环境部印发《关于加快建立统一规范的碳排放统计核算体系实施方案》，提出建立全国及地方碳排放统计核算制度、完善行业企业碳排放核算机制、建立健全重点产品碳排放核算方法、完善国家温室气体清单编制机制四大重点任务。

2.4.3　强化科技创新支撑

《科技支撑碳达峰碳中和实施方案（2022—2030 年）》出台以来，上海、江苏、安徽、河北、内蒙古等多个地方政府纷纷出台地方科技支撑碳达峰碳中和实施方案，其中，煤炭清洁高效利用、可再生能源、氢能、储能、智慧电网、可控核聚变、碳捕集利用与封存、工业流程再造、生态碳汇、碳排放监测等技术成为各地重点发力方向。国家推进开展低碳零碳负碳重大科技攻关，组织实施"可再生能源技术""碳达峰碳中和关键技术研究与示范"等重点专项，围绕能源、工业、建筑、交通运输等领域进行低碳零碳负碳关键技术攻关研发。支持中央企业布局研发先进核电、清洁煤电、先进储能等一批攻关任务，积极开展煤炭清洁高效利用科研攻关，推进建设煤炭清洁高效利用和二氧化碳捕集利用与封存（CCUS）等原创技术"策源地"，支持电力企业建成国内最大规模 CCUS 全流程示范工程。科技创新支撑能源结构不断优化，近十年来通过科技创新，风电、光伏逐步进入平价时代，陆上风电项目发电单位千瓦平均造价下降 30%，光伏组件、光伏系统成本分别从 30 元/W 和 50 元/W 下降到目前的 1.8 元/W 和 4.5 元/W，均下降 90% 以上[27-28]。不断发展低碳技术，推动传统能源工业的科技革新，大力推广超临界、超超临界机组及热电联供技术，国家能源集团有 98% 的常规煤电机组实现超低排放，新建机组发电煤耗降至 256g/ 千瓦时，为世界最低[29]。

专栏 2-3　内蒙古自治区以科技创新支撑"双碳"目标实现[30]

2022 年以来，内蒙古自治区科技厅按照自治区党委、政府总体部署，以充分发挥科技创新支撑为指引，促进自治区重点行业和领域绿色低碳技术创新突破，推动绿色低碳循环发展。

一是研究制定《内蒙古自治区碳达峰碳中和科技创新实施方案》。按照自治区碳达峰碳中和"1+N+X"政策体系部署，组织编制《内蒙古自治区碳达峰碳中和科技创新实施方案》，立足内蒙古资源禀赋、产业特点、碳排放特征等实际情况，聚焦低碳、零碳、负碳技术创新，加强关键技术攻关、科技成果转化应用，实施关键核心创新、先进技术成果转化、创新平台建设、创新主体培育、科创人才培养等科技行动，推动国家重要能源和战略资源基地向高端化、低碳化发展。

二是加大传统产业关键核心技术攻关。围绕解决自治区能源、新能源高效利用和电力、钢铁、化工、有色、交通、建材等碳排放量高、碳排放量大的重点行业领域产业链上各个重点环节的技术难点堵点问题，加大关键核心技术支持力度。将风电、光伏装备、可再生能源高效利用技术、大规模储能技术和氢能制、储、运、用一体化关键技术开发及应用示范作为科技重大专项支持重点。

三是实施"双碳"科技创新重大示范工程。为扎实推进"双碳"科技创新工作，自治区科技厅同步组织编制实施方案、制定技术路线图、启动实施"双碳"科技创新重大示范工程（2022—2025 年），推进重点任务落地落实。2022 年，重点围绕新能源与新型电力系统、煤炭清洁高效利用、传统优势产业节能降碳等重点领域，组织实施双碳领域"揭榜挂帅"项目 12 项，投入经费 1.49 亿元。稳定支持正在实施的先进飞轮储能、压缩空气储能、电力冶金行业 CO_2 减排技术集成、CO_2 制芳烃等 22 项科技重大项目。

四是加强"双碳"领域创新平台建设。重点通过建设自治区重点实验室、打造自治区企业研究中心和新型研发机构，提升相关领域创新平台支撑能力。目前，围绕相关领域建设 33 家企业研发开发中心；依托内蒙古工业大学、内蒙古东源科技有限公司、内蒙古伊泰煤基新材料研究院有限公司，新建成"内蒙古自治区煤基固废高效循环利用重点实验室""内蒙古自治区清洁煤基乙炔技术企业重点实验室"和"内蒙古自治区煤基新材料企业重点实验室"3 家自治区级重点实验室。

五是积极培育"双碳"领域企业创新主体。培育涉及能源与节能、资源与环境、煤基新材料等领域高新技术企业 500 余家，企业发展质量明显提升，成为支撑产业发展的重要力量。制定了《内蒙古自治区科技领军企业认定管理办法（实行）》，将在能源、煤炭清洁利用等重点领域培育一批领军企业，并给予专项资金支持，引导企业提升创新能力。2022 年，给予 252 家高新技术企业科研经费奖励 7560 万元，对全区 652 家企业下达研发投入后补助资金 1.63 亿元，激发了企业创新活力。

2.4.4　加强人才培养和能力建设

2022 年 4 月 24 日，教育部印发《加强碳达峰碳中和高等教育人才培养体系建设工作方案》，从加快紧缺人才培养、促进传统专业转型升级、加强高水平教师队伍建设等 9 个方面，明确 22 条主要任务和重点举措，对加强新时代碳达峰碳中和各类人才培养和能力建设提出了新要求。《科技支撑碳达峰碳中和实施方案（2022—2030 年）》提出推动国家绿色低碳创新基地建设和人才培养，培养和发展壮大碳达峰碳中和领域战略科学家、科技领军人才和创新团队、青年人才和创新创业人才，建设面向实现碳达峰碳中和目标的可持续人才队伍。2021 年 3 月，中国增列"碳排放管理员"作为国家职业分类大典第四大类新职业。工信部教育中心启动碳达峰碳中和职业能力人才培养工程，从"碳监测管理技术""碳排放管理技术""碳资产管理技术""碳交易管理技术"四个方面进行系统性培训，为"双碳"目标的实现提供人才支撑和智力支撑。各地陆续开展了"双碳"能力建设专项培训会，围绕碳达峰碳中和政策、能源转型发展以及节能减排技术等方面展开全面系统的培训，加深人们对"双碳"基础知识及其实现路径的理解。

思考题

1. 查阅资料，说一说中国在全球气候治理中作出了哪些积极贡献？
2. 碳达峰碳中和工作的主要任务是什么？
3. 《2030 年前碳达峰行动方案》中的十大行动是什么？
4. "双碳"政策众多，选一篇你印象最深的文件，谈谈你对它的理解。

参考文献

［1］诸大建．可持续性科学：基于对象—过程—主体的分析模型［J］．中国人口·资源与环境，2016，26（07）：1-9.

［2］庄贵阳，窦晓铭．新发展格局下碳排放达峰的政策内涵与实现路径［J］．新疆师范大学学报（哲学社会科学版），2021（06）：1-10.

［3］庄贵阳，窦晓铭，魏鸣昕．碳达峰碳中和的学理阐释与路径分析［J］．兰州大学学报（社会科学版），2022，50（01）：57-68.

［4］谭显春，郭雯，樊杰，等．碳达峰、碳中和政策框架与技术创新政策研究［J］．中国科学院院刊，2022，37（04）：435-443.

［5］柴麒敏，徐华清．基于IAMC模型的中国碳排放峰值目标实现路径研究［J］．中国人口·资源与环境，2015（06）：37-46.

［6］刘长松．积极稳妥推进碳达峰碳中和政策实施［J］．鄱阳湖学刊，2022（06）：5-18+123.

［7］UNFCCC．China's Achievements New Goals and New Measures for Nationally Determined Contributions［EB/OL］．（2021-10-28）［2023-03-10］．https://unfccc．int/NDCREG.

［8］UNFCCC．China's Mid-Century Long-Term Low Greenhouse Gas Emission Development Strategy［EB/OL］．（2021-10-28）［2023-03-10］．https://unfccc．int/process/the-paris-agreement/long-term-strategies.

［9］孙永平，张志强．新时代十年我国气候治理的成功实践与宝贵经验［J］．国家治理，2022（17）：11-19.

［10］中华人民共和国中央人民政府．国务院新闻办就《新时代的中国绿色发展》白皮书有关情况举行发布会［EB/OL］．（2023-01-09）［2023-03-10］．http://www.gov.cn/xinwen/2023-01/19/content_5738096.htm.

［11］中华人民共和国国家发展和改革委员会．能源绿色低碳转型行动成效明显——"碳达峰十大行动"进展（一）［EB/OL］．（2022-11-30）［2023-03-10］．https://www.ndrc.gov.cn/fggz/hjyzy/tdftzh/202211/t20221130_1343067.html.

［12］国家统计局．建筑业高质量大发展 强基础惠民生创新路——党的十八大以来经济社会发展成就系列报告之四［EB/OL］．（2022-09-19）［2023-03-10］．http://www.stats.gov.cn/xxgk/jd/sjjd2020/202209/t20220920_1888501.html.

［13］中华人民共和国国家发展和改革委员会．循环经济助力降碳行动扎实推进——"碳达峰十大行动"进展（四）［EB/OL］．（2022-11-30）［2023-03-15］．https://www.ndrc.gov.cn/fggz/hjyzy/tdftzh/202211/t20221130_1343070.html.

［14］中华人民共和国国务院新闻办公室．《新时代的中国绿色发展》白皮书［EB/OL］．（2023-01-09）［2023-03-15］．http://www.scio.gov.cn/m/zfbps/32832/Document/1735706/1735706.htm.

［15］梁小碧．气候投融资的深圳样本［J］．小康，2023（03）：72.

［16］中华人民共和国生态环境部．生态环境部发布《中国应对气候变化的政策与行动2022年度报告》［EB/OL］．（2022-10-27）［2023-03-15］．https://www.mee.gov.cn/ywdt/xwfb/202210/t20221027_998171.shtml.

［17］中华人民共和国中央人民政府．力争2030年前实现碳达峰，2060年前实现碳中和——打赢低碳转型硬仗［EB/OL］．（2022-10-27）［2023-03-15］．http://wwwgov.cn/xinwen/2021-04/02/content_5597403.htm.

［18］徐歌．"双碳"目标下我国税收体系绿色化研究［J］．湖南税务高等专科学校学报，2023，36（01）：11-17.

［19］许文．我国绿色税制的改革进展、趋势与方向［J］．财政科学，2023（01）：26-34.

［20］董战峰，葛察忠，毕粉粉，等．碳达峰政策体系建设的思路与重点任务［J］．中国环境管理，2021，13（06）：106-112+60.

［21］金台资讯．《能源透视：居民供暖"高碳模式"面临挑战》［EB/OL］．（2021-02-03）［2023-03-15］．https://baijiahao.baidu.com/s?id=1690635458530905386&wfr=spider&for=pc.

［22］浙江港航．《浙江省港口岸电建设继续走在全国前列》［EB/OL］．（2019-04-17）［2023-03-15］．https://www.sohu.com/a/308582353_821596.

［23］陈星星．中国碳排放权交易市场：成效、现实与策略［J］．东南学术，2022（04）：167-177.

［24］常纪文，田丹宇．应对气候变化法的立法探究［J］．中国环境管理，2021，13（02）：16-19.

［25］中国标准化研究院资源环境研究分院．碳达峰碳中和标准体系建设进展报告［R］．北京：中国标准化研究院资源环境研究

　　分院，2021.

［26］中华人民共和国生态环境部. 生态环境部召开 1 月例行新闻发布会［EB/OL］.（2023-01-17）［2023-03-15］. https://www.
　　　　mee.gov.cn/ywdt/zbft/202301/t20230117_1013623.shtml.

［27］中国光伏行业协会. 中国光伏产业发展路线图（2020 年版）［EB/OL］.（2021-02-03）［2023-03-15］. http://www.chinapv.org.
　　　　cn/road_map/927.html.

［28］刘仁厚，王革，黄宁，等. 中国科技创新支撑碳达峰、碳中和的路径研究［J］. 广西社会科学，2021（08）：1-7.

［29］姜琳. 国家能源集团：常规煤电机组 98% 实现超低排放［EB/OL］.（2019-05-21）［2023-03-15］. http://www.nea.gov.
　　　　cn/2019-05/21/c_138076983.htm.

［30］中华人民共和国科学技术部. 内蒙古自治区科技厅：以科技创新支撑"双碳"目标实现［EB/OL］.（2022-12-16）［2023-
　　　　03-15］. https://www.most.gov.cn/dfkj/nmg/zxdt/202212/t20221216_183950.html.

第3章

碳循环与碳减排的科学基础

　　碳是一切生物体中最基本的成分，有机体干重的 45 % 以上为碳，全球 99.9 % 的碳以碳酸盐形式禁锢在岩石圈和化石燃料中。而在大气圈库、水圈库和生物库中，碳在生物和无机环境之间迅速交换，容量小并且活跃，从而起着交换作用。生物可直接利用的碳是水圈和大气圈中以二氧化碳（CO_2）形式存在的碳，所有生命的碳源均是 CO_2。

　　碳循环及全球变暖已成为影响气候变化、人类生存环境和经济安全发展的重大问题，引起全球重视。工业革命以来，化石燃料的使用加速了地质碳库中碳参与短期碳循环，同时林地和草原开垦等土地利用增加的 CO_2 排放量，会加重大气的负担。

　　本章着重介绍碳的形态及其转化、生态系统中碳循环的科学基础，对碳循环中碳排放，特别是工业碳排放与温室气体的问题形成及其控制对策进行系统阐述，为碳排放控制和碳利用发展提供参考。

3.1　碳的形态及其转化

3.1.1　碳单质及其性质

　　碳是一种非金属元素，以多种形式广泛存在于大气、土壤、植被和地壳中，是人类最早接触的元素之一，也是人类利用最早的元素之一[1]。碳在古代燃素理论的发展中起了重要作用。拉瓦锡 1789 年编制的《元素表》中碳作为元素首次出现。

　　碳元素约占生物体干重的 49 %，是有机化合物的"骨架"。碳的克拉克值❶只占地壳重量很低的比例，为总重量仅 1.28 % 的 84 种元素之一，但它在地球生命物质的平均含量中却排名第 2。碳在无机环境和生态群落之间主要以 CO_2 形式交换，在生态群落之间以含碳有机物的形式循环。换句话说，地球表层系统里的碳循环，主要是碳在有机和无机世界里的转移，呈不同形式出现（表 3-1），即氧化和还原之间的变化。

表 3-1　碳的赋存形态

环境类型	环境性质		
	还原	中性	氧化
大气（与气溶胶）	CH_4	烟煤	CO_2
海洋	溶解有机碳、颗粒有机碳	—	溶解无机碳、CO_2、H_2CO_3、HCO_3^-、CO_3^{2-}
沉积物	烃类、有机碳	黑炭	碳酸盐

❶ 克拉克值：每一种化学元素在地壳中所占的平均比值。

续表

环境类型	环境性质		
	还原	中性	氧化
地幔	—	金刚石	火成碳酸岩
地核	Fe_xC_x	—	—

碳在自然界中分布很广，以化合物形式存在的碳有煤、石油、天然气、动植物体、石灰石、白云石、CO_2 等。碳单质很早就被人认识和利用。单质碳在自然界有四种同素异形体，分别为金刚石、石墨、无定形碳和碳原子簇。金刚石和石墨早已被人们所知，拉瓦锡做了燃烧金刚石和石墨的实验后，确定这两种物质燃烧均会产生 CO_2，因而得出结论，即金刚石和石墨中含有相同的"基础"，称为碳。

（1）金刚石　金刚石是自然界最硬的矿石和物质。在所有单质中，金刚石的熔点最高，达 3823K。室温下金刚石对所有化学试剂都显惰性，但在空气中加热到 1100K 左右时能燃烧成 CO_2。在金刚石晶体（图 3-1）中，碳原子按四面体成键方式互相连接，组成无限的三维骨架，是典型的原子晶体。每个碳原子都以 sp^3 杂化轨道与另外 4 个碳原子形成共价键，构成正四面体。由于金刚石中的 C—C 键很强，所有的价电子都参与了共价键的形成，没有自由电子，因此金刚石硬度大，熔点极高，且不导电。在工业上，金刚石主要用于制造钻探用的探头和磨削工具，形状完整的还用于制造首饰等高档装饰品，价格昂贵。

（2）石墨　由于石墨层中有自由电子存在，石墨的化学性质比金刚石稍显活泼。石墨是世界上最软的矿石，密度比金刚石小，熔点为 3773K。石墨晶体结构见图 3-2，碳原子以 sp^2 杂化轨道和邻近的三个碳原子形成共价单键，构成六角平面的网状结构，这些网状结构又连成片层结构。层中每个碳原子均剩余一个未参加 sp^2 杂化的 p 轨道，其中有一个未成对的 p 电子，同一层中这种碳原子中的 m 电子形成一个 m 中心 m 电子的人 π 键。这些离域电子可以在整个碳原子平面层中活动，所以石墨具有层向的良好导热性质。同时，石墨的层与层之间是以分子间力结合起来的，因此石墨容易沿着与层平行的方向滑动、裂开。

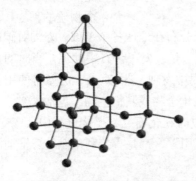

图 3-1　金刚石结构

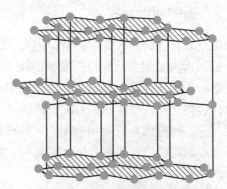

图 3-2　石墨结构

（3）无定形碳　当隔绝空气加热含碳的化合物时，碳从这些化合物中呈黑色物质析出，即无定形碳（如木炭、焦炭、骨炭等）。把无定形碳隔绝空气加热到 2900～3300K，碳原子的排列变成有规则的石墨层状结构，这就是人造石墨。在压力为 6GPa、温度为 1800K 时，石墨转变为金刚石。人造金刚石晶体较小，透明度差，但其硬度与天然金刚石相同，因此不影响其工业用途，可用作钻头、摩擦剂和拉金属丝的模具等。

（4）碳原子簇　碳原子簇是一种由多个碳原子通过化学键连接形成的稳定结构。其中，C_{60} 是由 60 个碳原子组成的一种球状稳定碳分子，具有超导性、强磁性、耐高压、抗化学腐蚀等特性，在光、电、磁等领域有广阔的应用前景。C_{60} 空心球状结构如图 3-3 所示。球心到每个碳原子中心的平均距离为 350pm，球面上有 60 个顶点，90 条棱，由 12 个五边形、20 个六边形组成 32 面球体（或称截角二十面体），60 个碳原子全部等价。C_{60} 的成键特征比金刚石和石墨更为复杂，其杂化轨道处于 sp^2 和 sp^3 之间。这是由于 C_{60} 分子球状表面的弯曲效应和五元环的存在引起了其杂化轨道的改变。在 C_{60} 分子中，每个碳原子与相邻的三个碳原子相连，剩余的未参加杂化的一个 p 轨道在 C_{60} 球壳的外围和内腔形成球面大 π 键，从而具有芳香性。

图 3-3　C_{60} 空心球状结构

除了 C_{60}，还有其他种类的碳原子簇，如 C_{32}、C_{44}、C_{70} 等，这些都属于富勒烯家族，富勒烯因其独特的结构而被称为碳原子簇。

3.1.2　碳形态转化途径

地球系统可被看作是一个进行新陈代谢的大有机体：生物圈在夏季吸入 CO_2，冬季呼出 CO_2，导致大气中的 CO_2 浓度呈现出夏季减少、冬季增加的季节变化。在过去几千年中，地球系统这种新陈代谢基本上一直处于动态平衡状态。在动态平衡状态下，尽管碳循环过程一直在进行，但碳物质的库容量基本保持不变。

自然界中存在单质碳与碳化合物两种形式，而被人类使用更多的是碳化合物，比如人们目前赖以发展的化石燃料。将化石燃料燃烧时，碳的形式会发生变化，一部分仍以固态形式存在，另一部分会产生 CO_2 或 CO 及其他气态碳化合物。若碳完全燃烧，最终的形式仍然是 CO_2。

3.1.3　碳的利用途径

碳及其化合物与人类发展密切相关。碳资源广泛分布在地球各个领域。人类对碳的认识可追溯到远古时期。从周口店发掘的距今 50 万年前"北京人"化石中发现，当时的人类已经能进行生活、狩猎和使用火。从遗迹中的燃烧灰烬中发现，"北京人"已懂得使用含碳有机物作燃料。化石燃料亦称为矿石燃料，是一种碳氢化合物或其衍生物，包括煤炭、石油和天然气等。化石燃料的运用使工业大规模发展，发电时在化石燃料燃烧过程中会产生能量，从而推动涡轮机产生动力。很多发电站采用燃气涡轮引擎，都是直接利用燃气来推动涡轮机工作。

碳资源除了用作化石燃料外，在人类社会还有其他利用形式。测量谷物中 C^{14} 含量，可以得知其年代，石墨可以直接用作炭笔，也可与黏土按一定比例混合做成不同硬度铅芯。金刚石除装饰外，还可使切削用具更锋利；无定形碳因其极大表面积被用来吸收毒气、废气。富勒烯和碳纳米管则对纳米技术的发展极为有用。

3.2 CO_2 的性质及利用途径

3.2.1 CO_2 的性质

单质碳或含碳化合物经过各种反应途径大都能转化为 CO_2。CO_2 是大气组成的一部分（占大气总体积的 0.03% ～ 0.04 %），在自然界中含量丰富，其产生途径主要有以下几种：①有机物在分解、发酵、腐烂、变质过程中释放 CO_2；②石油、石蜡、煤炭、天然气燃烧过程中释放 CO_2；③石油、煤炭在生产化工产品过程中释放 CO_2；④所有粪便、腐殖酸在发酵和熟化过程中释放 CO_2；⑤绝大多数生物在呼吸过程中吸入 O_2 后呼出 CO_2。

CO_2 是不可燃的无机物，一般无毒性，属酸性氧化物，具有酸性氧化物的通性，其中碳元素的化合价为 +4 价，处于碳元素的最高价态，故 CO_2 具有氧化性，但氧化性不强。

原始社会时期，原始人在生活实践中已感知到 CO_2 的存在，3 世纪时，中国西晋时期的张华（232 ～ 300 年）在所著的《博物志》中记载一种利用煅烧白石（$CaCO_3$）生产白灰（CaO）过程中产生的气体，这种气体便是如今工业上用作生产 CO_2 的石灰窑气。17 世纪初，比利时医生海尔蒙特发现木炭燃烧之后，除产生灰烬外还产生一些看不见、摸不着的物质，烛火在其中会自然熄灭，证实这种物质是一种不助燃的气体。不久后德国化学家霍夫曼首次推断出 CO_2 水溶液具有弱酸性。1772 年，拉瓦锡测出了 CO_2 的元素组成：碳 23.5% ～ 28.9%，氧 71.1% ～ 76.5%。空气中 CO_2 是含碳元素的主要气体，也是碳元素参与物质循环的主要形式。绿色植物从空气中获得 CO_2，经过光作用转化为葡萄糖，再综合成为植物体的碳化合物，经过食物链的传递，成为动物体的碳化合物。动植物的呼吸作用把摄入体内的一部分碳转化为 CO_2 释放入大气，另一部分构成生物的机体或在机体内贮存。动、植物死后，残体中的碳通过微生物的分解作用也成为 CO_2 而最终排入大气。

3.2.2 CO_2 的转化

CO_2 是直线形分子，具有对称结构。尽管 CO_2 具有两个极性 C=O 双键，但其分子因具有对称性而呈非极性。早期研究认为 CO_2 是配位能力较弱的配体，很难通过配位活化，随着研究深入，人们逐渐发现 CO_2 分子也具有一定配位能力，能够与某些过渡金属和有机分子以多种方式配合。CO_2 分子具有两个活性位点，其碳原子具有 Lewis 酸性，可以作为亲电试剂；而其两个氧原子则显示弱 Lewis 碱性，可作亲核试剂（图 3-4）。CO_2 化学转化大多需要至少一种形式的 CO_2 配位活化，或者是亲电配合（与其氧

$$CO_2 + NuH(M) \longrightarrow Nu\overset{O}{\underset{}{\text{—C—}}}O\text{—}H(M)$$

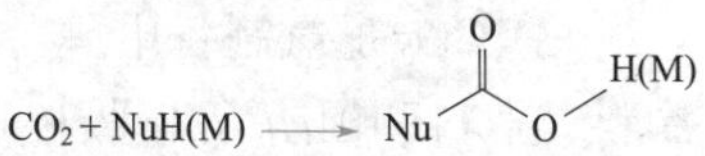

图 3-4 Lewis 酸碱协同酸化

原子配位），或者是亲核配合（与其碳原子配位），也可以是两者兼有（与其碳、氧原子同时配位）。另外，CO_2 的 π 电子还可与过渡金属空 d 轨道发生 Dewar-Chatt-Duncanson 配合作用。一旦 CO_2 的分子轨道通过电子转移被占据（与过渡金属配位或受激发而得失电子），直线型的 CO_2 分子将转变为弯曲结构。

虽然 CO_2 具有很高的热力学稳定性，其化学活化转化需要大量能量，但通过建立适当的催化体系或活化转化策略，可实现 CO_2 转化为化学品、能源产品或高分子材料。迄今，在发展 CO_2 化学转化新方法和相关技术基础上，研究获得了一系列高附加值化学品[2]，包括氨基甲酸酯、环状碳酸酯、碳酸二甲酯、芳香/脂肪羧酸、异氰酸酯、甲醇、甲酸等，以及基于

CO_2 的聚合物材料，如聚碳酸酯、聚氨酯、聚脲等。虽然 CO_2 的化学转化途径和产物多种多样，但目前实现工业生产的仅限于尿素、水杨酸、环状碳酸酯等几种产品，其中尿素生产占最大份额。当前正处于实验室研发阶段、有工业化前途的转化路线包括 CO_2 与环氧化物反应生产环状碳酸酯、加氢制甲酸和甲醇，以及 CO_2 和乙烯反应合成工业原料丙烯酸等。目前，CO_2 的年资源化利用量仅有 1 亿吨左右，远远小于其排放量，CO_2 化学利用还面临产品结构单一和转化效率低等问题，更大规模 CO_2 资源化利用技术的发展取决于相关科学和技术的突破。将 CO_2 高效转化为能源产品、重要化学品和材料，拓展 CO_2 的转化利用途径，开发 CO_2 转化新技术，将是一项长期的重要工作。

（1）CO_2 加氢制备甲酸　以 CO_2 为碳源，经还原反应制备甲酸或甲酸酯的工艺日渐成为化学研究的热点，也成为 CO_2 利用的重要途径之一。CO_2 加氢制甲酸的反应方程式为 $CO_2+H_2 \longrightarrow HCOOH$，反应机理见图 3-5。研究该反应的目的包括：一是对于如何将热力学上稳定的惰性分子 CO_2 进行活化具有理论价值；二是 CO_2 加氢转化为甲酸的反应也是无机物转化为有机物的反应；三是可以将 CO_2 转化为具有广泛用途的甲酸及其衍生物；四是制备的甲酸是重要的液态储氢原料，可实现将气态氢转化为液态氢的目的，便于储存和运输，而甲酸在一定条件下又可分解释放出氢气，进而实现能量循环。

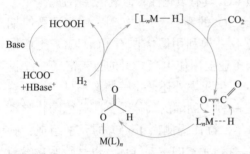

图 3-5　CO_2 加氢合成甲酸的均相催化反应机理

（2）CO_2 转化为 CO　CO 是一种重要的气体工业原料，由 CO 可以制备几乎所有的液体燃料或基础化学品。将低值 CO_2 转化为 CO 是 CO_2 高值利用的重要途径，从节约资源和能源的角度考虑，是生产 CO 的绿色途径。CO_2 转化为 CO 包括 CO_2 高温裂解和 CO_2 还原两类方法，高温裂解法是指通常在 1300～1600 ℃高温条件下首先使氧载体热分解，释放 O_2；还原态的氧载体在较低温度下与 CO_2 反应产生 CO，同时氧载体被氧化再生，并进入第一步反应实现循环，通过两步反应可连续地将 CO_2 裂解成为 CO 和 O_2。CO_2 加氢制 CO 包括热催化还原、光催化还原或电催化还原三条途径。其中，CO_2 转化为 CO 的有效方法称为逆水煤气变换反应。

（3）CO_2 加氢制备甲醇　甲醇是基本有机化工原料，广泛用于有机合成、医药、农药、涂料、染料和国防等工业中。CO_2 加氢生产甲醇的生产过程采用可再生能源，不但大幅降低了 CO_2 的排放，又能实现碳资源的可循环再生利用。CO_2 制备甲醇的途径主要分为两种：一是 CO_2 经逆水煤气变换反应得到 CO 后，CO 加氢得到反应中间体羧基（HOCO*），随后继续加氢后得到甲醇。二是 CO_2 在催化活性位点直接活化后加氢，得到反应中间体甲酸盐（HCOO*），而后继续加氢转化为 CH_3OH。通过氢转移机制，在微量 H_2O 的存在下，CO_2 加氢成 COOH* 在动力学上比 HCOO* 更有利。然后将 COOH* 经由 COHOH* 中间体转化为 COH*，进行几个连续的氢化步骤以形成 HCOH*、H_2COH* 和甲醇，具体反应机理过程如图 3-6 所示。CO_2 加氢制甲醇反应副反应较多，反应较为复杂，也是当前甲醇研究的热点。

（4）CO_2 转化为合成气　将 CO_2 转化为合成气可实现碳循环利用，在解决环境问题的同时，协同突破资源与能源的碳中和的瓶颈问题。合成气是化学工业生产中的一类重要原料。不同氢碳比（H_2/CO）的合成气在化学合成中有着不同的应用。合成气的生产主要采用天然气催化重整和煤气化工艺，高度依赖化石原料，造成了环境和能源的双重压力。利用 CO_2 与甲烷或氢气通过热催化，可大规模生产合成气，实现化石能源低碳利用；其次，CO_2 电化学还原与水电解制氢耦合，在常温常压下将其成功转化成不同氢碳比合成气是一种清洁高效的生产方法；最后，利用清洁可再生太阳能通过光催化将 CO_2 还原为合成气是一种绿色环保的新方法。

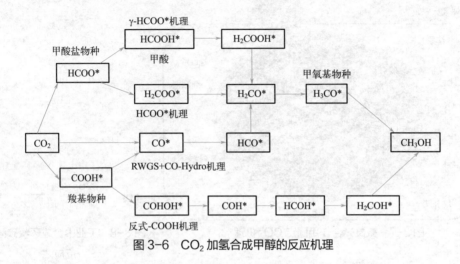

图 3-6　CO_2 加氢合成甲醇的反应机理

（5）CO_2 矿化反应合成碳酸盐　1990 年，Seifritz 提出了 CO_2 矿化反应的概念，该矿化反应主要以岩石风化吸收 CO_2 的过程作为基础，进行模拟并加快反应进程，即水与 CO_2 反应生成 HCO_3^- 和 CO_3^{2-}，再与碱性矿物中和，固定 CO_2 生成固态碳酸盐的过程。目前，矿化反应实现方式主要分为 4 种：

① 直接碳化：将碱性浆料 / 混合物与 CO_2 放在单一反应器中反应。

② 间接碳化：先通过多个反应步骤获取与生产碳酸钙有关的离子，再进行碳化反应。

③ 碳化养护：通过加快混凝土中水化矿物的反应进程增强混凝土强度及其对环境中不利因素的抵抗力。

④ 电化学矿化：即电化学电池在产生氢的同时使 CO_2 发生矿化反应。

（6）CO_2 生物转化　CO_2 生物转化是通过光合作用，采用生物固碳技术将 CO_2 转化为绿色植物和微藻生物赖以生存的碳源，进而实现 CO_2 减排的目的。在生物固碳领域，微藻是高效实现 CO_2 生物转化的典型代表，其繁殖速度快、光合效率高及环境适应性强，可将吸收的 CO_2 在叶绿体内合成自身所需的单糖等碳水化合物，如图 3-7 所示。单糖在微藻细胞内可继续转化为中性甘油三酯（TAG）、羧酸、不饱和脂肪酸等有机生物肥料供人类养殖饲料、生物医药等行业使用。

（7）CO_2 催化转化合成化学品　CO_2 与烯烃、环烷烃、氨基等具有 C—N、C═C、C—O 等结构的化合物可通过不同催化技术合成碳酸酯、酰胺类、羧酸类化合物。加成反应是有双键或三键（不饱和键）分子参与，两个或多个分子互相作用，不饱和键打开，生成一个加成产物的反应。偶联反应，是由两个有机化学单位进行某种化学反应而得到一个有机分子的过程，可以表示成 2A → B 的形式。环状碳酸酯作为一种有经济竞争力和实际用途的化学中间体可广泛用于有机合成高分子可降解医用材料、分散剂、增塑剂等。由 CO_2 与多种环氧化合物发生环加成偶联反应可制得各类环状碳酸酯，该生产方法绿色环保，无副产物，因此原子经济性高。工业中常通过 CO_2 与环氧化物（如环氧乙烷或环氧丙烷）偶联生成环状碳酸酯[3]。反应过程见图 3-8。

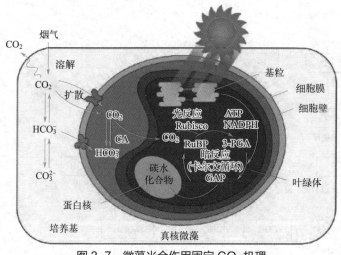

图 3-7　微藻光合作用固定 CO_2 机理

图 3-8　工业中合成环状碳酸酯的反应式

3.3　生态系统的碳循环

3.3.1　碳循环概要

（1）生态系统的物质循环　构成生命成分的主要元素有 40 余种，这些元素保证生命活动的正常进行。它们主要从地球的大气圈、水圈和土壤岩石中获取，由生物活动的环境中进入生物体，经过生产者、消费者、分解者的作用返回到环境中，然后被生物再次吸收，组成生态系统的物质循环。

生态系统的物质循环又叫生物地球化学循环，是指在生态系统中，组成生物体的 C、H、O、N、P、S 等化学元素，不断进行着从无机环境到生物群落，又从生物群落回到无机环境的循环过程。

（2）物质循环类型　物质循环分为水循环、气体型循环和沉积型循环三种类型。

① 水循环。水循环是指自然界中的水圈、大气圈、生物圈、岩石圈四大圈中通过各个环节连续运动的过程。水的主要循环路线是从地球表面通过蒸腾作用进入大气圈，同时又不断通过降水从大气圈返回地球表面。每年地球表面的蒸发量与全球降水量是相等的。因此，这两个相反的过程能够处于一种平衡的状态。水循环对于生态系统具有非常重要的意义，任何生物的生命活动都离不开水，水携带着大量的矿质元素在全球周而复始地循环，极大地影响着各类营养元素在地球的分布。此外，水还有调节大气温度等重要作用。

② 气体型循环。C、N 等元素的主要储存库是大气，所以这些元素的循环属气体型循环。在气体型循环中，物质的主要储存库是大气和海洋，循环过程与大气和海洋密切相关，具有明显的全球性，循环性能也最为完善。属于气体型循环的物质，其分子或某些化合物常以气

体形式参与循环过程。

③ 沉积型循环。P、S、Ca、K、Na、Mg、Fe 等元素的主要储存库是土壤、沉积物及地壳，属沉积型循环。这些物质主要是通过岩石的风化和沉积物的分解，转变为可以被生物利用的营养物质，转化的速率较为缓慢，而海底沉积物转化为岩石圈成分是一个更缓慢的过程，时间要以数千年计。由于这些物质不是以气体形式参与循环的，因此，沉积型循环的全球性不像气体型循环表现那么明显。

（3）碳循环　碳是地球上最为重要的环境要素，在地球演化和生命起源的历史长河中扮演着非常重要的角色。碳的主要循环形式是从大气的 CO_2 库开始，经过生产者的光合作用，碳被固定后生成糖类，经由消费者和分解者，在呼吸和残体腐败分解后，再回到大气碳库中。碳被固定后始终与生态系统的能量流动密切结合在一起，其中生产力的高低也是以单位面积中碳的含量来衡量的。

碳循环一般分为两类，一类是地质大循环：碳元素（主要 CO_2）在大气、海洋及生物圈之间转移和交换的过程；另一类是生物小循环：绿色植物（生产者）在光合作用时从大气中取得碳，合成糖类，再经由消费者和分解者，通过呼吸作用和残体腐烂分解，碳又重新返回大气的过程[4]。以下将讨论发生在地球系统各子系统（大气、海洋、陆地生态系统，图 3-9）内部的碳循环过程，包括地质大循环和生物小循环的介绍。

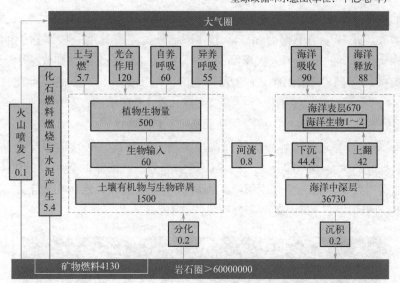

资料来源：《中国气象百科全书·气象预报预测卷》（数字来自IPCC第三次评估报告，2001）

图 3-9　碳循环的过程

① 大气内部碳循环。大气内部碳循环过程包括发生在大气内部的物理过程和与含碳气体有关的大气化学过程。前者决定碳浓度及其时空变化，但对大气碳库储存能力没有本质影响，故不予论述。后者，特别是大气的氧化效率或自净能力决定着大气碳库大小，因而予以重点讨论。研究表明，·OH（羟基自由基）在清除由人类和自然排入大气的所有气体中起着重要作用。在没有人类活动干预下，自然大气中的大气化学过程基本处于动态平衡状态（即来自生物圈的含碳物质如 CO_2、CH_4 与大气的氧化过程之间达到动态平衡）。大气的自然净

化能力，即大气的氧化效率起着关键作用。首先，大气的氧化效率取决于·OH浓度。研究表明，自然大气中·OH浓度很小，约为4个/10^{14}个空气分子，即每10^{14}个空气分子中仅有4个·OH分子。第二，对含碳气体而言，它们在大气中的平均寿命和时空变化速率取决于与·OH的反应速率。在自然大气条件下，CO_2是化学稳定的，它的循环主要是源和汇的物理输送。公元1000年到工业革命前，大气CO_2浓度维持在260～280μL/L，表明大气CO_2是处于动态平衡。大气中的CO和CH_4是与·OH反应的主要对象。CO的主要化学反应过程是在·OH的作用下氧化为CO_2，即

$$CO + \cdot OH \longrightarrow CO_2 + \cdot H$$

人类活动干预会使大气的氧化效率发生变化，这些变化主要依赖于人类活动对含碳气体和羟基自由基浓度变化的影响。如上述甲烷和CO是大气中与·OH反应的主要对象。人类活动的结果使这两种气体在对流层中年增长率为0.5%～1%，因此，预计·OH浓度将减小，但其他过程作用则相反。

热带和亚热带地区由于太阳紫外辐射强，降水量大、水汽高，工业较少，使·OH浓度最高，本应是全球清洁的地区。然而，事实却不然。在热带地区的旱季，由于各种农事活动而燃烧大量生物质，使大气中污染物浓度急剧增加。据估计，每年有2000～5000Tg（$1Tg=10^{12}g$）生物质碳被燃烧，释放大量的化学性质活跃的气体如CO、烃类化合物和NO到大气中，其结果是形成类似于工业化国家城市的光化学烟雾。因此，在世界发达国家，非洲、南美和亚洲的一些地方，旱季可以观测到高浓度的O_3。这就影响了大气的氧化效率，但影响多大，增大还是减小均不得而知。除上述影响外，还有其他一些因素影响大气的氧化速率，如森林砍伐，有的地方年采伐率高达1%，活跃的烃类化合物排放减少，这有可能导致·OH浓度在以下两个方面增加：①在森林地区，由于此处与活跃的烃类化合物进行的那些反应是·OH的一个强汇，烃类化合物减少，意味着·OH增加；②在更大空间尺度上，作为烃类化合物的氧化产品的CO_2将减少，从而造成·OH增加。

② 海洋碳循环。为充分理解海洋如何调控大气CO_2浓度，必须对海洋碳循环有详细了解。人类活动排放的大量碳一部分进入海洋，其中部分进入海洋的碳相对较快（几百年的时间尺度上）地返回大气，另一部分则沉降到海底甚至进入地壳，然后在数千年至数百万年后随火山活动重新回到地表。海洋碳循环过程见图3-10。

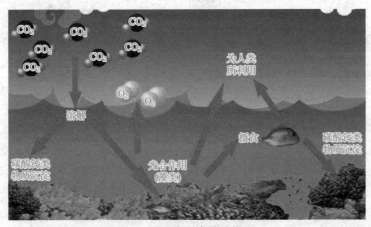

图3-10　海洋中的碳循环

　　海洋碳循环在整个地球气候系统中具有重要地位。海洋是个巨大的碳库，工业革命前，海洋碳储量约为 38703Pg（不包括海底沉积物），该碳储量是大气中碳储量的 60 多倍。在海洋中，碳主要以溶解无机碳的形式存在。另外，海洋中还包含了溶解有机碳及海洋生物，其更新时间很短，只有几天到几周。近年来，全球气候变暖已引起海平面升高、两极冰山融化、海洋气象灾害等系列海洋环境问题，海洋碳循环也因此得到重视。目前，海洋碳循环研究在空间尺度上，实现了从微观向宏观的发展，从河口、海湾、近岸重点海域到大洋及全球的全面研究，形成了完整的系统；在时间尺度上，已从当今一直回溯到太古代、冰川期，以期实现对海洋系统从形成、发展、稳定到变化全过程的碳循环研究；在研究手段上，也实现了参数调查与模型处理的结合。但是着眼于未来，海洋碳循环的研究仍然存在很多需要解决的问题，还需要更深入和系统的工作。

　　③ 陆地碳循环。陆地碳循环过程是指植物通过光合作用吸收 CO_2，将碳储存在植物体内，固定为有机化合物，形成总初级生产量，同时，又通过在不同时间尺度上进行的各种呼吸途径或扰动将 CO_2 返回大气。其中一部分有机物通过植物自身的呼吸作用（自养呼吸）和土壤及枯枝落叶层中有机质的腐烂（异氧呼吸）返回大气，未完全腐烂的有机质经过漫长的地质过程形成化石燃料储藏于地下；另一部分则通过各种（包括人为和自然的）扰动释放 CO_2，形成大气−植被−土壤−岩石−大气的碳库之间的往复循环过程。

　　陆地碳循环的基本过程主要包括光合作用和呼吸作用（图 3-11）。光合作用和呼吸作用分别是生态系统有机碳的输入和输出过程，两者密不可分，既相互对立又相互依存，共处于一个统一体中。绿色植物通过光合作用形成有机碳水化合物，光合产物的一部分通过植物自养呼吸过程分解消耗，以 CO_2 形式返回大气，并释放能量供作物生长所用，其余有机碳在植物体内通过系列的传输过程和代谢过程构建成植物组织，或以根系分泌物的形式进入土壤中。植物生长过程中或死亡后，植物体有机碳以枯落物或残体等形式落在地面或进入土壤，枯落物、残体和根系分泌物在微生物和小动物的作用下通过异养呼吸分解消耗，以 CO_2 形式返回大气。如此循环往复，构成生态系统陆地碳循环。

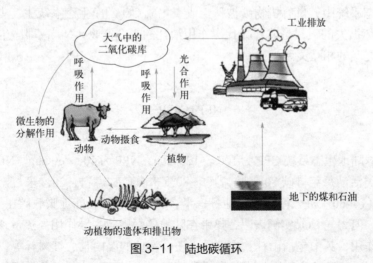

图 3-11　陆地碳循环

　　光合作用强度直接受植物生物学特性和气候条件影响。植物叶片氮含量越高光合作用越强，在一定范围内植物光合速率随太阳辐射强度和环境 CO_2 浓度增加而加快。按照碳同化途

径可把植物划分为 C_3 植物和 C_4 植物。所谓 C_3 植物，就是光合作用时大气 CO_2 中的 C 直接转移到植物中的 C_3 化合物（磷酸甘油酸）里，如小麦、水稻、大豆、马铃薯、菜豆和菠菜等温带植物。C_4 植物是指光合作用时 CO_2 中的 C 首先转移到植物中的 C_4（草酰乙酸）里，然后再转移到 C_3（磷酸甘油酸）里的植物，如：玉米、甘蔗、高粱、苋菜等原产热带的植物。C_4 植物比 C_3 植物具有更强的光合作用，主要原因是 C_4 植物体内碳同化酶的活性比 C_3 植物高很多倍，而且 C_4 途径起了 CO_2 泵的作用，把 CO_2 由外界"压"到维管束鞘，使得光呼吸作用减弱，光合作用增强。植物呼吸作用是植物代谢的中心，提供植物大部分生命活动所需的能量。一般情况下，生长迅速的植物，器官组织或细胞的呼吸作用均较旺盛。植物呼吸作用随环境温度的升高而增强，其温度系数随温度升高而下降；植物体氮含量越高，呼吸作用越强。

土壤呼吸主要来自微生物对有机物的氧化和植物根系的自养呼吸，另有极少部分来自于土壤动物的呼吸和化学氧化。影响土壤呼吸的直接因素是土壤环境，包括土壤质地、酸度、有机碳和水热条件等。气候条件决定了植被类型的分布与生长，并影响土壤的水热条件，植物的生长为土壤呼吸提供碳源（根系及分泌物、凋落物等）；人为活动影响了植物的生长和土壤环境，进而影响土壤呼吸。水热条件是影响土壤呼吸最主要的因素。土壤温度升高促进土壤的呼吸作用，其温度系数随温度升高而下降，寒冷气候区土壤呼吸的温度效应最大。土壤呼吸速率随含水量增加而增加，但土壤湿度高于田间持水量时，土壤呼吸速率随含水量升高而降低。土壤耕翻增加了土壤通气性及土壤与植物残体的接触，加速有机质分解，促进土壤的呼吸作用，免耕或少耕能有效地减少土壤碳的损失。

时空尺度上各种相互关系的影响构成了碳循环中生态系统生理与结构的相互作用，主要包括：细胞层次上的光合作用固定的碳，即总初级生产力（GPP）；净初级生产力（NPP），即通过光合作用固定的碳减去植物自养呼吸（R_A）排放的碳；净生态系统生产力（NEP），即作为整体的生态系统所获得或损失的碳，数值上等于 NPP 与异养呼吸（R_H）之差。陆地碳循环过程中，人为活动或自然灾害，如森林砍伐、火灾、作物收获、秸秆焚烧等，可在很短时间内使生态系统中大量有机物碳被移走或氧化成 CO_2。净生态系统生产力（NEP）减去人为或自然破坏损失的碳，是非呼吸代谢作用消耗的光合产物（N_R），即净生物群落生产力（NBP）。它们之间的相互关系为：

$$NPP = GPP - R_A$$
$$NEP = NPP - R_H$$
$$NBP = NEP - N_R$$

据估计全球陆地生态系统 GPP 为 $100 \sim 120$ Gt/a，NPP 为 $50 \sim 60$ Gt/a，NEP 约为 10Gt/a。根据计算，人类活动每年排碳 80 亿吨，其中 80% 来自矿物燃料，20% 来自土地利用。这些碳 40% 留在大气，60% 进入海洋和陆地各一半。从前的认识，陆地吸收碳主要是北半球中、高纬度的植被，但大气 CO_2 实测表明，热带在陆地碳汇中起主导作用。热带森林在全球碳循环中起着关键作用，其中包括雨林、季雨林，还有湿地的湿雨林、红树林等，还有湿地的泥炭。热带湿地森林是陆地生物圈最大的有机碳储库之一。现在地球上热带森林主要分布在南美、非洲和东南亚岛屿地区，总储碳约 2470 亿吨，其中 1/2 在南美洲的亚马孙河盆地，非洲的刚果河盆地和东南亚各占 1/4。亚马孙河盆地是当今地球上最大的森林所在地，在全球碳循环中举足轻重，每年通过光合作用和呼吸作用处理的碳有 180 亿吨，全球的氧气有 20% 来自这里，因而有"地球的肺"之称。然而热带森林对气候变化反应灵敏，如 2010 年亚马孙河盆地的干旱严重损害植物碳库，加上森林火灾排放储碳，干旱条件压制光合作用，大大削减了储碳能力。

3.3.2　碳库

碳库是全球变化科学当中的一个重要名词。一般是指在碳循环过程中，地球系统各个存储碳素的部分。根据《联合国气候变化框架公约》（UNFCCC）的定义，碳库可以分为碳源和碳汇。碳汇与碳源是两个相对的概念，碳汇定义为从大气中清除 CO_2 的过程、活动或机制；碳源则是自然界中向大气释放碳的母体。

另一方面，碳源和碳汇对全球大气 CO_2 含量变化的贡献也有区别。衡量一个碳库是碳源的库还是碳汇的库，主要看它的净生态系统交换量（NEE）的变化。NEE 是指陆地与大气界面生态系统 CO_2 净交换通量（以碳计），即生态系统整体获得或损失的碳量，NEE 是衡量生态系统碳源、碳汇的重要指标。

地球的四大碳库分为：大气碳库、海洋碳库、陆地碳库和岩石碳库，见图 3-12。人类活动导致陆地碳库成为巨大的碳源，而海洋碳库则是巨大的碳汇。现阶段人类活动影响最显著的碳库是陆地碳库，致使土壤碳库逐渐成碳源，生态系统的碳汇功能正在减弱。

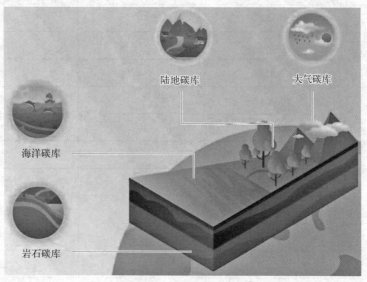

图 3-12　地球碳库示意图

讨论地球系统碳库时，习惯上将大气、海洋、陆地及岩石作为几个独立的碳库分别讨论。不同科学家对各类型碳库中碳储量（以碳计）研究表明（表 3-2），在不考虑岩石圈情况下，地球系统中碳总量为 38005 ～ 41880Pg（$1Pg=10^{15}g=10$ 亿吨）。地球系统中碳的赋存方式千变万化。大气中主要为各种含碳气体和气溶胶粒子；海洋和淡水中主要为溶解无机碳（DIC）、溶解有机碳（DOC）、颗粒有机碳（POC）及生物有机碳（BOC）；岩石圈中主要为碳酸盐岩石和油母岩；陆地生物圈中主要为有机碳和无机碳。地球系统中碳主要以上述方式存在于地球系统的各个子系统中。

表 3-2　地球系统中的碳库　　　　　　　　　　　　单位：Pg

项目	IPCC （1990 年）	Schlesinger （1991 年）	Balino 等 （2001 年）	Lal （1999 年）	Watson 和 Noble （2001 年）
大气圈	750	755	750	760	750
陆地生物圈	550	550	610	620	500
土壤	1500	1200	1500	2500	2000
海洋	39000	35500	38933	38000	38400
合计	41800	38005	41793	14880	41650

（1）大气碳库　大气碳库含 700 ~ 800 Gt（7000 亿 ~ 8000 亿吨）C，数量听上去很大，事实上大气中碳元素只占大气总质量万分之三左右，是各类碳库中最小的。但是，大气碳库是联系海洋与陆地碳库的纽带，大气含碳量多少直接影响地球系统物质循环和能量流动。从表 3-3 可以看出，大气中含碳气体主要有 CO_2、CH_4、CO 及人为排出的其他含碳气体。

表 3-3　大气的化学组成

大气成分	体积混合比	寿命 /a	来源与说明
N_2	78.088%	10^6	生物
O_2	20.949%	5000	生物
Ar	0.93%	10^7	惰性气体
Ne	18.18μL/L	10^7	惰性气体
He	5.24μL/L	10^7	惰性气体
Kr	1.1μL/L	10^7	惰性气体
Xe	0.1μL/L	10^7	惰性气体
H_2	0.55μL/L	6 ~ 8	生物、人为
CO_2	360μL/L	50 ~ 200	燃烧、海洋、生物
CH_4	1.7μL/L	10	生物、人为
N_2O	0.31μL/L	150	生物、人为
CO_2	50 ~ 200nL/L	0.2 ~ 0.5	光化学、人为
卤代烃	3.8nL/L	—	人为
SO_2	10pL/L ~ 1nL/L	2d	火山、人为
O_3	10 ~ 500nL/L	2	光化学

大气碳库中 CO_2 含量最大，将其看作大气中碳含量的一个重要指标。冰芯记录表明，在

距今 42 万年前至工业革命前大气 CO_2 浓度大致为 $180 \sim 280\mu L/L$。但从工业革命初期至今的近 250 年内，大气 CO_2 浓度增长近 30%，近十年平均年增长 $1 \sim 3\mu L/L$。

对于大气中的碳来说，岩石圈和人类活动是其净源，水圈和生物圈可能是源也可能是汇。大气 CO_2 浓度在全球分布不均匀，差值达 $50\mu L/L$ 左右。全球大气观测表明，大气中 CO_2 浓度还表现出一种纬度梯度，自北极向南极方向减小。原因其一，矿物燃料燃烧释放量在南北半球不同。北极和高纬度地带年均 $3.5 \sim 4.5\mu L/L$，北方中纬度为 $2.5 \sim 3.5\mu L/L$，赤道和南方低纬度为 $1.0 \sim 2.5\mu L/L$，南极减少到 $0.5\mu L/L$。其二，大气 CO_2 在各源和汇之间的自然传输交换有差异。运用大气环流模型及近地面的湍流混合模型研究 CO_2 运输发现，与陆地生物群落相关的大气 CO_2 也具有梯度变化，但其总量较小，仅为矿物燃料燃烧引起大气 CO_2 浓度梯度的一半。

从 1850 年大气中 CO_2 平均浓度 $280\mu L/L$ 上升到 1955 年的 $315\mu L/L$，其后大气 CO_2 浓度增速不断加大。尽管 20 世纪 90 年代以来大气 CO_2 浓度增长率比 20 世纪 70 ~ 80 年代有所减小，但 2019 年已达 $415\mu L/L$。即，从有观测记录以来，大气 CO_2 浓度增加 $100\mu L/L$。年均浓度除有 56% 的人为释放量留存于大气当中，其余则为海洋和陆地生态系统所吸收。值得注意的是，虽然大气 CO_2 浓度增速减缓，但全球增温趋势并未改变。这就启发人们深入探索 20 世纪全球温度变化的其他重要因素，如太阳辐射、火山爆发和 ENSO（厄尔尼诺和南方涛动的合称）等。1983 ~ 1987 年剧烈的 ENSO 事件对应于一个相对降温期，1991 年皮纳图博火山喷发也对应着一个相对降温期。因此有人将 20 世纪 20 ~ 40 年代的全球 0.25℃ 左右增温幅度归之于火山活动沉寂，20 世纪 70 年代中期以来全球约 0.25℃ 的增温幅度才是人类释放 CO_2 引起温室效应增强的结果。

（2）海洋碳库　海洋在全球碳循环中起着极其重要的作用，海洋是地球上最大的碳库。海洋储存碳是大气的 60 倍。海洋具有储存和吸收大气 CO_2 的能力，影响着大气 CO_2 平衡，有可能成为人类活动产生的 CO_2 的最重要的汇。根据《联合国气候变化框架公约》关于碳源碳汇的定义，虽然海洋作为一个整体是一个巨大碳汇，但是具体某一海域对于 CO_2 是源还是汇有待调查验证。为了国家温室气体排放清单编制的准确性，必须对国家管辖海域的碳源与碳汇格局进行科学观测。目前的观测手段很难精确地直接测量用以判断海水是碳源还是碳汇的海气界面 CO_2 通量，而是通过分别观测海水表面 CO_2 分压和大气 CO_2 分压来计算。当大气中 CO_2 分压大于海水 CO_2 分压时，CO_2 从大气中进入海洋形成 CO_2 汇；当海水的分压大于大气时，海洋反而会向大气释放 CO_2，成为 CO_2 源。当然，为了定量地描述海 - 气界面 CO_2 通量，必须计算与海温、盐度和风速等参数有关的 CO_2 溶解度和气体交换系数。

海洋中碳储存形式有五种：可溶性无机碳（DIC），溶解有机碳（DOC），颗粒无机碳（PIC），颗粒有机碳（POC）和生物有机碳（BOC）。

① 可溶性无机碳。海洋可溶性无机碳（DIC）是海水中的溶解 CO_2、H_2CO_3、HCO_3^- 和 CO_3^{2-} 等四种形式总和，称为总 CO_2（$\sum CO_2$）或溶解性无机碳。海洋中 DIC 总量约为 37400Gt，是大气含碳量的 50 余倍，在全球碳循环中起着十分重要的作用。从千年尺度上看，海洋决定着大气中的 CO_2 浓度。大气 CO_2 不断地与海洋表层进行着碳交换，年碳交换量约为 100Gt。人类活动导致的碳排放中 30% ~ 50% 将被海洋吸收，但海洋缓冲大气 CO_2 浓度的能力不是无限的，这种能力的大小取决于岩石侵蚀所能形成的阳离子数量。由人类活动导致的碳排放速率比阳离子的提供速率大几个数量级，因而大气 CO_2 浓度不断上升，海洋吸

收 CO_2 的能力逐渐降低。一般而言，海洋碳周转时间为几百年甚至上千年，可以说海洋碳库基本上不依赖于人类活动。由于观测手段等原因，相对陆地碳库来说，对海洋碳库的估算还是比较准确的。

② 溶解有机碳。溶解有机碳（DOC）是地球化学循环的重要环境化学物质，通常指海水中能通过 $0.45\mu m$ 孔径的滤膜，且在以后用于其测定的分析过程中不因蒸发而丢失的溶解态有机物质。DOC 组成异常复杂，且在水体中质量浓度较低，主要成分有：糖类；氨基酸类；烃和卤代烃；维生素类，主要来源于细菌等；腐殖质，是由海洋中浮游生物排泄的有机物质及生物残体经转化、分解并合成较为稳定的一类结构复杂的高分子聚合物，因其在海水中含量较低，直至 20 世纪 30 年代才有人研究。DOC 代表了水体中溶解有机物质的总和，与水体中浮游植物的光合作用，生物的代谢和细菌的活动等息息相关，是表征水体中有机物含量和生物活动水平的重要参数，在微量元素和营养盐的地球生物化学循环中扮演着重要角色，其含量可直观反映人类活动对流域的影响、污染和生物活动水平等，还可作为了解海洋中上升流的重要参数。因此，研究 DOC 在不同水体中的行为和迁移变化对于研究地球生物化学循环过程具有重要意义。

③ 颗粒无机碳。沉积物中碳主要有两种形态：有机碳和颗粒无机碳。研究表明，有机碳主要存在有机质中，而有机质主要由腐殖质、类脂、糖类等各类有机化合物组成；颗粒无机碳主要成分为碳酸盐。

海洋是碳酸盐沉积的主要场所，由陆地水文系统输送到海洋的碳酸盐成分，主要在温热带海底沉积。但是，随着水深和压力增加，碳酸盐的溶解度加大而沉积速度减小，达到一定深度时沉积速度与溶解速度相近，该深度以下就不会发生沉积。据测算，中新世以来海洋碳酸盐沉积量（以碳排放量计）年平均 19Gt，但现代陆地水文系统供给的溶解态碳酸盐（以碳排放量计）年均 12Gt。因此，海洋通过补偿深度的变浅调整，来增加深海海底碳酸盐溶蚀，达到海洋中碳 - 水 - 钙循环平衡，这样海洋就要从大气中吸收 CO_2。

④ 颗粒有机碳。海水中颗粒有机碳（POC）来源较复杂，按其途径可分为陆源输入、海洋自生和海底沉积物再悬浮。陆源输入包括河流输入和大气搬运。河流输入是海洋中 POC 的一个重要源，每年都有大量的陆源 POC 通过地表径流输入海洋中。但河流带来的源 POC 大部分不能抵达开阔的大洋，而是在近海分解和沉淀下来。研究预计，全球每年通过河流输入海洋的 POC 为 0.43Gt，河流输入近海的源 POC 主要来源于植物碎屑、土壤和人类生活生产排放等。大气搬运是大气中的有机物呈气态或颗粒态，通过降雨、干湿沉降或直接气体交换方式进入海洋里。由于风、降雨的不确定性，目前这方面研究较少。海洋自身对 POC 也有贡献[5]，包括海洋中的浮游植物，浮游动物及其残骸碎屑、粪便、分泌物，微生物。浮游植物通过光合作用生产大量的 POC，又不断地被浮游动物摄食和微生物分解[6]。特别是受陆源影响较小的海区，如南极地区 POC 主要来源于海洋生物及其新陈代谢产物。

（3）陆地碳库

① 植被碳库。森林是世界主要的植被碳库。估计目前森林碳储量约占陆地生物圈地上碳储量的 80% 和地下碳储量的 40%，其中约 2/3 存在于土壤有机质中，只有近 1/3 储存在植被中[7]。从地理位置分布看，低纬度地区森林面积最大，达 $1.76 \times 10^9 hm^2$ 左右，约占全球森林总面积的 42%，森林植被和土壤总碳量的 37%；其次是高纬度地区，面积为 $1.37 \times 10^9 hm^2$，约占全球森林面积的 1/3，森林碳储量约占 49%；中纬度地区森林面积为 $1.04 \times 10^9 hm^2$，仅占

全球森林总面积的 25%，碳储量的 14%。

　　森林碳储量随演替阶段的不同而异[8]。一般幼龄林对碳储存的贡献很小，尽管幼龄林生长迅速且具有较快的碳吸收速率，但林地中来自以前的森林中积累的死生物的大量分解作用，使得呼吸放出的碳量高于林地更新产生的 NPP，无法起到碳汇的作用。如在北方针叶林中，重度火灾后的迹地上形成的幼林通常要几十年的时间才达到 NPP 和呼吸平衡。对成熟林而言，碳储存的贡献增加。森林的生长与林龄密切相关。林龄与林分生产力下调，一般按照影响林分茎干木材产量、影响净初级产量及影响林分总初级产量等进行划分。一个普遍的规律是，自然状态下林分要经历生产力下降过程。生产力的早期下降，更多的是发生在林分水平而不是树木个体层次，在林分生产力发生下降时，林分内优势树种的生产力很大程度上仍持续不衰退或滞后多年。随着林分老化，林分内个别树木表现光合作用速率降低等过程，将使林分水平生产力进一步减小。尽管立地条件或林分结构不同导致生产力下降的起始时间和下降幅度有差异，然而识别究竟是哪些过程影响林分生产力下降的起始年龄（临界），哪些过程在林分发展的初期起作用，哪些在接近林分寿命末期起作用，目前尚不十分清楚，但生产力下降趋势始终是一致的，即通常是在 10 ～ 20 年内或更早时间内发生，上述结论对理论研究固然重要，但在评价影响森林碳积累方面仍然是很困难的。

　　尽管多数森林起到碳汇的作用，然而由于大尺度的人类干扰，如采伐、土地利用变化（清林）及大范围污染等，使个别地区森林已由碳汇变成明显碳源。通过保护现存的森林，特别是保护有较高未伐林分生物量及通过在无林地上营造人工林，能够实现最大的林分碳储存。有研究表明，在温带阔叶林区通过对现有森林科学管理及人工造林扩大林地面积，可达到增强森林碳汇功能目的。

　　草地碳库是植被碳库中仅次森林碳库的类型，分为地上碳库和根系碳库。相对于高大的森林树木来说，草地丰富的植被类型和庞大的地下根系都是实现碳汇的重要武器。草地植物一般离地面较近，植株间的遮挡较小，植物得到的光照面积较大，且植物体中绿色部分比重较高，使得草地植物光合作用效率和生长速度都高于森林树木。此外，庞大复杂的地下根系是草地植物的重要组成部分，其生物量往往大于地上生物量。它们主要由光合作用所形成的有机物构成，是植物体中最为稳定的碳库。草地植物吸收空气中 CO_2，将其固定在土壤和植被中，制造并积累生长所需有机物质。草地植物枯死后，一部分凋落物经腐殖化作用形成土壤有机碳，部分有机碳经过土壤动物和土壤微生物矿化作用被植物再次利用，从而构成生态系统内部碳的生物循环（图 3-13）。影响草地生态系统植被碳库变化的外部因素可概括为两方面：环境因子，主要包括降水量、温度、土壤水分等；人类活动的影响，如：放牧、农垦、割草、火烧等。上述因子通过影响群落的种群组成、结构特征以及其生理生态特性等间接对草原生态系统的植物碳库产生重要的影响。

　　目前对陆地植被碳库估算的差异主要是估算方法、植被分类方法、植被面积单位面积碳密度的确定等方面。陆地生物圈碳库的估计方法有两种：一是根据植被与气候和土壤间的相互关系建立模型，如 Hoidridge 生命带模型、BIOME 模型、MAPSS 模型等，模拟陆地表面潜在或自然的植被分布，然后根据各类植被的平均碳密度得到陆地生物圈碳库的估计数据。二是在分析土地利用类型基础上，据实地调查和统计估计不同陆地生态系统的分布及其碳密度。第一种方法的缺点是目前的模式还不能准确描述植被、大气、土壤间的相互作用机理，其模拟结果必然会引入误差，且很难反映土地利用和土地覆盖变化，往往高估了陆地生物圈碳库。第二种方法较接近现实，但存在植被分类及面积估计的误差问题。两种方法都要用到碳密度，而该要素通常据实测或调查数据，样本和数据限制必然带来较大的误差。

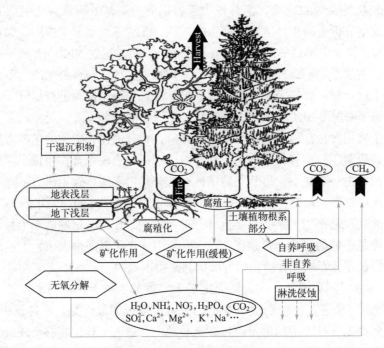

图 3-13　植被与土壤间的碳循环

②　土壤碳库。土壤碳库是陆地上最大的碳库，全球陆地土壤碳库为 1300～2000Pg，是陆地植被碳库 2～3 倍，全球大气碳库 2 倍多。一般土壤碳库看到的是地下几十厘米，至多 1m 以内，其实土壤储碳的深度要大得多，热带湿地泥炭度达 10m 以上，西伯利亚冻土带储碳平均厚度达 25m，凸显地下碳库在全球碳循环中重要性。永久冻土带不仅是全球最重要地下碳库，还是非常不稳定陆地碳储库，只要升温变暖，就可能融化释放出碳。现在北半球冻土早在十多万年前 MIS6 冰期已形成，12 万年前的上次间冰期（MIS5）只是融化了一部分；有的冻土形成很晚，只是三四百年前小冰期产物。据估计，现在温度在 0℃和 -2.5℃冻土，随着全球变暖，到 2100 年都可能融化，影响到北半球冻土带一半面积。冻土带对升温的反应包含着复杂的生物地球化学过程，其中有微生物活动分解有机碳，可释放温室气体 CH_4，也将在变暖过程中长期延续。陆地储碳与全球变暖的关系，牵涉到复杂的圈层相互作用。随着全球变暖，陆地生态系统的碳汇作用究竟是加强还是减弱？十几年前的主流观点是陆地碳汇作用加强，因为根据所谓"CO_2 施肥"原理，植被生长应当加速。但是近年来新观测计算发现却是相反的趋势：树木生长反而在减慢，而热带树林的碳源作用却有所加强。

土壤碳库中碳主要赋存方式为有机碳，有少量矿物质碳。土壤有机碳来源于动植物、微生物遗体、排泄物、分泌物及分解产物和土壤腐殖质，是土壤碳库的主体。土壤矿物质碳来源于土壤母岩风化形成的碳酸盐，在土壤碳库中比例小于 25%，且较稳定。

土壤碳库受自然和人为因素影响[9]。自然因素包括：土壤的内部物理特性，如黏粒、酸度、质地等，植被类型及进入土壤的植物残体量，外部气候条件，如水、热、光照等。土壤黏粒可以改善土壤内部的水肥条件，直接吸附腐殖质，阻碍微生物对腐殖质分解；黏粒对高活性物质有吸附优势。研究表明，土壤黏粒可吸附有机碳，并将其封闭在土壤孔隙中，阻碍微生物分解。酸性较强的土壤可抑制微生物活动，缓解有机物分解。不同的土壤质地，其透气性差异很大，直接影响土壤空气和水分运动，进而影响有机碳的分解速率。进入土壤的植物残体量是土壤有机碳的主要来源，显然与地表植被类型密切相关。通常热带地区凋落物量最大，并从高纬向低纬递减。气候条件影响着进入土壤的植物残体的分解速率，其影响过程非常复杂。科学家对美国南部研究表明，一些地点随海拔升高，降水增多，气温降低，土壤有机碳含量增加；另一些地点，山上有机碳含量却低于山下。通常温度比降水的作用更大一些。影响土壤碳库的人为因素主要为土地利用方式和耕作制度两方面。毋庸置疑，森林砍伐、草场过牧、农田开垦（毁林毁草）均极大地减少了土壤有机碳储量，并改变土壤有机碳分布。大量研究表明，耕作制度会影响土壤有机碳含量，如免耕管理比传统的耕作更有利于保存土壤有机碳，同时增加作物秸秆入土量也可提高土壤有机碳密度。

我国科研人员对国内土壤碳库研究（表 3-4）表明，我国土壤平均容重为 $1.24g/cm^3$，土壤剖面平均厚度为 79cm，平均有机质含量 2.01%，土壤平均碳密度为 $10.81kg/cm^2$，我国陆地生态系统土壤总碳储量约为 1001.8 亿吨。从我国土壤各类型碳密度分布看，土壤碳密度与土壤有机质含量关系密切，土壤有机质含量高则土壤碳密度高，土壤碳密度最高的是森林土壤和高山土壤。如广泛分布在我国东北和青藏高原边缘地带的漂灰土、暗棕壤、灰色森林土等森林土壤和分布在青藏高原东北部和东南部的沼泽土、高山草甸土、亚高山草甸土及亚高山草甸草原土等高山土壤，土壤碳密度明显高于其他地域。我国东北地区植被茂密，气候湿润，有机质主要以地表枯枝落叶的形式进入土壤，土壤表层的腐殖质积累过程十分明显。加之全年平均气温较低，地表常有滞水，土壤有机质分解程度低，使土壤有机碳积累很多。青藏高原东南部及四川西部所在地形主要为高山带上部平缓山坡、古冰碛平台、侧碛堤，成土母质多为残积-坡积物、冰碛物及冰水沉积物，气候寒冷且较湿润，地表植被多低矮但丰富，有机物分解速度极为缓慢。草皮层和腐殖质层发育良好，进行着强烈的泥炭状有机质的积累过程。土壤内有机质中碳含量主要取决于土壤的形成条件，如温度、水分、母质、植物、微生物和动物及各因素的相互作用，人类活动也有较大影响。人类活动主要通过耕作、施肥等措施，对土壤有机质含量有极其明显影响，如在集约耕作历史悠久的黄土高原和黄淮海平原，有机质含量都有所下降；而在长期淹水的水稻土，由于还原环境缓解了有机质的矿化速率，有利于有机质的积累。

表 3-4　中国土壤碳库（部分）

土壤类型	土壤亚型	面积 /hm²	平均有机质 /%	平均厚度 /cm	平均容重 /（g/cm³）	平均碳密度 /（kg/cm²）	碳量 /t
砖红壤	砖红壤	$1.78×10^6$	0.67	100	1.18	4.56	$0.81×10^8$
赤红壤	赤红壤	$29.3×10^6$	0.68	110	1.25	5.41	$15.84×10^8$
红壤	红壤	$56.59×10^6$	0.71	100	1.25	5.18	$29.31×10^8$
黄壤	黄壤	$41.64×10^6$	3.56	80	1.04	17.19	$71.58×10^8$
黄棕壤	黄棕壤	$20.05×10^6$	1.94	100	1.03	11.58	$23.22×10^8$
	黏盘黄棕壤	$8.32×10^6$	1.32	80	1.03	6.32	$5.26×10^8$

续表

土壤类型	土壤亚型	面积 /hm²	平均有机质 /%	平均厚度 /cm	平均容重 /（g/cm³）	平均碳密度 /（kg/cm²）	碳量 /t
暗棕壤	暗棕壤	28.79×10^6	1.47	140	0.84	10.03	28.87×10^8
漂灰土	漂灰土	10.28×10^6	8.63	75	0.8	30.05	30.89×10^8
灰黑土	灰黑土	1.67×10^6	1.71	140	1.25	17.36	2.9×10^8
	暗灰黑土	0.71×10^6	5.13	75	1.25	27.9	1.99×10^8
黑土	黑土（全碳）	1.55×10^6	4.73	110	1.09	46.68	7.24×10^8
黑钙土	黑钙土	19.15×10^6	2.62	175	1.25	33.24	63.66×10^8
栗钙土	暗栗钙土	11.56×10^6	3.5	75	1.24	18.88	21.83×10^8
灰漠土	灰漠土及草甸灰漠	5.05×10^6	0.89	50	1.25	3.23	1.63×10^8
沼泽土	草甸沼泽土	5.93×10^6	12.3	92	1.21	79.42	47.12×10^8
盐土	盐土	0.24×10^6	1.35	35	1.35	3.81	0.09×10^8
	碱化盐土	0.32×10^6	0.32	35	1.39	0.9	0.03×10^8
	草甸盐土	1.2×10^6	0.89	30	1.39	2.15	0.26×10^8
龟裂土	龟裂土	1.69×10^6	0.23	24	1.39	0.45	0.08×10^8
风沙土	风沙土（全碳）	62.94×10^6	0.25	46	1.62	1.07	6.75×10^8
山地草甸土	山地草甸土	1.2×10^6	8.76	90	1.25	57.17	6.86×10^8
亚高山草甸土	亚高山草甸土	35.01×10^6	5.97	42	1.2	17.46	61.13×10^8
	亚高山灌丛草甸土	0.61×10^6	6.21	76	1.2	32.84	2×10^8
亚高山草原土	亚高山草原土	9.17×10^6	1.43	70	1.25	7.28	6.68×10^8
	亚高山草甸草原土	5.71×10^6	7.31	78	1.2	39.71	22.69×10^8
高山草甸土	高山草甸土	34.94×10^6	9.03	80	1.2	50.25	175.59×10^8
高山寒漠土	高山寒漠土	17.85×10^6	0.36	25	1.25	0.64	1.15×10^8
总计		925.45×10^6	2.01	79	1.24	10.81	1001.8×10^8

　　土壤碳库不限于有机碳，如沙漠底下就可能有无机碳储库。这里说的无机碳是储存在盐碱地的地下水里的碳酸盐。CO_2 在水里的溶解度随盐度呈线性增大，而随碱度呈指数增长。研究发现塔里木沙漠底下也可以通过灌溉水等机制，将盐碱地的无机碳通过淋滤作用送入地下水，估算每年可固碳 3.6Tg，说明干旱区咸的地下水有巨大的碳库，开启了探索当代碳储库的新途径。这类现象在美国西部的沙漠区也有发现，应当属于全球现象。如果所有干旱区都以塔里木沙漠的速度储碳，那么全球干旱区地下咸水的碳储库可以高达 10000 亿吨，是陆地植物和土壤之外又一陆地大碳库。

　　（4）岩石碳库　地壳岩石中平均含有 0.27% 的碳，共有大约有 65.5×10^9t，其中 73% 是以碳酸盐岩的形式存在，其余为石油、天然气、煤等有机碳。在各种内外力作用过程（如地球内部的喷发释放，地表的侵蚀、搬运和堆积过程）当中，碳以各种形式迁移或转化，参与循环。地球内部的 CO_2 通过地热区、活动断裂带和火山活动不断地释放出来。它直接进入大气圈，或存储在沉积地层中成为 CO_2 气田。我国四川黄龙、九寨沟和云南腾冲地区，土耳其帕默克莱地区，意大利罗马附近的活动断裂和钙化堆积地区，浓度高达 23% ～ 90% 的地幔源 CO_2 通过活动断裂带向大气释放，形成了大量的钙化沉积物。据对意大利罗马附近 1000km² 范围内钙化堆积量及其年龄测定估算，其 CO_2 释放量为 $1.2×10^5t/a$，在西班牙南部地区，对碳酸盐岩区域地下水的过量开采引起深部浓度高达 85% 的 CO_2 侵入。美国西部的马默斯休眠火山区土壤空气中 CO_2 浓度高达 30% ～ 96%，每天总的 CO_2 通量不低于 1200t，这种持续性的大量 CO_2 释放，表明地球内部更大更深的高压 CO_2 气库被扰动。

在岩溶作用中，一方面由于碳酸盐岩的溶蚀通过水从大气圈吸收 CO_2；另一方面由于钙化的沉积则向大气圈释放 CO_2。这构成了全球碳循环系统中源汇关系不可忽视的一部分。全球陆地碳酸盐岩体碳库容量估计近 10^8Gt，占全球总碳量的 99.55%，分布面积为 $2.2×10^7km^2$。碳酸盐岩的产生与地质历史上的大气、气候、水热和生物环境条件密切相关，是过去全球碳循环的方向和强度变化过程中被固化的部分。大气 CO_2 浓度上升将导致全球碳酸盐岩溶蚀量增加，并通过水从大气中回收更多的 CO_2。

尽管目前国际上越来越重视深部碳库在全球碳循环中的作用，但是关于地球深部碳的富集机制、赋存部位，以及碳在地球内部各圈层之间的交换规律，还存在很大争议。尤其是 CO_2 在岩浆中十分活跃，岩浆在岩石圈中迁移和火山喷发过程中会将大量的 CO_2 释放。因此很难根据岩浆组成直接判断 CO_2 对岩浆成因的影响。由于俯冲板块的碳酸盐在一些金属同位素组成上与地幔存在差异，近年来，国内外兴起了通过金属同位素（如 Mg、Zn、Ca 等）示踪碳循环的大量研究。富 CO_2 岩浆的源区，碳在地幔中的富集部位和赋存形式一直以来都不清楚。高压实验研究和天然火山岩地球化学研究显示，地幔转换带（410 ～ 660km）是个重要的碳富集带；然而也有研究认为，地球最重要的碳富集带是在浅部岩石圈内（地壳和岩石圈地幔），而不是深部地幔。广泛的地质观测和室内实验显示，一部分碳可以通过俯冲带进入地幔深部。基于火山岩的岩浆碳通量研究显示，板块携带的一部分碳在俯冲过程中通过脱碳和火山活动重返至地表圈层。一些高温高压实验研究倾向于认为，俯冲板块大部分碳可以通过冷的俯冲带进入地幔，并导致地表碳的减少和地球深部碳的富集。这使得板块俯冲过程中碳的地球化学行为成为认识地球内部碳富集和碳循环规律的重要切入点。

3.3.3　人类活动对全球碳循环的影响

以 CO_2 形式进出大气的碳输送量是很大的，约占大气中总碳储量的 1/4，其中的一半与陆地生物群落交换。陆地植物群落通过光合作用从大气中固定的 CO_2 约为 110Gt/a，其中 50Gt/a 以呼吸作用的形式释放到大气中，余下的 60Gt/a 以凋落物的形式进入土壤，并最终以土壤呼吸的形式释放到大气中。矿物燃料燃烧向大气中释放的 CO_2 约为 6Gt/a，毁林引起的 CO_2 释放 1 ～ 2 Gt/a。

不同碳库间碳交换时间尺度相差很大，也就是地质大循环和生物小循环，从数百万年的地壳运动过程至一天甚至分秒时间尺度的大气 - 海洋之间的气体交换过程和植物的光合作用过程[10]。这意味着大气 CO_2 浓度发生波动后，其恢复到平衡状态时所需要的时间将不同，从而将导致整个大气的 CO_2 浓度发生变化。在人类活动成为一种重要的扰动之前，各碳库间的交换是相当稳定的。冰芯结果表明，1750 年前后的大气中 CO_2 浓度平均值约为 280μL/L，变化幅度约在 10μL/L 以内。工业革命造成了地球大气中的 CO_2 迅速增加，达到目前的 410μL/L 以上。据估计，人类活动注入到地球大气中的 CO_2 每年约 300 亿吨，而且其排放速度还在逐年增长。

（1）化石燃料燃烧　地球在生物亿万年的改造过程以及地质作用下，将大量的碳元素以固体、液体或气体方式存储在地下，短期内脱离碳循环。但现在大量开发使用化石燃料，将原本固定的碳元素以气体形式释放到大气，进入生物圈和全球碳循环过程。工业革命后，人类消耗矿物燃料量急剧增加，大大加速了碳从化石燃料到大气之间的转化，对碳循环发生重大影响。如 1949 ～ 1969 年，由于燃烧矿物燃料以及其他工业活动，CO_2 生成量估计每年增加 4.8%，其结果是大气中 CO_2 浓度升高，破坏了自然界原有的平衡，可能导致气候异常 [11]。

（2）土地利用方式改变　人类活动作为陆地生态系统碳循环的重要驱动力，直接或间接地影响着植物光合作用和生态系统的光合能力。人类通过森林砍伐和清理、湿地疏干、将草地转化为农田和各种农牧业管理活动等以满足日益增加的人口对粮食、纤维和居住的需要。这些都严重影响了陆地生态系统的地理分布格局及其生产力。仅 20 世纪 90 年代，人口剧增引起的粮食需求增加就使得每年 1200 万 km^2 林地转化为耕地，250 万 hm^2 林地转化为草地。到 2025 年全球耕地面积将增加至 20 亿 hm^2，其中增加耕地的 60% 在热带地区，5% 在温带地区。不同生态类型、不同土地利用方式下的植物种类及其种群结构都有很大不同，光合作用能力和效率差别很大，因此大面积的生态系统类型转变和生态系统退化，特别是自然森林和草原转为耕地等，必然会引起陆地生态系统光合能力的剧烈变化。耕作、施肥和灌溉等农业管理措施改善土壤肥力，协调和增加了光合作用所需养分和水分的供给；提高复种指数可以有效地延长植被覆盖的时间，提高生态系统的生产力；培育和推广高产新品种可使植物充分利用光能，提高光合效率和光能利用率。

人类活动强烈地改变了陆地植被覆盖度和植被类型分布，使得陆地生态系统类型及格局发生了重大变化 [12]。生态系统类型和土地利用方式改变了地表植被，使土壤透气性、有机质含量、微生物组成和活性、植物地上部分生长量和根系生物量及植物传输到根部的光合产物量等都发生改变，使不同生态类型和土地利用方式下土壤呼吸速率有很大差异。森林砍伐和破坏导致大量的有机碳损失，释放大量 CO_2 进入大气，1860 ～ 1980 年森林砍伐导致净释放 1.35×10^{11} ～ 2.28×10^{11}t C，其中 80% 主要来自热带森林砍伐。

森林开垦变为农田后土壤有机碳损失 25% ～ 40%，耕作层（0 ～ 20cm）损失量最大，可达 40%；森林转化成草原和轮种地，土壤碳分别损失 20% 和 18% ～ 27%；草地开垦为农田后土壤有机碳损失 30% ～ 50%；开垦初期土壤有机质急剧减少，随后缓慢趋于新的平衡，损失碳的绝对量取决于土壤条件、气候条件、管理措施及原来土壤的初始碳含量。草场开垦成农田后按常规耕作新西兰方式管理，3 年土壤有机质减少了 10t/hm^2，免耕农作下土壤有机质含量保持不变。

过度放牧亦促进土壤呼吸作用，研究表明，近 40 年过度放牧使内蒙古锡林河流域羊草草原表层土壤碳贮存量降低 12.4%。农田是人类活动最频繁和强度最大的场所，农业管理措施直接影响到农田生态系统碳循环过程，包括植物的光合作用，形成生物质、凋落物和土壤有机质分解以及从生态系统中移走大量有机物等。

频繁的耕作增加了土壤通气性，增加土壤与残茬的接触，使土壤团聚体保护的部分有机质暴露出来供微生物分解等，加速了土壤有机质分解。土壤呼吸速率随耕翻强度加剧而增加，并且在耕作后的很短时间会出现土壤 CO_2 通量激发释放高峰。相比之下，少、免耕能明显增加土壤有机碳。

另外，种植不同作物也会影响土壤呼吸和 CO_2 通量，苜蓿地 CO_2 通量较高，玉米地和林地较低，同时玉米地垄作比平地种植的 CO_2 通量高。不同轮作制度也会影响土壤有机质周转和土壤 CO_2 通量。研究报道，加拿大东部大麦田中土壤呼吸比休闲土壤低 25%，休闲土壤向大气排放更多的 CO_2。加拿大西部作物 - 休闲轮作制中，连作大麦田土壤 CO_2 排放量 < 大麦 - 休闲 < 休闲土壤。休闲方式下只有土壤排放碳而没有植物固碳，因此是农田生态系统向大气排放 CO_2 最多方式。另有研究表明，加拿大半干旱地区连作小麦免耕土壤 CO_2 通量比常规耕作低 20% ~ 25%；休闲 - 小麦体系下免耕土壤 CO_2 通量比常规耕作约低 10%；小麦 - 休闲轮作方式转变为免耕小麦连作后，在 13 ~ 14 年时土壤以有机质和残茬形式截获 5 ~ 6 tC/hm^2。农田施肥和灌溉主要增加土壤矿质养分，改善土壤水热条件等性状，提高微生物活性，促进作物的生长，增加土壤呼吸底物的供应，从而促进土壤呼吸作用，并且一般情况下也会增加土壤有机质量。

（3）气候对碳收支的影响 CO_2 作为一种主要的温室气体，其在大气中的大量累积引起温室效应，导致以全球气候变暖为标志的全球变化。一般认为，现代气候变化与人类活动有密不可分关系，对全球碳循环产生不容忽视影响。CO_2 浓度倍增的模拟研究表明，全球变暖，海平面上升，湿度增加，植被带发生迁移，如热带雨林和寒温带落叶阔叶林的面积增加，导致生物库和土壤库的碳贮量增加；沙漠、半沙漠寒温带常绿针叶林和冻原的面积减少，导致土壤碳库减少，但其减少量远小于前两者生物库增加的量。因此，极有必要定量评估气候变化对陆地生态系统碳循环的影响，以加深对全球变化及全球碳循环的理解。

基于英国气象组织的研究结果，发现近百年来全球陆地平均温度和降水量呈整体上升趋势。自 19 世纪中叶以来，全球平均地面温度上升 0.6℃，而全球陆地降水则平均每 100 年增加 1% ~ 2%。降水与温度上升趋势具有阶段性波动特点，如 20 世纪 40 ~ 70 年代中期，最主要的气候变化特征是平均温度下降和降水量的增加，此后情况正好相反，温度急剧上升而降水量显著减少。因此，这两种不同的气候状况会对陆地生态系统的碳收支情况产生不同的影响。

基于陆地碳循环过程和碳循环模型建立的陆地生态系统净碳通量简单模型应用表明，20 世纪 40 ~ 70 年代中期气候条件最有利于陆地生态系统的净碳吸收，此后情况则不利于生态系统碳累积。可以认为，气候变化对陆地生态系统的影响是导致碳吸收强度变化的一个主要原因。但陆地生态系统中的碳只是暂时被贮存，若条件改变，很容易又被释放。因此，陆地生态系统仅起着海洋吸收时间上（几十年到 100 年）的缓冲剂作用，即海洋才是人类排放 CO_2 的最终归宿。

减少大气中 CO_2 积累需要人类去努力。一方面，各国政府应制定能源节省方案，提倡使用清洁能源；另一方面，要注意分析影响土地利用变化的社会经济因素，制定科学的土地利用政策。此外，发展中国家的森林破坏在很大程度是因人口增长引起的，因此，控制人口增长也是促进碳循环平衡的有效途径之一。

3.4 全球气温变化与碳排放

3.4.1 温室效应

（1）温室效应的概念 由于人们燃烧石油、煤炭等化石燃料，或砍伐森林焚烧会产生大量的温室气体（greenhouse gas，GHG），温室气体对来自太阳辐射的可见光具有高度投射性，而对地球发射出来的长波辐射具有高度吸收性，能强烈吸收地面辐射中的红外线，导致地球升温，即温室效应（图 3-14）。

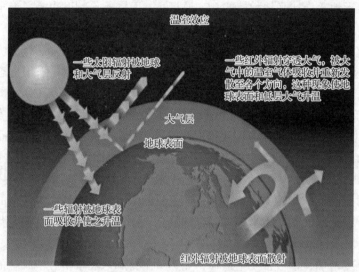

图 3-14　温室效应示意图

温室效应不断积累，导致地气系统吸收与发射的能量不平衡，能量不断在地气系统积累，导致温度上升，造成全球变暖。其后果是全球降水量重新分配，冰川和冻土消融，海平面上升等，既危害自然生态系统的平衡，也威胁人类的食物供应和居住环境。温室气体（GHG）是指大气层中自然存在的和人类活动产生的能够吸收和散发由地球表面、大气层和云层所产生的外光谱辐射的气态成分（图 3-15），包括 CO_2、甲烷（CH_4）、氧化亚氮（N_2O）、氢氟碳化物（HFCs）、全氟碳化物（PFCs）和六氟化硫（SF_6）。其中排放 1 吨 CH_4 相当于排放 21 吨 CO_2、排放 1 吨 N_2O 相当于 310 吨 CO_2 等。CO_2、CH_4 和 N_2O 是地球大气中最重要的三种温室气体，其中 CO_2 对全球变暖贡献占所有温室气体的 60%。

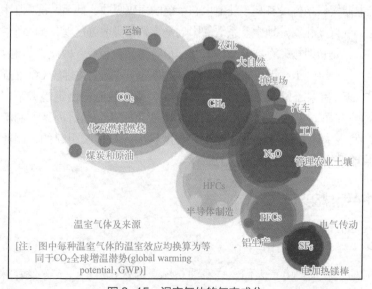

图 3-15　温室气体的气态成分

　　温室气体可分两类：一类在对流层混合均匀，如 CO_2、CH_4、N_2O 和 CFCs。另一类在对流层混合不均匀，如 O_3、nMHCs。造成混合不同的原因是这些温室气体在大气中寿命不同，化合物寿命长，则容易混合均匀，其温室效应有全球特征。寿命短则不利于混合均匀，其温室效应只具有区域性特征。在过去的 1000 年内，自工业革命开始后全球大气对流层中 CO_2、CH_4、N_2O、CFCs、O_3 等都出现了浓度升高的趋势，特别是 1870 年后几乎呈几何级数形式在增长，这引起人们对温室气体研究的关注。

　　本来温室效应有利于全球生态系统，正是"温室效应"使全球充满生机。温室效应使地球表面的温度维持在 15℃ 左右，特别适合于地球上生命的延续，如没有温室效应，地球表面温度将会在 -18℃ 左右，现有的大多数生物将会无法生存。同时，温室效应也和一些其他"制冷效应"机制相平衡，保持地球热量的平衡。近代人们注意到温室效应已成为一个不能忽视的全球性环境问题，主要原因在于人类排放的大量温室效应气体，对地球的"温室效应"过强而产生了过犹不及的后果。

　　"凡是温室效应就是有害的"是一个错误的认知，现代人们所谈到的温室效应实际上是人们对原来的温室效应大量"干扰"，使其过于强化，是一种"人为温室效应"。大气的温室效应一般主要是水分子吸收红外辐射引起的，H_2O 吸收的红外光线的波长为 700 ～ 850nm 和 1100 ～ 1400nm，而且吸收微弱，因此自然条件下的温室效应不是特别强烈。人为的温室效应是指增加大气中 CO_2 等温室气体浓度，阻止地球热量的散失，使地球发生可感觉到的气温升高，这就是有名的"温室效应"，CO_2 吸收的红外光线的波长为 1200 ～ 1630nm，并强烈吸收。850 ～ 1200nm 范围内的红外光，能够强烈地被 CFCs 等吸收，因此人为排放的大量气体造成的温室效应要远大于自然条件下的温室效应。

　　H_2O 和 CO_2 能够成为温室气体是因为二者具备以下条件：H_2O 和 CO_2 分子中具有多个原子，吸收红外线时分子发生波动，这样红外辐射线能够在其分子内部发生量子转换，因此能够被它们吸收，此为大气中虽然氩含量很多，但是不能有效吸收红外线的原因。因为红外辐射是电磁波，因此物质分子吸收红外光后，分子之间电偶极矩发生变化，H_2O 和 CO_2 具有不对称的电偶极矩，因此能够吸收红外线，并导致内部电场发生变化，而 N_2、O_2 等虽然能够在受到红外光辐射时，分子内部发生原子间能量转换而发生分子颤动，但其分子是对称的，不会导致内部电场发生变化，因而不能有效吸收红外线。在大气中要求一定的浓度，H_2O 和 CO_2 在大气中的浓度较高，HCl、CO、NO、N_2O 等分子都具备这样的条件，但是其在大气中的浓度远远低于 H_2O 和 CO_2。

　　一般而言，H_2O 吸收的红外光线的波长为 700 ～ 850nm 和 1100 ～ 1400nm 且微弱，CO_2 吸收的红外光线的波长为 1200 ～ 1630nm 且强烈。对于 850 ～ 1200nm 范围的红外光，H_2O 和 CO_2 则是不能吸收的，但该波段红外光能够强烈地被 CFCc、CH_4、N_2O 等吸收。原来大气中 CFCs 等浓度较低，这些气体增加一个单位浓度，对于红外光的吸收量是很大的，因此虽然 CO_2 是研究的最主要温室气体，但 CFCs 如 CFC-11、CFC-12 已成为十分重要的温室气体。自 1750 年以来，大气中的 CO_2 浓度增加了 31%，人为排放 CO_2 约 3/4 是化石燃料的燃烧。过去 20 年里，CO_2 的年增长幅度为 1.55μL/L。N_2O 则自 1750 年以来增加 46ppb（1ppb=0.001μL/L），且还有增长趋势，目前浓度也是过去 1000 年中最高的。大约增加的 1/3 来自于农业土壤、家畜饲养、化学工业等人为排放。CFC 原来在大气中不存在，完全来自人为排放。从 1995 年开始执行《蒙特利尔议定书》，全球大气中 CFC 浓度开始缓慢下降。然而一些代替物（如哈龙类物质）的浓度却开始上升。哈龙类物质比 CFC 稳定，但也能够光解并破坏臭氧。

（2）温室效应特点　温室效应有两个特点：室内温度高，不散热。生活中可以见到的玻璃育花房和蔬菜大棚就是典型的温室。使用玻璃或透明塑料薄膜来做温室，是让太阳光能够直接照射进温室加热室内空气，而玻璃或透明塑料薄膜又不让室内的热空气向外散发，以提供有利用植物快速生长条件，之所以称这一效应为温室效应，亦与此原理有关[13]。因气候影响，在对流层中，温度一般随高度的增加而降低。从某一高度射向空间的红外辐射一般产生于平均温度在 -19℃的高度，并通过太阳辐射的收入来平衡，使地球表面的温度能保持在平均 14℃。温室气体浓度的增加导致大气对红外辐射不透明性能力的增强，从而引起温度较高处向空间发射有效辐射。如果大气不存在这种效应，那么地表温度会下降 22℃或更多。虽然如此，地球表面温度的少许上升可能会引起其他变动。气温升高会打乱全球人类的生活，甚至全球生态平衡，最终导致全球发生大规模迁徙和冲突。政府间气候变化专委会第三份评估报告预计全球地面平均气温在 2100 年将上升 1.4 ～ 5.8℃。

温室效应可使地球上的病虫害增加、致命病毒威胁人类。全球气温上升使北极冰层融化，被冰封十几万年的史前致命病毒可能会重见天日，导致全球陷入疫病恐慌，人类生命受到严重威胁。若全球变暖正在发生，有两种过程会导致海平面升高。第一种是海水受热膨胀令水面上升，第二种是冰川和格陵兰及南极洲的冰块融化使海洋水分增加。预计 1900 年至 2100 年地球的平均海平面上升幅度在 0.09 ～ 0.88m。全球暖化使南北极的冰层迅速融化，海平面上升对岛屿国家和沿海地区所带来的灾难是显而易见的。突出的是淹没土地，侵蚀海岸。有关研究表明，当海平面上升 1m 以上时，一些世界级大城市，如纽约、伦敦、威尼斯、曼谷、悉尼、上海等将面临浸没的灾难；而一些人口集中的河口三角洲地区更是最大的受害者，特别是印度和孟加拉国间的恒河三角洲、越南和柬埔寨间的湄公河三角洲，以及我国的长江三角洲、珠江三角洲和黄河三角洲等。全球有一半人口居住在沿海 1000km 以内，其中大部分住在海港附近的城市区域。所以，海平面上升会对沿岸低洼地区及海岛造成严重的经济损害，如加速沿岸沙滩被海水的冲蚀、地下淡水被上升的海水推向更远的内陆地方。

3.4.2　碳排放概念

碳排放是温室气体排放的一个总称。温室气体主要是 CO_2，因此用碳（carbon）一词作为代表。碳排放是指煤炭、天然气、石油等化石能源燃烧活动、工业生产过程和土地利用变化与林业活动生产温室气体排放，以及因使用外购的电力和热力等所致的温室气体排放。中国已成为世界最大的碳排放国家之一（图 3-16，详见彩图），如何控制碳排放增速和降低碳排放强度已成为我国亟须解决的重大课题。低碳经济概念提出以后，国内外纷纷开展对低碳经济的研究，其中关于碳排放的研究成为焦点。产生碳排放的产业主要有能源产业、制造业及建筑业、交通运输业和其他行业（包括农业、居民部门和商业等），由于企业规模、资本结构和生产方式等方面的差异，不同行业在碳排放方面存在一定差异。对不同行业碳排放进行探讨研究，能够突出重点和把握发展趋势，有利于制定切实可行的政策从而减少碳排放。

不同行业碳排放研究如下。

（1）工业　工业是最主要的耗能行业之一，工业碳排放强度大致是第三产业的 2.5 ～ 5倍，在中国工业分行业中，电力、热力的生产和供应业，黑色金冶炼及压延加工业，化学原料及化学制品制造业和非金属矿物制品业等行业碳排放所占比重较大,具有明显的高碳特征。在直接排放中,电力、热力的生产和供应业,石油加工、炼焦及核燃料加工业的碳排放量最大,但由最终需求所引致的总排放中,通信设备、计算机及其他电子设备制造业,通用设备和专用设备制造业的排放量最大。

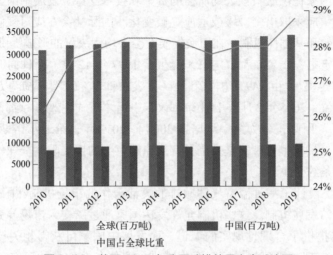

图 3-16　截至 2019 年我国碳排放量占全球比重

(2)农业　农业碳排放主要包括农业活动产生的直接碳排放和农业投入导致的间接碳排放,但农作物在成长过程中又会吸收大量的碳,因此农业碳排放和碳吸收的数量关系成为研究的重点。农业碳排放的途径主要有反刍牲畜肠道发酵、农田土壤施肥、耕作和秸秆焚烧,大气中 90% 的 N_2O、70% 的 CH_4 和 20% 的 CO_2 来源于农业活动及其相关投入。

(3)交通运输　随着城市化和经济社会发展,交通需求迅速增加,交通运输业的能耗和碳排放量增长迅速,越来越成为学者关注的重点。研究显示,中国交通运输业能耗年增长率为 10.8%,高于全社会能耗年增长率(8.74%),是能耗增速最快的行业之一。中国交通运输业低碳水平同发达国家相比有一定差距,有较大的改善空间。

(4)居民消费　发达国家的数据表明,近年来居民生活中直接与间接能源消费已占很大比重,成为碳排放的主要增长点。现阶段,中国居民消费水平与人口结构变化对碳排放的影响力已高于人口规模变化的影响力,居民消费水平与消费模式等的变化有可能成为中国碳排放的新的增长点。

3.4.3　控制气候变化的全球行动

气候变化本身所具有的全球性、政治性、长期性、不确定性等显著特点,决定了应对气候变化对国际协调格局的复杂性和艰难性。欧盟、美国、日本等发达国家和地区首先进入工业文明,在其工业化、城镇化进程中积累了巨额财富,消耗了大量化石能源,排放了大量的温室气体,人均碳排放久居高位。中国、印度、巴西等新兴经济体国家及其他发展中国家必须尝试绿色低碳可持续发展,走出一条新兴工业化的发展道路。

(1)《联合国气候变化框架公约》　《联合国气候变化框架公约》于联合国 1992 年 5 月 9 日在巴西里约热内卢举行的联合国环境与发展大会上通过,也是国际社会在应对全球气候变化问题进行国际合作，目前有 195 个缔约方。公约最终目的是将大气中温室气体的浓度稳定在防止气候系统受到危险的人为干扰水平上。该公约没有对个别缔约方规定具体需承担的义务，也未规定实施机制，属于粗线条的框架。

公约的核心原则是"共同但有区别的责任"，也是国际环境合作原则，即发达国家率先减排，并向发展中国家提供履行该公约所需的资金和技术支持。发展中国家在得到发达国家资金和技术支持下，应采取措施减缓或适应气候变化。国际社会在应对气候变化问题上，将该原则定为法律框架和基础性机制，在历次气候大会上均为决议的形成提供了依据。

（2）《京都议定书》 《京都议定书》诞生于 1997 年 12 月，全称为《联合国气候变化框架公约的京都议定书》，由 149 个国家和地区代表在日本东京召开缔约方第三次会议上制定。随后因美国异议，2005 年 2 月 26 日《京都议定书》才正式生效。《京都议定书》遵循"共同但有区别的责任"原则，分为第一承诺期 2008 ~ 2012 年，第二承诺期 2013 ~ 2020 年，被公认为国际环境保护的里程碑，是一个具有法律约束力的旨在限制全球气候变暖，要求减少温室气体排放的条约。

《京都议定书》设计了三种温室气体减排的灵活合作的市场机制：国际排放贸易机制、联合履约机制和清洁发展机制。这些机制允许发达国家通过碳交易市场等完成减排任务，为发达国家履行承诺提供了合理且现实的渠道，而发展中国家可获得相关技术和资金。这三种机制旨在有效地实现减排目标，国际合作减排主要使各缔约方的温室气体减排目标的实现，不仅局限在本国内采取减排对策，也可在其他国家实施减排事业活动，还可扣除本国承担的减排目标后，从其他国家购买温室气体排放权。允许发达国家以成本有效方式在全球减排温室气体：如果一国的排放量低于条约规定的标准，则可将剩余额度卖给完不成规定义务的国家，以冲抵后者的减排义务。在发达国家完成 CO_2 排放项目成本，比在发展中国家高出 5 ~ 20 倍，所以发达国家愿意向发展中国家转移资金、技术，提高他们的能源利用效率和可持续发展能力。

同时，《京都议定书》允许以下四种减排方式：①两个发达国家之间可以进行排放额度买卖的"排放权交易"，即难以完成削减任务的国家可从超额完成任务的国家买进超出的额度；②以"净排放量"计算温室气体排放量，即从本国实际排放量中扣除森林所吸收的 CO_2量；③可以采用绿色开发机制，促使发达国家和发展中国家共同减排温室气体；④可以采用"集团方式"，如欧盟国家可视为一个整体，采取有的国家削减、有的国家增加的方法，在总体上完成减排任务。另外，本着公平性原则，考虑到发达国家在其发展历史上对地球大气造成严重的破坏及发展中国家经济发展需要，对发达国家和发展中国家给予有差别的减排目标，发展中国家在 2012 年前的第一承诺期中将不承担任何减排义务。

（3）哥本哈根气候变化大会 2007 年在印尼巴厘岛举行的第 13 次缔约方会议，通过《巴厘路线图》，提出 2009 年末在哥本哈根召开的第 15 次会议通过一份新的《哥本哈根议定书》，以代替 2012 年即将到期的《京都议定书》。大会于 2009 年 12 月 7 日在丹麦首都哥本哈根召开，全称为《联合国气候变化框架公约》第 15 次缔约方会议，暨《京都议定书》第 5 次缔约方会议，达成不具有法律约束力的《哥本哈根协议》。协议由美国等发达国家和印度、巴西、南非等新兴经济体共同提案，主要包括：把全球升温幅度控制在 2℃内；设立发达国家强制减排指标；发展中国家展开自主减排行动；发达国家应向发展中国家提供更多的、额外的资金，其中包括 2010 ~ 2012 年向发展中国家提供 300 亿美元资金援助，承诺至 2020 年每年提供 1000 亿美元资金援助；2010 年 1 月 1 日《哥本哈根协议》将"立即实行"，维护了《联合国气候变化框架公约》及《京都议定书》确立的"共同但有区别的责任"原则，就发达国家实行强制减排和发展中国家采取自主减排行动作出安排，并就全球长期目标、资金和技术支持、透明度等焦点问题达成了广泛共识。

（4）《巴黎协定》　2015 年 12 月在巴黎全球气候变化大会（COP21）提出里程碑式的《巴黎协定》（Paris Agreement），是史上第一份覆盖 195 个国家和地区的全球减排协定。《巴黎协定》正式生效后，成为继《京都议定书》后第二个具有法律约束力的《联合国气候变化框架公约》协定。

《巴黎协定》建立了"自上而下"与"自下而上"相平衡的全球气候治理模式，并在实施细则中明确了"共同但有区别的责任"和"平等以及各自能力原则"，强调所有缔约方均有全球减排的责任与义务，同时发达国家与发展中国家在具体减排、资金、技术方面负有不同责任。减排方面，发达国家与发展中国家分别实现与逐步实现绝对减排目标，为发展中国家平衡减排与经济转型赢得时间，为发达国家带头减排增添动力与支持。资金援助方面，发达国家承诺在 2020 年之前实现每年向发展中国家提供 1000 亿美元的目标，并进一步提高资金的"可预测性"，强调发达国家在帮助发展中国家减排与适应气候变化过程中发挥主导作用，同时鼓励其他国家在自愿基础上提供援助，动员了所有国家又兼顾了公平。在技术方面，实施细则强调要创新应对气候变化技术，加强技术开发和转让方面的合作，以提高国际社会有效应对气候变化的能力。《巴黎协定》首次明确提出了有关气候升温幅度、适应能力、资金流向的三项长期目标，具体包括：把全球平均气温升幅控制在工业化前水平 2℃以内，并尽一切努力使其不超过 1.5℃，从而避免更灾难性的气候变化后果；提高适应气候变化不利影响的能力，并以不威胁粮食生产的方式增强气候适应能力和温室气体低排放发展；使资金流动符合温室气体低排放和气候适应型发展路径。

《巴黎协定》不仅包含了气温目标、减缓气候变化、适应气候变化，还包括损失损害、筹集资金、技术转让、透明度框架、盘点机制等内容，为各国应对气候变化构建了一个全方位的制度。同时构成了一套"自下而上"国家自主贡献承诺与"自上而下"的核算、透明度、遵约规则相结合的体系。该种动态体系，让各国自主意志与国际法规则相结合，有利于协定的生效与执行及可持续执行。总之，《巴黎协定》是一个集全面、平衡、法律约束力于一体的协议，为全球气候变化问题构建一个新的机制，在气候变化的进程中迈出了历史性的一步。

3.4.4　工程化 CCUS 技术

（1）CCUS 概念　CO_2 捕集、利用与封存（CO_2 capture, utilizationand storage，简称 CCUS）是指将 CO_2 从工业过程、能源利用或大气中分离出来，直接加以利用或注入地层以实现 CO_2 永久减排的过程[14]。CCUS 是目前实现化石能源低碳化利用的唯一技术选择。全球主要能源研究机构、主要碳减排积极倡导组织和国家一致将 CCUS 技术作为未来关键的碳减排技术。CCUS 技术涵盖了 CO_2 捕集、压缩、输送、转化利用与地质封存等产业链条，包括 CO_2 捕集、CO_2 输运、CO_2 地质利用与地质封存、化工 / 生物利用与矿化固碳等多个关键技术环节，具有跨地区、多行业、产业链长、运行周期长等特点。因此，作为一项系统性工程，CCUS 去碳产业集群化规模部署是其发展的必由之路，而发展工程化 CCUS 全流程技术则是实现中国 CCUS 去碳产业集群化规模部署的关键。

（2）CCUS 模式 按照 CCUS 技术环节的组合关系，CCUS 全流程技术基本模式包括：CO_2 捕集与封存（CCS），CO_2 捕集与利用（CCU），CO_2 捕集、利用与封存（CCUS）。由于 CO_2 运输管道是 CCUS 工程 / 产业链条节点和关键技术环节间的物理连接，并构成源汇匹配和集群化部署的技术关键，在大规模集群化部署情景下，上述基本模式可扩展为 CO_2 捕集、运输与封存（CCTS），CO_2 捕集、运输、封存与利用（CCTUS）等[15]。

CCUS 全流程技术中 CO_2 地质利用与地质封存的海陆场所分为陆上封存、离岸封存；CO_2 地质利用与地质封存方式可分为 CO_2 驱油封存（CO_2-EOR）、CO_2 驱替煤层气封存（CO_2-ECBM）、CO_2 驱天然气封存（CO_2-ENGR）、CO_2 驱替页岩气封存（CO_2-ESGR）、CO_2 咸水层封存与采水（CO_2-ESWR）、CO_2 枯竭油气藏封存（CO_2-SDR）、CO_2 封存与增强型地热发电（CO_2-EGP）、CO_2 封存与铀矿地浸开采（CO_2-ILU）等；CO_2 捕集方式，主要分为工业源捕集、生物质能源转化捕集（BECCS）和大气直接捕集（DACCS）；工业源主要捕集方法有吸收法、吸附法、膜分离法和低温蒸馏法。CO_2 利用方式除了地质利用以外，主要分为化工利用、生物利用和矿化利用，具体利用方式非常多样。CCUS 全流程技术有更多 CO_2 捕集、利用、封存的关键组合模式。

（3）CCUS 技术流程 工程化 CCUS 全流程技术（科学）可视为一个工程技术科学系统，除包含 CO_2 捕集、运输、利用、封存等 CCUS 关键技术环节和系统要素外，还涉及 CCUS 源汇匹配、CCUS 关键环节技术集成配置、CCUS 系统优化等要素，以及系统运行的风险监测评估与预警等相关技术内容。

工程化 CCUS 全流程技术的关键流程[16]（图 3-17）如下：

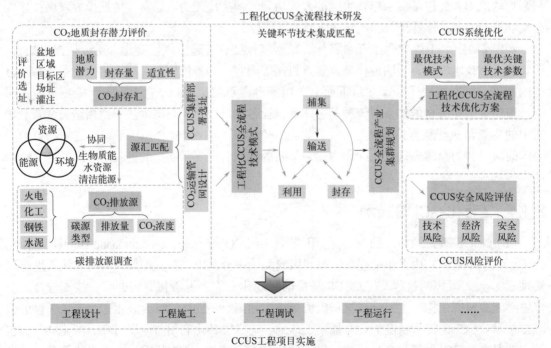

图 3-17 CCUS 技术流程

① 碳排放源调查与 CO_2 地质封存潜力评价。查明碳排放源的特征，科学评价地质封存

的地质潜力、封存量和适宜性，明确 CCUS 的碳源和碳汇，研究选择 CO_2 捕集、封存、利用等环节关键技术，该流程阶段的调查评价工作可按盆地级、区域级、目标区级、场址级、灌注级的序次，根据空间尺度和工作程度要求依次进行。

② CCUS 源汇匹配。考虑区域资源分布、能源结构和 CCUS 技术实施的环境条件差异，以及区域能源环境外部系统约束和生物质能源、水资源、清洁能源等协同，基于上述阶段调查评价结果和 CO_2 排放源、利用/封存汇、利用/封存过程、连接源汇运输管网模型及相应的参数数据，实现 CO_2 源与汇之间目标量、连续性、经济效益性等方面的动态最优化匹配，为 CCUS 集群部署选址和 CO_2 运输管网设计提供直接依据。

③ 关键环节技术集成匹配。基于 CCUS 源汇匹配与集群部署工程选址成果，考虑碳排放源特征（流量、温度、压力、CO_2 体积分数等）、捕集工艺、利用目标、封存地质体、实施成本和安全风险等因素，分析 CO_2 捕集、输送、利用、封存等关键环节技术的衔接可行性、组合方式与技术匹配性，开展并明确工程化 CCUS 全流程技术模式的选择，并在此基础上开展 CCUS 全流程产业集群规划。

④ CCUS 系统优化。在进一步开展区域能源环境大系统优化研究、实现 CCUS 集群部署最优化的前提下，以实现捕集、利用、封存量最大化，减少系统成本，降低 CO_2 运输风险，保障 CCUS 工程项目高效实施为目标，形成工程化 CCUS 全流程技术优化方案，确定最优技术模式和最优关键技术参数体系。

⑤ 风险评价。对优化后的工程化 CCUS 全流程技术方案，还要进行技术风险、经济风险和安全风险评估，特别是安全风险评估尤为重要，开展基于所采用关键技术工艺特征与封存场所地质条件的 CCUS 安全风险评估，明确 CO_2 泄漏监测预警方案，确保 CCUS 工程项目实施全流程的安全性与可靠性。

（4）CCUS 的局限性　CCUS 技术存在的最大难题是运输成本太高。管道运输是输送大量 CO_2 的最经济方法，其成本主要由三部分组成：基建、运行维护及其他如设计、保险等费用。由于管道运输是成熟技术，其成本下降空间不大，对于 250km 的距离，管道运输 CO_2 的成本一般为每吨 1～8 美元。运输路线的地理条件对成本影响很大，如陆上管道成本比同样规模的海上管道高 40%～70%。当运输距离较长时，船运将具有竞争力，船运的成本与运距的关系极大。当输送 500 万吨 CO_2 到 500 km 的距离，每吨 CO_2 的船运成本为 10～30 美元。当运距增加到 1500 km 时，每吨 CO_2 的船运成本为 20～35 美元，与管道运输成本相当。

以目前的速度，人类每年向空气中净排放 150 亿吨 CO_2，一半来自于发电厂和水泥制造厂等的集中排放，另一半则来自于家庭和办公室供暖、降温、交通运输工具等分散的排放源。以发电厂这样的数百万甚至几十亿的化石原料利用单位作为 CO_2 的捕集源是难以想象的，技术操作性或是经济可行性均很低。虽然从技术角度来讲，从汽车上直接捕集 CO_2 是可行的，但成本过高，而且 CO_2 捕集之后需要运送到封存点，这需要很多庞大而昂贵的配套基础设施。而以家庭或办公室为基本单位，捕集和运输的成本也过高。

思考题

1. 简述自然界中碳及其化合物的转化途径。
2. 简述地球系统的主要碳库及其特点。
3. 简述碳循环的过程。

4.人类活动对碳循环的影响体现在哪些方面？

5.简述自然界吸收和固定 CO_2 的主要渠道。

6.简述碳循环与全球变暖之间的联系。

7.简述温室效应的利弊。

8.碳源与碳汇的根本区别是什么？地球上重要的碳源和碳汇有哪些？

参考文献

［1］汪品先，田军，黄恩清，等．地球系统与演变［M］．北京：科学出版社，2018.

［2］Aresta M．Carbon dioxide recovery and utilization，Springer Netherlands，2003.

［3］Sakakura T，Choi J C，Yasuda H．Transformation of carbon dioxide［J］．Chemical Reviews，2007，107（6）：2365-2387.

［4］Falkowski P，Scholes R J，Boyle E，et al．The global carbon cycle：a test of our knowledge of earth as system［J］．Science，2000，290（5490）：291-296.

［5］毛兴华，朱明远，杨小龙．桑沟湾大型底栖植物的光合作用和生产力的初步研究［J］．生态学报，1993，13（1）：25-29.

［6］张继红，方建光，唐启升，等．桑沟湾不同区域养殖栉孔扇贝的固碳速率［J］．渔业科学进展，2013，34（1）：12-16.

［7］方精云，刘国华，徐嵩龄．我国森林植被的生物量和净生产量［J］．生态学报，1996，16：497-508.

［8］解宪丽，孙波，周慧珍，等．不同植被下中国土壤有机碳的储量与影响因子［J］．土壤学报，2004，41：687-699.

［9］Lal R．Soil carbon sequestration impacts on global climate change and food security［J］．Science，2004，304：1623-1627.

［10］周广胜．全球碳循环［M］．北京：气象出版社，2003.

［11］黄萍，黄春长．全球增温与碳循环［J］．陕西师范大学学报（自然科学版），2000（2）：104-108.

［12］Prentice K C，Fung I Y．The sensitivity of terrestrial carbon storage to climate change［J］．Nature，1990，346（6279）：48-51.

［13］刘培桐．环境学概论［M］．2版．北京：高等教育出版社，1995.

［14］陆诗建．碳捕集利用与封存技术［M］．北京：中国石化出版社，2020.

［15］蔡博峰，李琦，林千果，等．中国 CO_2 捕集、利用与封存（CCUS）报告（2019）［R］．北京：生态环境部环境规划院气候变化与环境政策研究中心，2020.

［16］桑树勋，刘世奇，陆诗建，等．工程化 CCUS 全流程技术及其进展［J］．油气藏评价与开发，2022，12（5）：711-725.

第 4 章

传统化石能源及其碳排放

全球气候变化被视为 21 世纪人类社会面临的巨大挑战之一，因为它不仅关乎人类的生存环境的变化，更涉及全球经济格局。2016 年《巴黎协定》提出将全球温升控制在比工业化前水平高 2℃的范围内，并尽最大努力限制在 1.5℃左右。但无论是控制在 1.5℃还是2.0℃，全球剩余碳排放空间和碳达峰时间均非常有限。温室气体的排放量增加导致全球气候变暖的问题愈发严重，同时产生巨大的环境危害，而化石能源的消耗是碳排放的主要来源。城市化和工业化的快速发展，引起了化石能源的大量消耗和碳排放的增加，带来了不可低估的环境影响。

4.1 传统化石能源及其碳排放

4.1.1 传统化石能源

化石能源是一种碳氢化合物或其衍生物。它由古代生物的化石沉积而来，是一次能源。化石燃料不完全燃烧后，都会散发出有毒的气体，却是人类必不可少的燃料。化石能源所包含的天然资源有煤炭、石油和天然气。

化石能源是全球消耗的最主要能源，2022 年全球消耗的能源中化石能源占比为 82%，我国的比例同样为 82%。但随着人类的不断开采，化石能源的枯竭是不可避免的，大部分化石能源在 21 世纪将被开采殆尽。从另一方面看，由于化石能源的使用过程中会新增大量温室气体 CO_2，同时可能产生一些有污染的烟气，威胁全球生态。

（1）煤炭 煤炭是古代植物埋藏在地下经历了复杂的生物化学和物理化学变化逐渐形成的固体可燃性矿物。煤炭是地球上蕴藏量最丰富，分布地域最广的化石燃料。在各大陆、大洋岛屿都有煤分布，但煤在全球的分布很不均衡，各个国家煤的储量也很不相同。中国、美国、俄罗斯、德国是煤炭储量丰富的国家，也是世界上主要产煤国，其中中国是世界上煤产量最高的国家。

我国煤炭资源丰富。根据自然资源部 2023 年数据，截至 2022 年，我国现有煤炭储量达到 2070.12 亿吨。分地区统计，西部地区储量最高，达到 1365.327 亿吨，占全国煤炭总储量的 66%，中部地区次之，储量和占比分别为 589.32 亿吨、28.5%，东部和东北地区量较低，合计煤炭储量仅占总储量的 5.6%。分省份统计，除港澳台地区以外，目前我国 36 个省级行政区中有 27 个保有煤炭资源，其中煤炭已勘获储量最高的 5 个省（区）分别为山西、内蒙古、新疆、陕西、贵州，现有煤炭储量均达到 100 亿吨以上，山西省储量最高，为 483.1 亿吨，5省（区）合计煤炭量达到 1664.45 亿吨，占全国已煤炭总储量的 80.4%。2022 年，煤炭产量为 45.6 亿吨，比上年增长 10.5%，创历史新高，消费量约 44.4 亿吨，增长 4.3%。与十年前相比，煤炭消费占能源消费比重下降了 12.3 个百分点。

（2）石油　石油是指气态、液态和固态的烃类混合物，具有天然的产状。石油又分为原油、天然气、天然气液及天然焦油等形式，但习惯上仍将"石油"作为"原油"的定义用。在国际舞台上，石油作为一种重要资源，战略储备物资，一直都受到各国关注，而且石油还是历史上多次重大战争的导火索。2022 年世界石油储量排名前十位的国家分别是：委内瑞拉、沙特阿拉伯、加拿大、伊朗、伊拉克、俄罗斯、科威特、阿联酋、美国、利比亚。

我国石油储量较低。根据 2023 年中国矿产资源报告显示，截止到 2022 年底，我国石油剩余探明技术可采储量仅为 38.06 亿吨，同比增长 3.2%，占全球的 1.58%，小于委内瑞拉（17.3%）、沙特阿拉伯（15.2%）、伊朗（11.9%）、加拿大（9.3%）、伊拉克（8.3%）等国家，储量前景不容乐观。2022 年度有 3 个油气田新增石油储量规模达到大型，分别为塔里木盆地的富满油田、河套盆地的巴彦油田和渤海湾海域的渤中 26-6 油田；有 6 个油气田新增天然气储量规模达到大型，分别为四川盆地的天府气田、蓬莱气田，鄂尔多斯盆地的苏里格气田、青石峁气田，塔里木盆地的顺北油田和琼东南盆地的宝岛 21-1 气田。石油储量方面，新疆、甘肃、陕西、黑龙江、山东、河北石油储量稳居全国前六，分别为 66956.82 万吨、48233.81 万吨、35120.11 万吨、31696.32 万吨、26244.26 万吨、24159.41 万吨。我国石油储量也主要集中在这 6 个省级行政区，合计占我国石油储量的 61.06%。

2022 年，我国原油产量 2.05 亿吨，增长 2.9%，连续 4 年保持增长。究其原因，首先，我国围绕老油田硬稳产、新油田快突破、海域快上产的策略，加大了勘探开发力度；其次，预计中国海洋原油产量为 5862 万吨，同比增长 6.9%，增产量占全国石油增产量的一半以上，渤海和南海东部仍是海洋石油生产的主要区域。

我国石油消费缺口巨大。随着经济的高速发展，我国对石油的需求量日益上升，对外依存度也逐年提高。2022 年石油消费占一次能源消费总量的比重为 17.9%，石油消费量 7.0 亿吨，下降 3.1%。2022 年我国的原油进口量达到了约 50838.81 万吨，与前一年相比下降了 0.89%。这些原油来源于全球 48 个国家，其中，沙特阿拉伯和俄罗斯是我国的主要进口来源国。尽管数量有所下滑，但由于国际原油市场价格的上涨，我国在原油进口上的总支出高达 3655.12 亿美元，约合 24350 亿元人民币，同比增长了 41.4%。这也使得原油进口成为了我国仅次于集成电路的第二大进口商品，占我国 2022 年货物贸易进口总额的 13%。

（3）天然气　天然气是存在于地下岩石储集层中以烃为主体的混合气体的统称，相对密度约为 0.65，比空气轻，具有无色、无味、无毒之特性。中国沉积岩分布面积广，陆相盆地多，具备优越的多种天然气储藏的地质条件。根据国家能源局发布的《中国天然气发展报告（2022）》，到 2025 年，中国的天然气产量有望达到 3170 亿立方米。此外，中石油组织的最新油气资源评价结果表明，四川盆地常规天然气资源量为 12.47 万亿立方米，致密气资源量为 3.98 万亿立方米。

我国常规天然气储量不大。根据 2023 年中国矿产资源报告显示，截至 2022 年，我国天然气剩余探明技术可采储量 6.6 万亿立方米，同比增长 3.6%，约占全球全部储量的 3.1%，小于俄罗斯（22.7%）、伊朗（16.1%）、卡塔尔（11.3%）、美国（7.8%）、土库曼斯坦（5.4%）等国家。四川、陕西、新疆、内蒙古天然气储量稳居全国前四，分别为 16546.46 亿立方米、11770.37 亿立方米、11482.11 亿立方米、10115.95 亿立方米。我国天然气储量也主要集中在这 4 个省级行政区，合计占我国天然气储量的 75.99%。2022 年，我国天然气产量为 2201.1 亿立方米，增长 6.0%，连续 6 年增产超 100 亿立方米。

我国非常规天然气资源潜力巨大。页岩气储量较高。我国页岩气地质资源量在 80.45 万亿～144.5 万亿立方米，根据自然资源部 2023 年数据，截至 2022 年底，我国页岩气的剩余探明技术可采储量为 5605.59 亿立方米，同比增长 3%，技术可采储量居世界第一位，占全球页岩气技术可采储量的 15%，主要分布在四川盆地、鄂尔多斯盆地、渤海湾盆地、松辽盆地、吐哈盆地、塔里木盆地等。我国煤层气资源丰富，煤层埋深 2000m 以浅的煤层气地质资源量 36.81 万亿立方米，相当于 490 亿吨标准煤，与我国陆上常规天然气资源量 38 万亿立方米基本相当。据自然资源部 2023 年数据，截至 2022 年底，煤层气的剩余探明技术可采储量为 3659.69 亿立方米，同 2021 年储量相比变化不大。

（4）化石能源消费状况　2021 年，全球能源消费总量达 138.4×10^8 toe（吨油当量），同比增长 5.2%，与 2019 年相比增长 0.9%。其中，①石油消费量 42.3×10^8 toe，同比增长 6.1%，与 2019 年相比下降 3.7%，新冠疫情、高油价及供应端疲弱等因素对石油市场影响较大，石油是唯一没有恢复到新冠疫情前消费水平的能源品种；②天然气消费量 34.7×10^8 toe，同比增长 4.5%，与 2019 年相比增长 2.5%；③煤炭消费量 38.6×10^8 toe，同比增长 5.9%，与 2019 年相比增长 2.2%[1]。综合来看，2021 年全球化石能源消费明显增长，2022 年随着全球主要经济体的经济增长放缓，全球石油和煤炭消费增长速度放缓，增长率仅为 2.9%。

作为碳排放强度最高的化石能源品种，2021 年全球煤炭消费强势反弹，主要煤炭消费国的消费增速均远高于其 10 年平均增速。2021 年，中国、印度和美国的煤炭消费量占全球煤炭消费总量的比重分别为 53.8%、12.5% 和 6.6%，同比分别增长 4.6%、15.8% 和 15.2%。天然气供应不足迫使一向被视为全球"减碳典范"的欧洲煤炭消费量同比增长 5.9%，其中德国、荷兰和波兰等国转而使用煤炭来满足电力需求。

从能源消费结构来看，近年来石油和煤炭消费占比保持缓慢下降趋势，天然气和非化石能源消费占比保持增长趋势，全球能源消费结构持续优化，逐步构建起绿色低碳循环发展的经济体系。2021 年，全球煤炭、石油、天然气和非化石能源消费量占全球能源消费总量的比重分别为 27.9%、30.5%、25.1% 和 16.5%，同比分别增长 0.18%、增长 0.24%、下降 0.18% 和下降 0.24%，与 2010 年相比分别下降 2.19%、下降 2.57%、增长 2.29% 和增长 2.47%。2021 年，化石能源占比小幅反弹，能源消费结构的低碳进程出现一些倒退，但这种趋势难以延续。2022 年，乌克兰危机爆发，影响了全球油气贸易、生产和运输等诸多方面，大幅推高油气价格，对国际能源格局产生重大影响。

2021 年，中国能源消费总量 36.7×10^8 toe，同比增长 5.2%。其中，煤炭、原油和天然气消费量同比分别增长 4.6%、4.1% 和 12.5%，电力消费量同比增长 10.3%。中国煤炭消费占能源消费总量 56% 左右，仍是电力供应的主力能源。2010—2021 年，中国煤炭、石油、天然气和非化石能源消费年均增速分别为 1.5%、3.5%、11.3% 和 8.9%。统计结果显示，中国煤炭消费增速逐步放缓，已进入峰值平台期，石油消费增速呈现下降趋势，天然气和非化石能源消费快速增长，新增发电产能逐步替代燃煤发电产能。

2021 年，中国煤炭进口量占煤炭消费总量的 7.7%，对外依存度较低，具有较强的独立自主性。中国煤炭资源丰富，煤炭发电成本较低，储能技术突破和大规模应用仍需时间，短期内煤炭仍将发挥能源安全供应的兜底保障作用。中国是全球最大的能源生产国、消费国和进口国，保障能源安全始终是面临的重大挑战之一，也是能源产业发展的首要任务。

中国社会经济正朝着绿色低碳转型，作为当前全球最大的碳排放国家，中国力争用发达国家一半的时间实现"双碳"目标，减排压力巨大。近 10 年来，中国煤炭消费量占能源消费总量的比重稳步下降，从 2010 年的 69.2% 下降到 2021 年的 56.6%；天然气消费占比逐步提升，从 2010 年的 4.0% 提高到 2021 年的 9.0%；核能和水电等非化石能源消费占比从 2010 年的 9.4% 提高到 2021 年的 16.7%，中国能源消费结构持续优化。

4.1.2　传统化石能源的碳排放

碳排放一般指温室气体排放。温室气体排放来源多为世界重工业发展、汽车尾气等，温室气体一旦超出大气标准，便会造成温室效应，使全球气温上升，威胁人类生存。因此，控制温室气体排放已成为全人类面临的一个主要问题。

碳排放量是指在生产、运输、使用及回收某产品时所产生的温室气体排放量。而动态的碳排放量，则是指每单位货品累积排放的温室气体量，同一产品的各个批次之间会有不同的动态碳排放量。

1990—2018 年世界碳排放总量如图 4-1 所示。

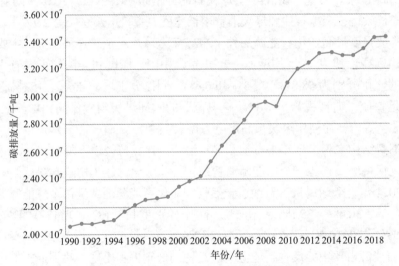

图 4-1　1990 ~ 2018 年世界碳排放总量

化石能源消耗是 CO_2 排放（碳排放）的主要来源。自 1751 年第一次工业革命以来，全球累计排放了 1.16 万亿吨 CO_2（截至 2004 年），其中绝大多数的温室气体是在 19 世纪中叶开始的第二次工业革命后排放的。世界碳排放量在进入 21 世纪后迅速增长，于 2009 年增长率稍有下降，之后恢复增长，自 2013 年起增速放缓，直至 2018 年世界碳排放总量已达到 343.4 亿吨。

1990 ~ 2018 年中国碳排放总量如图 4-2 所示。中国的工业化也带来了碳排放的积累和增加，并且带来不可低估的环境影响。1997 年以来中国的城市化和工业化快速发展，其基本特征是能源和资源的大量消耗。始于 2000 年的新一轮经济快速增长，工业增长明显转向以重工业为主导的格局。2000 年第二产业比重首次超过 50%（达到 50.9%）。2001 年重化工业比重达 60.5%，2003 年升至 64.3%[2]。由于重化工业的快速发展，中国的能源消耗也快速增长。

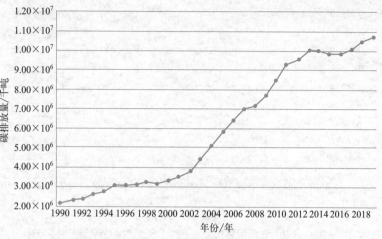

图 4-2　1990 ～ 2018 年中国碳排放总量

自 2006 年以来，中国 CO_2 排放量已居世界首位，排放总量高出美国一倍，我国已进入工业发展中期，重工业发展特别明显。据国际碳排放研究机构 Global Carbon Project 的数据显示：2015 年，中国 CO_2 排放量占世界 CO_2 排放总量的 28.65%，已远超排在第二位的美国（14.93%）和第三位的欧盟（9.68%）；中国的人均 CO_2 排放量（7.5 吨）也已超过欧盟（6.9 吨）[3]。根据已有的数据，从 2006 ～ 2015 年的年际增量情况来看，能源碳排放是逐年增长，但增长幅度逐步放缓，伴随而来的是工业发展的减速；能源生产增长率和消费增长率均逐年递减，另外其能源消费弹性系数从 2006 的 0.76 下降到 2015 年的 0.14。碳排放的变化主要取决于人口、人均国内生产总值、能源规模和能源结构，为此人口既定时，碳排放变化主要与工业经济、能源利用规模和结构等相关。

据预测，今后较长一段时期，中国的化石能源消耗还将持续增长，荷兰皇家壳牌集团预测中国 2025 年的一次能源需求将占全球 25%，到 2050 年，中国自身的一次能源需求将是 21 世纪初的 4 倍，化石能源仍将占中国一次能源需求的 70%。总体上中国化石能源的碳排放呈上升态势。但在 2002 年前，碳排放的年际变化不稳定，1998 年和 2001 年甚至出现碳排放相对上年减少情况。自 2002 年中国化石能源的碳排放量呈快速增长趋势，其中 2003 年增幅达 17.86%，碳排放总量为 127896.02 万吨。自 2003 年年度增幅逐年下降，但由于排放基数较大，2007 年的碳排放已接近 1997 年的 2 倍。中国经济增长产生的碳排放也日益成为全球关注的问题，到 2050 年即使采取保守方案，中国等发展中国家的排放空间也极为有限。在当前全球气候环境问题日渐显露出重要战略意义的大背景下，这个难题更加突出。

中国能源消费相关的碳排放量持续增加。2021 年，中国碳排放量达 $119.0×10^8$ 吨，其中煤炭消费相关的碳排放占 75% 左右。中国是唯一在 2020 年和 2021 年都实现经济增长的全球主要经济体，在 2019 ～ 2021 年期间，能源消费相关的碳排放量增加了 $7.5×10^8$ 吨。中国实现碳排放下降乃至零排放面临总量基数大、技术难度高、所剩时间紧等困难，并且没有现成可借鉴的减排模式。

1990 ～ 2016 年世界煤炭、石油、天然气能源消耗产生的碳排放量如图 4-3 所示，其分别占总量的比例如图 4-4 所示。

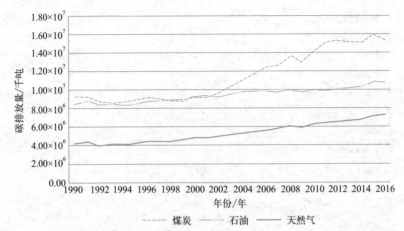

图 4-3　1990～2016 年世界煤炭、石油、天然气能源消耗产生的碳排放量

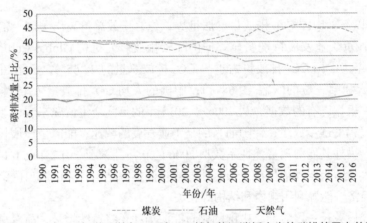

图 4-4　1990～2016 年世界煤炭、石油、天然气能源消耗产生的碳排放量占总量的比例

　　进入 21 世纪以来，世界煤炭碳排放量从 2000 年的 91.6 亿吨升至 2008 年的 136 亿吨，2009 年经历短暂下滑后恢复增长态势，持续增长至 2011 年的 151.4 亿吨，而后基本保持 152 亿吨左右。

　　石油和天然气消费也是碳排放的重要来源。相较于煤炭碳排放量的快速增长，石油和天然气碳排放量增长均匀缓慢，石油碳排放量从 1990 年的 85.4 亿吨平缓增长至 2016 年的 108.1 亿吨，天然气碳排放量则从 1990 年的 42.4 亿吨平缓增长至 2016 年的 73.2 亿吨，增速较之石油碳排放量稍快，但总体平稳增长。

　　2021 年，煤炭消费相关的碳排放增长量抵消了 2020 年各国封控措施造成的下降量。尽管基于可再生能源的发电量达到历史最高水平，但由于恶劣的天气、电力供应紧张和油气市场供应不足等问题，导致 2021 年全球煤炭消费量大幅增长 5.9%，燃煤带来的碳排放量达到 153.0×10^8 吨的历史最高水平，天然气燃烧的碳排放量也高于 2019 年水平，达到 75.0×10^8 吨，石油燃烧的碳排放量达到 107.0×10^8 吨。

　　1990～2016 年中国煤炭、石油、天然气能源消耗产生的碳排放量如图 4-5 所示，其分别占总量的比例如图 4-6 所示。

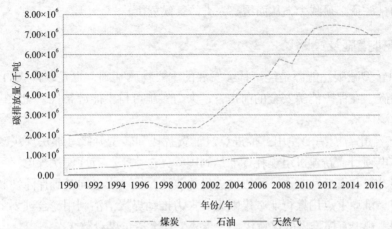

图 4-5　1990 ~ 2016 年中国煤炭、石油、天然气能源消耗产生的碳排放量

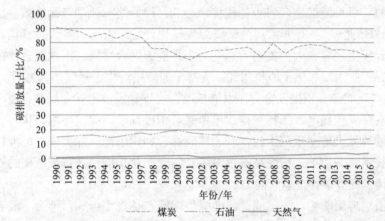

图 4-6　1990 ~ 2016 年中国煤炭、石油、天然气能源消耗产生的碳排放量占总量的比例

中国煤炭碳排放量则是从 2000 年的 23.9 亿吨快速升至 2013 年的 69.04 亿吨，达到历史最高位；随后缓慢下降，自 2016 年起基本保持 66 亿吨左右，仍处高位平台期。此外，即便碳排放增速有所放缓，但煤炭的碳排放量依旧占能源总排放量的 70% ~ 80%[4]。煤炭的碳排放主要源自利用环节，并非开采环节。电力、供热、冶金、化工等耗煤占比达 90%，其中电力与供热占了 60%。根据国际能源署（IEA）的统计数据，2014 年中国能源消费所导致的碳排放约为 91.12 亿吨，其中石油碳排放占比约为 13.3%，天然气碳排放占比约为 4.1%，两者合计占比约 17.4%。现阶段煤炭仍是国家能源安全的基石，占中国一次性能源消耗的 50% 以上，煤炭的碳排放量也占总量的 70% 以上，是能源中碳排放的主要部分，在中国减碳的过程中，煤炭的碳减排仍是重点内容。

4.2　碳减排策略

4.2.1　碳减排的基本概念

化石能源的消耗带来大量的碳排放，并对环境造成恶劣影响，因此碳减排已经成为各国能源战略发展重点。碳减排，就是减少 CO_2 等温室气体的排放量。随着全球气候变暖，CO_2

等温室气体的排放量必须减少，从而缓解人类的气候危机。

4.2.2 碳减排措施及策略

（1）能源转型减碳　能源是经济社会发展的重要物质基础，也是碳排放的最主要来源。要坚持安全降碳，在保障能源安全的前提下，大力实施可再生能源替代，加快构建清洁低碳安全高效的能源体系。

① 减少传统化石能源的使用。推进煤炭消费替代和转型升级。加快煤炭减量步伐，严格控制新增煤电项目，新建机组煤耗标准达到国际先进水平，有序淘汰煤电落后产能，加快现役机组节能升级和灵活性改造，积极推进供热改造，推动煤电向基础保障性和系统调节性电源并重转型。推动重点用煤行业减煤限煤。大力推动煤炭清洁利用，合理划定禁止散烧区域，多措并举、积极有序推进散煤替代，逐步减少直至禁止煤炭散烧。

合理调控油气消费。保持石油消费处于合理区间，逐步调整汽油消费规模，大力推进先进生物液体燃料、可持续航空燃料等替代传统燃油，提升终端燃油产品能效。加快推进页岩气、煤层气、致密油（气）等非常规油气资源规模化开发。有序引导天然气消费，优化利用结构，优先保障民生用气，大力推动天然气与多种能源融合发展，因地制宜建设天然气调峰电站，合理引导工业用气和化工原料用气。支持车船使用液化天然气作为燃料。

② 大力发展新能源。积极安全有序发展核电。合理确定核电站布局和开发时序，在确保安全的前提下有序发展核电，保持平稳建设节奏。积极推动高温气冷堆、快堆、模块化小型堆、海上浮动堆等先进堆型示范工程，开展核能综合利用示范。加大核电标准化、自主化力度，加快关键技术装备攻关，培育高端核电装备制造产业集群。实行最严格的安全标准和最严格的监管，持续提升核安全监管能力。

大力发展清洁再生能源。清洁能源，即绿色能源，是指不排放污染物、能够直接用于生产生活的能源，它包括核能和"可再生能源"。清洁能源不是对能源的简单分类，而是指能源利用的技术体系；清洁能源不但强调清洁性同时也强调经济性；清洁能源的清洁性指的是符合一定的排放标准。可再生能源，是指原材料可以再生的能源，可再生能源来自不断补充的自然过程，可再生能源一般直接或间接来自太阳，或来自地球深处产生的热量，如水力发电、风力发电、太阳能、生物能（沼气）、地热能（包括地源和水源）、海潮能等能源。可再生能源在较长的时间尺度上几乎是取之不竭的，但是在较短的时间尺度上可供使用的量有限。

a. 风能。风能是空气流动所产生的动能，是太阳能的一种转化形式。由于太阳辐射造成地球表面各部分受热不均匀，引起大气层中压力分布不平衡，在水平气压梯度的作用下，空气沿水平方向运动形成风。风能资源的总储量非常大，一年中技术可开发的能量约 $5.3×10^{13}$ 千瓦时。风能是可再生的清洁能源，储量大、分布广，但它的能量密度低（只有水能的 1/800），并且不稳定。在一定的技术条件下，风能可作为一种重要的能源得到开发利用。人类对风能资源的利用由来已久，风车和帆船长久以来作为人们重要的动力来源。随着风力发电等可再生能源发电方式的发展，世界上许多国家和地区都在努力减少对传统高污染高消耗燃煤电厂的依赖，向绿色能源转型。

b. 太阳能。太阳能是指太阳的热辐射能，主要表现为常说的太阳光线。在现代一般用作发电或者为热水器提供能源。自地球上生命诞生以来，就主要以太阳提供的热辐射能生存，而自古人类也懂得以阳光晒干物件，并作为制作食物的方法，如制盐和晒咸鱼等。在化石燃料日趋减少的情况下，太阳能已成为人类使用能源的重要组成部分，并不断得到发展。太阳能的利用有光热转换和光电转换两种方式，太阳能是一种新兴的可再生能源。

全面推进风电、太阳能发电大规模开发和高质量发展，坚持集中式与分布式并举，加快建设风电和光伏发电基地。加快智能光伏产业创新升级和特色应用，创新"光伏+"模式，推进光伏发电多元布局。坚持陆海并重，推动风电协调快速发展，完善海上风电产业链，鼓励建设海上风电基地。积极发展太阳能光热发电，推动建立光热发电与光伏发电、风电互补调节的风光热综合可再生能源发电基地。因地制宜发展生物质发电、生物质能清洁供暖和生物天然气。探索深化地热能以及波浪能、潮流能、温差能等海洋新能源开发利用。进一步完善可再生能源电力消纳保障机制。

c. 水能。位能、压能和动能等形式存在于水体中的能量资源，又称水能资源。广义的水能资源包括河流水能、潮汐能、波浪能和海洋热能资源；狭义的水能资源指河流水能资源。在自然状态下，水能资源的能量消耗于克服水流的阻力，冲刷河床、海岸，运送泥沙与漂浮物等。采取一定的工程技术措施后，可将水能转变为机械能或电能，为人类服务。

据估算，全世界可开发利用的潮汐能为 10 亿～ 11 亿千瓦，年发电量约 12400 亿千瓦时。我国潮汐能可开发资源装机容量为 2158 万千瓦，年发电量为 300 亿千瓦时。此外，在我国海洋中，波浪能蕴藏量约 1285 万千瓦，潮流能蕴藏量约 1394 万千瓦，盐差能蕴藏量约 1.25 亿千瓦，温差能蕴藏能约 13.21 亿千瓦。综上所述，我国海洋能总计约 15 亿千瓦，超过陆地河川水能理论蕴藏量（6.94 亿千瓦）2 倍多，具有广阔的开发利用前景。

因地制宜开发水电。积极推进水电基地建设，推动金沙江上游、澜沧江上游、雅砻江中游、黄河上游等已纳入规划、符合生态保护要求的水电项目开工建设，推进雅鲁藏布江下游水电开发，推动小水电绿色发展。推动西南地区水电与风电、太阳能发电协同互补。统筹水电开发和生态保护，探索建立水能资源开发生态保护补偿机制。

d. 地热能。地热能是由地壳抽取的天然热能，这种能量来自地球内部的熔岩，并以热力形式存在，是引致火山爆发及地震的能量。地球内部的温度高达 7000℃，而在 130 ～ 160 千米的深处，温度会降至 650 ～ 1200℃。地热能透过地下水和熔岩涌至离地面 1 至 5km 的地壳，热力得以被转送至较接近地面的地方。高温的熔岩将附近的地下水加热，这些加热了的水最终会渗出地面。运用地热能最简单和最合乎成本效益的方法，就是直接取用这些热源，并抽取其能量。

地热发电实际上就是把地下的热能转变为机械能，然后再将机械能转变为电能的能量转变过程。开发的地热资源主要是蒸汽型和热水型两类。因此，地热发电也分为两大类，分别是地热蒸汽发电和地热水发电。其中，地热蒸汽发电有一次蒸汽法和二次蒸汽法两种，而地热水发电也有减压扩容法和利用低沸点物质两种。

加快建设新型电力系统。构建新能源占比逐渐提高的新型电力系统，推动清洁电力资源大范围优化配置。大力提升电力系统综合调节能力，加快灵活调节电源建设，引导自备电厂、传统高载能工业负荷、工商业可中断负荷、电动汽车充电网络、虚拟电厂等参与系统调节，建设坚强智能电网，提升电网安全保障水平。积极发展"新能源+储能"、源网荷储一体化和多能互补，支持分布式新能源合理配置储能系统。制定新一轮抽水蓄能电站中长期发展规划，完善促进抽水蓄能发展的政策机制。加快新型储能示范推广应用。深化电力体制改革，加快构建全国统一电力市场体系。

（2）节能降碳　落实节约优先方针，完善能源消费强度和总量双控制度，严格控制能耗强度，合理控制能源消费总量，推动能源消费革命，建设能源节约型社会。

① 全面提升节能管理能力。推行用能预算管理，强化固定资产投资项目节能审查，对项目用能和碳排放情况进行综合评价，从源头推进节能降碳。提高节能管理信息化水平，完善重点用能单位能耗在线监测系统，建立全国性、行业性节能技术推广服务平台，推动高耗能企业建立能源管理中心。完善能源计量体系，鼓励采用认证手段提升节能管理水平。加强节能监察能力建设，健全省、市、县三级节能监察体系，建立跨部门联动机制，综合运用行政处罚、信用监管、绿色电价等手段，增强节能监察约束力。

② 实施节能降碳重点工程。实施城市节能降碳工程，开展建筑、交通、照明、供热等基础设施节能升级改造，推进先进绿色建筑技术示范应用，推动城市综合能效提升。实施园区节能降碳工程，以高耗能高排放项目（以下称"两高"项目）集聚度高的园区为重点，推动能源系统优化和梯级利用，打造一批达到国际先进水平的节能低碳园区。实施重点行业节能降碳工程，推动电力、钢铁、有色金属、建材、石化化工等行业开展节能降碳改造，提升能源资源利用效率。实施重大节能降碳技术示范工程，支持已取得突破的绿色低碳关键技术的企业开展产业化示范应用。

③ 推进重点用能设备节能增效。以电机、风机、泵、压缩机、变压器、换热器、工业锅炉等设备为重点，全面提升能效标准。建立以能效为导向的激励约束机制，推广先进高效产品设备，加快淘汰落后低效设备。加强重点用能设备节能审查和日常监管，强化生产、经营、销售、使用、报废全链条管理，严厉打击违法违规行为，确保能效标准和节能要求全面落实。

④ 加强新型基础设施节能降碳。优化新型基础设施空间布局，统筹谋划、科学配置数据中心等新型基础设施，避免低水平重复建设。优化新型基础设施用能结构，采用直流供电、分布式储能、"光伏＋储能"等模式，探索多样化能源供应，提高非化石能源消费比重。对标国际先进水平，加快完善通信、运算、存储、传输等设备能效标准，提升准入门槛，淘汰落后设备和技术。加强新型基础设施用能管理，将年综合能耗超过 1 万吨标准煤的数据中心全部纳入重点用能单位能耗在线监测系统，开展能源计量审查。推动既有设施绿色升级改造，积极推广使用高效制冷、先进通风、余热利用、智能化用能控制等技术，提高设施能效水平。

（3）工业领域低碳转型　工业是产生碳排放的主要领域之一，对全国整体实现碳达峰具有重要影响。工业领域要加快绿色低碳转型和高质量发展，力争率先实现碳达峰。

① 推动工业领域绿色低碳发展。优化产业结构，加快退出落后产能，大力发展战略性新兴产业，加快传统产业绿色低碳改造。促进工业能源消费低碳化，推动化石能源清洁高效利用，提高可再生能源应用比重，加强电力需求侧管理，提升工业电气化水平。深入实施绿色制造工程，大力推行绿色设计，完善绿色制造体系，建设绿色工厂和绿色工业园区。推进工业领域数字化、智能化、绿色化融合发展，加强重点行业和领域技术改造。

② 推动钢铁行业碳达峰。深化钢铁行业供给侧结构性改革，严格执行产能置换，严禁新增产能，推进存量优化，淘汰落后产能。推进钢铁企业跨地区、跨所有制兼并重组，提高行业集中度。优化生产力布局，以京津冀及周边地区为重点，继续压减钢铁产能。促进钢铁行业结构优化和清洁能源替代，大力推进非高炉炼铁技术示范，提升废钢资源回收利用水平，

推行全废钢电炉工艺。推广先进适用技术，深挖节能降碳潜力，鼓励钢化联产，探索开展氢冶金、二氧化碳捕集利用一体化等试点示范，推动低品位余热供暖发展。

③ 推动有色金属行业碳达峰。巩固化解电解铝过剩产能成果，严格执行产能置换，严控新增产能。推进清洁能源替代，提高水电、风电、太阳能发电等应用比重。加快再生有色金属产业发展，完善废弃有色金属资源回收、分选和加工网络，提高再生有色金属产量。加快推广应用先进适用绿色低碳技术，提升有色金属生产过程余热回收水平，推动单位产品能耗持续下降。

④ 推动建材行业碳达峰。加强产能置换监管，加快低效产能退出，严禁新增水泥熟料、平板玻璃产能，引导建材行业向轻型化、集约化、制品化转型。推动水泥错峰生产常态化，合理缩短水泥熟料装置运转时间。因地制宜利用风能、太阳能等可再生能源，逐步提高电力、天然气应用比重。鼓励建材企业使用粉煤灰、工业废渣、尾矿渣等作为原料或水泥混合材。加快推进绿色建材产品认证和应用推广，加强新型胶凝材料、低碳混凝土、木竹建材等低碳建材产品研发应用。推广节能技术设备，开展能源管理体系建设，实现节能增效。

⑤ 推动石化化工行业碳达峰。优化产能规模和布局，加大落后产能淘汰力度，有效化解结构性过剩矛盾。严格项目准入，合理安排建设时序，严控新增炼油和传统煤化工生产能力，稳妥有序发展现代煤化工。引导企业转变用能方式，鼓励以电力、天然气等替代煤炭。调整原料结构，控制新增原料用煤，拓展富氢原料进口来源，推动石化化工原料轻质化。优化产品结构，促进石化化工与煤炭开采、冶金、建材、化纤等产业协同发展，加强炼厂干气、液化气等副产气体高效利用。鼓励企业节能升级改造，推动能量梯级利用、物料循环利用。到 2025 年，国内原油一次加工能力控制在 10 亿吨以内，主要产品产能利用率提升至 80% 以上。

（4）交通运输低碳发展　加快形成绿色低碳运输方式，确保交通运输领域碳排放增长保持在合理区间。

① 推动运输工具装备低碳转型。积极扩大电力、氢能、天然气、先进生物液体燃料等新能源、清洁能源在交通运输领域应用。大力推广新能源汽车，逐步降低传统燃油汽车在新车产销和汽车保有量中的占比，推动城市公共服务车辆电动化替代，推广电力、氢燃料、液化天然气动力重型货运车辆。提升铁路系统电气化水平。加快老旧船舶更新改造，发展电动、液化天然气动力船舶，深入推进船舶靠港使用岸电，因地制宜开展沿海、内河绿色智能船舶示范应用。提升机场运行电动化智能化水平，发展新能源航空器。到 2030 年，当年新增新能源、清洁能源动力的交通工具比例达到 40% 左右，营运交通工具单位换算周转量碳排放强度比 2020 年下降 9.5% 左右，国家铁路单位换算周转量综合能耗比 2020 年下降 10%。陆路交通运输石油消费力争 2030 年前达到峰值。

② 构建绿色高效交通运输体系。发展智能交通，推动不同运输方式合理分工、有效衔接，降低空载率和不合理客货运周转量。大力发展以铁路、水路为骨干的多式联运，推进工矿企业、港口、物流园区等铁路专用线建设，加快内河高等级航道网建设，加快大宗货物和中长距离货物运输"公转铁""公转水"。加快先进适用技术应用，提升民航运行管理效率，引导航空企业加强智慧运行，实现系统化节能降碳。加快城乡物流配送体系建设，创新绿色低碳、集约高效的配送模式。打造高效衔接、快捷舒适的公共交通服务体系，积极引导公众选择绿色低碳交通方式。"十四五"期间，集装箱铁水联运量年均增长 15% 以上。到 2030 年，

城区常住人口 100 万以上的城市绿色出行比例不低于 70%。

③ 加快绿色交通基础设施建设。将绿色低碳理念贯穿于交通基础设施规划、建设、运营和维护全过程，降低全生命周期能耗和碳排放。开展交通基础设施绿色化提升改造，统筹利用综合运输通道线位、土地、空域等资源，加大岸线、锚地等资源整合力度，提高利用效率。有序推进充电桩、配套电网、加注（气）站、加氢站等基础设施建设，提升城市公共交通基础设施水平。到 2030 年，民用运输机场场内车辆装备等力争全面实现电动化。

（5）发展循环经济　抓住资源利用这个源头，大力发展循环经济，全面提高资源利用效率，充分发挥减少资源消耗和降碳的协同作用。

① 推进产业园区循环化发展。以提升资源产出率和循环利用率为目标，优化园区空间布局，开展园区循环化改造。推动园区企业循环式生产、产业循环式组合，组织企业实施清洁生产改造，促进废物综合利用、能量梯级利用、水资源循环利用，推进工业余压余热、废气、废液、废渣资源化利用，积极推广集中供气供热。搭建基础设施和公共服务共享平台，加强园区物质流管理。到 2030 年，省级以上重点产业园区全部实施循环化改造。

② 加强大宗固废综合利用。提高矿产资源综合开发利用水平和综合利用率，以煤矸石、粉煤灰、尾矿、共伴生矿、冶炼渣、工业副产石膏、建筑垃圾、农作物秸秆等大宗固废为重点，支持大掺量、规模化、高值化利用，鼓励应用于替代原生非金属矿、砂石等资源。在确保安全环保前提下，探索将磷石膏应用于土壤改良、井下充填、路基修筑等。推动建筑垃圾资源化利用，推广废弃路面材料原地再生利用。加快推进秸秆高值化利用，完善收储运体系，严格禁烧管控。加快大宗固废综合利用示范建设。到 2025 年，大宗固废年利用量达到 40 亿吨左右；到 2030 年，年利用量达到 45 亿吨左右。

③ 健全资源循环利用体系。完善废旧物资回收网络，推行"互联网＋"回收模式，实现再生资源应收尽收。加强再生资源综合利用行业规范管理，促进产业集聚发展。高水平建设现代化"城市矿产"基地，推动再生资源规范化、规模化、清洁化利用。推进退役动力电池、光伏组件、风电机组叶片等新兴产业废物循环利用。促进汽车零部件、工程机械、文办设备等再制造产业高质量发展。加强资源再生产品和再制造产品推广应用。到 2025 年，废钢铁、废铜、废铝、废铅、废锌、废纸、废塑料、废橡胶、废玻璃等 9 种主要再生资源循环利用量达到 4.5 亿吨，到 2030 年达到 5.1 亿吨。

④ 大力推进生活垃圾减量化、资源化。扎实推进生活垃圾分类，加快建立覆盖全社会的生活垃圾收运处置体系，全面实现分类投放、分类收集、分类运输、分类处理。加强塑料污染全链条治理，整治过度包装，推动生活垃圾源头减量。推进生活垃圾焚烧处理，降低填埋比例，探索适合我国厨余垃圾特性的资源化利用技术。推进污水资源化利用。到 2025 年，城市生活垃圾分类体系基本健全，生活垃圾资源化利用比例提升至 60% 左右。到 2030 年，城市生活垃圾分类实现全覆盖，生活垃圾资源化利用比例提升至 65%。

（6）科技创新　发挥科技创新的支撑引领作用，完善科技创新体制机制，强化创新能力，加快绿色低碳科技革命。

① 完善创新体制机制。制定科技支撑碳达峰碳中和行动方案，在国家重点研发计划中设立碳达峰碳中和关键技术研究与示范等重点专项，采取"揭榜挂帅"机制，开展低碳零碳负碳关键核心技术攻关。将绿色低碳技术创新成果纳入高等学校、科研单位、国有企业有关绩效考核。强化企业创新主体地位，支持企业承担国家绿色低碳重大科技项目，鼓励设施、数

据等资源开放共享。推进国家绿色技术交易中心建设，加快创新成果转化。加强绿色低碳技术和产品知识产权保护。完善绿色低碳技术和产品检测、评估、认证体系。

② 加强创新能力建设和人才培养。组建碳达峰碳中和相关国家实验室、国家重点实验室和国家技术创新中心，适度超前布局国家重大科技基础设施，引导企业、高等学校、科研单位共建一批国家绿色低碳产业创新中心。创新人才培养模式，鼓励高等学校加快新能源、储能、氢能、碳减排、碳汇、碳排放权交易等学科建设和人才培养，建设一批绿色低碳领域未来技术学院、现代产业学院和示范性能源学院。深化产教融合，鼓励校企联合开展产学合作、协同育人项目，组建碳达峰碳中和产教融合发展联盟，建设一批国家储能技术产教融合创新平台。

③ 强化应用基础研究。实施一批具有前瞻性、战略性的国家重大前沿科技项目，推动低碳零碳负碳技术装备研发取得突破性进展。聚焦化石能源绿色智能开发和清洁低碳利用、可再生能源大规模利用、新型电力系统、节能、氢能、储能、动力电池、二氧化碳捕集利用与封存等重点，深化应用基础研究。积极研发先进核电技术，加强可控核聚变等前沿颠覆性技术研究。

④ 加快先进适用技术研发和推广应用。集中力量开展复杂大电网安全稳定运行和控制、大容量风电、高效光伏、大功率液化天然气发动机、大容量储能、低成本可再生能源制氢、低成本 CO_2 捕集利用与封存等技术创新，加快碳纤维、气凝胶、特种钢材等基础材料研发，补齐关键零部件、元器件、软件等短板。推广先进成熟绿色低碳技术，开展示范应用。建设全流程、集成化、规模化 CO_2 捕集利用与封存示范项目。推进熔盐储能供热和发电示范应用。加快氢能技术研发和示范应用，探索在工业、交通运输、建筑等领域规模化应用。

（7）提升碳汇能力　坚持系统观念，推进山水林田湖草沙一体化保护和修复，提高生态系统质量和稳定性，提升生态系统碳汇量。

① 巩固生态系统固碳作用。结合国土空间规划编制和实施，构建有利于碳达峰、碳中和的国土空间开发保护格局。严守生态保护红线，严控生态空间占用，建立以国家公园为主体的自然保护地体系，稳定现有森林、草原、湿地、海洋、土壤、冻土、岩溶等固碳作用。严格执行土地使用标准，加强节约集约用地评价，推广节地技术和节地模式。

② 提升生态系统碳汇能力。实施生态保护修复重大工程。深入推进大规模国土绿化行动，巩固退耕还林还草成果，扩大林草资源总量。强化森林资源保护，实施森林质量精准提升工程，提高森林质量和稳定性。加强草原生态保护修复，提高草原综合植被盖度。加强河湖、湿地保护修复。整体推进海洋生态系统保护和修复，提升红树林、海草床、盐沼等固碳能力。加强退化土地修复治理，开展荒漠化、石漠化、水土流失综合治理，实施历史遗留矿山生态修复工程。到 2030 年，全国森林覆盖率达到 25% 左右，森林蓄积量达到 190 亿立方米。

③ 加强生态系统碳汇基础支撑。依托和拓展自然资源调查监测体系，利用好国家林草生态综合监测评价成果，建立生态系统碳汇监测核算体系，开展森林、草原、湿地、海洋、土壤、冻土、岩溶等碳汇本底调查、碳储量评估、潜力分析，实施生态保护修复碳汇成效监测评估。加强陆地和海洋生态系统碳汇基础理论、基础方法、前沿颠覆性技术研究。建立健全能够体现碳汇价值的生态保护补偿机制，研究制定碳汇项目参与全国碳排放权交易相关规则。

④ 推进农业农村减排固碳。大力发展绿色低碳循环农业，推进"农光互补""光伏 + 设施农业""海上风电 + 海洋牧场"等低碳农业模式。研发应用增汇型农业技术。开展耕地质

量提升行动，实施国家黑土地保护工程，提升土壤有机碳储量。合理控制化肥、农药、地膜使用量，实施化肥农药减量替代计划，加强农作物秸秆综合利用和畜禽粪污资源化利用。

（8）倡导全民低碳　增强全民节约意识、环保意识、生态意识，倡导简约适度、绿色低碳、文明健康的生活方式，把绿色理念转化为全体人民的自觉行动。

① 加强生态文明宣传教育。将生态文明教育纳入国民教育体系，开展多种形式的资源环境国情教育，普及碳达峰、碳中和基础知识。加强对公众的生态文明科普教育，将绿色低碳理念有机融入文艺作品，制作文创产品和公益广告，持续开展世界地球日、世界环境日、全国节能宣传周、全国低碳日等主题宣传活动，增强社会公众绿色低碳意识，推动生态文明理念更加深入人心。

② 推广绿色低碳生活方式。坚决遏制奢侈浪费和不合理消费，着力破除奢靡铺张的歪风陋习，坚决制止餐饮浪费行为。在全社会倡导节约用能，开展绿色低碳社会行动示范创建，深入推进绿色生活创建行动，评选宣传一批优秀示范典型，营造绿色低碳生活新风尚。大力发展绿色消费，推广绿色低碳产品，完善绿色产品认证与标识制度。提升绿色产品在政府采购中的比例。

③ 引导企业履行社会责任。引导企业主动适应绿色低碳发展要求，强化环境责任意识，加强能源资源节约，提升绿色创新水平。重点领域国有企业特别是中央企业要制定实施企业碳达峰行动方案，发挥示范引领作用。重点用能单位要梳理核算自身碳排放情况，深入研究碳减排路径，"一企一策"制定专项工作方案，推进节能降碳。相关上市公司和发债企业要按照环境信息依法披露要求，定期公布企业碳排放信息。充分发挥行业协会等社会团体作用，督促企业自觉履行社会责任。

④ 强化领导干部培训。将学习贯彻习近平生态文明思想作为干部教育培训的重要内容，各级党校（行政学院）要把碳达峰、碳中和相关内容列入教学计划，分阶段、多层次对各级领导干部开展培训，普及科学知识，宣讲政策要点，强化法治意识，深化各级领导干部对碳达峰、碳中和工作重要性、紧迫性、科学性、系统性的认识。从事绿色低碳发展相关工作的领导干部要尽快提升专业素养和业务能力，切实增强推动绿色低碳发展的本领。

4.3　中国能源结构现状及优化

4.3.1　中国能源结构现状及问题

能源结构是一定时期、一定空间内各种能源之间的比例关系和相互联系，包括能源生产结构和能源消费结构。

全球能源结构中，34% 为石油，23% 为天然气，28% 为煤炭，其余 10% 为可再生能源，5% 为核能。欧盟方面，核能占比 11%，远高于全球 5% 的平均水平，煤炭比例较低，显示了欧盟能源消费的低碳化；美国天然气占比显著高于世界平均水平，反映了页岩气革命对美国能源结构的深入变革；OECD（经济合作与发展组织）国家清洁能源消费占比 45%，高于 38% 的世界平均水平，显示了发达经济体在能源结构变革上的发展方向[5]。

综合来看，全球及各主要经济体能源消费仍保持增长势头，近年来石油消费基本持平，天然气消费稳步增长，煤炭消费逐渐降低，核能消费在安全前提下复苏，可再生资源发展迅猛，能源结构转型为清洁低碳。从发展趋势上看，能源消费的清洁低碳化成为主流，天然气作为现实可行的清洁能源，正越来越受到重视，但从长期来看，随着技术发展和进步，非化石能源将逐步替代化石能源。

我国能源生产和消费的主要能源资源为煤炭，其次为石油、天然气、水电、核能、太阳能、潮汐能和生物质能等。我国能源需求增长迅猛，过去十年能源消费增长了 63%，2022 年我国能源消费总量为 54.1 亿吨标准煤，占全球能源消费总量的 27%，增长 2.9%，能源自给率为 86.1%。我国能源消费总量已经连续 13 年占据全球能源消费前三位置。

中国资源禀赋相对较差。石油、天然气等优质能源短缺，对外依存度高；煤炭资源丰富，探明储量排名世界第 2 位；铀矿资源潜力巨大，但勘探程度较低，供给不足；可再生能源储量充沛，但开发程度不高。我国能源结构严重失衡。煤是我国主要的能源资源，2022 年煤炭产量为 45.6 亿吨，占我国总能源的 67.4% 左右，比上年增长 10.5%，创历史新高。原油产量 2.05 亿吨，石油产量占全国总能源的 6.3%，增长 2.9%，连续 4 年保持增长。天然气产量 2201.1 亿立方米，约占总能源的 5.9%，增长 6.0%，连续 6 年增产超 100 亿立方米。非化石能源占总能源的 20.4%。在我国的总能源消费中，2022 年煤炭消费占一次能源消费总量的比重为 56.2%，石油占比 17.9%，天然气占比 8.4%，水能、核能、风能、太阳能等非化石能源占比 17.5%。与十年前相比，煤炭消费占能源消费比重下降了 12.3 个百分点，水能、核能、风能、太阳能等非化石能源比重提高了 7.8 个百分点。与世界平均水平相比，我国过度依赖煤炭，石油和天然气支柱作用不足，核能发展相对滞后，可再生能源发展态势较好，高于世界平均水平。我国目前能源结构与发达国家的差别主要表现为煤占的比例高。煤与油气资源的比重与世界相比恰好相反。在发达国家初级能源消费结构中油气资源占第一位，占总消费的 70%；煤仅次于油气，居第二位，占 28.8%。

煤的比重在我国高居不下的原因有几点：一是由国内资源状况客观决定的，我国有丰富的煤炭资源，已探明煤炭储量超过 3 万亿吨。可利用的廉价劳动力使采煤成本很低，煤炭的价格也低，这是我国用煤作为生产、发电、取暖主要能源的主要原因；二是由于我国能源的社会成本，环境成本等没有计算在企业耗能的直接成本中，造成了在众多能源形成中，用煤的经济性最高；三是我国发展经济需要充足的能源，目前我国只有煤炭能担此重任。

近年来，煤炭能源在我国能源消费结构中的比重虽有所下降，但对煤炭能源的依赖程度并没有根本削弱，导致我国能源利用效率低下，经济效益差，特别是高耗能行业经济效益差，产品缺乏竞争力，而且对我国生态环境造成了严重影响。由此可见，以煤为主的能源结构不利于实现经济、能源和环境协调发展，我国能源结构面临着调整和优化的严重挑战。

（1）能源技术落后　能源效率低的问题　我国能源技术虽然已经取得很大进步，但和国际先进水平相比，还有很大差距。如，以煤为燃料的中间转换装置效率低，以煤为燃料的终端能源利用装置效率低等。技术的落后，制约了效率的提高。我国的能源利用效率远低于西方发达国家，从单位国内生产总值能源消费上看，我国单位国内生产总值能源消耗比世界平均水平高 2.2 倍，效率属世界最低的一类。

（2）中国能源供给和消费的结构性矛盾突出问题　中国一次能源的生产和消费严重依赖煤炭，2012 ～ 2022 年的煤炭在中国一次能源生产和消费中的平均比重分别为 60% 和 61%，2021 年煤炭在一次能源生产和消费中的比重分别为 67% 和 56%，2022 年煤炭所占比重没有多大变化。石油在一次能源生产和消费中的比重严重不匹配，2022 年的石油生产量占 6.3%，而消费量比重为 17.9%，对外依存度达到 65%。目前，清洁高效的天然气和水电在一次能源消费中的比重仅为 25.9%，比之 2012 年的 14.6% 有所增长，但比重仍远远低于煤炭。

（3）能源的地区性结构问题　区域经济未与当地的资源禀赋优势结合起来，能源加工能力的深度不够，不能减缓区域经济对资源的依赖。如沿海地区是我国经济增长较快的地区，也是能源消费较高的地区。它们大多远离能源产地，形成了西煤东运、北煤南运。历年来，煤炭运量占铁路运量的 40% 以上，约占水运的 30%。这给交通运输带来极大压力，也相当不经济。

（4）中国的能源储量不清，资源勘探工作滞后问题　与高速发展的国民经济相比，后备能源严重不足，特别是石油、天然气等战略能源的安全形势严峻。中国地质勘探投入长期不足，2020 ～ 2022 年的地质勘探投入占 GDP 的比重不到 0.1%；同时，没有很好地发挥商业性地勘的作用。

（5）结构性污染问题　我国一次能源以煤为主，严重污染环境，带来的直接恶果就是大气中二氧化碳和烟尘排放量大幅度提高。全国二氧化硫排放量的 90%，烟尘排放量的 70%，二氧化碳排放量的 70% 都来自燃煤。2021 年我国的二氧化硫排放量为 2375 万吨，占全球总排放量约 30%，二氧化碳的排放量占全球总排放量的 33%。2021 年我国的烟尘排放总量为 12.3 万吨，这对我们赖以生存的环境造成了极大威胁。在过去的几年中，我国在减少二氧化碳、二氧化硫、烟尘和固体废弃物排放方面已经取得了显著的成果。

（6）可再生能源利用不充分问题　我国可再生能源产业在技术、规模、水平和发展速度上与发达国家相比仍存在很大差距。大部分技术仍处于研发或示范阶段，核心技术落后，形成可再生能源成本高、市场小的恶性循环。国家缺乏完整、有效的激励机制和政策。2021 年，我国可再生能源利用量达 7.5 亿吨标准煤，仅占能源消费总量的 14.3% 左右[6]。

（7）中国的能源自给率问题　2022 年，中国的煤炭自给率 103% 左右，石油自给率 29% 左右，天然气自给率 59% 左右。中国的能源自给率低，石油的对外依存度较高。我国是一个石油蕴藏量相对有限的国家，目前的探明储量仅够用 18.7 年。2021 年，中国原油进口数量为 5.1 亿吨，与上一年相比减少了 2941 万吨，同比下降了 5.4%。然而，进口金额却出现了增长，达到了 2573.3 亿美元，较上一年增长了 810.1 亿美元，同比增长 44.2%。值得注意的是，从 2021 年 4 月到 11 月，中国原油进口量持续下降了 8 个月，其中在 6 月份更是出现了 24.5% 的同比最大降幅，这是 6 年来首次出现这种持续性的下降和较大的降幅。到了 2022 年，中国原油的进口量进一步下降。全年进口量为 5.1 亿万吨，与上一年相比略微下降了 0.9%，这已经是自 2001 年以来连续第二年下降。同时，该年度的进口对外依存度也回落了 0.8 个百分点，为 71.2%。而在 2023 年的前两个月，中国原油的进口量为 8406.4 万吨，同比减少了 1.3%。近年来我国的原油进口量持续下降，原油的对外依存度也在逐渐降低。尽管如此，我国依然保持着对原油的需求，并且正在努力通过各种方式来保障国家的能源安全[7]。

（8）中国的能源浪费问题　我国能源利用效率相较于世界先进水平仍有一定的差距。据统计，我国在加工、运输和使用等环节的能源利用效率仅为 32% 左右，比发达国家低出 10 多个百分点。如果再考虑到能源开采的效率，我国的总能源利用效率只有 10.3%，这一数据还不到先进国家的二分之一。与发达国家相比，中国的能源综合利用效率和能源结构总效率存在明显的差距。2021 年，主要发达国家的能源强度大多在 3 ～ 4 之间，而中国则高达 8.89，这一数据也远超全球 6.19 的平均水平。世界银行统计数据表明，2016 年我国单位国内生产总值能耗为 3.7 吨标准煤 / 万美元，是发达国家平均水平的 2.1 倍，体现了我国在能源综合利用效率上与发达国家之间的差距。

（9）中国的单位 GDP 能耗问题　关键是在能源开发利用方面的科学技术和管理水平存在较大差距，缺乏科学的能源战略和战略协同。据国家统计局发布的党的十八大以来经济社会发展成就系列报告显示，2021 年，我国单位国内生产总值（GDP）能耗比 2012 年累计降低 26.4%，年均下降 3.3%，相当于节约和少用能源约 14 亿吨标准煤。尽管如此，与发达国家相比仍有较大差距，2021 年，采用现价汇率计算的我国单位 GDP 能耗为 8.89，这一数据高于全球平均水平（6.19），并且与主要发达国家 3 ~ 4 之间的能源强度水平相比，差距更为明显。一些主要发达国家的科技进步贡献率已经达到了 80%。对比来看，中国的科技进步对经济增长的贡献率从 2012 年的 52.2% 提升至 2021 年的超过 60%。虽然取得了显著的进步，但与发达国家相比仍有一定的差距。

影响能源消费结构的因素主要包括能源价格、能源禀赋、经济增长、人口、产业结构、能源消耗量、碳排放约束等 [8]。综合考虑上述因素，提出切实可行的优化对策，包括优化煤炭定价机制，发展环保洁净煤技术，充分利用天然气资源，合理开发石油资源，大力发展可再生能源，优化和调整区域能源结构、健全法律法规、加强国际合作等。

4.3.2　中国能源结构调整目标

我国能源结构急需调整，调整目标不断提高。"十四五"期间，产业结构和能源结构调整优化取得明显进展，重点行业能源利用效率大幅提升，煤炭消费增长得到严格控制，新型电力系统加快构建，绿色低碳技术研发和推广应用取得新进展，绿色生产生活方式得到普遍推行，有利于绿色低碳循环发展的政策体系进一步完善。到 2025 年，非化石能源消费比重达到 20% 左右，单位国内生产总值能源消耗比 2020 年下降 13.5%，单位国内生产总值二氧化碳排放比 2020 年下降 18%，为实现碳达峰奠定坚实基础。

"十五五"期间，产业结构调整取得重大进展，清洁低碳安全高效的能源体系初步建立，重点领域低碳发展模式基本形成，重点耗能行业能源利用效率达到国际先进水平，非化石能源消费比重进一步提高，煤炭消费逐步减少，绿色低碳技术取得关键突破，绿色生活方式成为公众自觉选择，绿色低碳循环发展政策体系基本健全。到 2030 年，非化石能源消费比重达到 25% 左右，单位国内生产总值二氧化碳排放比 2005 年下降 65% 以上，顺利实现 2030 年前碳达峰目标。

4.3.3　中国能源结构发展趋势

首先，中国能源需求仍在不断增长，能源需求将在 2030 年前后迎来峰值　我国能源需求将不断增长。2017 年，中国人均国内生产总值仅为 5.97 万元，低于全球 6.73 万元 / 人的平均水平，仍有较大发展空间。中国人均一次能源消费量为 3.23 吨标准煤 / 人，刚刚超过 2.61 吨标准煤 / 人的全球平均水平，仅为经合组织国家 6.3 吨标准煤 / 人的一半。随着人民生活水平提高，我国能源需求将不断攀升。

我国能源需求将于 2030 年前后达到峰值。据国家卫生计生委预测，中国总人口 2029 年将达到峰值 14.5 亿人。如果不考虑技术进步，按照目前 OECD 国家人均能源消费量计算，我国能源需求将于 2030 年前后达到峰值 91.35 亿吨标准煤，折合 63.9 亿吨油当量，是 2017 年消费量的一倍。但考虑技术突破等因素，我国能源需求将低于这个数字。据国家发改委和国家能源局发布的《能源生产和消费革命战略（2016—2030）》，2030 年前，我国能源消费总量控制在 60 亿吨标准煤以内。

其次，在经济新常态背景下，经济增长速度放缓，能源强度不断降低，能源需求量总体可控 中国经济将长期保持低位平稳运行。近年来，世界经济复苏乏力，积极与不确定性并存，贸易保护主义有所抬头。国内经济发展进入新常态，经济增长动力、资源要素条件等都发生较大变化，长期积累的结构性矛盾凸显。据分析，未来一段时间，我国处在新旧动能转换阶段，经济将保持较低热度平稳健康发展。未来五年，钢铁、有色、建材等主要耗能产品需求预计也将达到峰值。

我国能源强度将保持下降。能源强度是指创造单位 GDP 所需要的能源数量，直接反映能源利用效率。按国家统计局数据初步计算，2017 年我国能源强度为 0.54 吨标准煤 / 万元，同比下降 8.5%，比 2007 年下降 53%，能源强度不断降低，能源利用效率不断提高。然而，按同样标准计算，2017 年国际平均能源强度为 0.37 吨标准煤 / 万元，美国能源强度仅为 0.25 吨标准煤 / 万元，我国能源强度仍然有较大下降空间。

第三，中国能源结构将逐步调整，煤炭为主的消费结构短期内无法改变 由于资源禀赋原因，长期以来，我国能源结构不尽合理，过度依赖煤炭，能源消费多样化不足，造成了严重的环境问题。因此，进行能源结构调整是未来我国能源发展的必然趋势。

但是，应当清醒认识到，在短期内我国煤炭为主的消费结构无法改变。煤炭是我国主体能源和重要工业原料，储量丰富，目前剩余技术可采储量是石油储量的 50 倍，常规天然气的 30 倍。在经济发展过程中，煤炭支撑了我国经济社会快速发展，保障了我国能源安全，在未来一段时间内，煤炭仍将是我国能源消费的支柱。因此，在我国能源结构逐步调整的过程中，煤炭仍然将发挥重要作用。对于煤炭消费造成的环境问题，应积极推动煤炭产业转型发展，促进煤炭绿色消费。严控煤炭消费总量，加快淘汰煤电落后产能，推进煤炭集中清洁高效开发利用，发展煤炭深加工，推广煤制燃料、煤制烯烃等工程。

第四，"一带一路"倡议将深刻改变中国能源供应现状，我国能源安全将得到充分保障 能源合作是"一带一路"合作的重要组成部分。国家发改委和国家能源局发布的《推动丝绸之路经济带和 21 世纪海上丝绸之路能源合作愿景与行动》指出，加强"一带一路"能源合作有利于带动更大范围、更高水平、更深层次的区域合作，促进世界经济繁荣。

目前，我国石油和天然气的对外依存度较高。2017 年，石油进口率为 67.4%，天然气进口率为 39.0%，严重依赖进口。能源进口航线单一，有数据称中国进口石油的七成以上都需要通过马六甲海峡，形成了著名的"马六甲困局"。

习近平主席在"一带一路"国际合作高峰论坛开幕式上的主旨演讲提出，要抓住新一轮能源结构调整和能源技术变革趋势，建设全球能源互联网，实现绿色低碳发展。通过"一带一路"能源合作建设，共建"一带一路"国家将不断完善和扩大油气互联通道规模，形成全球能源互联网，实现能源资源更大范围内的优化配置，增强能源供应抗风险能力，形成开放、稳定的全球能源市场，能源供应现状将得到有效改善。

通过"一带一路"能源合作，我国能源安全将得到充分保障。目前，我国已经取得一定成效。据国家能源局数据，中亚—俄罗斯、非洲、中东、美洲、亚太五大海外油气合作区已经初步建成，西北、东北、西南和海上引进境外资源的四大油气战略通道建设正快速推进，亚洲、欧洲和美洲三大油气运营中心已初具规模。中俄北极地区亚马尔液化天然气 LNG 项目已经投产，成为北方航道上"冰上丝绸之路"的重要支点。随着"一带一路"能源合作的加深，中国能源供应现状将发生根本改变，能源供应安全得到充分保障。

最后，长期来看，中国特色的能源结构将逐步显现，煤炭、天然气和可再生能源将成为中国能源的三大支柱　资源禀赋能够造就特色能源结构。冰岛地处板块交界处，地壳运动强烈，地热资源丰富，因此，地热消费占冰岛全部一次能源消费量的 66%，形成了具有冰岛特色的能源结构。我国地理上西高东低，造山运动强烈，构造复杂多变，因此形成了我国"富煤、缺油、少气"的能源资源禀赋。可以预期，中国特色的资源禀赋将造就中国特色的能源结构。

煤炭资源仍将保持我国能源消费的支柱地位。我国煤炭储量丰富，在清洁利用和深加工技术成熟后，煤炭将作为清洁能源，重新在我国能源产业中扮演重要角色。天然气是清洁能源中不可或缺的重要组成部分。天然气能够保障能源供应的稳定可靠，也能满足重工业用能需求，因此是最现实可行的清洁能源方案。我国页岩气储量较大，探明储量连年上升，随着技术进步，天然气在我国能源消费中的比重将逐渐提高。需要特别指出，中国的"可燃冰革命"势必将引领新一轮的世界能源发展变革。目前我国天然气水合物开采技术全球领先，储量较为丰富。从发展趋势上看，天然气水合物开发必将对世界能源生产和消费产生重要而深远的影响。可再生能源将有效保障我国能源安全。我国构造运动强烈，地热资源十分可观，干热岩储量占全球的 1/6；地势西高东低，水量充沛，具有开发水电的天然优势；西部海拔高，阳光辐射量大，风力资源丰富，太阳能和风能利用具有良好资源基础。在技术进步和生态保护的基础上，新时代的中国能源结构将兼顾绿色发展和低碳环保，形成具有中国优势的特色能源结构。

4.3.4　中国能源结构优化措施

2016 年，国家发展改革委、国家能源局印发的《能源技术革命创新行动计划（2016—2030 年）》中，我国制定了优化能源结构的路径。首要的是，国家将在煤炭无害化开采技术、非常规油气和深层深海油气开发技术、煤炭清洁高效利用技术、先进核能技术、高效太阳能利用技术、二氧化碳捕集利用与封存技术、大型风电技术、氢能与燃料电池技术等十五个方面的能源技术实现重大突破。

此外，为了深入贯彻落实党的十八届五中全会、中央经济工作会议精神以及《中华人民共和国国民经济和社会发展第十三个五年规划纲要》等要求，该计划强调了深化能源科技体制改革的重要性。目标是形成政府引导、市场主导、企业为主体、社会参与的技术创新体系。这一系列的措施旨在确保我国在全球能源领域的领先地位，并为我国的可持续发展提供强大的技术支持。

具体而言，中国正在优化能源供给结构，并发展碳中和产业技术体系，争取在 2025 年左右实现碳达峰。此外，随着终端电气化水平的提升以及风能、光能等可再生能源应用规模的扩大，中国的能源结构得以不断优化，进一步降低了二氧化碳的排放。"十三五"时期，中国的能源结构得到了持续优化，煤炭消费比重下降至 56.8%，非化石能源发电装机容量稳居世界第一。在"十四五"时期，中国计划重点增加清洁能源供应能力，减少能源产业链的碳排放，推动形成绿色低碳的能源消费模式。为了达成碳中和目标，中国提出了节能提效、优化能源结构和技术创新三大显性途径，同时也强调了思想观念创新这一隐性途径的重要性。在全球范围内，应对气候变化是各国共同面临的挑战，需要全球合作来应对。因此，国际合作也是中国在优化能源结构过程中需要考虑的重要因素。

思考题

1. 简述对传统化石能源的了解。
2. 简述碳减排的概念。
3. 简述碳减排的措施。
4. 简述清洁再生能源的概念。
5. 简述中国能源结构存在的问题。
6. 简述中国能源结构优化的措施。

参考文献

［1］梁玲，王璐，孙静，等. 全球碳排放增长分析与启示［J］. 世界石油工业，2022，29（06）：48-53.

［2］杜官印，蔡运龙，李双成. 1997—2007 年中国分省化石能源碳排放强度变化趋势分析［J］. 地理与地理信息科学，2010，26（05）：76-81+92.

［3］许明军，冯淑怡，樊鹏飞. 中国各省能源碳排放与工业用水脱钩关系研究［C］. 2018′ 中国土地资源科学创新与发展暨倪绍祥先生学术思想研讨会，2018：8.

［4］陈浮，于昊辰，卞正富，等. 碳中和愿景下煤炭行业发展的危机与应对［J］. 中国学术期刊文摘，2021，（12）：28-34.

［5］方圆，张万益，曹佳文，等. 我国能源资源现状与发展趋势［J］. 矿产保护与利用，2018，（04）：34-42+47.

［6］邓志茹，范德成. 我国能源结构问题及解决对策研究［J］. 现代管理科学，2009，（06）：84-85.

［7］罗斐，罗婉婉. 中国能源消费结构优化的问题与对策［J］. 中国煤炭，2010，36（07）：21-25.

［8］杨英明，孙建东，李全生. 我国能源结构优化研究现状及展望［J］. 煤炭工程，2019. 51（02）：149-153.

第 5 章

工业生产中能源、资源与环境问题

5.1 工业生产的资源和能源

人口、资源、环境是可持续发展的基本要素。探讨它们在可持续发展过程中的相互作用以及对人类未来的影响，对于决策机构明智地选择可持续发展战略具有重要价值。工业可持续发展与资源和环境问题密切相关。

5.1.1 自然资源不足与工业产品需求增长的矛盾

作为国民经济和社会发展的重要物质基础和能量来源，自然资源是国家综合国力的重要组成部分。随着中国经济进入新常态，发展方式和发展理念出现重大转变，自然资源不仅是物质或能量来源，还是重要的生态系统服务提供者和关键环境要素。近年来，中国资源需求增速放缓，但需求总量仍维持高位。受客观条件及社会经济因素制约，中国资源供需矛盾日益突出，资源进口大幅增加。2017 年中国石油和铁矿石的对外依存度分别高达 67.3% 和 68.1%[1]。随着国内经济转好和矿业"超级周期"到来，满足现代化强国的矿产资源需求仍将扩张，战略性新兴矿产资源需求将迅速增加，锂、铍、锆等紧缺性矿产需进口。而国际环境复杂多变将加大保障资源安全的地缘政治、经济风险[2]。

2014 年，习近平总书记提出了"总体国家安全观"，把资源与政治、国土、军事、经济、文化、社会、科技、信息、生态、核等领域 11 种安全并列，纳入国家安全体系，资源安全首次提升到国家安全的战略高度。新时代国家资源安全与传统意义上的国家资源安全相比具有更丰富的内涵。一方面，传统的国家资源安全只强调国家的资源供给或资源需求的经济性、战略价值，侧重资源生产国或消费国足量、稳定与可持续供应或消费状态，而新时代国家资源安全更多地关注如何规避资源供给对生态与环境健康、民生福祉带来的风险，关注资源安全与上述 10 种其他安全的内在关联和综合影响，如水 - 能源 - 粮食安全关联、能源 - 碳排放 - 经济增长关联、水 - 土地 - 可再生能源关联等；另一方面，新时代国家资源安全的侧重点转变为关注大宗及战略性资源安全以及资源安全内部资源种类、结构、组合的分化和协同优化[3]。中国进入新时代，自然资源对中长期经济社会的基础保障作用、人与自然和谐共生的可持续发展战略、立足国内开拓国际的"两种资源两个市场"战略依然没有发生变化。然而，中国的自然资源供需格局、自然资源与生态环境之间的关系以及国内外的资源供给格局等发生显著变化。

水资源供需矛盾突出，短缺形势严峻。中国水资源总量为 3 万亿 m³ 左右，居世界第 6 位，但人均量仅为 2100m³/ 人，不足世界人均量的 30%[4]。根据水资源短缺程度的国际标准，中国有 20 个省份处于轻度以下缺水状态，其中 12 个省份处于重度或极度缺水状态。中国每年水资源用量从 21 世纪初的 5500 亿 m^3 增长到 6100 亿 m^3，年平均缺水量高达 5000 亿 m^3 左右，用水处于严重紧缺状态。随着城市化进程推进，经济社会发展对水资源的需求仍将上升。据预测，中国需水总量 2030 年约 7200 亿 m^3，2050 年将增加到 8000 亿 m^3，接近中国可利用水资源总量，预计未来水资源开发利用潜力有限，年供水量最多 7100 亿 m^3，生产用水、生活用水、生态用水的压力加大，尤其北方城市最为严重。水资源利用效率较低，与发达国家还有较大差距[5]。自 2011 年中央 1 号文件明确提出实行最严格水资源管理制度以来，中国水资源利用效率明显提高，但与发达国家相比仍有一定差距。2014 年，中国的单位工业增加值取水量为 357m^3/ 万美元（2010 年不变价，下同），与世界平均水平相当，而英国仅为 26m^3/ 万美元，日本和澳大利亚均为 70m^3/ 万美元左右；中国单位农业增加值取水量为 5738m^3/ 万美元，为世界平均水平的 60%，但与德国（1163m^3/ 万美元）、英国（562m^3/ 万美元）和法国（693m^3/ 万美元）相比差距很大。

　　土地利用中建设用地挤占耕地问题突出。中国耕地资源有限，人均耕地面积仅为世界平均水平的 1/2。由于建设占用、农业结构调整等，中国耕地面积不断减少，2012 年为 13516 万 hm^2，到 2016 年净减少 20 万 hm^2，与此同时，建设用地快速增加，2016 年已增长到 32907 万 hm^2。未来较长时间内中国建设用地仍将持续扩张，而耕地面积还会持续下降。随着人口峰值的到来，人口规模的增加和生活水平的提升，必然对粮食有更高的需求。2020 年粮食消费量为 7.4 亿吨左右，统筹考虑总人口增长、畜牧业发展和工业用粮等因素，预计 2025 年将达到 7.5 亿吨左右，其中谷物消费量超过 6 亿吨。未来的粮食供应压力更大，耕地保护与建设用地间的矛盾将更加突出，成为威胁国家粮食安全的重要原因。耕地质量持续恶化，作物单产较低。中国耕地有机质含量较低，不及欧洲同类土壤的一半。根据全国耕地质量等级情况公报统计，中国耕地基础地力较高的仅占 27%。为追求产量，过度施用化肥现象严重，随着机械化水平的提高及农村劳动力的减少，中国耕地土壤层变浅，板结严重，导致耕地透水透气性差，保水保肥能力较低[6]。中国作物单产与部分发达国家有较大差距，2016 年，中国谷物单产为 6030kg/hm^2，低于美国（8143kg/hm^2）、德国（7182kg/hm^2）和英国（7023kg/hm^2）单产水平。

　　森林资源总量相对不足，木材供应安全形势严峻。中国森林面积和森林蓄积量分别居世界第 5 位和第 6 位，但人均量分别仅为世界平均水平的 1/4 和 1/7[7]。目前，中国森林资源供给已难以满足经济社会发展对木材的需求，木材消费量从 2015 年的 5.89 亿 m^3 增长到 2019 年的 6.31 亿 m^3，5 年间增长了 7.2%。自 2014 年以来，中国的木材进口总量首次超过了国内木材产量，对外依存度将近 50%，预计未来对木材的刚性需求将持续增加。随着森林资源经营与管理的加强，中国森林资源面积和蓄积量将持续增加，但木材产量远不能满足日益增长的木材需求，供需缺口将加大。森林资源质量不高，生态功能薄弱。中国森林面积和蓄积量 2020 年已分别超过 2.2 亿 hm^2 和 175 亿 m^3，到 2050 年分别增加到近 2.5 亿 hm^2 和 230 亿 m^3。然而，中国森林中的中幼龄林比例过半，整体生产力较低。中国单位面积森林蓄积量为 77m^3/hm^2，不足世界平均水平的 60%，分别仅为德国和英国的 24% 和 37%。现有宜林地质量较好的仅占 10% 左右，多分布在西北、西南，立地条件较差。随着中国森林资源开发利用难度增大，木材供需矛盾将更加突出。此外，中国森林生态系统功能较弱，随着人工林占比增多，林相简单，生物多样性减少，生态效益降低。

传统煤炭需求明显减少，极度紧缺的石油、天然气、铀矿等战略性能源资源和新能源需求大幅度增加。随着国内经济结构调整和产业转型升级，中国能源需求总量略有放缓，但仍在高位。可以预计，未来中国的化石能源需求增长将平稳下降、呈现较"L字形"演变轨迹。《"十四五"现代能源体系规划》明确指出，到 2025 年，在能源保障方面，国内能源年综合生产能力将达到 46 亿吨标准煤以上，原油年产量将回升并稳定在 2 亿吨水平，天然气年产量将达到 2300 亿立方米以上，发电装机总容量将达到约 30 亿千瓦。当前，现代能源体系建立在可再生能源上，但需要认识到，中国的资源禀赋以富煤为基本国情。中国煤炭的自给率长期保持在 95% 左右，具有较高的独立自主性，因此煤炭是中国保障能源供应的主要手段。规划提出目标是建设现代化煤矿，保障煤炭跨区应用。与"十三五"能源发展规划不同，《"十四五"现代能源体系规划》没有设定煤炭消费总量和比重等量化指标。中国目前面临的能源局面是，石油需大量依赖进口（对外依存度超过 70%），新能源发展尚不成熟，因此煤炭是唯一可靠的能源供应来源。《"十四五"现代能源体系规划》中将煤炭清洁高效开发利用技术列入科技创新示范工程专栏，这意味着在能源安全的前提下，煤炭清洁化和产能布局将成为中国保障能源安全的最大底线。

中国矿产资源储量不足、品位较低且伴生矿多，加大了国内资源保障难度。中国主要矿产资源消费对经济增长的反应程度发生分化。一些传统金属矿产如铁、锰、铬等的资源消费弹性系数维持基本稳定状态；铜、铅、锌、镍、稀土等矿产资源消费弹性系数则变化较大；黄金和钾盐等与居民收入、农业生产紧密相关的民生矿产资源消费弹性系数波动幅度最大。中国未来的不同矿种需求由"普涨"转向"分异"。铁矿石需求将出现下降趋势，2035 年铁矿石消费下降到 8 亿吨左右，而废旧钢铁消费将有所增加。随着工业化逐渐完成，中国铜、铝、铅等金属矿产需求有所下降，但需求总量仍维持在较高水平。关键矿产资源供应严重不足，仍需依靠大量进口。据预测，2035 年石油、天然气、铜矿的对外依存度将分别高达79%、40% 和 43%。

世界发达国家的工业化、城市化和现代化进程表明，自然资源特别是能源、矿产和水土等资源对国家经济社会发展具有重要的基础支撑作用。人类从农业社会到工业社会和后工业化社会，人均资源消耗与经济增长、城市化水平等之间具有紧密的相互关联。随着经济结构发生转变、社会财富积累和基础设施水平不断提高，各类资源消耗将日趋下降或稳定。鉴于各类资源的需求差异和工业化与现代化发展阶段性特点，未来中国各类资源需求结构将发生显著变化，进而引起资源供给安全发生结构性转型。一些支撑中国工业化和城市化的大宗战略性资源，如煤炭、石油、铁矿石、铝、铜、磷、石灰石、木材、工业用粮等，还将持续一段需求增长期，数名学者认为需求峰值在 2025 ～ 2030 年前后，一些战略性新兴矿产，特别是稀土金属、稀有金属、稀散元素等"三稀"矿产中的稀土、锂、锶、铍、锆、铌、钽、镓、锗、铟等 10 种金属矿产以及石墨、金刚石、高岭土等非金属矿产，因其广泛应用于新能源、新材料和新产业，2025 ～ 2035 年前后多数将保持较快的需求增长。

5.1.2　生态环境恶化与生产规模扩大的矛盾

（1）以青海省柴达木盆地西台盐湖为例　近年来，盐湖矿产品的需求量在全国乃至全世界呈快速递增趋势。盐湖水中富含的钾、锂、镁、硼、铷、铯等，是重要的化学化工原料。盐湖中钾盐矿生产钾肥具有成本低且纯度高的优点，目前成为我国最主要的钾肥供给渠道；近年来，随着电动车和各种移动电子设备对锂电池的需求日益增加，全球锂资源市场进入到高速发展通道。作为液态锂资源最重要的来源之一，盐湖锂资源正日益受到关注；随着世界能源危机、环境污染问题日趋严重，汽车的轻量化已迫在眉睫，而镁合金是汽车减轻的首选材料之一，盐湖中富含的镁离子可用于金属镁、镁合金、镁水泥等产品的生产；就硼矿而言，那些曾经作为我国优质的硼矿开发利用基地在经历了五十多年的开发利用之后，开始面临资源枯竭的现状。而就目前状况而言，我国硼矿中品位较高的地区则主要分布在我国西北部地区——西藏和青海等地，这些地区的地理区位特殊，加之现存的资源开发工艺相对落后、外部运输能力不足等问题导致这些矿区的开采规模不大。可见，盐湖资源作为我国重要的矿产资源，在国民经济发展中起着重要的作用[9]。

　　柴达木盆地有 33 个盐湖，6 个干盐湖，盐类沉积面积达 1.7 万 km²，卤水近 400 亿 m³。盐湖资源主要有钾、钠、镁、硼、锂，溴、碘、锶、铷、铯等，盐类资源有两种存在形式，一是石盐、芒硝、石膏、天然碱、硼盐、钾盐及锶盐等固体矿；二是赋存于湖水表面及地下的卤水矿。柴达木盆地主要盐湖资源概况及开发条件对比如表 5-1 所示。据统计，柴达木盆地的盐湖资源已探明储量氯化钾 3.88 亿吨，占全国保有储量的 96.78%；氯化钠 3262.6 亿吨，占全国保有储量的 81.08%；氯化镁 60.5 亿吨，占全国保有储量的 99.71%；硫酸锶 1592 万吨，占全国保有储量的 47.36%；氯化锂 1816.7 万吨，占全国保有储量的 83.34%；硫酸钠 87.06 万吨。以上盐类资源储量均居全国第一位。三氧化二硼 1678 万吨、溴 29.13 万吨，储量居全国第 2 位；碳酸钠及重碳酸钠（碳酸氢钠）47.5 万吨，占全国保有储量的 0.45%；石膏 470 亿吨、天然碱 47.5 万吨及铷储量均居全国第三位；碘 0.8 万吨，储量居全国第四位。柴达木盆地具有盐湖数量多、资源种类齐全的特点。

表 5-1　柴达木盆地主要盐湖资源概况及开发条件对比

盐湖名称	可开采资源量 / 万吨	交通条件	能源条件
察尔汗盐湖	勘探报告提交的储量：KCl：35238.39　B₂O₃：356.84　LiCl：833.70	交通方便，青藏铁路和柳（园）格（尔木）公路从矿区穿过；矿区有两个火车站，盐湖集团有自备货场	330 千伏供电线路已通矿区；涩北气田至格尔木市的天然管道从矿区穿过，能源供给方便
东台盐湖	勘探报告提交的储量：K₂SO₄：2137.45　B₂O₃：163.79　LiCl：284.78	矿区距青藏铁路达布逊火车站 140km，有简易公路，可通行各种汽车	330 千伏供电线路已通过察尔汗别勒滩段，架设 60km 高压输电线路可到达矿区；已开发的涩北天然气可以提供燃料
西台盐湖	勘探报告提交的储量：K₂SO₄：3060.19　B₂O₃：169.47　LiCl：307.5	矿区距东台吉乃尔约 70km，所以相对东台吉乃尔湖锂矿需要增加 70km 左右的修路工程	能用供应条件也要与东台吉乃尔锂矿联合解决，所以输电距离和输气距离与东台相比要增加 70km 左右

盐湖名称	供水条件	工程地质条件	综合评价
察尔汗盐湖	格尔木河冲洪积扇地下水和近湖地带古河道中赋存的地下水可为盐湖开发供水，水质、水量可以满足盐湖开发的需求	湖区周边分布有大面积的黏土层，可以满足大规模修建盐田的需要。盐田工程地质条件良好	察尔汗盐湖是一个超大型钾盐矿床，伴生的镁、锂、硼资源具有巨大的综合利用价值；生产能力已经接近年产 100 万吨氯化钾，年产 100 万吨氯化钾工程投产后，已达到 200 万吨的生产规模

续表

盐湖名称	供水条件	工程地质条件	综合评价
东台盐湖	有两个供水方案：其一是用东台吉乃尔河水，供水距离 30km 左右；其二是用东台吉乃尔洪积扇地下水，距离 60～70km	湖东盐滩区周边中下更新统地层中分布有大面积黏土层，可以满足修建大面积盐田的需要	该矿床是一个以锂为主，伴生硼、钾资源的超大型卤水矿床，以品位高、易开采为特征。目前已由中国科学院盐湖研究所和中国国安锂业公司两家在现场进行以提锂为主的工业性试验
西台盐湖	可用那棱格勒河洪积扇地下水，供水距离 80km 左右，已经完成了水源地勘探的野外工作，水质和水量可以满足矿床开发的需求	其一利用湖盆北岸黏土层，该区输卤距离较远；其二是在南部盐滩盐层之下有黏土层，该处有可能受洪水影响	该矿床也是一个以锂为主，伴生硼、钾资源的超大型卤水矿床，储量大于东台吉乃尔湖锂矿床。品位高、易开采，但是潜卤水西北段岩性为粉、细砂，因富水性差而开采困难。所以开发价值仅次于东台吉乃尔湖锂矿床

　　西台吉乃尔湖湖盆的北东、北西、西及西南三面被隆起的上更新统和中下更新统背斜构造及上更新统台地所环绕南部及东南部为开阔的冲湖积平原，湖盆内中北部为湖水，湖盆中部、南部及湖水覆盖区之下为化学盐类沉积和碎屑物堆积，矿区地下水受地质构造、地貌、地层岩性、气候、水文等多种因素的制约，显示高原内陆盆地独特和典型的水文地质特征。矿区地表河水和湖水动态变化受季节和降水控制。地下水具有与地质、地貌特征相对应的分带规律。矿区地下水的主要补给源是来自东南部及东部的河水。矿区内降水稀少，年降水量仅 21.9mm（察尔汗）至 30.24mm（小灶火），降水对地下水的补给意义不大。矿区地表为大面积荒漠盐土区，北部第三系及第四系中下更新统长期受风化剥蚀作用影响，表面呈现大片岩漠。东部及南部冲洪积平原及湖积平原，地表为大片盐渍土，属荒漠地区，基本无植被生长。盐湖资源开采前期以渠道开采为主，井采试验成熟后，采取井渠结合的方式开采。矿区主要工程采输卤渠、盐田、老卤池及输送系统、加工厂等建设以未利用的土地为主，主要包括沙漠、戈壁、盐漠、风蚀残丘等。因此，盐湖资源在开采上无崩塌、滑坡、泥石流、尾矿垮坝等地质灾害发生的条件，亦无传统的水土保持和土地复耕方面的需要。西台盐湖地层特征如表 5-2 所示。工程区域及周边地区无任何自然和人文历史遗迹，也无自然保护和风景名胜区等敏感地区。

表 5-2　西台盐湖地层特征

地层	岩性	厚度	特征
上更新统（Q3）	1～3 岩段：黄灰色含黏土粉砂，夹黑色粉砂淤泥；4 岩段：碎屑和化学交互沉积层		石盐和卤水矿均赋存在第 4 岩段中，并有固体钾矿化显示，主要岩性为含黏土粉砂、中粗砂含粉砂石盐、含淤泥石盐，岩性复杂
全新统（Q4）	砂质黏土为主的湖相层；化学岩段为灰白色、白色石盐层，石盐含量 90%～95%	4～5m	主要分布在湖区的东南部，分布面积 372km² 左右，地形平坦，化学岩段主要分布在地表水体的边缘和底部，即水盐交替地带，面积约 105km²

　　目前，矿山土壤污染主要起因于生产和生活废弃物的排放，从污染物类型上来看主要分为固体废弃物和液体废弃物，固体废弃物主要包括尾盐、矿渣及生活垃圾。在矿山生产区，

堆放了大量的尾盐、矿渣，其中通常含有一定量的水分，这些水分的下渗对土壤产生了一定程度的污染。固体生活垃圾主要是指生活区东侧的垃圾填埋场，该填埋场四周及其底部没有防渗措施，在雨水充足的条件下，其淋滤液会直接下渗，引起土壤污染。液体废弃物包括生活及生产废水，这些废水通过管道排至厂区东北部的洼地中，对土壤也产生了一定程度的污染。

矿区水环境污染源主要有生产和生活污废水，盐田尾盐及加工厂尾盐。生活污水主要污染物为有机物、氨氮、总磷等，其中有机物是最主要的污染物，由于施工人员少，排放量小，生产废水主要污染物是悬浮物、泥沙，一般无毒害，施工机械冲洗水主要污染物是含油废水。盐田尾盐及加工厂尾盐堆放对水环境的影响主要体现在两方面，降水的溶解和湖水的浸溶。由于矿区降水量极小，湖水在正常情况下不会浸泡废渣，实际上尾盐作为盐矿的一部分在矿区内就地堆放，对水环境基本无影响。

综合以上情况来看，由于矿山开采后需要从东台吉乃尔河引入大量的地表水来补充矿区地下卤水开采所引起的亏空，使得地表水的原始状况发生了较大变化。因此，可认为矿山开采对地表水均衡有较大的影响。矿区地处荒芜盐滩，地势平坦，渠道开采卤水，没有引起崩塌、泥石流等地质灾害的诱因，矿区地质灾害主要为采矿及人类活动引起的溶蚀沉陷。溶蚀沉陷在办公、生活区内是一种比较常见的地质灾害，已导致办公楼、食堂及生活区的地面产生了明显的沉陷。由于办公及生活区建筑物均采用的是钢结构，建筑物高度较小，溶蚀沉陷在现阶段未对建筑物产生明显影响，但随着矿区工程活动的加大，对建筑物的影响应引起充分重视。此外，随着抽卤强度的加大，可能出现卤水层压缩沉降，在淡水补给的同时，盐层中大量盐类溶解，使盐层松动，形成溶洞并造成地面沉陷。

近年来随着人们开发力度的不断增大，加上气候变化带来的极端气候现象出现概率增加、温室效应等的影响，我国盐湖正在发生巨大改变，盐湖资源开采过程中经济效益和生态效益之间的矛盾日益突出，对环境的影响日益突出：不仅表现在盐湖的水量发生变化，盐湖水化学成分和固相盐类沉积的物化特征也在不断改变，随之而来的诸如补给水量变化、湖面水位改变、盐湖淡化、盐湖地区沙漠化等问题在近些年都开始普遍出现。生态用水和工业用水发生冲突，"三废"排放监管乏力，尤其是盐卤的回收利用和尾气排放等问题一直没有引起足够关注。

（2）以陕西省神木市大柳塔煤矿区为例　陕西与内蒙古接壤区的陕西神木市蕴藏着几个年产千万吨的煤矿，其中陕西省神木市大柳塔煤矿采用综合机械化开采技术，煤炭年产量占大柳塔地区总产量的80%以上。煤炭资源的开发极大地促进了该地区社会经济的快速发展。然而，大柳塔地区地处毛乌素沙地与黄土高原的过渡地带，气候干旱，水资源短缺，生态环境十分脆弱。近年来，大柳塔地区煤炭资源开发诱发的采煤塌陷及其衍生的水资源破坏、土地沙漠化等矿山环境地质问题成为政府、公众及学者关注的热点和焦点问题[10]。

一是采煤导致地表塌陷，对农业生产造成影响。目前神府、神林、榆横煤田处于大规模的开发或建设阶段，机械化程度高，煤层埋藏较浅、厚度大，地下采煤不可避免地会造成地面塌陷、地裂缝、地下水位下降、土地沙漠化等环境地质问题。至2005年年中，大柳塔矿井采空区面积已达27.09km²，且随着煤炭开采量的增长而增长，采空塌陷影响面积达47.12～53.36km²。由于塌陷区大多地处盖沙黄土丘陵区，地表整体沉陷没有显著地改变原有的波状地形地貌。在塌陷区，只有在硬化的沙土、黄土、道路及建筑物表面才可以发现地裂缝，如果表层为风积沙土，则难以观测到地裂缝。因此，往往仅从地表形态难以确认是否地处塌陷区内。大柳塔主要地表类型如表5-3所示。

表 5-3　大柳塔主要地表类型

主要地表类型	坡向	土层厚度 /m	坡度	现有植被
平坦荒漠、沙地	平坡	> 110	< 5°	零星乔木、灌木、荒山荒地
梁、峁坡地	缓坡	> 110	< 15°	零星乔木、灌木、荒山荒地
深沟坡地	斜坡	> 50	> 25°	灌木、草地、荒山荒地
沟底洼地、河岸湿地	平坡、缓坡	> 110	< 5°	零星乔木、灌木、草地

二是采煤塌陷对地表水和地下水产生影响。采空塌陷和矿井疏干排水破坏了煤层之上含水层的补、径、排系统，造成井泉水位大幅下降、水量锐减，井泉干枯数量增多，直接或间接地导致地表水（主要是沟谷河流）流量减少或断流。1986 年、1996 年和 2005 年的遥感影像解译和实地调查表明，地表水水域面积（包括湖泊、河流、水库、泉域）分别为 7.96km²、4.32km² 和 3.99km²，地表水域面积缩减了 3.97km²，且调查表明，水位下降的井占调查总数的 77.27%，流量减少的泉占总数的 73.33%。可见，煤炭资源开发对地表水和地下水的影响成为矿区最主要的环境问题，给塌陷区村民的农业生产和生活造成了一定的困难。大柳塔煤矿区地表水污染物含量及超标情况如表 5-4 所示。

表 5-4　大柳塔煤矿区地表水污染物含量及超标情况

分析项目	pH	Pb	As	Cr⁶⁺	COD	氟化物	硫化物	Cu	总磷
检出率 /%	—	60	66.7	100	100	100	100	0	20
地表水环境质量Ⅲ类标准限值 / (mg/L)	6 ~ 9	0.05	0.05	0.05	20	1	0.2	1	0.2
超标倍数范围	—	—	—	—	—	0.2 ~ 0.8	0 ~ 12.25	—	0.73 ~ 3.05
样本平均超标倍数						0.5			
超标率 /%	—	—	—	—	—	13	87	—	20

三是矿业开发对河流污染产生严重影响。分析表明乌兰木伦河及其支流断面河水中氟化物、硫化物及总磷 3 项污染物超过了国家地表水环境质量标准（GB 3838—2002）中的Ⅲ类标准，其中硫化物超标最为严重。与 1994 年相比，2005 年河水污染呈明显加重的趋势，其中氟化物表现尤为明显，河流底泥中，汞元素全部超过矿区河流底泥的背景值。与此同时，电厂及焦化厂"三废"排放导致河流中悬浮物、硫化物、部分氟化物、总磷等污染物超标。大柳塔煤矿区河流底泥重金属元素的含量及超标情况如表 5-5 所示。

表 5-5　大柳塔煤矿区河流底泥重金属元素的含量及超标情况

分析项目	Hg	Pb	Cd	Cr	As	Cu	Zn	Ni
检出率 /%	100	100	26.3	100	100	100	100	100
含量范围 / (mg/kg)	0.04 ~ 1.43	9.49 ~ 31.4	0.00 ~ 0.37	15.2 ~ 19.3	0.9 ~ 6.0	4.26 ~ 20.5	19.1 ~ 87.5	3.0 ~ 25.3

续表

算术平均值/（mg/kg）	0.40	17.54	0.14	53.45	2.99	9.65	47.65	9.73
河流底泥背景值/（mg/kg）	0.016	16.9	0.15	38.4	3.22	9.2	30.4	11.8
超标率/%	100	36.84	5.26	36.84	42.11	47.37	73.68	26.32
超标范围	1.75～88.38	0.32～0.86	0.00～1.47	0.00～4.03	0.08～0.86	0.00～1.24	0.04～1.88	0.10～0.15
平均超标倍数	24.25	0.51	1.47	1.69	0.42	0.44	0.87	0.38

四是采煤塌陷对土地沙漠化进程的影响。调查表明，20年来，大柳塔地区（总面积371km²）和主要采煤塌陷区（开采总面积71.07km²）的土地沙漠化发展演化的规律一致，都表现为重度沙漠化土地逐年减少，轻度、非沙漠化土地面积逐年增大，二者演化一致的规律表明，控制全区及主要矿区土地沙漠化的主要因素相同。矿区土地沙漠化加剧的地方主要是大柳塔镇乌兰木伦河东、西两侧的采砂和采石场，而非采煤塌陷区。大柳塔煤矿区土壤重金属元素的含量及超标情况如表5-6所示。

表5-6　大柳塔煤矿区土壤重金属元素的含量及超标情况

分析项目	Hg	Pb	Cd	Cr	As	Cu	Zn	Ni
样品重金属含量算术平均值/（mg/kg）	0.091	15.74	0.034	37.43	4.31	9.30	33.87	9.80
土壤环境质量二级标准限值/（mg/kg）	1.0	350.0	1.0	250.0	25.0	100.0	300.0	60.0
全国栗钙土背景值/（mg/kg）	0.02	19.30	0.057	51.60	9.20	16.80	65.10	22.30
累计超标率/%	90.70	13.95	16.28	6.98	2.33	4.65	4.65	—
累计超标倍数范围	0.75～8.30	0.01～0.34	0.07～1.46	1.48～2.53	0.05	0.05～0.20	0.14～0.16	—
样本超标均值	3.96	0.13	0.60	1.93	0.05	0.13	0.15	—

（3）以陕北能源化工基地为例　陕北能源化工基地煤炭、石油、天然气、岩盐等矿产资源储量丰富，经过近二十年的开发，已初步建成中国重要的能源接续地和大型煤化工基地。区内煤炭、石油、天然气和岩盐等矿产资源十分丰富。该区煤层赋存条件好，开采成本低，探明储量达1460亿吨，天然气探明储量6390亿m³、石油11.9亿吨、岩盐8857亿吨。高岭土、石灰石、石英砂等储量也很丰富，具有很大的开发潜力，是中国重要的能源接续地和大型煤化工基地。生产规模的扩大也造成了生态环境的恶化[11]。

首先，生产导致大气污染日益严重。燃煤、炼油、炼焦、煤尘、矸石及煤堆自燃、煤炭转化、煤化工行业以及煤炭运销过程中产生了以二氧化硫、烟尘、煤尘为主的大气污染物，形成了煤烟型大气污染。据2000年监测资料，榆林地区大柳塔镇大气中氮氧化物、悬浮微粒、二氧化硫三项主要污染物指标分别是煤田开发前的 4 倍、17 倍和 24 倍，其中悬浮微粒日均浓度超国家二级标准 57.9 倍。榆林市、延安市矿区污染物排放量也呈现出逐年增加的趋势。

其次，矿区开发导致水资源受到污染和破坏。由于煤炭、石油、天然气开发速度增长较快，大量尾矿、废渣、矸石到处堆放，经雨水冲刷、淋溶，使硫、石油、酚等多种有害物质渗入地表水和地下水；生产、生活污水及弃渣排入河道使水体污染加剧。2000 年监测资料显示，榆林地区 11 条主要河流有 9 条受到不同程度的污染，窟野河水体中总悬浮物比开发前增加 93 倍；延安市的黄陵矿区、子长矿区分别对南川河、沮河、秀延河产生了较大的污染。且随着矿区开发规模的加大，污染范围还会继续扩大。与此同时，煤炭开发及经济建设活动的不合理削坡，产生了大量的尾矿、废渣、矸石。由于不合理堆放，经雨水冲刷淤塞河道，乌兰木伦河因淤积河床抬高 4m。河床上矿点密布，有些河段已不足百米宽，严重阻碍正常排洪。且根据陕西省国土资源厅 2004 年 6 月的《神木煤矿开采区地质环境问题调查报告》可知，神木市境内十条地表径流断流，20 多个泉眼干枯，黄河主要支流窟野河一年三分之二以上时间断流或基本断流，变成了季节河；境内湖泊数量已由开发前的 869 个锐减到 79 个。煤田开发后，地下水含水层在一定程度上发生改变，且水质受到影响，各泉水、民井水细菌指标受人为影响均超标。

近年来煤炭开发规模不断扩大，工业用地迅猛增加，同时煤炭开发及工业建设产生大量的煤矸石、废石、废渣等，导致固体废物排放量增幅较大，既污染了环境，又压占了大量的土地资源。煤炭开发建设形成采空区或高陡边坡，改变或破坏了当地的地质环境条件，加剧了水土流失，破坏土地资源，使土地退化、作物减产、生态环境恶化。

（4）以中国西部地区为例　我国西部地区地质构造条件复杂，在地质历史上，是多个板块碰撞汇聚之处，拥有大部分我国著名的造山带和内陆盆地，成矿条件极其优越，能源及矿产资源分布相对集中，优势突出，资源蕴藏量非常丰富，品种齐全，资源远景好。随着西部大开发的推进，能源及矿业开发已经成为西部地区经济发展的支柱产业，对其经济的发展起了重要的作用，但同时矿产资源和能源开发而引发的地质环境及生态环境恶化问题日益突出，对西部地区可持续发展的制约日益明显[12]。

资源的开发造成了土壤污染与土地破坏。西部地区土壤污染形势严峻，原因首先在于该地区是中国能源供应的主要后备基地和接续地，矿产储量煤、陆地石油和天然气分别占全国总量的 60%、30%、25%。石油、有色金属、煤炭等矿业企业众多，这些矿产企业是西部地区的骨干企业和主要税源。但矿产企业的建设不仅严重破坏环境，而且其生产过程表现的高能耗、高污染、高排放的特点很容易造成土壤的污染，大量小厂矿的乱采乱挖，也增加了许多新的污染源。资料显示，云南、广西、四川、贵州等重金属主产区，很多矿区周围都已经形成了日渐扩散的重金属污染土地。被重金属污染的土地让农作物无法食用，当地人的生活陷入困境。

水体污染和水资源短缺是西部地区存在的两个最严重的水环境问题。目前，因采矿产生的废水排放总量占全国工业废水量的 10% 以上，而处理率仅为 4.23%，水资源污染严重，水质恶化明显。由于采矿、选矿活动，使地表水或地下水含酸性、含重金属和有毒元素。矿山污水危及矿区周围河道、土壤，甚至破坏整个水系，影响生活用水、工农业用水，并且有毒物质的排放给人类健康带来了潜在威胁。由于大量排放有害矿井水以及选矿厂的含有重金属离子和化学药剂的废水，对土地和水系造成直接的污染，不仅使土壤性质变差，而且危及农作物，影响人畜健康。此外，由于采矿过度抽取地下水，加剧了水资源短缺，使地下水水位下降。

此外，因矿产资源开发造成的土地破坏面积不断扩展。能源和矿业开发破坏植被、景观，露天开采由于其作业方式的需要，必须直接剥离大面积的表土层及其上生长的大量植被，使得水土流失加剧。目前，西部地区水土流失面积为 104.7 万 km^2，占全国水土流失总面积的 80% 以上，水土流失率达 15.15%。

矿山企业，特别是露天开采矿山，大气污染甚为严重。开采、矿井下的穿、爆破以及矿石、废石的装载、运输过程中产生的粉尘、废石场废石的氧化和自然释放出大量有害气体，废石风化形成细粒物质和粉尘等，特别是干旱炎热的地区，在大风的作用下产生尘暴现象，造成区域环境的大气污染。在含硫量较高的矿区，煤矸石山燃烧周期长达数年，产生大量的一氧化碳、一氧化氮、二氧化硫等有毒、有害气体和烟尘，给矿区大气造成长期的严重污染，是矿区大气污染的主要污染源之一。在井工矿开采中，矿井瓦斯的利用率仅占 15%～20%，大多直接排放到大气中，对矿区大气造成了污染。近年来因西部经济高速增长主要依靠资源型产业尤其是能源重化工业的拉动，造成"三废"和碳排放强度增大。酸雨在西部地区城市中相当严重，将近三分之二城市的空气质量不能达到二级标准。云、贵、川三省土法炼磺，年排放二氧化硫和硫化氢达 26 万吨，堆积含硫废渣 2000 多万吨，整个炼磺区空气中二氧化硫浓度超过国家标准 5～50 倍。

5.1.3　有限能源与能耗剧增的矛盾

目前，通过不断的新旧能源改革发展，我国逐步形成了全球最大的能源供应体系，建成了以煤炭为主体，以电力为中心，以石油、天然气和可再生能源全面发展的能源供应格局，促进了国民经济和社会的快速发展。

传统的能源粗放式发展和非清洁利用导致生态环境破坏问题，主要表现在水资源污染、大气污染、水土流失、有害气体排放及温室气体排放等方面。具体来看，煤炭开采会造成地表沉陷、含水层破坏、植被退化等问题，每年因煤炭开采造成的土地损伤面积约为 $7.0×10^4 hm^2$，地表生态修复率不足 30%；每年破坏的地下水资源约为 $7.0×10^9 t$；石油开采导致的地下水位下降，对周围水质产生了一定程度的影响。化石能源的非清洁利用造成了大气环境的严重污染，目前我国通过燃煤发电产生的污染物大幅下降，污染物排放量已降至燃气排放限值内；但用于发电的煤炭消耗量仅占煤炭消费总量的 53%，远低于美国、英国等发达国家，不及世界平均水平的 65%。民用烧煤污染物排放量大、集中处理难，我国每年民用煤炭量约为 $2.0×10^8 t$，吨煤污染物达到电厂的 10 倍以上。另外，终端用能的电能仍需持续推进。

目前，我国在碳达峰和碳中和方面存在较大压力。2019 年，全球能源相关的碳排放量约为 $3.33×10^{10} t$，其中来自中国、美国、欧盟的碳排放量合计占全球的 50% 以上。其中，中国为 $9.74×10^9 t$，美国为 $4.77×10^9 t$，欧盟为 $3.98×10^9 t$。我国的碳排放量约占全球的 29.2%，是全球最大的碳排放国。2019 年，中国的碳排放强度为 8.4t/ 美元，分别是法国、英国、日本、美国的 8.3 倍、7.4 倍、5.1 倍、3.2 倍。对应碳中和目标，也就是单位供电碳排放必须从 600g/（kW·h）下降到 100g/（kW·h），甚至是 50g/（kW·h）。因此，我国要实现 2030 年碳排放达峰、2060 年碳中和目标，需要煤电装机必须在"十四五"达峰，并在 2030 年后快速下降。为此，我国不仅需要提高整体产业的减碳水平，还需进行产业结构调整，在高耗能产业中做好减排和提高能效工作。

　　能源的利用效率可以通过单位 GDP 能耗及相关系数来体现。多年来，我国的 GDP 增长多是依靠投资和出口拉动，高能耗产业发展过快，使我国单位 GDP 能耗是世界平均能耗的 1.4 倍。2019 年，我国每万元 GDP 消费 0.49tce（吨标准煤），较 2018 年下降 4.84%。我国能源利用效率仅为 33%，比发达国家低约 10%。可见我国能源利用水平远低于国际先进水平，节能降耗的空间和潜力大。2019 年，我国能源消费弹性系数为 0.77，较 2018 年有较大增长，但低于 1.0，说明我国能源消费增速低于我国国民经济的增长幅度。目前，我国仍处于工业化、城镇化、现代化发展进程中，能源消费总量还将继续增加，进一步提升能源利用效率极为迫切。

　　据中国工程院项目研究测算，我国预测煤炭资源量约为 5.97×10^{12}t，探明煤炭储量为 1.3×10^{12}t。而我国绿色煤炭资源量仅有 5.05×10^{11}t，约占全国煤炭资源量的 10%；煤炭资源回收率平均仅为 50%，按照国家能源战略需求，绿色煤炭资源量可开采年限仅为 40～50 年。自 1993 年我国成为石油净进口国以来，石油对外依存度已从 21 世纪初的 32% 升至 2019 年的 70.8%；2019 年，我国天然气对外依存度超过日本，达到了 43%，成为世界最大的天然气进口国。随着全球地缘政治局势变化、国际能源需求增加、资源市场争夺加剧，我国能源安全形势依然严峻。

5.2　工业生产中资源与环境问题

5.2.1　我国资源种类与分布特点

　　我国自然资源及其利用的基本特征是资源总量丰富但人均少，资源利用率低且浪费严重。我国以占世界 9% 的耕地、6% 的水资源、4% 的森林、1.8% 的石油、0.7% 的天然气、不足 9% 的铁矿、不足 5% 的铜矿和不足 2% 的铝土矿，养活着占世界 22% 的人口；大多数矿产资源人均占有量不到世界平均水平的一半，我国占有的煤、油、天然气人均资源只及世界人均水平的 55%、11% 和 4%。中国最大的比较优势是人口众多，最大的劣势是资源不足[13]。

　　由于长期沿用以追求增长速度、大量消耗资源为特征的粗放型发展模式，在由贫穷落后逐渐走向繁荣富强的同时，自然资源的消耗也在大幅度上升，致使非再生资源呈绝对减少趋势，可再生资源也显出明显的衰弱态势。

　　（1）土地资源　中国土地资源有四个基本特点：绝对数量大，人均占有量少；类型复杂多样，耕地比重小；利用情况复杂，生产力地区差异明显；地区分布不均，保护和开发问题突出[14]。

　　① 绝对数量大，人均占有量少。中国陆地总面积约 960 万平方千米，海域总面积 473 万平方千米。陆地面积居世界第 3 位，但按人均占土地资源论，在面积居世界前 12 位的国家中，中国居第 11 位。中国人均占有的土地资源，只相当于澳大利亚的 1/58、加拿大的 1/48、俄罗斯的 1/15、巴西的 1/7、美国的 1/5。按利用类型区分的中国各类土地资源也都具有绝对数量大、人均占有量少的特点。

　　② 类型复杂多样，耕地比重小。中国地形复杂、气候多样，土地类型复杂多样，为农、林、牧、副、渔多种经营和全面发展提供了有利条件。但也要看到，有些土地类型难以开发

利用。例如，中国沙质荒漠、戈壁合占国土总面积的 12% 以上，改造、利用的难度很大。而对中国食物安全至关重要的耕地，所占比重仅为 10% 多一点。各类土地资源情况如表 5-7 所示。

表 5-7　土地资源状况

土地类型	面积 / 万平方千米
耕地	127.9
园地	20.2
林地	284.1
草地	264.5
湿地	23.5
城镇村及工矿用地	35.3
交通运输用地	9.6
水域及水利设施用地	36.3

注：本表数据来自《第三次全国国土调查主要数据公报》。

③ 利用情况复杂，生产力地区差异明显。土地资源的开发利用是一个长期的历史过程。由于中国自然条件的复杂性和各地历史发展过程的特殊性，中国土地资源利用的情况极为复杂。东北平原大部分是黑土，华北平原大多是褐土，土层深厚，长江中下游平原多为红黄壤和水稻土，四川盆地多为紫色土。

不同的利用方式，土地资源开发的程度也会有所不同，土地的生产力水平也会有明显差别。

④ 分布不均，保护和开发问题突出。分布不均主要指两个方面：其一，具体土地资源类型分布不均。如有限的耕地主要集中在中国东部季风区的平原地区，草原资源多分布在内蒙古高原的东部、新疆天山南北坡等。其二，人均占有土地资源分布不均。

不同地区的土地资源，面临着不同的问题。中国林地少，森林资源不足。可是，在东北林区力争采育平衡的同时，西南部分林区却面临过熟林比重大、林木资源浪费的问题。中国广阔的草原资源利用不充分，畜牧业生产水平不高，然而有些地区的草原又存在过度放牧、草场退化的问题。

（2）水资源　中国淡水资源总量为 2.8 万亿立方米，占全球水资源的 6%，仅次于巴西、俄罗斯、加拿大、美国和印度尼西亚，居世界第六位，但人均只有 2200 立方米，仅为世界平均水平的 28%、美国的 20%，是全球人均水资源贫乏的国家之一，属于缺水严重的国家。受气候和地形影响，淡水资源的地区分布极不均匀，大量淡水资源集中在南方，北方淡水资源只有南方淡水资源的 1/4。河流和湖泊是中国主要的淡水资源，河湖的分布、水量的大小，直接影响着各地人民的生活和生产。各大河的流域中，以珠江流域人均水资源最多，长江流域稍高于全国平均数，海河、滦河流域是全国水资源最紧张的地区[14]。

中国水能资源理论蕴藏量近 7 亿千瓦，占常规能源资源量的 40%。其中，经济可开发容量近 4 亿千瓦，年发电量约 1.7 亿千瓦时，是世界上水能资源总量最多的国家。中国水能资源的 70% 分布在西南四省、市和西藏自治区，其中以长江水系为最多，其次为雅鲁藏布江水系。黄河水系和珠江水系也有较大的水能蕴藏量。目前，已开发利用的地区，集中在长江、黄河和珠江的上游。

（3）矿产资源　中国幅员广大，地质条件多样，矿产资源丰富，矿产 171 种。已探明储量的有 157 种。其中钨、锑、稀土、钼、钒和钛等的探明储量居世界首位。煤、铁、铅锌、铜、银、汞、锡、镍、磷灰石、石棉等的储量均居世界前列。

中国矿产资源分布的主要特点是：地区分布不均匀。如铁主要分布于辽宁、冀东和川西，西北很少；煤主要分布在华北、西北、东北和西南区，其中山西、内蒙古、新疆等省区最集中，而东南沿海各省则很少。这种分布不均匀的状况，使一些矿产相对集中，如钨矿，虽然在 19 个省区均有分布，但储量主要集中在湘东南、赣南、粤北、闽西和桂东 - 桂中，尽管有利于大规模开采，但也给运输带来了很大压力。为使分布不均的资源在全国范围内有效地调配使用，亟须加强交通运输建设。

5.2.2　资源消费中的主要物质循环（C/N/O 循环）

（1）碳循环　碳循环是指碳元素在地球上的岩石圈、水圈、大气圈以及生物圈中进行交换并循环流动的现象。自然界碳循环的基本过程如下：大气中的二氧化碳（CO_2）被陆地和海洋中的植物吸收，然后通过生物或地质过程以及人类活动，又以二氧化碳的形式返回大气中。绿色植物每年通过光合作用将大气里的 CO_2 所含的 1500 亿吨碳，变成有机体储存于植物体内[15]。

一般情况下，大气中的 CO_2 浓度基本上是恒定的，但从工业革命以来，人类在生活和工农业生产活动中大量地消费化石燃料，从而导致 CO_2 排放量大幅增加。与此同时，人类大量砍伐树木，导致植被被破坏，植物吸收利用大气中的 CO_2 量越来越少，大气中的 CO_2 含量则因此增加。根据苏联南极考察队采集的时间跨度为 160000 年的 Vostoc 冰芯中的气泡的 CO_2 浓度测定，最后一个冰期（20000 至 50000 年前）的 CO_2 水平是 180 ~ 200μL/L，显著低于现在的水平。从 A.D.900 至 A.D.1750 年大气中 CO_2 浓度是 270 ·· 280μL/L。工业革命后大气中 CO_2 含量的上升是迅速且持续的，预计到 2050 年将增至 550μL/L。根据全球大气的 CO_2 平衡计算，化石燃料释放的 CO_2 全部在大气中累积，大气 CO_2 浓度每年将增加 0.7%。据统计，我国每年化石燃料释放 $6.0×10^{15}$g，陆地植被破坏释放 $0.9×10^{15}$g，每年释放的 CO_2 在大气中增加 $3.2×10^{15}$g，海洋吸收 $2.2×10^{15}$g，还有 $1.7×10^{15}$g 不知去向[16]。

2020 年 9 月我国明确提出"双碳"目标，即 2030 年"碳达峰"与 2060 年"碳中和"目标。"双碳"目标的提出对 CO_2 的排放和控制作出了明确的要求与标准。CO_2 是重要的温室气体，其浓度增加可能会引起"温室效应"，导致全球气候变暖，对全球的工农业生产活动以及人类活动产生重大影响。由此针对 CO_2 的吸收和利用也成为了科研领域的一大热点。

（2）氮循环　在工业上，氮主要用于合成氨，由此制造化肥、硝酸、染料和炸药等；氨还是合成纤维（如锦纶和腈纶）、合成树脂、合成橡胶等的重要原料。同时氮也是氨基酸、蛋白质和核酸的重要成分。氮循环也是资源消费中重要的物质循环之一。如大气中的氮经过微生物等作用而进入土壤，为动植物所利用，最终又在微生物的参与下返回大气中，如此反复循环，以至无穷。另一方面全球每年通过工农业生产活动和人类活动新增的"活性"氮导致全球氮循环严重失衡，并引起水体的富营养化、水体酸化、温室气体排放等一系列环境问题。

氮循环包括四种基本生物化学过程。

一是固氮作用，它是固氮生物将大气中的氮固定并还原成氨的过程。在工业生产中，固氮作用常被用作人为固氮，即化学氮肥的生产和应用。人为的固氮量是很大的，占全球年总固氮量的 20%～30%。随着世界人口的增多，这一比例将会继续上升。这对于环境是一个巨大挑战。

二是氨化作用，它是将蛋白质、氨基酸、尿素以及其他有机含氮化合物转变成氨和氨化合物的过程。

三是硝化作用，它是将氨化物和氨转变为亚硝酸盐、硝酸盐的过程。

四是反硝化作用，又称脱氮作用，指反硝化细菌将硝酸盐还原为 N_2、N_2O 或 NO，回到大气的过程。

四个作用组成了氮循环，并维持着循环的稳定。但人类活动的过度干预会对氮循环造成显著的影响。

人类活动的干预效应已经给氮循环及其平衡带来新的挑战。在 20 世纪 70 年代时，全世界工业固氮总量已与全部陆地生态系统的固氮量基本相等。现在每年的工农业固氮量已大于自然固氮量。由于这种人为干扰，使氮循环的平衡被破坏。据报道，每年固定的 N 比返回大气中的多 680 万吨。另外据统计，2020 年全国废气中氮氧化物排放量为 1019.7 万吨，其中大部分为工业源产生，这是造成现在大气污染的主要原因之一。

氮氧化物能与臭氧发生反应生产 NO_2 和 O_2，NO_2 再与自由氧反应生产 NO 和 O_2，打破臭氧的平衡，造成臭氧层破坏。同时 NO_x 也是一种温室气体，其浓度的增加也会进一步加剧全球温室效应。另外，大量的含氮工业及生活废水排入河流、湖泊和海洋，会导致水体出现富营养化。水中氮化合物的增加也会对人类自身的健康造成威胁，如亚硝酸盐与人体内血红蛋白反应生成高铁血红蛋白，导致血红蛋白失活，使人中毒。硝酸盐和亚硝酸盐等是形成亚硝胺的物质，而亚硝胺是致癌物质。

（3）氧循环　氧是人类最为熟知的一个元素，人类活动、动植物呼吸以及工业上的化石燃料燃烧都离不开氧的支持。同时以上各项活动中氧与二氧化碳总是紧密联系的。如人类的呼吸作用，化石燃料的燃烧都是消耗氧，产生二氧化碳。同时植物的光合作用是吸收二氧化碳，产生氧气。如此构成了氧循环。氧循环与碳循环是相互联系的。

矿物燃料、氢气能源的开发利用，世界人口迅猛增长以及森林面积大幅度减少等诸多原因导致大气含氧量逐渐降低。研究表明，地球大气中氧气含量曾发生过多次重大波动，由史前大气平均含氧量 30%～35% 降至当前 21%，并且低层大气氧气体积分数以平均每年 $2mg/m^3$ 的速率降低 [17]。

大气中的氧主要以双原子分子 O_2 的形态存在，并且表现出很强的化学活性，在紫外光的作用下，大气中的氧转化为三原子分子臭氧。由此可见，大气层中的臭氧也是氧循环中重要的一环。臭氧层保护人类免受来自太阳的过强紫外线的辐射，其对地球生物有着生死攸关的作用 [18]。在 1984 年，英国科学家首次发现南极上空出现臭氧洞，引起人类极大的关注。据研究表明，人类过多地使用氯氟烃类化学物质（CFCs）是臭氧层被破坏的主要原因，氯氟烃大量用于制备气溶胶、制冷剂、发泡剂、化工溶剂等。另外，哈龙类物质（用于灭火器）、氮氧化物也会造成臭氧层的损耗。

显然人类的工业活动显著破坏了大气中氧的循环。臭氧层空洞便是其表现之一。但值得高兴的是，联合国的观测报告显示，自《蒙特利尔协定》在 1989 年正式生效后，全球范围内减少使用化学喷剂以促进臭氧层恢复的举措已经有了显著的成效。自 2000 年以来，臭氧层在以每十年 1% ～ 3% 的速率恢复。同时据研究表明，2001 ～ 2009 年中国陆地植被年氧气生产量呈增加趋势，增加率为 7.886%。

5.2.3 资源使用对环境影响

（1）水资源 我国水资源总量位居世界第 6 位，人均占有量约为世界平均水平的 28%。总体来看，我国水资源总量大，分布不均衡，南多北少，人均占有量较小，部分地区水资源短缺问题较为严重，水资源供需矛盾突出。水资源的开发利用可以在根本上为生态环境的平衡发展提供一定的保障，但受各种因素影响，我国水资源开发潜力有限，水资源开发难度越来越大，而人民群众用水量越来越大，水资源供需矛盾更加突出。我国在淡水资源综合利用方面，一半以上的水用于现代农业灌溉用水，由于目前农业节水灌溉管理技术的应用水平有待提升，无法对农村水资源及时进行有效综合利用。除此之外，工业生产也同样离不开工业水资源的管理支持，我国近年来对城镇工业用水资源管理普遍采取了分期定额供水方式，提升了对水资源的控制。但大型工业生产也对当地水资源环境造成严重污染，诸多大型工业废水直接对外排放或引进一条河流，对当地水资源环境造成严重污染，同时也对水资源周围的水生态环境带来诸多负面影响，增加了水资源治理费用，这也是引发缺水问题的主要原因。过度开采水资源会导致一些地区内部的河水、湖水严重萎缩，并在季节更替过程中产生一定的干涸或断流状况，再加上当地各类工厂向河水流域所排放的大量污水，对水资源造成严重的破坏及污染，加剧我国水资源的紧缺程度，造成北方城市、南方城市出现"水质型"缺水。水资源的开发利用主要体现在水利工程的建设，大规模的水利建设会引起地震现象。近年来，随着水资源的过度抽采，很多城市地区出现严重的地质灾害，例如地面沉降，在人口数量密集的城市地区中，地面沉降现象十分严重，地面沉降发生时会造成地表上的建筑结构及地下设施受到严重的破坏，在某些靠近海边的地区出现了海水入侵的不良现象。对水资源的过度开采会导致地下水环境的整体水位逐渐下降，增添了更多的潜蚀作用，岩石与土体之间的平衡被打破，当地下环境存在洞隙时就会产生严重的岩溶地面塌陷现象[13-14]。

（2）土地资源 土地既是劳动对象，又是生产资料，这种生产资料不仅是不可替代的，而且是有限的。所以，我们把土地资源定义为既包括自然属性，也包括社会属性，是人类的生产资料和劳动对象。土地资源对人类生存来说是最基础的，也是最广泛的、最重要的一种资源。利用土地往往会直接或间接地产生各种各样的环境问题，由此产生的环境问题有些是呈正相关的，即能改善生态环境，有利于人类健康及自身的发展；而绝大多数是呈负相关的，会恶化环境，不利于人类的生活，甚至会危及人类生命及财产的安全。农用地对生态环境的重要性不言而喻，为一种直接性的利用，农用地置身于大的生态循环之中，能够维持自己的原生态，具有自身的保护机能，但由于人的不完全理性和认识的局限性，人类对于农用地的利用不尽合理，这不仅对人类获得可持续的经济效益的能力造成威胁，还严重损害了生态效益，不合理利用土地，导致了大量耕地被毁，诱发了一系列生态环境问题。中心城市、城镇、工矿用地和交通基础设施的建设，以及退耕还林还草等生态建设工程的实施，城市化进程的推进，城市地域的膨胀，造成农用地向建设用地不断转换，对土地资源产生了巨大的压力，耕地面积有所减少，由于人口急剧增加造成的压力，迫使人们盲目开垦、过度放牧、破坏植被，重用轻养，养地不足，造成土地资源地力衰竭，质量下降。不合理的耕作制度，不合理的施肥灌溉方式破坏了土壤的质地，造成了耕地沙化以致土地不断沙化及盐碱化，水土流失严重，土地沙漠化以后，随之带来的是风沙危害，受水土流失危害的耕地约占总耕地面积的 1/3，水土流失造成土地退化、土壤肥力下降，农业产量低而不稳，同时给人们带来了恶化的生态环境和频繁的旱、涝、风沙灾害。综上所述，不合理的土地利用会加剧经济和社会发展的压力，加剧贫困程度，增加自然灾害的发生。

（3）矿产资源　矿产资源作为我国国民经济中的重要组成部分，其开发利用，将直接关系着我国工业生产的顺利进行及社会的发展。第二次工业革命以来，随着世界经济飞速发展，人类对矿产资源的大肆开采在提高经济效益的同时，也产生大量如环境污染、生态破坏等的"副产品"。目前矿产资源开发方式多样，有井采、坑采、露天开采等，不同地区、不同采矿方式对生态环境产生的影响各不相同，通常情况下，从排放量角度讲，金属矿山要多于非金属矿山，露天开采要多于井下开采。另外，很多金属矿山都坐落在自然区，平均海拔数千米，这种情况下，无论何种开采类型，都会对区域内的生态环境造成很大影响与破坏，包括植被被大面积毁坏，将废石废渣直接倾倒入河床当中，导致河床大幅升高，使河水被严重污染。采矿所用的设备的工作运转产生高分贝的噪声，会使人类的听力受到永久性的伤害，皮带运输机、碎矿机、球磨机发出的声音严重影响人们的睡眠，严重损害人们的身心健康，使人类的注意力不集中，严重影响儿童的智力发育。在采矿过程中产生的矿山废水主要有选矿废水、矿坑水、废石场淋水以及尾矿池废水等。矿山废水含有大量的重金属离子、酸碱、固体悬浮物及各种选矿药剂，个别矿山废水中还含有放射性物质，这些废水如果不加以处理会对人类的健康造成威胁，并且它们能破坏地下含水层、隔水层的构造和地下水系，造成矿区周边的地下水水位下降，河流和水井干涸。矿产开采，特别是露天开采造成了大面积的土地破坏或占用，矿山固体废弃物中含有有毒有害物质，长期堆放于露天场所极易氧化分解，使得这些有毒有害物质污染水体和土壤，渗入地下从而污染地下水，矿石开采所留下的废石和尾矿的堆放会对土壤和农作物产生污染，从而对人体产生直接或间接的危害。对地下资源进行过量开采，会产生滑坡、塌陷与山体开裂，由于不合理的矿产资源开发引发地面塌陷、地裂缝等，损毁村镇及交通、水利基础设施，农田及草原生态系统，造成塌陷区积水、土壤沼泽化、盐渍化及土地退化，破坏水文地质条件，加重水土流失。另外矿山"三废"占压土地、污染环境、诱发滑坡等地质灾害。无论是露天开采还是和地下开采都需要钻孔、粉碎，并对矿石、废石进行运输，在风力作用下，大量含有重金属的粉尘漫天飞舞，造成局部地方空气污染。

5.3　工业生产中能源与环境问题

能源是指能够提供能量的资源。这里的能量通常指热能、电能、光能、机械能、化学能等可以为人类提供动能、机械能等能量的物质。2021 年我国一次能源生产总量 43.3 亿吨标准煤，同比增长 6.2%；原煤产量 41.3 亿吨，同比增长 5.7%；原油产量 19888.1 万吨，同比增长 2.1%；天然气产量 2075.8 亿立方米，同比增长 7.8%；发电量 85342.5 亿千瓦时，同比增长 9.7%[19]。近年来国内能源生产情况如图 5-1 所示。

（1）原煤　2021 年，面对煤炭供应偏紧、价格大幅上涨等情况，煤炭生产企业全力增产增供，加快释放优质产能，全年原煤产量 41.3 亿吨，比上年增长 5.7%，有效保障人民群众安全温暖过冬和经济平稳运行。

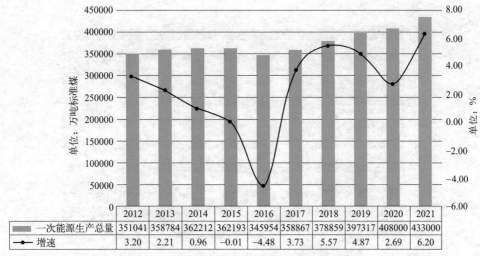

图 5-1　2012 ~ 2021 年能源生产总量及增速

（2）油气　2021 年，油气生产企业不断加大勘探开发力度，推动增储上产，力保经济民生用油用气。全年原油产量 19888.1 万吨，比上年增长 2.1%，增速比上年加快 0.5 个百分点，连续三年企稳回升；原油加工产量为 70355.4 万吨，创下新高，同比增长 4.3%，比 2019 年增长 7.4%，两年平均增长 3.6%。全年天然气产量 2075.8 亿立方米，比上年增长 7.8%。天然气产量首次突破 2000 亿立方米，也是连续 5 年增产超过 100 亿立方米。

（3）电力　电力生产企业坚持民生优先，努力提升电力供应水平，全力保障经济民生用电需求。全年发电量 85342.5 亿千瓦时，同比增长 9.7%；火电发电量 58058.7 亿千瓦时，同比增长 8.9%；水电发电量 13390 亿千瓦时，同比减少 1.2%；核电发电量 4075.2 亿千瓦时，同比增长 11.3%。各能源品种生产总量如表 5-8 所示。

表 5-8　2012 ~ 2021 年主要能源品种生产总量

年份 / 年	原煤产量 / 亿吨	原油产量 / 万吨	天然气产量 / 亿立方米	发电量 / 亿千瓦时
2012	39.45	20747.80	1106.08	49875.53
2013	39.74	20991.90	1208.58	54316.35
2014	38.74	21142.90	1301.57	57944.57
2015	37.47	21455.58	1346.10	58145.73
2016	34.11	19968.52	1368.65	61331.60
2017	35.24	19150.61	1480.35	66044.47
2018	36.98	18932.42	1601.59	71661.33
2019	38.46	19101.41	1753.62	75034.28
2020	39.00	19476.86	1924.95	77790.60
2021	41.30	19888.10	2075.80	85342.50

2021 年，我国清洁能源继续快速发展，占比进一步提升，能源结构（图 5-2，详见彩图）持续优化。在相当长的时期内，虽然煤炭的比重将逐步降低，但煤炭主体能源地位短期内难以改变。

单位：%

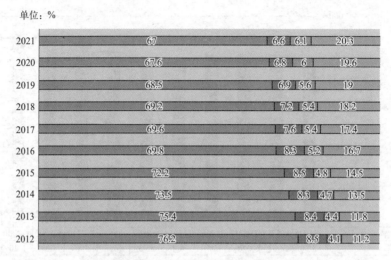

图 5-2　2012 ～ 2021 年能源生产结构

　　近十年来，不同品种能源占比呈现不同趋势。原煤生产占比持续下降，2021 年较 2012 年下降 9.2 个百分点。原油生产总量占比持续下降，2021 年较 2012 年下降 1.9 个百分点。天然气生产占比略有提升，2021 年较 2012 年提升 2 个百分点，水电、核电、风电等一次电力生产占比大幅提升，2021 年较 2012 年提升 9.1 个百分点。

　　非化石能源发展迈上新台阶。2021 年，我国非化石能源发电装机历史性突破 10 亿千瓦，达到 111720 万千瓦，同比增长 13.4%，占总发电装机容量比重约为 47%，比上年提高 2.3 个百分点，历史上首次超过煤电装机比重。非化石能源发电量 2.9 万亿千瓦时，同比增长 12.0%，占全口径总发电量的 34.6%。风电、光伏发电、水电、生物质发电装机规模连续多年稳居世界第一。清洁能源消纳持续向好，2021 年水电、风电、光伏发电平均利用率分别约达 98%、97% 和 98%。

5.3.1　我国能源种类与分布

　　能源类型按生成方式分为天然能源和人工能源：天然能源又称一次能源，分为再生和非再生能源。再生能源有太阳能、风能、水能、海洋能、生物质能等；非再生能源有石油、天然气、原煤、核燃料等。人工能源又称二次能源，是指经过消耗一次能源加工转化而产生的能源，如电能、热能、煤气、柴油、氢能、焦炭、沼气等。

　　按原始来源分为地内能源和地外能源以及相互作用能源：地内能源包括地热能（地下蒸汽、温泉、火山）、核能等；地外能源主要来自太阳，包括由太阳能转变来的风能、水能、矿物燃料（煤和石油等），还有少量宇宙辐射能；相互作用能源主要为潮汐能。

　　按对能源的认识过程分为常规能源和新能源：常规能源是指已被广泛利用的能源，如煤、石油、水力、电能等；新能源有原子能、太阳能、雷电能、宇宙射线能、火山能、地震能等。

　　全球能源结构中，34% 为石油，23% 为天然气，28% 为煤炭，15% 为非化石能源，其中 10% 为可再生能源，5% 为核能。欧盟方面，核能占比 11%，远高于全球 5% 的平均水平，煤炭比例较低，显示了欧盟能源消费的低碳化；美国天然气占比显著高于世界平均水平，反映了页岩气革命对美国能源结构的深入变革；OECD（经济合作与发展组织）国家清洁能源消费占比 45%，高于 38% 的世界平均水平，显示了发达经济体在能源结构变革上的发展方向[20]。

综合来看，全球及各主要经济体能源消费仍保持增长势头，近年来石油消费基本持平，天然气消费稳步增长，煤炭消费逐渐降低，核能消费在安全前提下复苏，可再生资源发展迅猛，能源结构转型为清洁低碳。从发展趋势上看，能源消费的清洁低碳化成为主流，天然气作为现实可行的清洁能源，正越来越受到重视，但从长期来看，随着技术发展和进步，非化石能源将逐步替代化石能源。

我国能源生产和消费的主要能源资源为煤炭，其次为石油、天然气、水电、核能、太阳能、潮汐能和生物质能等。我国能源需求增长迅猛，过去十年能源消费增长了 54.6%，2017 年能源消费 31.32 亿吨油当量，占全球能源消费总量的 23.2%。我国近年能源消费增长略有放缓，但 2017 年仍然贡献了全球增长量的 34%，是全世界最大的能源消费国。

中国资源禀赋相对较差。石油、天然气等优质能源短缺，对外依存度高；煤炭资源丰富，探明储量排名世界第 2 位；铀矿资源潜力巨大，但勘探程度较低，供给不足；可再生能源储量充沛，但开发程度不高。我国能源结构严重失衡。煤是我国主要的能源资源，2007 年生产煤 25.26 亿吨，占我国总能源的 76.7% 左右，当年世界产煤 56 亿吨，我国占 32%，居世界首位。我国 2007 年石油产量近 1.86 亿吨，属世界亿吨级的石油大国，石油产量占全国总能源的 11.3%。天然气年产量约 693.1 亿立方米，约占总能源的 4%。其余 8% 为水电等其他能源。在我国的总能源消费中，2007 年煤炭消费 25.8 亿吨，占 69.5%；石油消费 3.4 亿吨，占 19.7%；天然气消费 673 亿立方米，占 3.5%，水电等其他能源占 7.3%。至 2017 年，煤炭在全部能源消费中占比为 60%，石油占 19%，天然气占 7%，非化石能源占 14%。与世界平均水平相比，我国过度依赖煤炭，石油和天然气支柱作用不足，核能发展相对滞后，可再生能源发展态势较好，高于世界平均水平。我国目前能源结构与发达国家的差别主要表现为煤占的比例高。煤与油气资源的比重与世界相比恰好相反。在发达国家初级能源消费结构中油气资源占第一位，占总消费的 70%；煤仅次于油气，居第二位，占 28.8%。

（1）煤炭　煤的比重在我国高居不下的原因有几点：一是由国内资源状况客观决定的，我国有丰富的煤炭资源，已探明煤炭储量超过 3 万亿吨。可利用的廉价劳动力使采煤成本很低，煤炭的价格也低，这是我国用煤作为生产、发电、取暖主要能源的主要原因；二是由于我国能源的社会成本，环境成本等没有计算在企业耗能的直接成本中，造成了在众多能源形成中，用煤的经济性最高；三是我国发展经济需要充足的能源，目前我国只有煤炭能担此重任。

我国处在世界上最主要的亚欧大陆煤带东部，属于煤炭资源十分丰富的国家。我国煤炭资源地区分布不平衡，一是北多南少，以秦岭 - 大别山一线为界，以北地区的煤炭资源储量占全国总储量的 85%，以南地区只占全国的 15%；二是西多东少，位于中西部地区的山西、内蒙古、陕西、河南、安徽、宁夏、新疆、云南、贵州九省区煤炭储量占全国总储量的 87.7%，而位于东部沿海地区的十个省市储量只占全国的 8%。就地区而言，以山西为中心的华北地区煤炭储量占全国的 2/3 以上，其次是西北和西南地区。从省区来看，山西省储量最为丰富，占全国总储量的 1/3，其次为内蒙古自治区，第三为陕西省，这三省、区的煤炭储量占全国的 60% ～ 70%[21]。

近年来，煤炭能源在我国能源消费结构中的比重虽有所下降，但对煤炭能源的依赖程度并没有根本削弱，导致我国能源利用效率低下，经济效益差，特别是高耗能行业经济效益差，产品缺乏竞争力，而且对我国生态环境造成了严重影响。由此可见，以煤为主的能源结构不利于实现经济、能源和环境协调发展，我国能源结构面临着调整和优化的严重挑战。

（2）水力资源　水力资源是中国能源资源的最重要的组成部分之一，我国水电资源蕴藏量世界第一，技术可开发量约为5.4亿千瓦，经济可开发量约4亿千瓦。截至2009年底，我国水电装机容量已达到1.97亿千瓦，水电开发程度达到36.48%。水力资源通常指天然河流、湖泊、波浪、洋流所蕴藏的动能资源，或指河流或潮汐中长时期内的天然能量，大小取决于水位落差和径流量的大小。水力资源主要富集于金沙江、雅砻江、大渡河、澜沧江等类似西南地区的阶梯交界处，黄河、淮河、海河、辽河四流域水资源少，长江、珠江、松花江流域水量大；西北内陆干旱区水量缺少，西南地区水量丰富，中国水力资源理论蕴藏量、技术可开发量、经济可开发量及已建和在建开发量均居世界首位。

我国水力能源特点是水力资源总量较多，但开发利用率低，我国水能开发利用量约占可开发量的1/4，低于发达国家60%的平均水平，且水力资源分布不均，与经济发展不匹配。我国水力资源西部多，东部少，相对集中在西南地区，而经济发达、能源需求大的东部地区水力资源极少，大多数河流年内、年际流分布不均，汛期和枯期差距大，主要集中于大江大河。全国水力资源技术可开发量最丰富的三省（自治区）为：四川、西藏和云南，其技术可开发量装机容量分别为12004万千瓦、11000.4万千瓦和10193.9万千瓦，分别占全国技术可开发量的22%、20%和19%。全国江河水力资源技术可开发量前三位为：长江流域25627.3万千瓦，雅鲁藏布江流域6785万千瓦，黄河流域3734.3万千瓦，分别占全国技术可开发量的47%、13%和7%。

（3）石油和天然气　我国石油和天然气主要分布在西北、华北、东北地区，达到全国总量的80%。石油集中分布在渤海湾、松辽、塔里木、鄂尔多斯、准噶尔、珠江口、柴达木和东海陆架八大盆地，可采资源量为172亿吨，占全国的81.13%。从资源深度分布看，我国石油可采资源有80%集中分布在浅层（<2000米）和中深层（2000～3500米），而深层（3500～4500米）和超深层（>4500米）分布较少。从地理环境分布看，我国石油可采资源有76%分布在平原、浅海、戈壁和沙漠。从资源品位看，我国石油可采资源中优质资源占63%，低渗透资源占28%，重油占9%。

在我国，中石油、中石化及中海油旗下都有数个大油气田。其中隶属中石油的有大庆油田、长庆油田、延长油田、新疆油田、辽河油田、吉林油田、塔里木油田等；隶属中石化的有胜利油田、中原油田、江汉油田等；隶属中海油的有渤海油田等。我国石油资源的地理分布很不平衡，勘探程度差别也很大。目前石油探明储量多集中在黑龙江、山东和辽宁省，虽然我国石油总量位居世界前列，但是石油消耗量巨大，出现供不应求的局面，在2014年进口量超过美国，成为世界上最大的石油进口国。目前我国原油主要消费在工业部门，其次是交通运输业、农业、商业和生活消费等部门。其中，工业石油消费占全国石油消费总量的比重一直保持在50%以上；交通运输石油消费量仅次于工业，占25%左右。2004年至2018年，我国原油产量从1.74亿吨上升至1.89亿吨，年均增长0.57%，为世界第八大产油国；原油消费量从3.23亿吨上升至6.28亿吨，年均增长6.30%，目前为世界第二大石油消费国。

我国天然气资源主要分布在中西部的众多盆地，这些地区的天然气资源量超过全国总量的一半。同时，我国还具有主要富集于华北地区非常规的煤层气远景资源。天然气资源集中分布在西部新疆地区的塔里木盆地、吐哈盆地、准噶尔盆地以及地理位置相对居中的四川盆地和鄂尔多斯盆地、东海陆架、青海的柴达木盆地、松辽盆地，属南部的莺歌海、琼东南和渤海湾九大盆地，其可采资源量为 18.4 万亿立方米，占全国的 83.64%[24]。

"全球变暖"是目前人类最为关注的环境问题之一，其产生的主要原因就是煤炭、石油和天然气等自然资源的燃烧向大气排放了大量的二氧化碳，从而使得地球大气的保温作用加强，导致"全球变暖"的发生。因此，缓解全球变暖的最好方法就是减少二氧化碳的产生，但人类社会的发展又需要使用大量能源。因此，加强对水能、太阳能、风能、潮汐能、地热能以及核能等新能源的开发，从而替代煤炭、石油等化石能源是一个行之有效的办法。

（4）风能　我国风能资源比较丰富的区域主要有三个地区，第一个地区是"东南沿海地区"，我国拥有漫长的大陆海岸线，海岸线长度超过 1.8 万千米，东南沿海地区冬夏季风都十分明显，同时又有海陆风的影响，沿海地区特别是海面阻力很小，风力十分强劲。我国沿海海面拥有丰富的风能资源，是建设海上风电场的理想区域，东南沿海地区经济发达，能源需求量也很大。第二个地区是"东北和西北地区"，我国东北地区的辽宁、吉林和黑龙江的西部地区以及西北地区的内蒙古全境，加上新疆的东部地区，是我国风能资源最为丰富的区域。这一地区靠近我国冬季风的策源地，也就是靠近"亚洲高压"，冬半年风力强劲。同时这一地区的地形以高原地形为主，内蒙古高原是主要的地形单元，加上地广人稀，是我国建设风电场的理想区域，也是目前我国风电发展的重点区域。这一地区靠近我国能源主要的消费市场，比如我国的华北地区。第三个地区是"青藏地区西北部"，这一地区位于青藏高原西北部地区，地势海拔高而且平坦，气候十分干旱，地表植被稀疏，对风力的阻挡较弱，风力较为强劲。但是青藏地区由于海拔高，大气十分稀薄，风能的能量密度较低，利用难度较大。同时，青藏地区也远离我国主要的能源消费市场，开发条件不如前两个地区来得好。

（5）地热资源　我国的地热资源比较丰富，地热能主要分布在滇西及西藏南部，其次是东南沿海及渤海湾地区，分布不平衡，具有明显的不均一性，基本上沿大地构造板块边缘的狭窄地带展布[25]。目前已发现的地热露头有 2700 多处（包括天然和人工露头），还有大量地热埋藏在地下尚待发现。我国大多数省（区）都有为数不同的地热露头，地热点分布比较多的有：云南、西藏、河北、四川、广东等。我国地热资源大部分属于中低温热水，80℃以上的地热点只有 600 多处。从我国地热分布情况来看，有从中部向东部大陆边缘和西南部地热数量逐渐增多和水温逐渐增高的趋势。北京蕴有多处低温地热田，它的总面积至少有 600km²，埋藏浅者只有 400m，深者 2500m，水温最低的 38℃，最高可达 70℃。除西藏外，云南属高温地热区，福建、广东等沿海省份属中、低温地热带，内地一些盆地蕴有低温地热田[26]。

（6）清洁能源　在清洁能源方面，太阳能多位于宁夏北部、甘肃南部、新疆南部、青海西部、西藏西部、河北西北部、内蒙古南部等，这些地区在世界上都属于太阳能资源丰富的地区。我国太阳能多为由高纬度向低纬度递减之地，西多东少、北多南少，青藏高原最丰富、四川盆地最贫乏，地势越高，日照强度越大，太阳辐射越强，反之越弱。

海洋能主要是东海和南海外海的温差、海流和波浪能，沿海的潮汐、波浪、盐差能和潮流能均以东海的浙江和福建沿岸最多，其次是南海的广东东部沿岸，海洋能资源分布不均、资源量多随时间变化，除温差和海流能较为稳定外，潮汐和潮流以短周期变化明显。

新型能源天然气水合物（$CH_4 \cdot 8H_2O$），又名可燃冰。它是由 1 个甲烷气体分子和 8 个水分子在高压低温下结合在一起形成的白色或灰白色类冰状结晶体，因其可以燃烧，故又得名可燃冰。可燃冰具有储量大、热值高的优势，1m³ 可燃冰燃烧释放的能量相当于 164m³ 的天然气，且燃烧产物为水和二氧化碳，环境污染小，故可燃冰可成为煤、石油、天然气等传统能源的候补能源。我国科研工作者于 1999 年首次在中国南海北部神狐海域发现可燃冰；2002 年在符合条件的南海西少海槽区域不断勘探，发现有 700 亿吨油当量的可燃冰矿藏；2008 年，我国科研工作者又在祁连山冻土区发现可燃冰，也是世界上首次在中低纬度高山冻土区发现可燃冰；2009 年，我国在青藏高原五道沟永久冻土区、祁连山南缘永久冻土带确认有 350 亿吨油当量的可燃冰远景资源。2013 年，我国在珠江口盆地东部海域获得了高纯度的可燃冰，这标志着我国可燃冰开采技术已经趋于成熟，也标志我国可燃冰向产业化发展迈出了一大步[27]。据考察，我国海域可燃冰储藏量约为 800 亿吨油当量。如果将我国可燃冰的陆地和海域储量加起来，并加以开发和利用，可有效解决我国能源日渐枯竭，并保证能源安全。

我国能源的储量与分布根据地区的地理结构特点的不同而各具优势，沿海城市和地区海洋能资源丰富，能源资源总量分布北多南少、西富东贫，能源品种分布特点为北煤、南水、西部和海上油气。沿海地区国内年生产总值占全国 70% 左右，但能源资源占全国比例不足20%，大量能源不得不靠国内其他地区调入和从国外大量进口，能源资源分布和经济布局的矛盾，决定了我国能源的流向是由西向东和由北向南，沿海省市能源相对短缺。而我国的能源消费却主要集中在东部的沿海经济发达地区。能源分布与消费的地区差异严重影响能源的合理配置和有效利用。为此，大规模、远距离的西气东输、西电东送、南水北调成为能源运输的基本格局。

我国已经初步形成了煤炭为主体、电力为中心、石油天然气和可再生能源全面发展的能源供应格局，基本建立了较为完善的能源供应体系。影响能源消费结构的因素主要包括能源价格、能源禀赋、经济增长、人口、产业结构、能源消耗量、碳排放约束等[28]。综合考虑上述因素，提出切实可行的优化对策，包括优化煤炭定价机制，发展环保洁净煤技术，充分利用天然气资源，合理开发石油资源，大力发展可再生能源，优化和调整区域能源结构、健全法律法规、加强国际合作等。

5.3.2 我国能源使用与环境

能源与环境有着十分密切的关系，一方面，人类在获得和利用能源的过程中，会改变原有的自然环境或产生大量的废弃物，如果处理不当，就会使人类赖以生存的环境受到破坏和污染；另一方面，能源与经济的发展，又对环境的改善起着巨大的推动作用。自 2007 年起，我国已成为世界第二大能源生产国和消费国，二氧化碳排放量居世界第二位，由于我国能源结构不合理，能源利用率低，造成严重资源浪费，进而对环境产生严重的影响，主要有城市大气污染、酸雨、雾霾问题等。

（1）城市大气污染　随着国内生产总值的快速增长，居民可支配收入也在增加，对生活质量提出了更高的要求，导致私家车购买量大幅增加，路上私家车数量迅速增长。以化石能源为主要燃料的汽车不仅会向空气中排放二氧化碳，而且还会排放一氧化碳、悬浮固体颗粒物等污染物，加剧大气污染。相关研究表明，机动车尾气中不仅含有大量的一次颗粒物，还含有 NO_x 和挥发性有机物（VOCs）。这是因为空气中的细颗粒物被吸入发动机后，部分有机物成分会被燃烧掉，不能燃烧的成分会被破碎成粒径更小的颗粒物，颗粒物吸附水分经过高温气化被分离出来形成气态污染物，这些污染物会在大气环境中反应生成 $PM_{2.5}$，也就是常说的二次颗粒物，是重污染期间 $PM_{2.5}$ 的重要来源，对健康的直接危害更大，加重雾霾污染[29-30]。

（2）酸雨　煤中硫元素在燃烧过程中会生成大量二氧化硫，此外煤燃烧过程中的高温使空气中的氮气和氧气化合为一氧化氮，继而转化为二氧化氮，形成酸雨。工业过程（如金属冶炼）中某些有色金属的矿石亦是硫化物，铜、铅、锌便是如此。将铜、铅、锌硫化物矿石还原为金属过程中将逸出大量二氧化硫气体，部分回收为硫酸，部分进入大气。化工生产，特别是硫酸生产和硝酸生产可分别产生大量的二氧化硫和二氧化氮。由于二氧化氮带有淡棕的黄色，因此，工厂废气所排出的带有二氧化氮的废气像一条"黄龙"，在空中飘荡，控制和消除"黄龙"被称作"灭黄龙工程"。石油炼制也能产生一定量的二氧化硫和二氧化氮。

工业生产、民用生活燃烧煤炭排放出来的二氧化硫，燃烧石油以及汽车尾气排放出来的氮氧化物，经过"云内成雨过程"，即水汽凝结在硫酸根、硝酸根等凝结核上，发生液相氧化反应，形成硫酸雨滴和硝酸雨滴；又经过"云下冲刷过程"，即含酸雨滴在下降过程中不断合并吸附、冲刷其他含酸雨滴和含酸气体，形成较大雨滴，最后降落在地面上，形成了酸雨。

（3）雾霾　雾霾，是雾和霾的组合词。雾霾常见于城市。中国不少地区将雾并入霾一起作为灾害性天气现象进行预警预报，统称为"雾霾天气"。雾霾天气是一种大气污染状态，是对大气中各种悬浮颗粒物含量超标的笼统表述。当人类活动排放的细颗粒物超过大气循环的能力和承载力，细颗粒物就会持续聚集，这时如果天气条件比较稳定，就容易出现大范围的雾霾天气。

雾是指大量浮在近地面空气中的微小水滴或冰晶组成的自然现象，多出现于秋冬季节，出现雾的时候空气中湿度很大，水汽充足。雾的存在会降低空气透明度，使能见度恶化，将目标物的水平能见度降到1000m以内。霾（也称阴霾、灰霾）是悬浮在大气中的大量微小尘粒、硫酸、硝酸、有机碳氢化合物等粒子的集合体。霾的核心物质是空气中悬浮的灰尘颗粒，气象学上称为气溶胶颗粒，会导致空气混浊，降低能见度。

能源种类不同，其对环境的污染情况也具有一定的差异，煤炭、石油、天然气以及核能影响情况如下[31]：

（1）煤炭　煤炭使用过程产生的污染是中国最大的大气环境污染问题。全国烟尘排放量的70%、二氧化硫排放量的90%、氮氧化物的67%、二氧化碳的70%都来自于燃煤，使得工业和人口集中的城市产生了严重的大气污染，有些地区和城市还产生了酸雨并呈发展趋势。酸雨污染可以发生在其排放地500～2000km的范围内，酸雨的长距离传输会造成典型的越境污染问题。

（2）石油和天然气　石油与天然气开采、消费过程中产生大量有害于环境的污染物质，对大气、海洋、生态等都会造成破坏，因此也会直接或间接地影响人体健康。而石油的污染在汽车尾气方面尤为显著，汽车尾气排放将成为城市空气污染的重要源头。汽车尾气的二次污染物是光化学烟雾，它是尾气中的碳氢化合物、氮氧化合物在光照射下的光化学产物。光化学烟雾中含有臭氧、氮氧化物、活泼氧游离基等物质，并最终形成带有过氧基团的稳定化合物，这些物质都是很活泼的氧化剂，对人的眼睛具有强烈的刺激作用。另外，石油对海洋的污染也是相当大的。

（3）核能　核电站对环境产生的影响有非放射性影响和放射性影响。非放射性影响主要是指化学物质的排放、热污染、噪声及土地和水资源的耗用等，类似火电站对环境的影响。核电站对环境的主要影响是产生放射性，电站核反应堆在运行过程中，核燃料裂变和结构材料、腐蚀产物及堆内冷却水中杂质吸收中子均会产生各种放射性核素。少量的裂变产物可通过核燃料元件包壳裂缝漏进冷却剂或慢化剂，排入环境。反应堆排出的废液和废气中的放射性核素，通过各种途径，经过一系列复杂的物理、化学和生物的变化过程到达人体。

5.4　工业生产中资源、能源消耗与环境关系

工业发展引领了经济，增强了行业人才的需求，带动相关行业及其周边设施的同步发展，发展的同时，它给我们带来的变化一定程度上含有负面影响，如环境、气候、健康等。一是能源问题，人类使用的主要能源有石油、天然气和煤炭三种。根据国际能源机构的统计，地球上这三种能源能供人类开采的年限，分别只有40年、50年和240年。我国在面临巨大的能源资源供应挑战的同时，资源的利用率却很低，存在着资源浪费严重的现状。二是污染问题越来越受到人们的关注，高耗能的传统产业如钢铁、煤炭、水泥等排放污染强度高，导致环境承载能力降低、环境负荷过高等严重破坏生态平衡的后果。问题的关键点在于如何将工业发展的不良影响降低到环境所能承受的范围内。解决工业发展中环境保护问题，既要工业发展规模和速度适中，同时也要升级工业结构，淘汰高耗能、高污染设备与生产方式。要转变粗放式发展模式，开发新能源、清洁能源，节约资源，缓解环境压力以降低环境负荷[32]。

5.4.1　工业产品能耗

我国经济快速增长，中国国内生产总值增加了几倍，能源消耗也随之增加。工业是我国能源消费和碳排放的重要领域之一，工业能源消费量占全社会能源消费总量的65%左右。随着我国注重经济发展，工业化充分地利用能源，我国消费增加，能源消耗也逐渐增加，在此背景下我国的生态环境也面临了巨大的挑战，二氧化碳的排放量逐渐增加。能源大多具备不可再生的性质，想要使能源可持续利用，就需要加强对能源的限制利用，利用科学技术改变能源消耗的问题。任何工业产品的生产都需要消耗一定量的能源。其消耗能源品种可以是一次能源（如煤炭、原油等），也可以是二次能源（如电、蒸汽等），还可以是耗能工质（如冷却水、压缩空气等），或是包括以上所述的两种以上的能源品种[33]。生产的产品可以是企业的最终产品，也可以是车间、工段或生产工序等其他耗能单元所生产的中间产品。在我国，工业领域能源消耗量约占全国能源消耗总量的70%，主要工业产品单位能耗平均比国际先进水平高出30%，高耗能行业产品单耗水平见表5-9[34]。除了生产工艺相对落后、产业结构不合理的因素外，工业余热利用率低，能源（能量）没有得到充分综合利用是造成能耗高的重要原因，我国能源利用率仅为33%左右，比发达国家低约10%，至少50%的工业耗能以各种形式的余热被直接废弃。在生态环境面临威胁的背景下，我国注重对能源消耗的管理，减少二氧化碳的排放量，在不阻碍经济发展的情况下，减少能源消耗。科学技术的进步，为我国的经济发展以及能源消耗提供了帮助，减少了国内自然环境的污染。同时我国发布能源开采方面的政策，以保护环境为主要任务，减少能源消耗。

表 5-9　高耗能行业产品单耗平均水平

指标	单位	指标值
吨钢耗新水	吨／吨	2.8
吨铝加工材消耗能源量	千克标准煤／吨	185.4

续表

指标	单位	指标值
单位精锌（电锌）综合能耗	千克标准煤 / 吨	937.1
硅铁工序单位能耗	千克标准煤 / 吨	1406.5
联碱法纯碱双吨产品生产综合能耗	千克标准煤 / 吨	218.3
锰硅合金工序单位能耗	千克标准煤 / 吨	820.8
单位乙烯生产综合能耗	千克标准煤 / 吨	805.2
单位烧碱生产综合能耗（离子膜法 45%）	千克标准煤 / 吨	390.3
每重量箱平板玻璃综合能耗	千克标准煤 / 重量箱	12.6
炼焦工序单位能耗	千克标准煤 / 吨	143.0
吨钢综合能耗	千克标准煤 / 吨	539.3
电厂火力发电标准煤耗	克标准煤 / 千瓦时	294.2
单位烧碱生产综合能耗（离子膜法 30%）	千克标准煤 / 吨	327.7
单位电解铝综合能耗	千克标准煤 / 吨	1676.1
吨水泥综合能耗	千克标准煤 / 吨	78.4

　　低碳经济是以低能耗、低排放、低污染为基础的经济发展模式，目的是减少温室气体的排放，确保在兼顾环境保护的同时实现经济发展和社会进步。为进一步强化碳减排任务的实施，英国政府在 2008 年正式通过《气候变化法案》，中国政府在 2008 年也出台了《中国应对气候变化的政策与行动》。低碳经济是可持续发展理念指导下的一种经济发展模式，从原材料、生产流通、消费利用及废物回收等全流程社会活动中，实现低碳化发展。其实质上是通过能源及减排技术的革新、产业结构调整、制度创新、新能源开发与利用等综合手段，提高能源利用效率，增加低碳或非碳燃料的生产和利用的比例，尽可能地减少对煤炭、石油等高碳能源的消耗，从而减缓大气中 CO_2 浓度增长，最终达到经济社会发展与生态环境保护双赢的目的。以高能效、低排放为核心的低碳经济已成为经济发展热点模式。在"富煤、少油气"的能源结构、科技水平相对落后的情况下，还不能以牺牲环境为代价，中国的工业化、现代化推进面临巨大的挑战，需要对产业、能源、技术、贸易等方面的战略进行重大调整，以抢占先机占领产业发展的制高点[35]。

　　我国能源的消耗受到自然环境的限制，想要减少能源的消耗需要改善开采技术，保证能源不浪费。同时健全相关法律，出台相应的政策以及提高能源消耗标准，积极推进节约能源相关的法律。提高国家耗能标准，遏制能源消耗量大的企业发展，创新更多节能行业，同时引导居民实行节能减排。与此同时，可以发展高新节能技术，提高能源利用率，优化能源利用结构，保证能源可以得到更好的利用，减少不必要的能源消耗。

　　以电力行业为例。电力是国家的能源基础产业，火电企业作为清洁能源的制造者，同时又是煤炭的主要消费者。我国发电装机构成中，火电占比高，每年消费的煤炭约占全国煤炭消费总量的一半。我国电力工业能源消耗总量持续增加。多年来，随着我国经济持续快速增长，电力生产和消费量不断提高，在此过程中，由于我国发电装机容量中火电比重一直较高，因此电力工业消耗的化石能源总量持续增加。以电煤消耗为例，2009年，我国电煤消费量为15.46亿吨，2020年，电煤消耗量已增加至23.89亿吨。据前瞻估计，2027年，我国电力行业的耗煤量仍将保持在20亿吨以上。同时，我国电煤消费量占全部煤炭消费量的比重呈上升趋势。至2020年底，电煤消费占比为59.1%，可见电力工业仍然是我国节能减排的重点领域。

电力行业如何实现节能减排？

一是大力发展清洁可再生能源，降低火电比重。我国电力发电方式是以火力发电为主，火力发电的煤炭需求量大、能源消耗极大。风电等清洁能源的综合利用技术日趋成熟，近年来我国大力发展风电等清洁、可再生能源发电，降低火电比重。我们需要充分利用电力行业的协调作用。首先是协调各种发电方式，合理分配各种发电方式的份额，减少燃煤发电的份额，增加新能源的份额，同时确保安全稳定地发电。针对企业节能减排，促进企业采取综合措施，提高资源利用效率，从源头和生产过程削减污染，实现电力行业节能。目前我国可再生能源应用较多的是：①风力发电。相较于太阳能技术的应用，利用风能进行电能的转换效率更高，且风力发电的实用性、操作性更为显著，所以风力发电技术的应用成为我国发展低碳电力的主要趋势。目前我国风力发电技术尽管已经取得一定成效，但是由于技术条件、零部件生产等因素的限制，风力发电技术的应用仍有待完善。所以为达到低碳电力的目标，需加大对风力发电的自主研发力度。②水力发电。现阶段我国对水力发电技术的应用较为成熟，我国已经完全掌握大型水力发电技术，并且在水生态保护方面已经有完善的法律制度以及相关措施。为了低碳电力目标的达成，需依据现阶段我国电力行业发展现状的分析，加大对水力发电技术的应用。

二是调整火电结构。从煤炭消耗看，大型高效火力发电机组每千瓦时供电煤耗为290～340g，中小机组则达到380～500g，高出100～200g。因此，在火电装机比重短期内无法大幅度降低的情况下，增加大型火电机组，减少小型火电机组，能较好地推进电力工业节能。我国出台各项政策，对淘汰小型火电机组等做出明确的分工规定，截至2009年中，全国已累计关停小火电机组7467台，总容量达到5407万kW。政策实施后，新建火电机组单机容量基本上都达到30万kW以上，火电结构得到较好优化。

三是增加电力技术投资，实现技术节能。对于发电企业而言，对现有设备进行技术改造、加强管理，是电力企业提升机组效益、节能降耗的关键措施。火力发电厂发电效率受到动力用煤质量的直接影响，在具体运行过程中，动力用煤的煤质处于一定标准范围内时，锅炉运行所受到的影响会大幅度降低。所以，为实现对动力煤利用率的提升，要加强对配煤标准与原煤质量的控制：①发热量。若锅炉燃烧发热量过低，不仅会增大排烟热的损失，还存在动力煤燃烧不充分的现象，不仅无法提高动力煤的利用率，还会增大排渣困难、飞灰问题的发生概率。②挥发分。在高温隔绝空气前提下，挥发分可以进行定期检测，且针对不同锅炉类型，有着特定的挥发分适应范围。③灰分。所谓灰分是指锅炉燃烧过程中燃料剩余的不可燃烧物质，若锅炉内灰分大量堆积、附着，不仅影响到锅炉受热面运行效果，甚至对换热效率产生一定的影响。④水分。需注意对水分的合理控制，避免锅炉排烟流量因水分过高而受到影响。

四是发展特高压与智能电网。受我国电力负荷中心不均匀分布等因素的影响，"西电东输"是我国电力传输的基本国情，其输电线损耗较大，并且在电力输送过程中，电网有着至关重要的作用。而特高压电力传输技术，在提升电力输送效率的同时，实现对输电损耗的有效控制。目前我国对特高压技术的研究已经取得一定成效，研究结果表明，电力输送中应用特高压技术理论上可实现对电能损耗缩减 75% 左右，所以为实现对电力输送损耗的进一步控制，需要加大对特高压技术的研究与应用力度。针对再生能源，借助智能电网技术能提升可再生能源的利用率。通过对多种发电形式的介入，并依托于智能电网进行储能，在实现可再生能源大规模生产的同时，降低其远距离传输的消耗。同时，依托于智能电网的人工智能、大数据、5G 等先进技术，通过传感技术、测量技术和先进的控制方法以及决策支持系统，为提升再生能源的利用率提供保障。另外，智能电网技术在我国电力行业中的融合应用，实现了设备互联、信息互换、供电交互、主网整合的数字化绿色智能电网，通过高水平运维和创新，达到可靠、安全、经济、高效、环境友好和安全使用的目的。

5.4.2　工业产品的环境负荷

我国工业产化发展迅速，大规模工业化进程对环境负荷有两方面影响，一是大量的资源消耗造成的资源、能源负荷，二是对环境造成了严重污染、产生各类污染物，但是资源与环境都是有限的，这让我国工业发展越来越偏向资源与环境的边缘化，工业行业的环境负荷协调性越来越受到重视 [36]。

以水泥工业为例。我国是水泥工业大国，水泥工业在我国国民经济发展中起着举足轻重的作用。水泥工业是建材工业中的耗能大户，水泥产品能耗约 2 亿吨标准煤，占建材工业能耗约 60%、全国总能耗约 5%。与此同时水泥生产的高资源消耗、高能源消耗、高污染物排放已经给我国环境保护、资源能源的合理利用带来了巨大的压力。我国水泥工业的发展在很大程度上是以能源、资源的过度消耗和环境污染为代价的，面临能否持续发展的危机。而水泥作为三大建材之一，在基本建设中具有不可替代的作用。因此，从现在起就必须以可持续发展的原则来规划水泥工业的发展 [37]。

水泥生产时的主要问题是烟尘和粉尘。烟尘中一般含有硫、氮、碳的氧化物等有毒气体和粉尘。粉尘颗粒 > 10μm 的，很快落到地面，称为落尘。颗粒 < 10μm 的称为飘尘，其中相当大一部分比细菌还小，可以几小时，甚至几天、几年地飘浮在大气中。同时，生产水泥时所排放的大量 CO_2 气体是环境代价最高的"温室气体"。水泥工业是造成粉尘、CO_2、SO_2 和 NO_x 排放及噪声污染的主要元凶之一。

针对水泥行业环境负荷过高的问题，应当采取相应措施：

一是严格管控污染气体排放。各企业应当精细化管理，采取集中收集处理等措施，严格控制气态污染物的排放。水泥生产过程应当采取密闭、围挡、遮盖、清扫、洒水等措施，减少内部物料的堆存、传输、装卸等环节产生的气态污染物的排放。另外，在污染物未进入大气之前，使用冷凝技术、液体吸收技术、回收处理技术等消除废气中的部分污染物，可减少进入大气的污染物数量。

二是减轻过程中粉尘排放。①建立粉尘排放检测系统，准确掌握了无组织排放的监测数据，才能开展高效的无组织粉尘排放。该系统用于环境空气质量的在线实时自动监控，可以实现对无组织粉尘进行实时监控，形成无组织排放监控系统。②采取降尘措施、除尘改造技术，目前最广泛使用的是电袋复合除尘器。

同时，从材料的角度，提出了低环境负荷型水泥生产技术，为水泥工业降低环境负荷和水泥工业可持续发展提供新的技术路线或思路。

① 优化生产技术。根据水泥熟料矿物形成的物理化学过程与热物理过程相统一的原理而设计新型熟料生产技术。提出"高效、环境协调型水泥生产技术"，旨在提高燃烧效率、降低能耗与 CO_2 排放量、控制 NO_x 与 SO_2 排放保持低水平，同时降低生产成本。

② 生料配料方案的优化。在不改变原有生产工艺和设备的前提下，从节约资源和降低熟料的烧成能耗着手利用各种废弃物对生料的配料进行优化。利用煤矸石等低燃值废弃物，电石渣、钢渣等活性钙废弃物，可以降低煤耗和石灰石等资源用量以及 CO_2 等污染物排放量，从而降低熟料的烧成热耗和环境负荷值。

③ 高效窑用燃烧器的应用。燃烧器是预分解窑燃烧系统的核心部件，燃烧器的主要功能就是将燃料和空气导入炉膛和回转窑中，并充分地混合使其有利于燃烧。水泥工业用煤一般都存在着煤种多变、煤质差、污染排放严重等问题。为提高燃烧的效率，降低 SO_2、NO_x 的污染和增强对煤种适应性，设计出新型高效低污染的燃烧器是水泥工业降低煤耗以及环境负荷的重要技术路线之一。低环境负荷水泥制备技术实施后，CO_2 排放量直接或间接减少35%以上，石灰石用量减少35%，煤耗减少30%以上，同时提高了工业废渣的利用率。对于减少水泥生产带来的环境污染，降低水泥生产造成的环境负荷，减轻环境压力，缓解温室效应和酸雨等环境问题具有最大意义。因此，采用降低水泥工业环境负荷技术生产水泥，符合国家产业政策，有着广阔的发展空间。

思考题

1. 简述对传统化石能源的了解。
2. 简述清洁再生能源的概念。
3. 简述中国能源结构存在的问题。
4. 简述中国能源结构调整的措施。

参考文献

[1] 田倩茹. 我国能源对外依存度现状分析及对策研究［J］. 行政事业资产与财务，2020，(12): 33-4.

[2] 黎江峰. 中国战略性能源矿产资源安全评估与调控研究［D］. 北京：中国地质大学，2018.

[3] 吴巧生，周娜，成金华. 总体国家安全观下关键矿产资源安全治理的国家逻辑［J］. 华中师范大学学报：自然科学版，2023，57 (1): 24-35.

[4] 郭妮娜. 浅析我国水资源现状、问题及治理对策［J］. 安徽农学通报，2018，24 (10): 79-81.

[5] 边豪. 2030 年中国水资源需求预测［D］. 北京：中国地质大学，2021.

[6] 施朋来. 我国耕地资源现状及肥料施用探讨［J］. 现代农业科技，2015，(24): 214+27.

[7] 菅宁红，赵海兰，刘珉. 我国森林资源增长驱动因素及潜力分析——基于第九次全国森林资源清查结果［J］. 林草政策研究，2022，2 (3): 64-71.

[8] 王安建，高芯蕊. 中国能源与重要矿产资源需求展望［J］. 中国科学院院刊，2020，35 (03): 338-344.

[9] 杨姣姣. 盐湖矿床生产规模优化研究及综合决策系统设计［D］. 昆明：云南大学，2016.

[10] 徐友宁，李智佩，陈华清，等. 生态环境脆弱区煤炭资源开发诱发的环境地质问题——以陕西省神木县大柳塔煤矿区为例［J］. 2008，(08): 1344-1350.

［11］张斌成，张健. 陕北能源化工基地采煤生态环境破坏及补偿机制研究［J］. 中国煤炭地质，2010，22（09）：38-43+71.

［12］沈镭，高丽. 中国西部能源及矿业开发与环境保护协调发展研究［J］. 中国人口•资源与环境，2013，23（10）：17-23.

［13］新华通讯社. 中华人民共和国年鉴：2020［Z］. https://www.gov.cn/xinwen/2021-02/05/content_5585337.htm.

［14］中华人民共和国生态环境部. 2020 年中国生态环境统计年报［Z］. https://www.mee.gov.cn/hjzl/sthjzk/sthjtjnb/202202/W020220218339925977248.pdf.

［15］卢升高. 环境生态学［M］. 杭州：浙江大学出版社，2010.

［16］WANLIN G，SHUYU L，RUJIE W，et al. Industrial carbon dioxide capture and utilization：state of the art and future challenges ［J］. Chemical Society Reviews，2020，9（23）：8584-8686.

［17］刘晓雪，张丽娟，李文亮. 中国陆地植被氧气生产量变化模拟及其影响因素［J］. 生态学报，2015，35（13）：1314-4325.

［18］COLIN G，TIMOTHY M L，ANDREW J W. Bistability of Atmospheric Oxygen and the Great Oxidation［J］. Nature，2006，443（7112）：683-686.

［19］国家统计局. 中华人民共和国 2021 年国民经济和社会发展统计公报［Z］. https://www.gov.cn/xinwen/2022-02/28/content_5676015.htm.

［20］方圆等，我国能源资源现状与发展趋势. 矿产保护与利用，2018（04）：34-42+47.

［21］彭苏萍，张博，王佟. 我国煤炭资源"井"字形分布特征与可持续发展战略［J］. 中国工程科学，2015，17（09）：45-51.

［22］邓志茹与范德成，我国能源结构问题及解决对策研究. 现代管理科学，2009（06）：84-85.

［23］罗斐与罗婉婉，中国能源消费结构优化的问题与对策. 中国煤炭，2010，36（07）：21-25.

［24］李许卡. 我国天然气产业现状及发展思考［J］. 南都学坛：南阳师范学院人文社会科学学报，2021，41（02）：108-113.

［25］舟丹. 我国地热能资源储量分布［J］. 中外能源，2016，21（12）：55.

［26］王文中，邵东云，程新科，等. 中国浅层和中深层地热能的开发和利用［J］. 水电与新能源，2022，36（3）：21-25.

［27］张成立. 新型能源可燃冰（CH$_4$•8H$_2$O）在我国的应用前景［J］. 中国资源综合利用，2019，37（5）：96-98.

［28］杨英明，孙建东与李全生，我国能源结构优化研究现状及展望［J］. 煤炭工程，2019，51（02）：149-153.

［29］郜会青. 关于城市大气污染现状与综合防治对策研究［J］. 环境科学与管理，2015，40（7）：4.

［30］曾凡刚，王玮，吴燕红，等. 化石燃料燃烧产物对大气环境质量的影响及研究现状［J］. 中央民族大学学报：自然科学版，2001，（2）：113-120.

［31］甘伟. 能源开发利用引起的环境问题分析及对策研究［J］. 环境与发展，2011，23（12）：49-51.

［32］秦开，李玮，梁乐乐，等. 低碳经济背景下电力行业节能减排策略［J］. 中文科技期刊数据库（引文版）工程技术，2022，（4）：180-183.

［33］李洪波. 浅谈工业企业的产品能耗与工序能耗［J］. 才智，2011，（16）：318.

［34］谢忠庭. 工业产品节能明显 单耗水平仍有差距［J］. 四川省情，2018，198（7）：39-40.

［35］吴静. 中国区域工业生态效率及其空间差异分析［D］. 成都：西南财经大学，2018.

［36］楚海林，李军. 基于熵的不同工业生产模式环境影响比较研究［J］. 中国工程科学，2005，7（10）：43-5+94.

［37］马保国，李相国，王信刚，等. 水泥工业的环境负荷及控制途径［J］. 水泥工程，2005，（2）：79-82.

第6章

碳排放的主要工业源及其控制

6.1 碳排放主要工业源及其类型

全球的碳排放主要来自于工业碳排放[1]，减少工业企业的碳排放是全球的国家和企业共同面对的重要问题。钢铁、化工、石化、水泥、有色金属冶炼行业是目前主要的 CO_2 排放来源，其中化石燃料燃烧在工业生产过程中所产生的碳排放占主要部分。除 CO_2 以外，CH_4、N_2O、氢氟碳化合物（HFCs）、全氟化碳（PFCs）和六氟化碳 SF_6 等非 CO_2 温室气体，部分行业产生量也较大[2]。由于世界各国经济发展模式、阶段，能源技术、结构以及人口结构、规模等因素有明显的差异，导致各国的碳排放也有很大的不同。发达国家已经针对实现低碳化发展出台了一系列政策。自英国在 2003 年提出"低碳经济"之后，意大利、德国、日本、美国、澳大利亚、欧盟气候变化委员会等国家和国际组织也相继出台了相关的低碳发展政策。

我国在进入 21 世纪后，能源消费与工业活动对温室气体排放和气候变化的贡献率逐年增长，统计数据显示我国的碳排放总量是比较大的。工业是我国经济社会发展的支柱，也是我国 CO_2 排放及能源消耗的最主要领域，拥有"用能大户"和"碳排放大户"双重身份。自 2000 年以来，工业部门占我国最终能源消费总量和 CO_2 排放量比重均超过 70%[3]。我国工业碳排放量绝大多数都是来自于化石能源消耗，工业部门是消耗化石能源的主力[4]。2014 年我国工业生产活动和能源活动中温室气体的排放量分别为 17.2 亿吨和 95.6 亿吨二氧化碳当量。工业领域所贡献的各类碳排放量占比都明显高于其他行业。工业部门总体分为采掘业、重工业、轻工业及电力热力业四大类，从《中国能源统计年鉴》发布的数据来看，工业碳排量主要集中在重工业及电力热力业，仅仅这两项就占据了所有碳排放量的 90%[4]。此外，我国的碳排放在物理空间上存在分布不均的情况。国际能源署的统计结果显示，交通运输、制造与建筑、发电与供热三大领域的碳排放量达到我国碳排放总量的 89%，分别占 10%、28% 和 51%。从行业细分后来看，电力、黑色金属、非金属矿产、运输仓储与化工分别为排名前五的行业。其中，生产和供应电力、蒸汽和热水行业碳排放量占 44.4%，黑色金属冶炼及压延加工占 18%，非金属矿产运输、仓储服务分别占比 12.5% 和 7.8%，化学原料和化学制品占 2.6%，五大行业占到了 85.3% 的碳排放量。重工业生产包含着诸多高耗能的产业，也是我国碳排放量比重最高的行业，这主要是由于我国重工业产业能源利用率不高、废气处理技术不强[5]。能源利用率低意味着要实现同等产值，需消耗更多的化石能源，当然也意味着更多的碳排放量。电力热力业的碳排放量虽然占据比重较大，但是这个行业对于我国工业产值的贡献却较低，主要原因是其节能技术较为落后。采掘业及轻工业的碳排放量所占比例都比较低，但这两个行业中也存在一些碳排放量很高的子行业，如：煤炭开采业、造纸业和纺织行业等。

自 2000 年至今，我国工业碳排放量总体呈现持续上升的趋势，根据其发展情况可分为两个阶段。第一个阶段是 2000 ~ 2013 年，在这一阶段我国碳排放量处于一个急剧增加的态势，这主要是由于 2000 年后我国重大工业项目的快速发展，基础建设加速，工业投资份额逐年增加，并且对各种工业产品的需求量增大，因此带动了大量能源消耗。另一方面由于我国各项电力设施的发展，全国耗电量逐年增加，也导致了我国碳排放量极速增加。第二个阶段是 2013 年至今，我国碳排放量增长趋势相较之前有所放缓，在个别年份甚至还出现下降的态势，这是因为我国提出了可持续发展的基本发展路径，社会各界都开始关注碳排放以及其对全社会，甚至全球造成的危害[1]。

我国正处于城镇化、工业化快速发展的阶段，参考一些国际经验，主要高耗能产品产量将陆续达峰，带动相关产业能耗和碳排放量明显回落[6]。但是"十三五"时期相关数据显示，我国"两高"行业碳排放量持续、快速增长。与 2016 年相比，2020 年建材、石化化工、有色金属和钢铁行业合计净增碳排放量约 9 亿吨[7]。2021 年，我国钢材、十种有色金属、"三酸两碱"等高耗能产品产量依然出现不同程度的增长，乙烯产量更是同比增长超过 30%，带动石化、化纤、橡胶塑料等行业用电量分别同比增长 11.54%、13.71% 和 11.72%。

从行业类别来看，在所有工业部门中发电行业的碳排放量位居首位，在 2017 年占比达到 60%，主要是由我国特有的资源禀赋和各类发电技术经济性造成的。燃煤发电长期占据我国发电领域的主要地位，而单位标准煤炭燃烧所产生的二氧化碳排放高于等质量石油及天然气，从而导致以燃煤为主的发电行业在生产过程中排放的二氧化碳高于其他部门[8]。

6.1.1　工业行业碳排放现状

能源行业是最大的碳排放行业。由于当前我国能源结构偏煤、油、气等化石能源，而且借鉴美国碳达峰前后的能源消费、碳排放强度等基本特征和变化规律，结合我国能源资源禀赋和经济社会所处发展阶段，今后相当长的时间内不会完全摆脱煤炭等化石能源[9]。据预测，我国能源需求结构将顺应全球发展趋势，不断向清洁、低碳化发展。煤炭占比稳步下降，2030 年和 2050 年将分别降至 47.1% 和 32.4%。2030 年前后清洁能源将逐步替代煤炭，其中非化石能源占比增幅较大，2030 年和 2050 年将分别达到 20.4% 和 35%[10]。

利用非清洁能源开展生产活动的地区，高耗能产品的单位碳排放量相对较高[11]。再加上产业规模大，行业的碳排放总量就大，比如化工、建材、钢铁和电解铝。有些品种的金属冶炼还要用到碳质还原剂，多数碳质还原剂的化学反应物质最终也是通过燃烧转变为二氧化碳排放。工业生产也会产生二氧化碳以外的其他温室气体，比如氟化物、甲烷和氮氧化物等，其二氧化碳当量值更高[12]。

（1）电力　据国际能源署（International Energy Agency，IEA）统计，全球碳排放总量在 2018 年达到 335.14 亿吨，其中电力行业的碳排放量占全球碳排放总量的比例达到了 41.71%[13]。从 1990 年到 2018 年，全球电力行业的碳排放量由 76.22 亿吨增加到 139.78 亿吨。其中，煤炭、石油、天然气发电的碳排放量分别由 50.00 亿吨、12.21 亿吨、13.67 亿吨变化到 101.04 亿吨、6.47 亿吨、30.72 亿吨，火力发电碳排放比重由 50.20%、12.75%、14.27% 变化至 63.78%、4.08%、19.39%[13]。2023 年 2 月发布的《电力市场报告》中，IEA 指出 2022 年全球的电力需求仍较为坚韧，电力需求总量较 2021 年增长了 2%。同时，由于欧洲国家对气电和煤电应用的加大，并叠加全球经济复苏的大背景，2022年全球电力行业碳排放量同比增长了1.3%。报告中对2023～2025年全球电力市场发展情况做出预测，指出全球与电力相关的碳排放量在此期间将趋于平稳，并在未来逐步下降。燃煤发电厂CO_2排放源包括化石燃料燃烧、脱硫过程排放和外购电CO_2排放。电力行业只要发电就会产生CO_2，而且对于化石能源发电，即便有碳捕集工程，由于有限的脱除效率，CO_2的排放也不可避免。中国电力行业碳排放达到了全国碳排放总量的37%，被纳入首批全国碳交易市场的主要碳排放行业。此外，中国目前尚未完成工业化，中国电力行业"双碳"目标的实现不仅要减少CO_2排放，而且要满足持续增长的电力需求，难度相对来说要高于发达国家。

（2）钢铁　钢铁是推动国民经济增长和社会发展的重要原材料和支柱产业[14]。钢铁生产是以碳还原氧化铁为主的高温化学过程，生产过程中会排放大量的CO_2。其中高炉和烧结环节是最主要的CO_2排放源[15]。例如，高炉环节炼1t铁需要0.5t还原剂，CO_2排放量为1.5～2t。在钢铁企业中，无烟煤、烟煤、焦炭、洗精煤中的碳在炼焦、烧结、炼铁工序中大致流向3个方面。第一是燃烧过程，除了在焦炉、高炉、燃烧机燃烧外，煤炭的副产物煤气在其他工序几乎都参与了燃烧，并且都产生CO_2并进行了排放。第二是流向生铁，在炼钢过程中绝大多数形成CO_2排放。第三是固定在产品、副产品、除尘灰、灰尘和炉渣中[13]。

2020年，全球钢铁业总产量达到18.78亿吨，其中一半以上的产量用于建筑、基础设施建设，与此同时钢铁还广泛应用于制造、工程、能源生产和运输等领域。国际能源署相关数据显示，预计到2050年，钢铁的需求量将增长超过1/3，其中一些新兴市场国家例如中国、印度等，他们的需求增长将尤为突出[13]。同时，钢铁生产过程会产生大量的碳排放[16]。国际钢铁协会（World Steel Association，WSA）统计数据显示，全球范围内吨钢生产的平均CO_2排放量为1.8t，钢铁行业的CO_2排放量占到了全球CO_2总排放量的约6.7%。作为中国的支柱行业，钢铁行业约占中国GDP的5%[17]。而中国也是世界第一钢铁大国，2020年粗钢产量达到了全球粗钢总产量的56%。钢铁行业的碳排放量占到了中国碳排放总量的约15%，全球能源系统碳排放总量的50%[18]。

（3）建材　建材行业作为基础性产业，在国民经济建设方面担任着举足轻重的角色[19]。有关数据表明，我国水泥、陶瓷、平板玻璃等多种建材产品产量居于全球首位，二氧化碳排放量占据我国总二氧化碳排放总量的8%[14]。水泥行业作为重要的建筑原材料，拥有很大的生产需求量。同时水泥行业是二氧化碳排放大户，同样具有高耗能、高排放的特点，是我国节能减排的重点行业。其碳排放主要来自碳酸盐的分解、燃料的燃烧和电力消耗。中国建筑材料联合会发布《推进建筑材料行业碳达峰、碳中和行动倡议书》中指出建材行业在2025年前实现碳达峰，水泥等行业在2023年前提前实现碳达峰。水泥行业的主要原料为石灰石，石灰石煅烧生产氧化钙制备水泥熟料过程会排放大量的CO_2，约占整个流程的60%。2001～2014年，我国水泥行业碳排放总量逐年增长，主要的排放环节是熟料生产。"十四五"时期是我国建材行业创新发展以及实现"双碳"目标的重要时期。在经济发展的新常态下，水泥产能过剩问题日渐突出。国家统计局的统计数据显示，2020年我国的水泥产量占全球总量的55%，达到了24亿吨。行业的温室气体排放量占全球排放的7%。

（4）石油化工　石油化工是以天然气和石油为原料，生产石油化工产品和石油产品的加工工业。它不仅是能源生产者，更是产生大量碳排放的行业，从开采、运输、储存到应用，都会产生碳排放。碳排放主要来自生产过程中供热供能和油气开采、运输过程中甲烷气体的逃逸。自 18 世纪 60 年代第一次工业革命以来，石油、煤炭、天然气等化石能源的产量以及消耗总量急剧上升，在这一过程汇总化石燃料燃烧引起的碳排放也相应呈现爆炸式增长[20]。目前全球范围内正在经历从化石能源向氢能等清洁能源转变的过程，但在非化石燃料还远远无法替代化石能源的今天，促进能源结构从以煤炭为主向以油气为主转变将成为大趋势[21]。世界银行公布的数据显示，全球消耗化石燃料一共分为三种形态，液体燃料指使用石油提炼的燃料作为能源，气体燃料指以天然气为能源进行消耗，固体燃料主要指以煤炭为能源。其中石油、天然气等燃料消耗产生的 CO_2 排放量有逐年增加的趋向，而煤炭燃料的消费产生的碳排放量在近几年稍有降低。在燃烧过程中，不同种类的化石燃料在相同的能源使用水平下会排放不同数量的 CO_2，其中石油比天然气多排放 50% 的 CO_2，煤炭大约是天然气消耗过程中排放 CO_2 的 2 倍。全球碳强度在 2000 年以后逐渐增加，趋于平缓，平均值约为 2.44kg/kgoe（kg 标准油）。2019 年，中国石油和天然气消费所排放的 CO_2 为 21.1 亿吨。

（5）化工　化工行业属于能源型和资源型产业，因生产原材料为煤炭、天然气等化石能源，所以在生产过程中温室气体排放量大。在我国所有工业部门中，化工行业作为传统高排放行业，从多个方面受到"双碳"规划的影响。在实际的工业应用中，煤炭不但用来提供热力、电力，同时也是煤化工的原材料之一，用于生产甲醇、合成氨。煤化工生产过程中的单个碳排放源强度大、生产过程碳排放浓度高，是化工行业的主要分支之一，其生产过程的碳排放强度是我国工业平均水平的 10 ～ 20 倍。化工行业能源需求占世界能源需求的 10%，温室气体排放占 7%，行业主要产品有乙烯、氨、丙烯、芳烃、甲醇。我国 2019 年化工行业碳排放量约 5.88 亿吨，在工业领域总排放量占比约 16.7%，占全国能源碳排放量的 6%。

（6）建筑　由伦敦大学学院（UCL）和欧洲建筑性能研究所（BPIE）为全球建筑建设联盟（GlobalABC）和联合国环境规划署编制的《2020 年全球建筑现状报告》中指出，2019 年全球建筑行业的能源消耗总量与 2018 年相比变化较小，但 CO_2 的排放持续增加，总量达到 100 亿吨，占全球能源相关碳排放总量的 28%。建筑部门排放增加的原因是供暖和烹饪继续使用石油和天然气等能源，加上电力碳密集型地区的活动水平较高（建筑行业用电量占全球用电量的近 55%），导致建筑部门出现直接排放水平稳定，但间接排放不断增长的现象。

随着全球城镇化发展，建筑领域的能源、资源消耗量整体呈现持续上升趋势，相应的碳排放量也持续增加。建筑领域的碳排放包括隐含碳排放和运行碳排放[22]。隐含碳的排放主要来自建材的生产、建造以及拆除的过程中。运行碳排放可分为直接排放和间接排放两种。直接排放来自建筑物内部化石燃料燃烧过程，如炊事、壁挂炉、生活热水等的散煤使用以及燃气使用；间接排放来自外界输入建筑的电力、热力[23]。

近几年我国的建筑能耗逐年增长，据统计 2006 年我国建筑能耗排放 14.8 亿吨 CO_2，占世界建筑行业 CO_2 排放的 16%。2019 年，我国建筑行业化石能源消耗产生的碳排放约 22 亿吨，直接 CO_2 排放约占 29%，电力有关的间接 CO_2 排放占比 50%，热力有关的间接 CO_2 排放占 21%。除了 CO_2 排放，建筑运行阶段使用制冷装置，其中的制冷剂如果泄漏会排放 HFCs 类气体，这也是目前建筑行业非 CO_2 温室气体排放的主要来源。过高的建筑碳排放会给环境带来巨大冲击，同时还会制约城市的低碳建设和可持续发展。

（7）有色金属　有色金属行业属于典型的流程工业，是高能耗、高污染行业，具有资源、能源密集的特点[24]。有色金属冶炼行业的主要金属品种包括铝、铅、铜、锌，可以分为采矿、选矿、冶炼等过程，其中冶炼过程是主要的 CO_2 排放环节。有色金属冶炼企业由于原料、生产工艺环节不同，工艺参数差异相对较大，但其碳排放类型及核算方法较为统一。目前在有色金属冶炼行业中，铝的能耗最大，电解铝是整个行业碳排放的重点。从全球来看，有色金属年总产量约 1.2 亿吨，2020 年，中国有色金属年产量为 6168.0 万吨，同比增加 5.5%，产量超过国外其他国家产量总和。作为有色金属生产第一大国，中国致力于有色金属的研究，在复杂低品位有色金属资源的开发利用上获得了巨大突破[25]。据统计，2020 年我国有色金属碳排放量约 6.6 亿吨，其中，冶炼行业占有色金属行业总排放量的 89%，达到了 5.88 亿吨，压延加工和矿山采选的碳排放量分别占总排放量的 10% 和 1%。其中，铝行业是有色金属行业中排放量最高的行业，电解铝环节又占到了整个铝行业碳排放的 75%[13]。

（8）交通　随着经济高速发展和居民收入的大幅提升，城市化发展进一步加深，机动化发展进一步加快，城市交通碳排放问题日益凸显。2019 年，国际能源署发布的《燃料燃烧产生的 CO_2 排放》（CO_2 Emissions from Fuel COombustion）研究报告中显示，全球在进入 21 世纪以来，CO_2 排放增加了约 40%，其中交通碳排放占比为 25%[26]，在行业贡献率中排名第 2。全球交通领域的碳排放主要涉及铁路运输、公路运输、水路运输以及航空运输等多个部门[27]，其中 72% 来自公路运输。2018 年，公路、铁路、水路和民航运输分别占交通运输领域碳排放总量的 73.4%、6.1%、8.9% 和 11.6%。1990～2018 年，全球交通运输部门碳排放量增加了 81%。2019 年我国交通领域碳排放总量约为 11 亿吨，道路交通占比 74%，水路交通占比 8%，铁路交通占比 8%，航空占比约 10%。国际道路联盟（IFR）预计，到 2050 年，与交通运输相关的能耗量将会增加 21%～25%。

对交通行业碳排放有决定性的影响因素有交通能源结构、交通运输结构和运输强度等。交通能源结构通常指交通能源消费中煤、油能源，天然气能源及热力、电力能源等的构成及其之间的比例关系[13]。交通运输结构是指一定时间、空间范围内不同的交通方式的交通量的比例，反映特定时间和空间区域内交通出行的特点及各种交通方式的地位与功能。在道路、水运、铁路、民航几种运输方式中，道路运输能耗的强度是最大的。运输强度通常受到政策、经济、管理等因素的影响，强度的增加会导致碳排放量的增大。

6.1.2　碳排放主要工业源及类型

碳排放主要工业类型大致可以分为四类，包括燃料燃烧排放、过程排放、购入的电力与热力产生的排放以及其他特殊排放。

（1）燃料燃烧排放类型　从工业碳排放量内部行业的详细分布来看，中国工业碳排放量主要集中在电力、热力的生产和供应业，黑色金属冶炼及压延加工业，非金属矿物制品业，化学原料及化学制品制造业，石油加工、炼焦及核燃料加工业，煤炭开采和洗选业以及有色金属冶炼及压延加工业这七大行业。七大行业几乎集中了工业部门的全部碳排放量，这主要是因为这些部门都是一次燃烧能源的消耗大户，火力发电和工业燃料等几乎都依赖于一次燃烧能源的消耗来实现，而且总体的能源使用效率也相对较低[28]。燃料燃烧排放中涉及的主要工业源分为固定燃烧源和移动燃烧源两种。

① 固定燃烧源。常见的固定燃烧源包括电站锅炉、燃气轮机、工业锅炉、熔炼炉等。锅炉是一种主要的耗能设备，按照其用途不同可分为工业锅炉和电站锅炉两种[29]。其中工业锅炉用于各行业的工业生产用热供应，动力以及采暖用热供应，正向高效率、低排放方向发展[30]。

工业锅炉作为我国能源消费的重要组成部分，在工业生产与社会生活中扮演着极为重要的角色[31]。这类燃烧源产生的温室气体种类主要是 CO_2。

② 移动燃烧源。常见的移动燃烧源包括汽车、火车、船舶、飞机等。交通运输是现阶段大气污染物与温室气体排放的重要来源[32]。城市化和机动化发展进一步加深的过程中，促进了城市人口不断增加，带来的城市交通需求总量也呈现不断增加的趋势。随着我国工业化进程的深入推进，水泥、钢铁等重点行业碳排放即将步入峰值平台期，交通运输部门的节能减排问题正日益凸显。这种移动燃烧源产生的温室气体种类主要是 CO_2。

（2）过程排放

① 生产过程排放源。工业生产过程中温室气体排放主要可分为四类：一是碳酸盐分解产生的温室气体排放，如水泥熟料生产过程中碳酸钙煅烧产生的二氧化碳排放；二是能源产品的非能源利用产生的温室气体排放，如电石生产中焦炭、无烟煤等原料参与化学反应产生的二氧化碳排放；三是其他化学反应产生的温室气体排放，如硝酸生产过程中氧化亚氮的排放；四是在工业生产过程中使用温室气体产生的逃逸排放，如镁冶炼和加工中使用六氟化硫为保护剂产生的六氟化硫逃逸排放[33-34]。

生产过程排放源包括氧化铝回转炉、合成氨造气炉、水泥回转窑、水泥立窑等[35]，这类的工业源产生的温室气体种类主要是 CO_2、CH_4 和 N_2O。

以水泥生产过程中碳排放类型为例，其生产过程是个复杂的工艺过程，包括原料开采及运输、生料和熟料制备、水泥熟料煅烧、余热发电或其他利用、水泥制备及发送、水泥生产辅助工艺过程、厂区外车辆运输、厂区内车辆运输、生产管理等[36]。这些工艺流程都需要损耗一定的能量，从而形成 CO_2 排放单元。根据水泥生产过程中碳素的流动过程，可以得知 CO_2 的排放源有燃料燃烧、原料碳酸盐分解以及各工艺设备产生的电力消耗[37]。

② 废弃物处理处置过程排放源。常见的废弃物处理处置过程排放源有污水处理系统。根据污水处理原理，污水中的含碳化合物主要通过厌氧处理和好氧处理过程从复杂有机物转化成 CO_2 和 H_2O，含氮化合物通过硝化和反硝化作用转化为 N_2，并最终释放到环境中，但在此过程中不可避免地会产生 CO_2、CH_4 和 N_2O 三种重要的温室气体[38]。这类工业源产生的温室气体种类主要是 CO_2、CH_4。

③ 逸散排放源。逸散排放源包括矿坑、天然气处理设施、变压器等[35]，这类工业源产生的温室气体种类主要是 CO_2、SF_6。例如在天然气供应链中，有大量的甲烷气体会释放到大气中。甲烷是一种强温室气体，而天然气的主要成分是甲烷。在天然气整个供应链中，其开采、输送以及分配阶段都会存在逸散性的排放。常规的通风换气以及偶然的甲烷泄漏都会导致逸散性的甲烷排放。美国国家环境保护署估算的结果显示，2011 年天然气系统的逸散性甲烷排放超过了 600 万吨，假如换算成二氧化碳当量，这一排放量超过了全美所有钢铁、制铝厂以及水泥行业产生的温室气体排放的总和[39]。

（3）购入的电力与热力产生的排放 企业用电及生产过程中的热力消耗，将排放出二氧化碳。通常由报告主体外输入的电力、热力或蒸汽消耗源包括电加热炉窑、电动机系统、泵系统、风机系统、变压器、调压器、压缩机械、制热设备、制冷设备、交流电焊机、照明设备等[35]，这类工业源产生的温室气体种类主要是 CO_2、SF_6。

（4）特殊排放 除了上述几种主要的排放类型，还有一些特殊排放源，包括生物质燃料燃烧源，产品隐含碳等。

① 生物质燃料燃烧源。近年来，随着世界经济的飞速发展和技术革命的不断进步，使得人类对能源的需求不断增加。生物质能源作为一种可再生能源，它具有分布广泛、原料丰富、污染小等优点[40]，作为一种理想的替代能源，在世界能源格局中扮演着重要的角色。根据国际能源署统计[41]，生物质能贡献了全球 10% ～ 14% 的一次能源。目前生物质能利用技术比较成熟，应用范围也非常广泛[42]。生物质燃料燃烧源一般包括生物燃料汽车、生物燃料飞机、生物质锅炉等，这类工业源产生的温室气体种类主要是 CO_2、CH_4。

② 产品隐含碳。隐含碳（embodied carbon）指产品整个生命周期生产或者服务提供过程中所直接和间接排放的二氧化碳总量，包括产品上游加工、制造、包装、运输等全过程所排放的全部二氧化碳，产品隐含碳的排放要大于该产品在最终消耗环节所直接排放的二氧化碳[43]。目前最受关注的是钢铁产品中的隐含碳，钢铁产业是污染高、能耗高的代表性行业，不仅在整个钢铁生产过程中需要消耗大量的能源资源，在钢铁冶炼过程中也伴随着二氧化碳的大量排放。这类工业源产生的温室气体种类主要是 CO_2。

6.2 有色金属工业碳排放与控制

6.2.1 有色金属行业碳排放现状

（1）中国有色金属工业发展现状与产业规模　有色金属是除了铁、锰、铬以外的金属，主要包括铜、铝、锌、镍、铅、锡等。有色金属工业在世界经济发展中扮演着至关重要的角色，被广泛应用于电气、电子、机械制造、建筑、国防军工等领域。中国有色金属在新能源和新基建领域的应用已经取得了显著的成就，如在风能、太阳能、电动汽车和智能电网等领域，中国有色金属的应用成为了这些新兴产业的重要组成部分。其中，铜、铝、锡、镍等有色金属广泛应用于光伏和风力发电基础设施、5G 基站、特高压电网等领域；钼及其合金被用于高精尖装备制造、太阳能电池、光伏材料等产业[44]；电动汽车和智能电网是新基建领域中的重要方向，而锂是电动汽车电池制造中的重要材料。中国是全球最大的锂资源国之一，锂产业的发展也十分迅速。

有色金属工业包含有色金属矿采选业、有色金属冶炼及压延加工业。我国的有色金属矿产资源储量丰富且种类较多。由于我国有色金属矿产具有大型矿山占比小、多为井下开采、部分有色金属矿品位较低以及共伴生资源丰富的特点，虽然具有矿产资源优势，但我国大多有色金属矿山开采强度高，且在我国工业高速发展，产业规模大，对矿产资源的需求量逐渐增大的背景下，我国矿产资源保障度较低。其中铜、铝以及作为新能源矿产的钴、锂等，对外依存度均超过 40%。钨、钼、锡、铅、锌等有色金属矿产资源虽有一定的储量，但也存在供不应求的问题[45]。因此，目前我国矿产资源高度依赖国外进口矿产资源。

根据国家统计局数据，自 2020 年以来我国有色金属产量已达到 6000 万吨以上，2022 年我国十种有色金属产量为 6774.3 万吨，同比增长 4.3%。其中精炼铜产量为 1106.3 万吨，同比增长 4.5%；原铝产量为 4021.4 万吨，同比增长 5.6%；铅产量 781.1 万吨，同比增长 4.0%；锌产量 680.2 万吨，同比增长 1.6%。中国有色金属产量已超过国外其他国家有色金属的产量总和，铜、铝、铅、锌的产量在全球范围内均位居世界第一。

（2）中国有色金属工业碳排放量　近年来，我国有色金属工业碳排放量逐年递增。根据中国有色金属工业协会提供的数据，2020 年我国有色金属行业二氧化碳排放量约 6.6 亿吨，占全国二氧化碳总排放量的 4.7%，其中有色金属冶炼业二氧化碳排放量 5.88 亿吨，占有色金属行业总排放量的 89%；有色金属压延加工业二氧化碳排放量约 0.63 亿吨，占有色金属行业总排放量的 10%；有色金属矿采选业二氧化碳排放量约 0.09 亿吨，占有色金属行业总排放量的 1%。有色金属冶炼行业中，铝冶炼行业二氧化碳排放量约 5 亿吨，占有色金属行业总排放量的 76%。铜、铅、锌、镁、工业硅等其他有色金属冶炼行业二氧化碳排放量约 0.88 亿吨，占有色金属总排放量的 13%。

（3）有色金属工业碳排放管理　在目前的全球气候变化背景下，我国政府高度重视有色金属行业的碳排放问题，出台了一系列的碳排放管理相关政策。2021 年，国家发改委、工业和信息化部联合发布了《关于推进有色金属行业高质量发展加快绿色低碳转型的指导意见》，明确提出到 2035 年，有色金属行业将全面实现碳达峰，到 2060 年将实现碳中和。2022 年 11 月，工业和信息化部、国家发展和改革委员会、生态环境部三部门联合印发《有色金属行业碳达峰实施方案》（以下简称方案），方案中提到有色金属行业要在 2030 年前实现碳达峰。

为减少碳排放，我国有色金属行业采取了一系列措施。首先，我国有色金属行业进行了产业结构升级，加强了能源结构调整。例如，将电解铝企业逐步迁移到水能较为丰富的云南、四川等地区[46]。并在电解铝生产中，推广燃气发电、风能和太阳能等清洁能源的使用。同时优化了生产工艺技术，"氧气底吹连续炼铜技术""现代自然崩落法采矿技术""矿山余热回收利用技术""冶炼多金属废酸资源化治理关键技术"等多项关键技术进入了世界领先行列。其次，有色金属行业大力推进资源节约型和循环经济发展，提高了资源利用率和废弃物利用率。例如，加强了对废旧有色金属的回收利用，进一步提升再生金属资源供应。通过废弃物的回收和再利用，可以减少原材料消耗和废弃物排放。此外，我国有色金属行业还积极参与国际碳减排合作，推动国际碳市场建设和碳交易机制的建立，为全球碳减排事业作出了贡献。

近年来，国家在能源消耗和环境排放控制方面加强了监管和管理，建立了严格的环保制度和标准。推行绿色能源和清洁能源的应用，逐步淘汰落后产能和技术，对不符合要求的有色金属企业进行了整治和取缔。政府还通过税收和财政补贴等经济手段来鼓励企业减少碳排放，推广清洁生产技术和设备。

然而，中国有色金属行业碳排放管理仍面临一些挑战。首先，部分企业对环保意识和技术的认识还不足，没有采取有效措施管理碳排放。其次，碳排放交易市场尚处于起步阶段，交易规模和交易价格仍有待进一步完善。此外，碳排放监测、统计和审核的标准和方法也需要进一步规范和统一，以确保监管的公平和透明。政府和企业应继续加大对节能低碳技术研发和推广的投入，同时加强对节能、环保政策的执行和监管力度。有色金属企业应积极开展碳排放交易，采用碳排放权交易的方式来实现企业碳排放的降低。此外，相关部门应进一步完善碳排放监测和统计的标准和方法，加强对碳排放数据的收集和审核，确保监管的公正和准确。此外，需要加强国际合作，借鉴国际先进的碳排放管理经验，加快技术创新和推广，推动全球碳减排目标的实现。

总之，中国有色金属行业碳排放管理的发展需要政府、企业和社会各方的共同努力。只有通过全方位的管理和治理，才能实现行业"双碳"目标。

6.2.2　有色金属行业碳排放特点

（1）有色金属行业碳排放主要来源　有色金属行业的碳排放主要来自于不同的产业环

节。下面将对有色金属行业的不同产业环节的碳排放情况进行介绍。

首先是矿山开采和选矿环节。在采矿和选矿过程中会消耗大量的燃料和电力，其中燃料主要用于开采设备和运输设备，电力主要用于照明、通风和提升设备。

冶炼是有色金属行业中最大的碳排放环节。我国有色金属冶炼行业碳排放主要来源于两个方面：直接排放和间接排放。直接排放包括燃料燃烧产生的碳排放、能源作为原材料产生的碳排放以及工艺过程产生的碳排放。有色金属行业在生产过程中需要大量的热能，而这些能量主要来自燃料的燃烧。煤炭、柴油、燃气作为有色金属行业主要的能量来源，它们的燃烧同样会释放大量的碳；有色金属行业的生产过程中会产生大量的废气和废水。其中，一些工艺过程需要大量的热能和化学反应，这些过程同样会产生大量的碳排放。间接排放为电力和热力产生的碳排放。有色金属冶炼基本工艺包括火法冶金、湿法冶金和电冶金。以上三种工艺中，湿法冶金工艺相比火法冶金工艺和电冶金工艺能耗最低，对环境影响最小；火法冶金碳排放是直接消耗化石燃料燃烧；电冶金消耗电力，而我国火电占电力生产总量的70%，因此电冶金碳排放为间接排放，间接消耗化石燃料。火法冶金和电冶金是有色金属冶炼中主要的碳排放和污染物排放来源[47]。有色金属压延和加工环节的碳排放量相对较低，但也不能忽视。在这个环节中，主要产生的碳排放来自于运输和加工过程中使用的能源，如电力和燃料。

最后是有色金属产品使用和回收环节。在产品使用过程中，会产生废气、废水等有害物质。在产品回收和再利用过程中，也需要大量的能源和化学物质，这些也会产生碳排放。

（2）有色金属工业碳排放特点

① 碳排放集中在冶炼环节。我国有色金属工业产业链长，包括有色金属矿山采选、有色金属冶炼及压延加工。有色金属碳排放主要集中于铝、铜、铅、锌、镁、工业硅等金属的冶炼环节，这些金属的冶炼碳排放量占有色金属工业碳排放总量的90%。由此可见，有色金属工业碳排放主要在冶炼环节。

② 碳排放以铝、铜行业为主，尤其是电解铝行业。根据有色金属协会测算，铝冶炼排放量在有色金属冶炼碳排放量中占到75%以上。电解铝的生产过程需要大量的能源消耗，例如高温熔炼铝土矿、电解铝液等。因此，中国电解铝行业的碳排放量相对较高。在铝冶炼行业中，2020年电解铝碳排放量为4.2亿吨，在有色金属行业和铝行业碳排放总量分别占比64%和84%[45]。随着未来再生铝逐步替代电解铝，电解铝碳排放量在有色金属行业中占比将会下降，且会在未来成为推动有色金属碳排放下降的主要因素。

③ 有色金属碳排放主要来源于电力消耗。影响我国有色金属工业碳排放的主要有产量、能源消耗情况和工业生产过程二氧化碳排放等因素。目前，我国电解铝冶炼过程中90%的碳排放来自于电力消耗的间接排放，其次为煤炭、天然气、油类以及其他能源的消耗。我国铜冶炼碳排放量消耗电力的间接排放占比80%，其次为煤炭、天然气等化石燃料，还有一小部分碳排放来源于石灰石[48]。因为我国铜和铝产量较高，由此可知，电力为我国有色金属行业碳排放的主要来源，其次是燃料燃烧排放和过程排放。

（3）有色金属工业碳排放存在的问题　近年来，我国有色金属工业正处于高质量转型发展的阶段，重点有色金属品种冶炼及加工产品产量大，拥有成熟的冶炼生产工艺技术。"十三五"期间，我国通过推进有色金属工业产业结构升级、工艺技术水平提升、节能减排等工作，在节能与绿色发展、再生金属资源利用等方面取得了突出成绩，有色金属工业单位产品能耗指标和污染物排放水平均可达到国际先进水平[49]。但由于我国对有色金属需求量大、缺乏绿色低碳专业化技术、化石能源占比高等影响，有色金属工业实现"双碳"目标依然面临挑战。

① 供需格局不平衡。供需格局不平衡是导致我国有色金属行业碳排放增加的主要原因之一。由于全球有色金属市场竞争激烈，而随着新能源领域的发展和数字信息时代的到来，中国对有色金属的需求量将进一步增大。目前中国有色金属市场需求和供应存在较大差异，因此有色金属企业为了满足市场需求，不断增加生产能力和生产规模。有色金属工业作为战略性新兴产业发展的重要支柱，与清洁能源发展密切相关，如何解决需求增长与实现"双碳"目标的矛盾是有色金属工业绿色发展的关键。

② 能源结构不合理。能源结构不合理是导致中国有色金属行业碳排放增加的另一个重要原因。我国有色金属工业生产高度依赖煤炭。由于煤炭资源丰富且价格较低，中国有色金属行业在生产过程中大量使用煤炭，这也使得其碳排放量居高不下。同时，煤炭的燃烧还会产生大量的污染物，对环境造成严重的影响。以电解铝行业为例，我国电解铝大多消耗自备电，而自备电以火力发电为主，使得煤炭消耗占据能源结构主导位置。2020年我国电解铝冶炼电力消耗一次能源中煤炭占比80%，水能及其他可再生能源占比低于20%。而除中国以外的其他国家电解铝冶炼消耗最多的是水能，占比51%，其次为天然气，占比为24%，煤炭仅占21%[49]。因此我国有色金属工业化石能源占比较高，使用水能和可再生能源比例较低。提高清洁能源使用比例将是有色金属行业未来发展的必然趋势。

③ 碳排放不均衡。我国有色金属行业碳排放的分布也存在一定的不均衡性。碳排放地区差异性较大，这与各地区的能源资源分布情况、交通、基础设施等因素有关。有色金属冶炼及压延加工业的碳排放受交通、区位、基础设施、工艺技术等方面影响较大，广西壮族自治区、山东省在有色金属压延及加工业的碳排放量和碳排放强度较为突出。对于有色金属矿采选业，四川省资源富集，因此碳排放量较高[50]。在电解铝行业，2020年山西、内蒙古、山东等地的碳排放要高于全国平均水平，云南、四川、贵州等地碳排放水平低于全国平均水平。水电丰富的省份碳排放量较低，如云南省和贵州省。总体来说，我国主要的碳排放地为山东、新疆、河南[45]。因此优化行业区域布局是实现有色金属行业碳减排的重要途径。

④ 产业组织结构相对分散。中国有色金属行业碳排放集中度较低。从全球范围来看，日本和美国等国家的有色金属行业碳排放量高度集中于少量企业，其有色金属企业集中度高达70%以上，发展相对平稳。而我国有色金属行业中小企业偏多，对于生产成本和市场价格会更加敏感，且相对分散的生产模式不利于行业的能源系统优化和产业链整合[45]。

⑤ 低碳技术水平待提升。由于有色金属生产工艺的复杂性和技术含量的不同，我国有色金属行业内部存在能耗水平差异大的现象。一些技术领先的企业在生产过程中采用更加高效的能源利用方式，因此其碳排放量相对较低。然而，大部分企业仍然采用传统的生产工艺，导致碳排放量较高，因此总体上我国有色金属工业处于产业链的中低端，一些企业的生产工艺、设备和管理方式都存在不同程度的落后，也限制了其在降低碳排放方面的发展。

6.2.3　有色金属行业碳排放核算

（1）有色金属矿山企业碳排放核算　在中国境内从事有色金属矿采矿、选矿和加工活动的企业目前按照《矿山企业温室气体排放核算方法与报告指南》（试行）提供的方法核算企业的温室气体排放量。如果企业除采矿、选矿和加工外存在其他生产活动且伴有温室气体排放的，还应参照其生产活动所属行业的企业温室气体排放核算方法与报告指南，核算并报告这些生产活动的温室气体排放量。

① 核算边界的确定。在核算碳排放量时以独立法人企业或视同法人的独立核算单位为企业边界，核算处于其运营控制权之下的所有生产场所和生产设施产生的温室气体排放。设施范围包括直接生产系统、辅助生产系统和附属生产系统。

② 排放源及气体种类的识别。在核算碳排放量时，核算主体应根据企业实际从事的产业活动和设施类型识别其应予核算的排放源和气体种类，包括：

a. 燃料燃烧 CO_2 排放：指化石燃料在各种类型的固定或移动燃烧设备中与氧气充分燃烧生成的 CO_2 排放。

b. 碳酸盐分解的 CO_2 排放：碳酸盐矿石（石灰石、白云石、菱镁矿等）在煅烧或焙烧时受热分解产生的 CO_2 排放。矿山企业涉及碳酸盐分解排放的生产工艺主要包括焙烧含碳酸盐较多的沉积型钙质磷块岩进行提纯、煅烧硼镁石 - 碳酸盐型硼矿进行提纯、煅烧石灰石生产石灰等、煅烧白云石生产轻烧白云石等以及煅烧菱镁矿进行提纯或生产轻烧镁、重烧镁、氧化镁等。如果煅烧和焙烧发生在有色金属冶炼生产企业边界内，则煅烧和焙烧工艺中碳酸盐熔剂分解产生的碳排放须按照《中国镁冶炼生产企业温室气体排放核算与报告指南》进行核算。

c. 碳化工艺吸收的 CO_2 量：轻质碳酸钙、轻质碳酸镁、碳酸钡、碳酸锶、碳酸锂等碳酸盐的生产工艺一般包括矿石煅烧、消化、碳化、沉淀（过滤）、干燥等步骤。对于这类企业，碳化工艺吸收的 CO_2 量应从企业的排放量中扣除。

d. 净购入电力和热力隐含的 CO_2 排放：该部分排放实际发生在生产这些电力或热力的企业，但由核算主体的消费活动引发，此处依照规定也计入核算主体的排放总量中。

有色金属矿山企业生产工艺流程和温室气体排放源如图 6-1 所示。

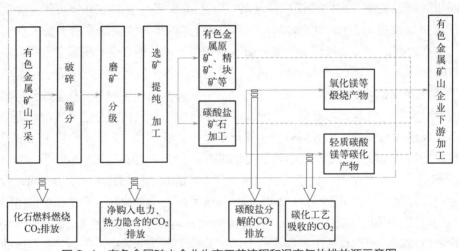

图 6-1　有色金属矿山企业生产工艺流程和温室气体排放源示意图

③ 核算方法与步骤。在确定了核算边界以后，可采取以下步骤核算温室气体排放量：

◆ 识别并确定不同生产环节的温室气体排放源和气体种类；

◆ 选择温室气体排放量计算公式；

◆ 获取活动水平和排放因子数据；

◆ 将收集的数据代入计算公式从而得到温室气体排放量；

◆ 按照规定的格式，描述、归纳温室气体排放量计算过程和结果。

　　报告主体的温室气体（GHG）排放总量等于燃料燃烧 CO_2 排放量、碳酸盐分解的 CO_2 排放量、净购入电力和热力隐含的 CO_2 排放量之和，减去碳化工艺吸收的 CO_2 量，计算公式为：

$$E_{GHG} = E_{CO_2\_燃烧} + E_{CO_2\_碳酸盐} - E_{CO_2\_碳化} + E_{CO_2\_净电} + E_{CO_2\_净热} \tag{6-1}$$

式中　E_{GHG}——企业温室气体排放总量，单位为 tCO_2；

　　$E_{CO_2\_燃烧}$——燃料燃烧的 CO_2 排放量，单位为 tCO_2；

　　$E_{CO_2\_碳酸盐}$——碳酸盐分解的 CO_2 排放量，单位为 tCO_2；

　　$E_{CO_2\_碳酸盐}$——碳化工艺吸收的 CO_2 量，单位为 tCO_2；

　　$E_{CO_2\_净电}$——企业净购入电力隐含的 CO_2 排放量，单位为 tCO_2；

　　$E_{CO_2\_净热}$——企业净购入热力隐含的 CO_2 排放量，单位为 tCO_2。

　　④ 燃料燃烧 CO_2 排放量核算。燃料燃烧 CO_2 排放量主要基于分品种的化石燃料燃烧量、单位燃料的含碳量和碳氧化率计算得到，计算公式为：

$$E_{CO_2\_燃烧} = \sum_{i=1}^{n}(AD_i \times CC_i \times OF_i \times 44/12) \tag{6-2}$$

式中　$E_{CO_2\_燃烧}$——化石燃料燃烧 CO_2 排放量，单位为 tCO_2；

　　　　i——化石燃料的种类；

　　　AD_i——化石燃料品种 i 明确用作燃料燃烧的消费量，对固体或液体燃料以 t 为单位，对气体燃料以万 Nm^3 为单位；

　　　CC_i——化石燃料 i 的含碳量，对固体和液体燃料以 t 碳 /t 燃料为单位，对气体燃料以 t 碳 / 万 m^3（标况下）为单位；

　　　OF_i——化石燃料 i 的碳氧化率，取值范围为 $0 \sim 1$；

　　　44/12——CO_2 与碳（C）的分子量转换系数。

　　⑤ 碳酸盐分解的 CO_2 排放量核算。碳酸盐分解的 CO_2 排放量可根据矿石的焙烧或煅烧量、分解率以及矿石中碳酸盐组分的质量分数及其排放因子计算，公式如下：

$$E_{CO_2\_碳酸盐} = AD_{矿石} \times \eta_{矿石} \times \sum_{i=1}^{n}(PUR_i \times EF_i) \tag{6-3}$$

式中　$E_{CO_2\_碳酸盐}$——碳酸盐分解的 CO_2 排放量，单位为 tCO_2；

　　　$AD_{矿石}$——矿石的煅烧或焙烧量，单位为 t；

　　　$\eta_{矿石}$——矿石煅烧或焙烧的分解率，取值范围为 $0 \sim 1$；

　　　　i——矿石中所含的碳酸盐种类；

　　　PUR_i——矿石中碳酸盐组分 i 的质量分数，取值范围为 $0 \sim 1$；

　　　EF_i——碳酸盐 i 的 CO_2 排放因子，单位为 tCO_2/t 碳酸盐。

　　⑥ 碳化工艺吸收的 CO_2 量核算。矿山企业碳化工艺吸收的 CO_2 量可根据生成的碳化产物的质量和其中碳酸盐组分的质量分数及其排放因子来推算。

$$E_{CO_2\_碳化} = AD_{碳化} \times \sum_{j=1}^{n}(PUR_j \times EF_j) \tag{6-4}$$

式中　$E_{CO_2\_碳化}$——碳化工艺吸收的 CO_2 量，单位为 t；

　　　　$AD_{碳化}$——生成的碳化产物（碳酸盐混合物）的质量，单位为 t；

　　　　j——碳化产物中所含的碳酸盐组分；

　　　　PUR_j——碳化产物中碳酸盐组分 j 的质量分数，取值范围为 $0 \sim 1$；

　　　　EF_j——碳酸盐 j 的 CO_2 排放因子，单位为 tCO_2/t 碳酸盐。

⑦ 净购入电力和热力隐含的 CO_2 排放量核算。企业净购入电力隐含的 CO_2 排放以及净购入热力隐含的 CO_2 排放分别按式（6-5）和式（6-6）计算：

$$E_{CO_2\_净电} = AD_{电力} \times EF_{电力} \tag{6-5}$$

$$E_{CO_2\_净热} = AD_{电热} \times EF_{电热} \tag{6-6}$$

式中　$E_{CO_2\_净电}$——企业净购入的电力隐含的 CO_2 排放，单位为 tCO_2；

　　　　$E_{CO_2\_净热}$——企业净购入的热力隐含的 CO_2 排放，单位为 tCO_2；

　　　　$AD_{电力}$——企业净购入的电力消费量，单位为兆瓦时（MW·h）；

　　　　$AD_{电热}$——企业净购入的热力消费量，单位为 GJ；

　　　　$EF_{电力}$——电力供应的 CO_2 排放因子，单位为 tCO_2/（MW·h）；

　　　　$EF_{电热}$——热力供应的 CO_2 排放因子，单位为 tCO_2/GJ。

（2）有色金属冶炼及压延加工业企业碳排放核算　在中国境内从事电解铝生产的企业目前按照《中国电解铝生产企业温室气体排放核算方法与报告指南》（试行）提供的方法核算企业的温室气体排放量；从事镁冶炼生产的企业目前按照《中国镁冶炼企业温室气体排放核算方法与报告指南》（试行）提供的方法核算企业的温室气体排放量，从事以除电解铝、镁冶炼之外的有色金属冶炼和压延加工生产为主营业务的法人企业或视同法人的独立核算单位目前按照《中国其他有色金属冶炼和压延加工业企业温室气体排放核算方法与报告指南》（试行）提供的方法核算企业的温室气体排放量。

核算企业主体如果还从事有色金属以外的产品生产活动，并存在未涵盖的温室气体排放环节，则应参考其他相关行业的企业温室气体排放核算和报告指南，核算和报告这些环节的温室气体排放量，计入企业温室气体排放总量之中。

① 核算边界的确定。在核算碳排放量时以独立法人企业或视同法人的独立核算单位为企业边界，核算和报告其生产系统产生的温室气体排放。生产系统包括直接生产系统、辅助生产系统以及直接为生产服务的附属生产系统。

② 排放源及气体种类的识别。在核算碳排放量时，核算主体应根据企业实际从事的产业活动和设施类型识别其应予核算和报告的排放源和气体种类，包括：

a. 燃料燃烧 CO_2 排放：企业所涉及的燃料燃烧排放是指煤炭、燃气、柴油等燃料在各种类型的固定或移动燃烧设备（如锅炉、煅烧炉、窑炉、熔炉、内燃机等）中与氧气充分燃烧产生的二氧化碳排放。

b. 能源作为原材料用途的 CO_2 排放：电解铝企业所涉及的能源作为原材料用途的排放主要是炭阳极消耗所导致的二氧化碳排放，炭阳极（能源产品）是电解铝生产的还原剂；镁冶炼企业所涉及的能源作为原材料用途的排放主要是厂界内的自有硅铁生产工序消耗蓝炭还原剂所导致的二氧化碳排放，蓝炭是一种能源产品，如果企业从事镁冶炼生产所用的硅铁全部为外购，则不涉及此类排放问题；其他有色金属冶炼及压延加工企业能源作为原材料用途的排放主要是冶金还原剂消耗所导致的二氧化碳排放，常用的冶金还原剂包括焦炭、蓝炭、无烟煤、天然气等。

c. 工业生产过程 CO_2 排放量：电解铝企业所涉及的工业生产过程排放主要是阳极效应所导致的全氟化碳排放，核算主体厂界内如果存在石灰石煅烧窑，还应考虑煅烧石灰石所导致的二氧化碳排放；镁冶炼企业所涉及的工业生产过程排放主要是白云石煅烧分解所导致的二氧化碳排放；其他有色金属冶炼和压延加工业企业所涉及的过程排放主要是企业消耗的各种碳酸盐以及草酸发生分解反应导致的排放量之和。

d. 净购入电力和热力隐含的 CO_2 排放：该部分排放实际发生在生产这些电力或热力的企业，但由核算主体的消费活动引发，此处依照规定也计入核算主体的排放总量中。

以艾萨炉炼铜工艺为例，有色金属冶炼及压延加工企业生产工艺流程、温室气体排放源和核算边界具体如图 6-2 所示。

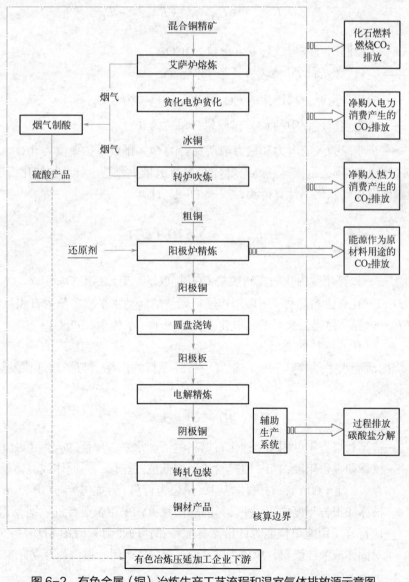

图 6-2 有色金属（铜）冶炼生产工艺流程和温室气体排放源示意图

③核算方法与步骤。在确定了核算边界以后，可采取以下步骤核算温室气体排放量：

◆ 确定核算边界；

◆ 识别排放源；

◆ 收集活动水平数据；

◆ 选择和获取排放因子数据；

◆ 分别计算燃料燃烧排放量、能源作为原材料用途的排放量、工业生产过程排放量、企业净购入的电力和热力消费的排放量；

◆ 汇总计算企业温室气体排放量。

有色金属冶炼及压延加工企业的温室气体排放总量等于企业边界内所有生产系统的化石燃料燃烧排放量、能源作为原材料用途的排放量、工业生产过程排放量以及企业净购入的电力和热力消费的排放量之和，按式（6-7）计算。

$$E_{CHG} = E_{CO_{2\_燃烧}} + E_{CO_{2\_原材料}} + E_{CO_{2\_过程}} + E_{CO_{2\_电和热}} \tag{6-7}$$

式中　E_{GHG}——企业温室气体排放总量，单位为 tCO_2；

　　$E_{CO_{2\_燃烧}}$——燃料燃烧的 CO_2 排放量，单位为 tCO_2；

　　$E_{CO_{2\_原材料}}$——能源作为原材料用途的 CO_2 排放量，单位为 tCO_2；

　　$E_{CO_{2\_过程}}$——工业生产过程中的 CO_2 排放量，单位为 tCO_2；

　　$E_{CO_{2\_电和热}}$——企业净购入的电力和热力消费隐含的 CO_2 排放量，单位为 tCO_2。

④燃料燃烧 CO_2 排放量核算。燃料燃烧 CO_2 排放量主要基于分品种的化石燃料燃烧量、单位燃料的含碳量和碳氧化率计算得到，按式（6-8）计算。

$$E_{CO_{2\_燃烧}} = \sum_{i=1}^{n} (AD_i \times EF_i) \tag{6-8}$$

式中　$E_{CO_{2\_燃烧}}$——核算年度内化石燃料燃烧 CO_2 排放量，单位为 tCO_2；

　　AD_i——化石燃料品种 i 明确用作燃料燃烧的活动水平，单位为吉焦（GJ）；

　　EF_i——第 i 种化石燃料的二氧化碳排放因子，单位为 tCO_2/GJ；

　　i——化石燃料的类型。

燃料燃烧的活动水平是核算和报告年度内各种燃料的消耗量与平均低位发热量的乘积，按式（6-9）计算。

$$AD_i = NCV_i \times FC_i \tag{6-9}$$

式中　AD_i——核算和报告年度内第 i 种化石燃料的活动水平，单位为吉焦（GJ）；

　　NCV_i——核算和报告年度内第 i 种燃料的平均低位发热量；对固体或液体燃料，单位为吉焦 / 吨（GJ/t）；对气体燃料，单位为吉焦 / 万立方米（GJ/ 万 m^3，标况下）；

　　FC_i——核算和报告年度内第 i 种燃料的净消耗量，采用企业计量数据，相关计量器具应符合《用能单位能源计量器具配备和管理通则》（GB 17167—2006）要求；对固体或液体燃料，单位为吨（t）；对气体燃料，单位为万立方米（万 m^3，标况下）。

燃料燃烧的二氧化碳排放因子按式（6-10）计算。

$$EF_i = CC_i \times OF_i \times 44/12 \qquad (6-10)$$

式中 EF_i——第 i 种燃料的二氧化碳排放因子，单位为吨二氧化碳 / 吉焦（tCO_2/GJ）；

CC_i——第 i 种燃料的单位热值含碳量，单位为吨碳 / 吉焦（tC/GJ）；

OF_i——第 i 种化石燃料的碳氧化率，单位为 %，液体燃料的碳氧化率可取缺省值 0.98；气体燃料的碳氧化率可取缺省值 0.99。

⑤ 能源作为原材料用途的 CO_2 排放量核算

a. 电解铝企业

能源作为原材料用途（炭阳极消耗）的二氧化碳排放量按式（6-11）计算。

$$E_{CO_2\_原材料} = EF_{炭阳极} \times P \qquad (6-11)$$

式中 $E_{CO_2\_原材料}$——核算年度内，炭阳极消耗导致的二氧化碳排放量，单位为吨二氧化碳（tCO_2）；

$EF_{炭阳极}$——炭阳极消耗的二氧化碳排放因子，单位为吨二氧化碳 / 吨铝（tCO_2/tAl）；

P——活动水平，即核算年度内的原铝产量，单位为吨（t）。

所需的活动水平是核算和报告年度内的原铝产量，采用企业计量数据，单位为吨（t）。炭阳极消耗的二氧化碳排放因子按式（6-12）计算。

$$EF_{炭阳极} = NC_{炭阳极} \times (1 - S_{炭阳极} - A_{炭阳极}) \times 44/12 \qquad (6-12)$$

式中 $EF_{炭阳极}$——炭阳极消耗的二氧化碳排放因子，单位为吨二氧化碳 / 吨铝（tCO_2/tAl）；

$NC_{炭阳极}$——核算和报告年度内的吨铝炭阳极净耗，单位为吨碳 / 吨铝（tC/tAl），可采用中国有色金属工业协会的推荐值 0.42tC/tAl；具备条件的企业可以按月称重检测，取年度平均值；

$S_{炭阳极}$——核算和报告年度内的炭阳极平均含硫量，单位为 %，可采用中国有色金属工业协会的推荐值 2%；具备条件的企业可以按照《铝用炭素材料检测方法 第 20 部分：硫分的测定》（YS/T 63.20—2023），对每个批次的炭阳极进行抽样检测，取年度平均值；

$A_{炭阳极}$——核算和报告年度内的炭阳极平均灰分含量，单位为 %，可采用中国有色金属工业协会的推荐值 0.4%；具备条件的企业可以按照《铝用炭素材料检测方法 第 19 部分：灰分含量的测定》（YS/T 63.19—2021），对每个批次的炭阳极进行抽样检测，取年度平均值。

b. 镁冶炼企业

能源作为原材料用途（企业主体自有硅铁生产工序消耗蓝炭还原剂）的二氧化碳排放量按式（6-13）计算。

$$E_{CO_2\_原材料} = EF_{硅铁} \times S \qquad (6-13)$$

式中 $E_{CO_2\_原材料}$——核算年度内，蓝炭消耗导致的二氧化碳排放量，单位为吨二氧化碳（tCO_2）；

$EF_{硅铁}$——硅铁生产消耗蓝炭的二氧化碳排放因子，单位为吨二氧化碳 / 吨硅铁

（$tCO_2/tFeSi$）；

S——活动水平，即核算年度内的硅铁产量，单位为吨（t）。

所需的活动水平是核算和报告年度内报告主体自产的硅铁产量，企业计量数据，单位为吨（t）。排放因子采用中国有色金属工业协会的推荐值，2.79吨二氧化碳/吨硅铁（$tCO_2/tFeSi$）。

c. 其他有色金属冶炼及压延加工企业

工业生产中，能源作为原材料被消耗，发生化学反应而产生温室气体排放。铜冶炼、铅锌冶炼等子行业的企业使用焦炭、蓝炭、无烟煤、天然气等能源产品作为还原剂，导致二氧化碳排放。能源作为原材料用途（冶金还原剂）的二氧化碳排放量按式（6-14）计算。

$$E_{CO_2\_原材料} = EF_{还原剂} \times AD_{还原剂} \tag{6-14}$$

式中　$E_{CO_2\_原材料}$——核算年度内，能源作为原材料用途导致的二氧化碳排放量，单位为吨二氧化碳（tCO_2）；

$AD_{还原剂}$——活动水平，即核算和报告年度内能源产品作为还原剂的消耗量，对固体或液体能源，单位为吨（t），对气体能源，单位为万立方米（万m^3，标况下）；

$EF_{还原剂}$——能源产品作为还原剂用途的二氧化碳排放因子，单位为吨二氧化碳/吨还原剂（tCO_2/t还原剂）。

⑥ 工业生产过程中的CO_2排放量核算

a. 电解铝企业

电解铝企业工业生产过程排放量是其阳极效应排放量与煅烧石灰石排放量之和，按式（6-15）计算。

$$E_{CO_2\_过程} = E_{PFCs} + E_{石灰} \tag{6-15}$$

式中　$E_{CO_2\_过程}$——核算和报告年度内的工业生产过程排放量，单位为吨二氧化碳当量（tCO_2e）；

E_{PFCs}——核算和报告年度内的阳极效应全氟化碳排放量，单位为吨二氧化碳当量（tCO_2e）；

$E_{石灰}$——核算和报告年度内的煅烧石灰石排放量，单位为吨二氧化碳（tCO_2）。

◆ 阳极效应CO_2排放量

电解铝企业在发生阳极效应时，会排放四氟化碳（CF_4，PFC-14）和六氟化二碳（C_2F_6，PFC-116）两种全氟化碳（PFCs）。阳极效应温室气体排放量按式（6-16）计算。

$$E_{PFCs} = (6500 \times EF_{CF_4} + 9200 \times EF_{C_2F_6}) \times P / 1000 \tag{6-16}$$

式中　E_{PFCs}——核算和报告年度内的阳极效应全氟化碳排放量，单位为吨二氧化碳当量（tCO_2e）；

6500——CF_4的GWP值；

EF_{CF_4}——阳极效应的CF_4排放因子，单位为千克CF_4/吨铝（$kgCF_4/tAl$）；

9200——C_2F_6的GWP值；

$EF_{C_2F_6}$——阳极效应的C_2F_6排放因子，单位为千克C_2F_6/吨铝（kgC_2F_6/tAl）；

P——阳极效应的活动水平，即核算和报告年度内的原铝产量，单位为吨（t）。

所需的活动水平是核算和报告年度内的原铝产量，企业计量数据，单位为吨（t）。

阳极效应的排放因子与电解槽的技术类型密切相关。目前我国电解铝生产主要采用点式下料预焙槽技术（PFPB），属于国际先进技术，中国有色金属工业协会推荐的排放因子数值为 0.034kgCF₄/tAl 和 0.0034kgC₂F₆/tAl。

具备条件的企业可采用国际通用的斜率法经验公式，按照式（6-17）和式（6-18）计算本企业的阳极效应排放因子。

$$EF_{CF_4} = 0.143 \times AEM \tag{6-17}$$

$$EF_{C_2F_6} = 0.1 \times EF_{CF_4} \tag{6-18}$$

式中 EF_{CF_4} ——阳极效应的 CF_4 排放因子，单位为千克 CF_4/ 吨铝（ $kgCF_4/tAl$ ）；

        $EF_{C_2F_6}$ ——阳极效应的 C_2F_6 排放因子，单位为千克 C_2F_6/ 吨铝（ kgC_2F_6/tAl ）；

        AEM ——平均每天每槽阳极效应持续时间，企业自动化生产控制系统的实时监测数据，单位为分钟（min）。

◆ 石灰石煅烧 CO_2 排放量

按式（6-19）计算石灰石煅烧分解过程的二氧化碳排放量。

$$E_{石灰} = L \times EF_{石灰} \tag{6-19}$$

式中 $E_{石灰}$ ——石灰石煅烧分解所导致的二氧化碳排放量，单位为吨二氧化碳（ tCO_2 ）；

       L ——核算和报告年度内的石灰石原料消耗量，单位为吨（t）；

   $EF_{石灰}$ ——煅烧石灰石的二氧化碳排放因子，单位为吨二氧化碳 / 吨石灰石（ tCO_2/t 石灰石）。

所需的活动水平是核算和报告年度内的石灰石原料消耗量，企业计量数据，单位为吨（t）。排放因子采用有色金属工业协会推荐值，0.405 吨二氧化碳 / 吨石灰石。

b. 镁冶炼企业

工业生产过程排放量，即白云石煅烧分解导致的二氧化碳排放量，按式（6-20）计算。

$$E_{CO_2\_过程} = EF_{白云石} \times D \tag{6-20}$$

式中 $E_{CO_2\_过程}$ ——工业生产过程排放量，即煅烧白云石的二氧化碳排放量，单位为吨二氧化碳（ tCO_2 ）；

   $EF_{白云石}$ ——煅烧白云石的二氧化碳排放因子，单位为吨二氧化碳 / 吨白云石（ tCO_2/tD ）；

       D ——煅烧白云石的活动水平，即核算和报告年度内的白云石原料消耗量，单位为吨（t）。

所需的活动水平是核算和报告年度内白云石原料的消耗量，企业计量数据，单位为吨（t）。煅烧白云石的二氧化碳排放因子按式（6-21）计算。

$$EF_{白云石} = DX \times 0.478 \tag{6-21}$$

式中 $EF_{白云石}$ ——煅烧白云石的二氧化碳排放因子，单位为吨二氧化碳 / 吨白云石（ tCO_2/tD ）；

       DX ——核算年度内，白云石原料的平均纯度，即碳酸镁和碳酸钙在白云石原料中的质量分数，单位为 %，中国有色金属工业协会的推荐值为 98%，具备条件的企业可以按照《石灰石及白云石化学分析方法 第 1 部分：氧化钙和氧化镁含量的测定》（GB/T 3286.1—2012），对每个批次的白云石原料进行抽样检测，取年度平均值；

0.478——煅烧白云石的二氧化碳理论排放系数，单位为吨二氧化碳/吨白云石（tCO_2/tD）。

c. 其他有色金属冶炼及压延加工企业

过程排放量是企业消耗的各种碳酸盐以及草酸发生分解反应导致的排放量之和，按式（6-22）计算：

$$E_{CO_2\_过程} = E_{草酸} + \sum_{i=1}^{n} E_{碳酸盐} = AD_{草酸} \times EF_{草酸} + \sum_{i=1}^{n} (AD_{碳酸盐} + EF_{碳酸盐}) \quad (6-22)$$

式中　$E_{CO_2\_过程}$——核算和报告年度内的过程排放量，单位为吨二氧化碳（tCO_2）；

$E_{草酸}$——草酸分解所导致的过程排放量，单位为吨二氧化碳（tCO_2）；

$E_{碳酸盐}$——某种碳酸盐分解所导致的过程排放量，单位为吨二氧化碳（tCO_2）；

$AD_{草酸}$——核算和报告年度内的草酸消耗量，单位为吨（t）；

$AD_{碳酸盐}$——核算和报告年度内某种碳酸盐的消耗量，单位为吨（t）；

$EF_{草酸}$——草酸分解的二氧化碳排放因子，单位为吨二氧化碳/吨草酸（tCO_2/t 草酸）；

$EF_{碳酸盐}$——某种碳酸盐分解的二氧化碳排放因子，单位为吨二氧化碳/吨碳酸盐（tCO_2/t 碳酸盐）。

所需的活动水平是核算和报告年度内草酸以及各种碳酸盐的消耗量，采用企业计量数据，单位为吨（t）。

草酸分解的二氧化碳排放因子按式（6-23）计算。

$$EF_{草酸} = 0.349 \times PUR_{草酸} \quad (6-23)$$

式中　$EF_{草酸}$——草酸分解的二氧化碳排放因子，单位为吨二氧化碳/吨草酸（tCO_2/t 草酸）；

0.349 ——二氧化碳与工业草酸的分子量之比；

$PUR_{草酸}$——草酸的浓度（含量），采用供货方提供的标称值；如标称值不可得，则采用默认值 99.6%。

⑦ 净购入电力和热力隐含的 CO_2 排放量核算

企业净购入电力隐含的 CO_2 排放以及净购入热力隐含的 CO_2 排放分别按式（6-24）计算：

$$E_{CO_2\_电和热} = AD_{电力} \times EF_{电力} + AD_{电热} \times EF_{电热} \quad (6-24)$$

式中　$E_{CO_2\_电和热}$——企业净购入的电力及热力隐含的 CO_2 排放，单位为 tCO_2；

$AD_{电力}$——企业净购入的电力消费量，单位为兆瓦时（MW·h）；

$AD_{电热}$——企业净购入的热力消费量，单位为吉焦（GJ）；

$EF_{电力}$——电力消费的 CO_2 排放因子，单位为吨二氧化碳/兆瓦时 [$tCO_2/(MW·h)$]；

$EF_{电热}$——热力消费的 CO_2 排放因子，单位为吨二氧化碳/吉焦（tCO_2/GJ）。

所需的活动水平是核算和报告年度内企业测量和计算的净外购电量和净外购热量，根据电力（或热力）供应商、核算主体存档的购售结算凭证以及企业能源平衡表，按照式（6-25）计算。

$$净购入的电量（热量）= 购入量 - 外销量 \quad (6-25)$$

电力消费的排放因子应根据企业生产地及目前的东北、华北、华东、华中、西北、南方电网划分，选用国家主管部门最近年份公布的相应区域电网排放因子。热力消费的排放因子暂按 0.11tCO$_2$/GJ 计，未来应根据政府主管部门发布的官方数据进行更新。

6.2.4　有色金属行业碳排放控制

（1）碳排放控制的政策背景及途径　为减少温室气体排放、积极应对气候变化，力争实现中国二氧化碳排放于 2030 年前达到峰值，2060 年前实现碳中和的"双碳"目标，加快低碳技术的推广应用，引导低碳产业的发展，国家发展改革委组织编制了《国家重点推广的低碳技术目录》，积极鼓励碳排放控制技术的研发和应用。国家在工业、建筑、交通运输、农业等各行业加快建立以低碳为特征的产业体系，同时通过政策和税收对各行业实现低碳发展的技术路径加以引导，鼓励推广减排潜力大、先进适用、成熟可靠，同时经济、环境和社会综合效益良好的低碳新工艺、新技术和新设备。

碳排放控制须以低碳技术的推广和应用为途径，低碳技术是以能源及资源的清洁高效利用为基础，以减少或消除二氧化碳排放为基本特征的技术，广义上也包括以减少或消除其他温室气体排放为特征的技术。根据减排机理，低碳技术可分为零碳技术、减碳技术和储碳技术；根据技术特征，可分为非化石能源类技术，燃料及原材料替代类技术，工艺过程等非二氧化碳减排类技术，碳捕集、利用与封存类技术和碳汇类技术等五大类。

（2）有色金属碳排放控制措施　我国有色金属冶炼工业经过数十年的发展，基本上囊括了世界上所有已知的冶金工艺，但各个金属行业和企业的发展状况差距较大，部分企业仍旧采取能耗相对较高，排放量相对较大的生产工艺。在实现碳减排的进程中，有色冶金企业必须逐步优化产业结构，淘汰落后工艺，大力推广节能减碳的新型工艺和技术，从源头上降低能源消耗，尽量使用清洁能源，减少化石燃料的使用，利用生物质燃料部分替代化石燃料，以实现碳排放量控制的目标。

同时应提升关键设备技术的设计制造水平，扩大有色金属企业的单体规模，采用大型化、规模化、高效化的节能设备，提高能源效率，降低单位产品能耗。利用智能模拟系统，逐步优化核心设备的结构，改进炉内反应气氛，保证燃料充分燃烧，提升燃烧效率和传热效率。加强炉窑保温，降低散热损失。

未来有色金属冶炼行业应更加重视发展热能梯级利用技术，发展热、电、冷联产热能梯级利用技术，充分回收不同温度的热能并加以利用，最大限度地节约能源，降低能耗与碳排放量。

进一步深入研究碳捕集、利用与封存技术（CCUS 技术），将二氧化碳从工业排放源中分离，进行利用或封存，CCUS 技术是有望实现二氧化碳大幅削减的新兴技术，是保障国际能源安全和实现可持续发展的重要手段。根据清华大学气候变化与可持续发展研究院编制的《中国低碳发展战略与转型路径研究项目成果》，2050 年由 CCUS 技术所减排的二氧化碳量将达到 7.0 亿～ 8.8 亿 t/a，CCUS 技术是实现"双碳"目标不可或缺的构成要素[47]。

自 2006 年以来，国家多部委相继参与制定了十多项政策措施，鼓励和支持 CCUS 技术的发展，将其列为中长期发展规划的前沿技术。目前 CCUS 技术发展尚不成熟，处于起步试验阶段。截至 2022 年，全球有 65 个商业 CCUS 设施，其中有 26 个在运行、3 个在建、2 个暂停，13 个处于高级开发阶段，21 个处于初级开发阶段。由于 CCUS 技术产业链长、规模大、投资高，目前商业应用均出现在发达国家，我国仅有的数个项目主要集中在电力和石化行业，钢铁、有色金属等行业还未有正式投入的相关商业开发和应用。

（3）有色金属工艺过程低碳技术　目前国内有色金属行业较为成熟，有实际应用的工艺过程低碳技术简介如下[51]：

① 罐式煅烧炉密封改造技术

a. 技术名称　罐式煅烧炉密封改造技术。

b. 技术类别　减碳技术。

c. 所属领域及适用范围　有色金属碳素行业。

d. 应用现状　碳素行业普遍采用罐式炉煅烧石油焦作为原料制备主要手段之一，其产能约 350 万 t/a。虽然该技术具有煅烧质量好，原料损耗低于其他煅烧方式等优点，但仍有 3%～4% 的石油焦被烧损，且煅烧过程中冷却水用量大，造成了能源与水资源的浪费。该技术采用负压密封原理，降低了石油焦的烧损率。目前，该技术已初步实现了产业化，并在山东省部分企业进行了应用，节能减排效果良好。

e. 技术内容　通过集成使用煅烧炉负压密封节能技术，阻止空气进入罐式煅烧炉内，将排料口进入的空气阻断，降低了石油焦烧损率，同时冷却水用量减小。达到降低原料消耗的目的，同时减小循环冷却水量可取得节能效果，减少 CO_2 排放。

② 降低铝电解全氟化碳排放技术

a. 技术名称　降低铝电解生产全过程全氟化碳（PFCs）排放技术。

b. 技术类别　减碳技术。

c. 所属领域及适用范围　有色金属电解铝行业。

d. 应用现状　全氟化碳（PFCs）是电解铝过程中产生的具有较强温室效应的气体，据统计，一般由阳极效应和非阳极效应产生的二氧化碳为 0.11tCO_2/tAl，因此推广应用可实现阳极效应系数低且效应持续时间少的电解铝技术是有色金属行业的低碳发展方向之一。目前，该技术已在 10 万吨电解铝生产线上进行了工业示范应用，且在 700 余台预焙电解槽进行了应用，减排效果良好。

e. 技术内容　在多相高温强蚀熔盐体系下，利用氧化铝浓度定值控制技术，避免或减少氧化铝浓度落入 PFCs 生成区，既可获得较高的电流效率，又能有效预防避免或减少因氧化铝浓度过低造成的 PFCs 排放；利用氧化铝下料异常处理与报警及限电情况下低阳极效应控制技术，消除或减少因设备、原料、供电不正常导致的电解铝生产过程 PFCs 的排放；研制出阳极效应自动熄灭技术，快速熄灭已发生的阳极效应，实现 PFCs 的减排；利用下料口维护技术，保证下料口畅通，使控制指令得到有效执行，进一步保障系统正常运行。

③ 低温低压铝电解技术

a. 技术名称　低温低电压铝电解技术。

b. 技术类别　减碳技术。

c. 所属领域及适用范围　有色金属、电解铝行业。

d. 应用现状　我国低温低压电解铝技术整体达到国际先进水平，目前国内推广单位已达 15 家以上，并在 180～500kA 级不同电解槽系列上建立了示范生产线，推广范围涉及系列的总产能达到约 500 万吨，实现节约电能 27.65 亿 kWh。

e. 技术内容　低温低压电解铝新技术主要对低极距型槽结构进行优化设计，强化低温电解质体系及工艺过程临界稳定控制，同时对节能型电极材料制备方面进行创新应用。

④ 铝电解新型焦粒焙烧技术

a. 技术名称　铝电解新型焦粒焙烧技术。

b. 技术类别　减碳技术。

c. 所属领域及适用范围　有色金属、电解铝行业。

d. 应用现状　铝电解新型焦粒焙烧技术适用于预焙阳极电解槽，目前已成功应用于国内多家电解铝企业，大幅缩短了焙烧时间，节电效果显著，兰州某电解铝厂采用该技术，通过改善保温效果、强化焙烧，焙烧时间由 96h 缩短至 48h。

e. 技术内容　铝电解新型焦粒焙烧技术是通过在装炉过程中改善保温条件，改进装炉方法，使包括阳极和阴极表面在内的空间形成密闭环境，利用热对流易于传播热量和均匀传播热量的原理，使电解槽阴极内衬水分、挥发分等快速排出，进而使阴极烧结成整体。该方法可以促使炭渣有效分离，缩短物料熔化时间，具有焙烧时间短、升温快、挥发彻底的特点，启动过程操作简便也更为安全。

⑤ 旋浮冶炼节能技术

a. 技术名称　旋浮冶炼节能技术。

b. 技术类别　减碳技术。

c. 所属领域及适用范围　有色金属铜、镍、铅等冶炼行业。

d. 应用现状　旋浮冶炼节能技术适用于铜、镍、铅等有色金属冶炼工艺，与传统闪速冶炼技术相比，该技术具有生产能力大、反应充分、烟尘率低、热效率高、原料适应性强等优点，目前已在国内有所应用。

e. 技术内容　旋浮冶炼技术采用"风内料外"的供料方式，对物料的分散模拟龙卷风高速旋转，具有强扩散和卷吸能力，物料均匀分布在反应炉内，物料颗粒间脉动碰撞，强化了热能传导和化学反应。

6.2.5　低碳发展新模式与展望

（1）发展新模式　有色金属行业产业链包含采矿、选矿、冶炼、加工，以及一些高端的新材料企业等，一直以来和钢铁、石化、建材等传统行业被重点管控。在"双碳"目标提出后，高碳的工业行业领域正面临前所未有的减排压力，加之国外高筑的"绿色壁垒"，低碳将是工业发展的必由之路[52]。近年来我国初步形成了集行政、市场和社会化手段于一体的制度体系，推动了工业向低碳方向发展，但是我国在工业行业领域实践低碳制度起步相对较晚，因此制度体系不够成熟，导致出现了各种各样的问题，例如部分制度实施效果不理想、相关制度缺乏协同以及一些关键领域制度存在缺失等问题。为全面推动工业低碳发展，应加强制度建设，尽快提升制度的协调性，形成有机衔接、相互配合的制度体系，充分发挥各种制度的应有作用；确保制度的操作性，在绿色采购、碳市场、绿色税收、绿色电力证书等方面完善和出台相关法律法规；加强制度的创新性，重点围绕中小企业进行必要的制度创新，打造出一些可复制、可推广的低碳甚至零碳供应链管理模式。另外适时地开征碳税，以形成"碳税＋碳排放交易"为工具的市场化减排机制。

① 协调好各品种之间的关系。有色金属行业是我国重要的基础原材料工业，对于推动经济社会发展具有重要作用，特别是随着我国经济转型，以有色金属为基础的新材料在众多领域的作用更加突出，同时对绿色发展具有重要的支撑作用[53]。有色金属行业实现碳达峰要充

分考虑到减排和整体行业发展的关系，一方面，对于铝、铜等金属品种需要加强节能减排技术的推广，努力推进资源的再生利用，同时加大对节能低碳建筑、可再生能源、汽车轻量化等领域的经济以及科技支撑；另一方面，对于那些在高新技术行业产业发展中起到关键性作用的有色金属品种，要加强市场需求预测，统筹考虑其对经济社会发展的贡献，并对发展规模进行科学评估，整体考虑各有色金属品种之间的关系和连接，同时提升工业生产过程中自身的绿色技术创新能力，努力提高工业产品的品质和附加值，积极提升有色金属行业的整体效益，以更好地支撑社会经济发展。

② 协调好生产环节之间的关系。近年来，我国高度重视生态文明建设，绿色生产方式的建立逐步加快，企业的节能减排意识显著增强，各工艺生产环节节能减排技术水平明显提高。经过一段时间的努力，我国已经建立了相对完备的有色金属工业体系，现阶段其产量和品种均位居世界首位。目前，有色金属产业链可以分为原料、合金、加工等环节，合金生产环节相对较独立，一般是由生产合金企业或加工企业采购原料后进入生产环节，这种生产模式对产品多元化起到了积极的作用，但是另一方面合金与金属原料的分离增加了金属熔化环节，导致能源的重复消耗，从而提高了有色行业的整体能耗水平。对有色金属行业生产工艺流程加强优化，行业整体发展进行科学规划，对有条件的企业延伸产业链实施鼓励措施，以促进不同生产环节的融合。

③ 协调好用能方式之间的关系。有色金属行业流程中自备电比例相对较高，这对于保障行业能耗特色化需求起到了积极作用，但在另一方面，其用能模式相对分散，不但导致能源效率降低，而且对排放的集中处理也产生了消极的影响。加强有色金属行业用能方式的技术经济分析，科学系统评估各种用能方式，加强与电力系统之间的合作，探索一种特色化、多元化的电力服务模式。另外，把握智能化发展的契机，积极推动利用可再生能源，探索有色行业中新型能源的应用，提升能源效率，降低 CO_2 排放。

④ 协调好区域布局之间的关系。现阶段有色金属行业仍然面临巨大的需求，在各生产工艺环节节能降耗逐步加强的同时，进一步优化行业整体空间布局同样也是减少碳排放的重要工作。目前我国有色金属行业区域分布相对不均衡，有色金属行业碳排放在不同省份间差异相对较大。有色金属行业要加强整体谋划，在统筹考虑环境状况、资源禀赋、产业特点、市场需求等因素的基础上，加强区域绿色发展以及产业转型的衔接，为有色金属行业发展寻求可持续发展的空间。同时，依托我国重大的区域战略，优化产业空间布局并促进区域间产业协同发展。

（2）展望　距离中国 2030 年实现碳达峰目标还有几年的时间，作为传统行业之一的有色金属行业也被重点关注，如期或提前实现碳中和、碳达峰的任务也十分艰巨。相信有色金属行业能紧紧把握以冶炼为核心的碳排放相关工作，在能源结构、产业布局、技术革新、循环经济等方面继续提高行业能力，早日达成"双碳"目标。

6.3　建筑材料工业碳排放与控制

6.3.1　建筑材料工业碳排放的基本概况

中国是全球二氧化碳排放量第一的国家。作为国民经济建设重要支柱性产业，建筑材料也是我国工业生产中最大的二氧化碳排放源。经过二十余年的高速发展，我国的建材工业发展已经形成了一套相对完整的工业体系。据统计[54]，2020 年中国建材工业的二氧化碳排放达到了 14.8 亿吨，同比增长 2.7%，建筑材料工业的电力消耗可间接折算约合 1.7 亿吨二氧化碳当量，如图 6-3 所示（详见彩图）。其中水泥工业二氧化碳排放 12.3 亿吨，占比达到了 83.1%，玻璃工业二氧化碳排放 2740 万吨，陶瓷工业二氧化碳排放 3758 万吨。

图 6-3　中国建筑材料工业二氧化碳排放分布图

建筑材料工业生产的二氧化碳排放包括燃料燃烧过程排放和工业生产过程排放。建筑材料的第一大燃料是煤炭，同时全行业煤炭消耗量高峰时期达到了年 3.4 亿吨，占整个建筑材料工业能耗总量的 70% 以上。天然气是玻璃、玻纤行业的第一燃料，也是陶瓷行业的主要燃料，作为建筑材料工业第二大燃料，其年用量已超过 120 亿立方米，占建筑材料工业能源结构 5%。

当今世界正经历百年未有之大变局，建筑材料行业正处于积极应对外部市场需求结构变化、内部产业结构加速转型、实现高质量发展的新阶段。以智能制造为代表的新一轮科技革命和产业变革势如破竹，信息化、数字化、网络化、智能化已成为制造业的发展趋势。作为我国碳减排任务最重的行业之一，采取切实有力措施，全力推进碳减排工作，提前实现碳达峰，为国家总体实现碳达峰预定目标和碳中和愿景做出积极贡献，也是建筑材料行业必须履行的社会责任和应尽的义务，更是全面提升建筑材料行业绿色低碳发展质量水平必由之路。

6.3.2　建筑材料工业碳排放测算方法

碳排放测算方法包括：行业、区域二氧化碳排放核算；企业二氧化碳排放核算；全生命周期的碳足迹。

（1）术语和定义

① 温室气体：大气层中自然存在的和由于人类活动产生的能够吸收和散发由地球表面、大气层和云层所产生的，波长在红外光谱内的辐射的气态成分。注：本部分涉及的温室气体只包括二氧化碳（CO_2）。

② 设施：属于某一地理边界、组织单元或生产过程的，移动的或固定的一个装置、一组装置或一系列生产过程。

③ 温室气体源：向大气中排放温室气体的物理单元或过程。

④ 温室气体排放：在特定时段内释放到大气中的温室气体总量（以质量单位计算）。

⑤ 燃料燃烧排放：燃料在氧化燃烧过程中产生的温室气体排放。

⑥ 过程排放：在生产、废弃物处理处置等过程中除燃料燃烧之外的物理或化学变化造成的温室气体排放。包括原料碳酸盐的分解产生的排放和生料中非燃烧碳煅烧产生的排放等。

⑦ 购入的电力、热力产生的排放：企业消费的购入电力、热力所对应的电力热力生产环

节产生的二氧化碳排放。注：热力包括蒸汽、热水等。

⑧ 输出的电力、热力产生的排放：企业输出的电力、热力所对应的电力、热力生产环节产生的二氧化碳排放。

⑨ 温室气体清单：工业企业拥有或控制的温室气体源以及温室气体排放量组成的清单。

⑩ 活动数据：导致温室气体排放的生产或消费活动量的表征值。注：如各种化石燃料的消耗量、原材料的使用量购入的电量购入的热量等。

⑪ 排放因子：表征单位生产或消费活动量的温室气体排放的系数。

⑫ 碳氧化率：燃料中的碳在燃烧过程中被完全氧化的百分比。

⑬ 全球变暖潜势：将单位质量的某种温室气体在给定时间段内辐射强度影响与等量二氧化碳辐射强度影响相关联的系数。

⑭ 二氧化碳当量：在辐射强度上与某种温室气体质量相当的二氧化碳的量。注：二氧化碳当量等于给定温室气体的质量乘以它的全球变暖潜势值。

⑮ 水泥生产企业：以水泥生产为主营业务的独立核算单位。

⑯ 平板玻璃生产企业：以平板玻璃生产为主营业务的独立核算单位。

⑰ 陶瓷生产企业：以陶瓷制品生产和加工为主营业务的独立核算单位。

（2）行业、区域二氧化碳排放核算[55]

建筑材料工业二氧化碳排放核算从属我国温室气体排放核算体系，为保证二氧化碳核算数据来源的可获得性、可靠性、可核查性和可持续性，遵循国家应对气候变化部门统计、能源统计和国民经济核算、工业产值统计、工业产品产量统计等报表制度相关规定，在国民经济核算体系内，核算建筑材料工业生产活动的二氧化碳排放。建筑材料工业二氧化碳排放包括建筑材料工业企业生产和非生产活动的能耗和二氧化碳排放，但不包括建筑材料工业以外行业生产建筑材料及非矿产品的能耗和二氧化碳排放。

建筑材料及各行业的二氧化碳排放分为燃料燃烧过程排放和工业生产过程（工业生产过程中碳酸盐原料分解）排放两部分。

$$Q_{全} = \sum (Q_{燃} + Q_{过}) \tag{6-26}$$

式中　$Q_{全}$——二氧化碳排放量；

　　　$Q_{燃}$——燃料燃烧过程二氧化碳排放量；

　　　$Q_{过}$——生产过程二氧化碳排放量。

① 燃料燃烧过程二氧化碳排放（$Q_{燃}$）估算

$$Q_{燃} = \sum_{i=1}^{n} (F_i \times C_i) \tag{6-27}$$

式中　$Q_{燃}$——燃料燃烧过程二氧化碳排放量；

　　　F_i——各燃料品中的消耗量；

　　　C_i——各燃料品种燃烧二氧化碳排放系数。

计算建筑材料工业燃料燃烧过程二氧化碳排放，应采用燃料的实际发热值计算。

② 生产过程二氧化碳排放（$Q_{过}$）估算

$$Q_{过} = \sum_{i=1}^{n} (M_i \times C_i) \tag{6-28}$$

式中 $Q_{过}$ ——工业生产过程中二氧化碳排放量；

$\quad\quad M_i$ ——碳酸盐原料使用量；

$\quad\quad C_i$ ——酸盐原料二氧化碳排放系数。

各行业、各区域在计算工业生产过程二氧化碳排放量时，应根据本地资源状况确定碳酸盐原料中碳含量平均含量并适时调整。

（3）企业二氧化碳排放核算

企业二氧化碳排放核算可按照已发布的行业标准：《温室气体排放核算与报告要求 第8部分：水泥生产企业》（GB/T 32151.8—2015）、《温室气体排放核算与报告要求 第7部分：平板玻璃生产企业》（GB/T 32151.7—2015）、《温室气体排放核算与报告要求 第9部分：陶瓷企业》（GB/T 32151.9—2015）等，其他企业可参照相关行业的温室气体排放核算与报告要求的标准进行二氧化碳排放核算。

① 水泥生产企业碳排放核算方法

水泥生产企业在生产过程中，其温室气体排放主要包括燃料燃烧排放、过程排放、购入和输出的电力及热力产生的排放。水泥生产企业温室气体核算边界如图6-4所示。

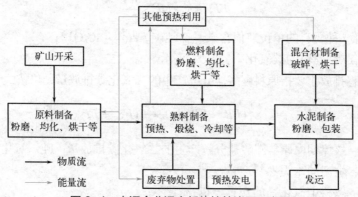

图6-4 水泥企业温室气体核算边界示意图

水泥生产企业的二氧化碳排放总量等于企业边界内所有的燃料燃烧排放量、过程排放量、企业购入电力和热力产生的排放量之和，扣除输出的电力和热力对应的排放量，按式（6-29）计算：

$$E = E_{燃烧} + E_{过程} + E_{购入电} + E_{购入热} - E_{输出电} - E_{输出热} \quad\quad (6-29)$$

式中 E ——企业二氧化碳排放总量，吨二氧化碳（tCO_2）；

$\quad E_{燃烧}$ ——企业燃料燃烧的二氧化碳排放量，吨二氧化碳（tCO_2）；

$\quad E_{过程}$ ——企业生产过程中原料碳酸盐分解产生的二氧化碳排放量，吨二氧化碳（tCO_2）；

$\quad E_{购入电}$ ——企业购入的电力所产生的二氧化碳排放量，吨二氧化碳（tCO_2）；

$\quad E_{购入热}$ ——企业购入的热力所产生的二氧化碳排放量，吨二氧化碳（tCO_2）；

$\quad E_{输出电}$ ——企业输出的电力所产生的二氧化碳排放量，吨二氧化碳（tCO_2）；

$\quad E_{输出热}$ ——企业输出的热力所产生的二氧化碳排放量，吨二氧化碳（tCO_2）。

在水泥生产中使用燃料，如实物煤、燃油等。燃料燃烧产生的二氧化碳排放的计算采用式（6-30）～式（6-32）。

$$E_{燃烧} = \sum_{i=1}^{n}(AD_i \times EF_i) \tag{6-30}$$

式中　$E_{燃烧}$——核算期内，企业消耗燃料燃烧活动产生的二氧化碳排放，吨二氧化碳（tCO_2）；

AD_i——核算期内消耗的第 i 种燃料的活动水平，吉焦（GJ）；

EF_i——第 i 种燃料的二氧化碳排放因子，吨 CO_2/ 吉焦（tCO_2/GJ）；

i ——燃料类型代号。

核算期内消耗的第 i 种燃料的活动水平 AD_i 按式（6-31）计算：

$$AD_i = NCV_i \times FC_i \tag{6-31}$$

式中　NCV_i——核算期内第 i 种燃料的平均低位发热量，对固体或液体燃料，单位为吉焦 / 吨（GJ/t）；对气体燃料，单位为吉焦 / 万立方米（GJ/ 万 m^3）；

FC_i ——核算期内第 i 种燃料的净消耗量。对固体或液体燃料，单位为吨（t）；对气体燃料，单位为万立方米（万 m^3）。

燃料的二氧化碳排放因子按式（6-32）计算：

$$EF_i = CC_i \times OF_i \times \frac{44}{22} \tag{6-32}$$

式中　CC_i——第 i 种燃料的单位热值含碳量，吨碳 / 吉焦（tC/GJ）；

OF_i ——第 i 种燃料的碳氧化率，以 % 表示。

水泥生产过程排放主要指原料碳酸盐分解产生的二氧化碳排放量，可按式（6-33）计算：

$$E_{工艺} = Q \times \left[(FR_1 - FR_{10}) \times \frac{56}{44} + (FR_2 - FR_{20}) \times \frac{44}{40} \right] \tag{6-33}$$

式中　$E_{工艺}$ —— 核算期内原料碳酸盐分解产生的二氧化碳排放量，吨二氧化碳（tCO_2）；

Q —— 生产的水泥熟料产量，吨（t）；

FR_1 —— 熟料中氧化钙的含量，以 % 表示；

FR_{10} —— 熟料中不是来源于碳酸盐分解的氧化钙含量，以 % 表示；

FR_2 —— 熟料中氧化镁的含量，以 % 表示；

FR_{20} —— 熟料中不是来源于碳酸盐分解的氧化镁含量，以 % 表示；

$\dfrac{56}{44}$ —— 二氧化碳与氧化钙之间的分子量换算；

$\dfrac{44}{40}$ —— 二氧化碳与氧化镁之间的分子量换算。

熟料中不是来源于碳酸盐分解的氧化钙和氧化镁的含量，采用企业测量的数据计算，计算采用式（6-34）和式（6-35）。

$$FR_{10} = \frac{FS_{10}}{(1-L) \times F_C} \tag{6-34}$$

$$FR_{20} = \frac{FS_{20}}{(1-L) \times F_C} \tag{6-35}$$

式中　L——生料烧失量，以 % 表示；

F ——熟料中燃煤灰分掺入量换算因子，取值为 1.04（注：数据引自 HJ 2519-2012）；

FS_{10} ——生料中不是以碳酸盐形式存在的氧化钙含量，以 % 表示；

FS_{20} ——生料中不是以碳酸盐形式存在的氧化镁含量，以 % 表示。

购入电力产生的二氧化碳排放量按式（6-37）计算。

$$E_{购入电} = AD_{购入电} \times EF_{电} \qquad (6-36)$$

式中　$E_{购入电}$ ——购入电力所产生的二氧化碳的排放量，吨二氧化碳（tCO_2）；

$AD_{购入电}$ ——核算期内购入的电量，兆瓦时（$MW \cdot h$）；

$EF_{电}$ ——电力的二氧化碳排放因子，吨二氧化碳 / 兆瓦时 $[tCO_2/（MW \cdot h）]$。

购入热力产生的二氧化碳排放量按式（6-37）计算。

$$E_{购入热} = AD_{购入热} \times EF_{热} \qquad (6-37)$$

式中　$E_{购入热}$ ——购入热力所产生的二氧化碳的排放量，吨二氧化碳（tCO_2）；

$AD_{购入热}$ ——核算期内购入的热量，吉焦（GJ）；

$EF_{热}$ ——电力的二氧化碳排放因子，吨二氧化碳 / 吉焦（tCO_2/GJ）。

输出电力产生的二氧化碳排放量按式（6-38）计算：

$$E_{输出电} = AD_{输出电} \times EF_{电} \qquad (6-38)$$

式中　$E_{输出热}$ ——输出电力所产生的二氧化碳的排放量，吨二氧化碳（tCO_2）；

$AD_{输出热}$ ——核算期内输出的电量，兆瓦时（$MW \cdot h$）；

$EF_{热}$ ——电力的二氧化碳排放因子，吨二氧化碳 / 兆瓦时 $[tCO_2/（MW \cdot h）]$。

输出热力产生的二氧化碳排放量按式（6-39）计算：

$$E_{输出热} = AD_{输出热} \times EF_{热} \qquad (6-39)$$

式中　$E_{输出热}$ ——输出热力所产生的二氧化碳的排放量，吨二氧化碳（tCO_2）；

$AD_{输出热}$ ——核算期内输出的热量，吉焦（GJ）；

$EF_{热}$ ——电力的二氧化碳排放因子，吨二氧化碳 / 吉焦（tCO_2/GJ）。

② 玻璃生产企业碳排放核算方法

平板玻璃的生产主要包括五个过程：原料配合料的制备、玻璃液熔制、玻璃板成型、玻璃板退火、玻璃切裁。主要耗能设备有熔窑、锡槽和退火窑。平板玻璃生产企业温室气体核算边界示意图如图 6-5 所示。

图 6-5　平板玻璃生产企业温室气体核算边界示意图

平板玻璃生产企业的温室气体排放总量等于企业边界内的燃料燃烧排放、原料配料中碳粉氧化产生的排放、原料碳酸盐分解产生的排放、购入电力及热力产生的排放的排放量之和，扣除输出的电力及热力产生的排放量，按式（6-40）计算。

$$E = E_{燃烧} + E_{碳粉} + E_{分解} + E_{购入电} + E_{购入热} - E_{输出电} - E_{输出热} \qquad (6-40)$$

式中　E ——企业二氧化碳排放总量，吨二氧化碳（tCO_2）；

碳达峰碳中和导论

$E_{燃烧}$——企业燃料燃烧的二氧化碳排放量，吨二氧化碳（tCO_2）；

$E_{碳粉}$——企业生产的原料配料中碳粉氧化产生的二氧化碳排放量，吨二氧化碳（tCO_2）；

$E_{分解}$——企业生产的原料碳酸盐分解产生的二氧化碳排放量，吨二氧化碳（tCO_2）；

$E_{购入电}$——企业购入的电力所产生的二氧化碳排放量，吨二氧化碳（tCO_2）；

$E_{购入热}$——企业购入的热力所产生的二氧化碳排放量，吨二氧化碳（tCO_2）；

$E_{输出电}$——企业输出的电力所产生的二氧化碳排放量，吨二氧化碳（tCO_2）；

$E_{输出热}$——企业输出的热力所产生的二氧化碳排放量，吨二氧化碳（tCO_2）。

燃料燃烧的二氧化碳排放量是核算期内各种燃料燃烧所产生的二氧化碳排放量的总和，$E_{燃烧}$的计算采用式（6-30）～式（6-32）。

原料配料中碳粉氧化的排放是核算期内碳粉的投入量和碳粉的含碳量。碳粉的投入量，取自企业计量的数据，单位为吨（t）。碳粉的含碳量，取百分比（%）。碳粉氧化产生的二氧化碳排放量，按式（6-41）计算：

$$E_{碳粉}=Q_c \times C_c \times \frac{44}{22} \tag{6-41}$$

式中　$E_{碳粉}$——核算期内，碳粉氧化产生的二氧化碳排放量，吨二氧化碳（tCO_2）；

Q_c——原来配料中碳粉的消耗量，吨（t）；

C_c——碳粉含碳量的加权平均值，以%表示，如缺少数据可按100%计算；

$\frac{44}{22}$——二氧化碳与碳之间的分子量换算。

平板玻璃生产过程中，原材料中的石灰石、白云石、纯碱等碳酸盐在高温熔融状态将分解产生二氧化碳。其分解产生的二氧化碳，按式（6-42）计算。

$$E_{分解}=\sum_{i=1}^{n}(MF_i \times M_i \times EF_i \times F_i) \tag{6-42}$$

式中　$E_{分解}$——核算期内，原料碳酸盐分解产生的二氧化碳排放量，吨二氧化碳（tCO_2）；

MF_i——碳酸盐 i 的质量含量，以%表示；

M_i——碳酸盐矿石 i 的质量，吨（t）；

EF_i——第 i 种碳酸盐排放因子，吨二氧化碳/吨（tCO_2/t）；

i——碳酸盐的种类。

购入电力、购入热、输出电力、输出热产生的二氧化碳排放量按式（6-36）～式（6-39）计算。

③陶瓷生产企业碳排放核算方法

陶瓷生产企业根据其生产过程的异同，其温室气体核算和报告范围包括以下部分和全部排放：化石燃料燃烧产生的二氧化碳排放，陶瓷烧成过程的二氧化碳排放，购入的电力、热力产生的二氧化碳排放。陶瓷生产企业温室气体排放及核算边界见图6-6。

陶瓷生产企业的全部排放包括燃料燃烧产生的二氧化碳排放，陶瓷烧成过程的二氧化碳排放，购入的电力、热力产生的二氧化碳排放，同时扣除输出的电力、热力所对应的排放量。陶瓷生产企业温室气体排放总量，按式（6-29）计算。

其中，燃料燃烧导致的二氧化碳排放量是核算期内各种燃料燃烧产生的二氧化碳排放量的总和，计算采用式（6-30）～式（6-32）。

陶瓷生产过程中产生的二氧化碳排放主要来自陶瓷烧成工序。在陶瓷烧成工序中，原料中所含的碳酸钙（$CaCO_3$）和碳酸镁（$MgCO_3$）在高温下分解产生二氧化碳，其排放量按式（6-43）计算：

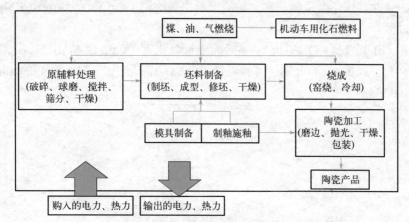

图 6-6　陶瓷生产企业温室气体排放核算边界示意图

$$E_{过程} = \Sigma \left[F_{原料} \times \eta_{原料} \times \left(C_{碳酸钙} \times \frac{44}{100} + C_{碳酸镁} \times \frac{44}{84} \right) \right] \tag{6-43}$$

式中　$E_{过程}$——核算期内二氧化碳过程的排放量，单位为吨（tCO_2）；

　　　$F_{原料}$——核算期内原料消耗量（扣除水含量），单位为吨（t）；

　　　$\eta_{原料}$——核算期内原料利用率，以 % 表示；

　　　$C_{碳酸钙}$——核算期内使用原料中碳酸钙的质量分数，以 % 表示；

　　　$C_{碳酸镁}$——核算期内使用原料中碳酸镁的质量分数，以 % 表示；

　　　$\dfrac{44}{100}$——二氧化碳与碳酸钙之间的分子量之比；

　　　$\dfrac{44}{84}$——二氧化碳与碳酸镁之间的分子量之比。

原料的利用率由陶瓷的生产企业根据其实际情况来确定，推荐值为 90%。

陶瓷生产企业核算期内燃料消耗量根据该化石燃料的购入量、外销量和库存量的变化来确定其实际消耗量。化石燃料购入量和外销量采用采购单或销售单等结算凭证上的数据，化石燃料库存变化数据采用企业定期库存记录或其他符合要求的方法来确定。

陶瓷生产企业核算期内分品种化石燃料消耗量采用式（6-44）计算

$$FC_i = Q_{燃料,1} + (Q_{燃料,2} - Q_{燃料,3}) - Q_{燃料,4} \tag{6-44}$$

式中　$Q_{燃料,1}$——核算期内化石燃料购入量，固体和液体燃料单位为吨（t），气体燃料单位为万立方米（$10^4 m^3$，标况下）；

　　　$Q_{燃料,2}$——核算期内化石燃料初期库存量，固体和液体燃料单位为吨（t），气体燃料单位为万立方米（$10^4 m^3$，标况下）；

　　　$Q_{燃料,3}$——核算期内化石燃料末期库存量，固体和液体燃料单位为吨（t），气体燃料单位为万立方米（$10^4 m^3$，标况下）；

　　　$Q_{燃料,4}$——核算期内化石燃料外销量，固体和液体燃料单位为万立方米（10^4m^3，标况下）。

对于有条件的企业，原料中碳酸钙（$CaCO_3$）、碳酸镁（$MgCO_3$）含量每批次检测一次，然后统计核算期内原料中碳酸钙（$CaCO_3$）碳酸镁（$MgCO_3$）的加权平均含量用于计算；对于没有条件的企业宜按年度检测一次。检测原料中碳酸钙（$CaCO_3$）、碳酸镁（$MgCO_3$）含量应遵循以下过程：

首先按照 GB/T 4734、QB/T 2578 等标准分析氧化钙（CaO）、氧化镁（MgO）的含量，然后按式（6-45）、式（6-46）分别计算碳酸钙（$CaCO_3$）、碳酸镁（$MgCO_3$）的含量。

$$C_{碳酸钙} = \frac{C_{CaO}}{\left(1 - \frac{44}{100}\right)} \tag{6-45}$$

$$C_{碳酸镁} = \frac{C_{MgO}}{\left(1 - \frac{44}{84}\right)} \tag{6-46}$$

式中　$C_{碳酸钙}$——原料中碳酸钙的质量分数，以 % 表示；

$C_{碳酸镁}$——原料中碳酸镁的质量分数，以 % 表示；

C_{CaO}——原料中氧化钙的质量分数，以 % 表示；

C_{MgO}——原料中氧化镁的质量分数，以 % 表示。

购入电力、购入热、输出电力、输出热产生的二氧化碳排放量按式（6-36）～式（6-39）计算。

6.3.3　建筑材料工业碳排放的发展特征

当前，温室气体的大量排放导致全球气候危机日益深重，对人类的生存和发展造成严重的不利影响，全球气候治理面临严峻挑战[56]。自 1990 年联合国正式启动国际气候谈判起，全球气候治理的制度体系不断完善，全球气候治理的基本结构已经历了持续的演变和发展[57]。全球为防止全球气候变化异常导致的极端天气乃至人类的生存发展问题，达成了一系列的公约和协定。从《京都议定书》到《巴黎协定》，全球气候治理的目标逐渐变得明确而清晰，原则也不断发展和丰富，减排模式在全球气候治理中发生了重大变化。

据联合国政府间气候变化专门委员会（IPCC）数据，为了守住 2℃ 的升温红线，需要全球在将来的 30 年内快速达到碳中和，实现碳"净零排放"，国际能源署（IEA）提出，全球与能源相关的 CO_2 排放量需要在 2060 年降至 2014 年的 25%[58]。同时，哈佛大学经济学教授马丁·魏茨曼（Martin Weitzman）的研究表明，目前人类应对的策略不止于守住 2℃ 的升温红线，采取的措施需要更加激进和迫切。

近年来，我国工业在保持快速发展势头的同时，碳排放强度也在持续下降。2020 年12 月发布的《新时代的中国能源发展》白皮书显示，2019 年，碳排放强度比 2005 年下降 48.1%，超过了 2020 年碳排放强度比 2005 年下降 40%～45% 的目标，扭转了二氧化碳排放快速增长的局面。国务院印发《"十四五"节能减排综合工作方案》提出，全国单位国内生产总值能源消耗比 2020 年下降 13.5%，能源消费总量得到合理控制，化学需氧量、氨氮、氮氧化物、挥发性有机物排放总量比 2020 年分别下降 8%、8%、10% 以上、10% 以上。工信部印发的《"十四五"工业绿色发展规划》指出，到 2025 年，我国能源效率稳步提升，单位工业增加值二氧化碳排放降低 18%，规模以上工业单位增加值能耗降低 13.5%。资源利用水平明显提高，大宗工业固废综合利用率达到 57%，主要再生资源回收利用量达到 4.8 亿吨，单位增加值用水量降低 16%。

（1）国际形势　世界资源研究所（WRI）的统计数据显示，全球已经有 54 个国家的碳排放实现达峰。在 2020 年排名前十五位的碳排放国家中，美国、俄罗斯、日本、巴西、印度尼西亚、德国、加拿大、韩国、英国和法国已经实现碳达峰，墨西哥和新加坡等国家承诺在 2030 年以前实现碳达峰。

根据国际能源署（IEA）的数据，2022 年全球二氧化碳排放量增加 0.9%，即 3.21 亿吨，总排放量增至 368 亿吨并创历史纪录，其中美国的排放量增加 0.8%，欧盟的排放量下降了 2.5%，这要归功于可再生能源、电动汽车（EV）、热泵和节能技术的发展，抵消了煤炭、石油和天然气使用量增加的大部分影响，减少了约 5.5 亿吨的碳排放量。然而，化石燃料的排放量仍在增加，会持续阻碍实现世界气候目标。根据政府间气候变化专门委员会的数据，到 2030 年全球排放量需要减少 40% 以上，才能实现全球控温不超过 1.5℃的目标。

（2）建材工业碳排放的发展特征

① 水泥行业。进入新世纪以来，我国水泥工业发生了革命性的变化。它从单纯的数量增长型转向质量效益增长型，从技术装备落后型转向技术装备先进型，从劳动密集型转向投资密集型，从粗放型管理转向集约型管理，从资源浪费型转向资源节约型，从满足国内市场需求型转向面向国内外两个市场需求型。这些根本转变的原因，是 21 世纪以来新型干法水泥生产技术的快速发展和应用。

2020 年，我国水泥产量达 23.8 亿吨，碳排放量约为 12.3 亿吨，占全国总排放量的 13%[59]，是建材行业碳排放重点领域。由于我国是全球最大的水泥生产国，产量大，生产中碳酸钙分解和水泥烧成、粉磨、运输等过程中化石原料燃烧产生的 CO_2 导致了大气中 CO_2 浓度的增加，因此行业减排任务艰巨，是实现国家"双碳"目标的关键行业之一。

② 玻璃行业。随着建筑节能要求的提升，平板玻璃生产企业通过改进产品的节能性能来适应市场需求。然而，由于产品性能的变化，原有的玻璃深加工设备无法满足新产品的加工需求。为了应对这一挑战，企业不断进行研发创新，并推出更新的产品。这些新产品在整体设计、节能和智能性能等方面的提升，带动了平板玻璃制造业的更新升级需求。

2020 年全国平板玻璃产量为 94572 万重量箱，同比 2019 年增长 0.12%。2021 年全国平板玻璃产量为 102360 万重量箱，同比增长 8.23%，保持稳定增长。2021 年，中国平板玻璃月产量维持在 8500 万重量箱左右。2021 年 4 月份，中国平板玻璃产量增长最多，同比增长 15.9%。2021 年 8 月，中国平板玻璃产量最多，月产量为 8886 万重量箱。平板玻璃制造行业废气污染防治技术较成熟：颗粒物治理有静电除尘、湿法除尘、袋式除尘、湿式电除尘等；二氧化硫防治有原燃料源头控制、湿法脱硫、半干法脱硫等；氨氧化物防治主要为原料或燃烧方式源头控制、SCR 脱硝工艺。

全行业需要继续推进供给侧结构性改革，要严格执行产能等量或减量置换政策，并严禁新增产能。此外还需要更多地运用市场化和法治化手段，依法依规推动落后产能的退出，同时，不断推进行业的技术进步，加强对非标玻璃质量和劣质石油焦燃料的监管。在实施智能制造和绿色制造的同时，加快培育新的应用领域和市场增长点，提升行业发展的质量和效益，推动行业迈向高质量发展的道路。

③ 陶瓷行业。自 1993 年起，我国建筑卫生陶瓷产量一直位居世界第一，2017 年建筑陶瓷产量达 101 亿 m²，约占世界总产量的 3/5，同期卫生陶瓷产量约占世界产量的 1/3。近几年建筑卫生陶瓷产品的结构发生了一系列的变化。全国范围内的抛光砖生产线减少了 330 条，降幅高达 67%；内墙砖生产线减少了 190 条，产能下降了 19%；外墙砖生产线减少了 110 条，产能下降了 29%；仿古砖生产线减少了 230 条，产能下降了 28%。与此同时，大板生产线经历了 8 倍的增长，达到了 160 条；另外，陶瓷瓦的产能也增长了 30%。而在过去的五年中，智能化卫生陶瓷产品异军突起，目前已经达到了超过 1000 万件的销量。同时，行业的能源结构也发生了很大变化，2020 年年底全国陶瓷企业天然气使用率已达 53%。据中国建筑卫生陶瓷协会统计，2022 年年底，全国行业天然气使用率提升到了 57.9%。

陶瓷行业碳排放主要来源于陶瓷烧成时坯、釉原料中的碳酸盐矿物会分解产生二氧化碳；燃料的燃烧排放二氧化碳；电力消耗产生的二氧化碳[60]。在国家"双碳"发展主流政策的驱动下，在国内外低碳技术发展的启示下，陶瓷行业推进全行业"双碳"目标的关键在于产业政策引导产品结构的调整，通过节能技术创新，改变行业良莠不齐的现状，在做好企业能源结构调整及能源管理的同时，发展循环经济。

6.3.4　建筑材料工业碳减排措施

建筑材料工业作为国内重要的基础性行业，经过了二十余年的高速增长，使我国成为建材行业中世界上最大的生产国和消费国[61]，建材行业作为高排放行业中的一员，是我国达成 2030 年碳达峰目标的重要影响因素之一。建材行业是国民经济和社会发展的重要基础产业，由于我国经济发展迅速，基础设施、房地产和农村等大规模建设，使得建材需求量剧增，降低能源消耗和碳排放也显得尤为关键。

党的二十大报告提出，要积极稳妥推进碳达峰碳中和，立足我国能源资源禀赋，坚持先立后破，有计划分步骤实施碳达峰行动，积极参与应对气候变化全球治理。工信部等多部门联合发布了《建材行业碳达峰实施方案》，明确指出"围绕建材行业碳达峰总体目标，以深化供给侧结构性改革为主线，以总量控制为基础，以提升资源综合利用水平为关键，以低碳技术创新为动力，全面提升建材行业绿色低碳发展水平，确保如期实现碳达峰"。同时科学系统地提出了加强总量控制、推动原料替代、转换用能结构、加快技术创新、推进绿色制造等重点任务，为建材行业绿色低碳发展指明了方向。

1988 年在"第一届国际材料研究会"上首次提出了绿色建材的概念[62]。"绿色建材"又称"生态建材"或"环保建材"。绿色建材对于节约资源和保护生态环境有着重要作用。绿色建材在生产过程中尽量减少天然资源的消耗、采用低能耗制造工艺和不污染环境的生产技术，采用新工艺、新装备，淘汰高能源、高物耗、高污染、低效率的落后生产能力。因此发展绿色建材将有助于节能降耗、健全绿色建材市场体系、提升绿色建材产品质量、促进建材工业高质量发展。

6.3.5　建筑材料工业碳排放达峰路径研究方法

《建材行业碳达峰实施方案》提出了主要目标："十四五"期间，建材产业结构调整取得明显进展，行业节能低碳技术持续推广，水泥、玻璃、陶瓷等重点产品单位能耗、碳排放强度不断下降，水泥熟料单位产品综合能耗水平降低 3% 以上。"十五五"期间，建材行业绿色低碳关键技术产业化实现重大突破，原燃料替代水平大幅提高，基本建立绿色低碳循环发展的产业体系。为确保 2030 年前建材行业实现碳达峰，《建材行业碳达峰实施方案》明确了五个方面的重点任务和 15 项目具体举措，坚持统筹推进、坚持双轮驱动、坚持创新引领、坚持突出重点。

加强顶层设计，强化公共服务，加强建材行业上下游产业链协同，保障有效供给，促进减污降碳协同增效，稳妥有序推进碳达峰工作。从政府和市场着手，完善建材行业绿色低碳发展政策体系，健全激励约束机制，充分调动市场主体节能降碳积极性。强化科技创新，为建材行业绿色低碳转型夯实基础、增强动力。注重分类施策，充分发挥资源循环利用优势，加大力度实施原燃料替代，以实现碳减排重大突破。

（1）水泥行业

欧洲水泥协会（CEMBUREAU）作为欧洲水泥行业的权威组织，在 2013 年制定了一份路线图，旨在实现到 2050 年二氧化碳排放减少 80% 的目标。为了响应欧洲的绿色新政，并达到净零排放的目标，欧洲水泥协会在 2020 年 5 月改进了原有的熟料和水泥路线图，补充了"5C 价值链"路线（即熟料 clinker、水泥 cement、混凝土 concrete、建筑 construction 和（再）碳化 carbonation）[63]，专注于在整个价值链的每个环节采取减少二氧化碳排放的行动，以支持这个目标的实现。

水泥行业低碳技术主要包括能效提升、CCUS、替代原燃料、低碳水泥和流程变革等，如图 6-7 所示[65]。根据模型计算预测[64]，2050 年全球水泥行业 CO_2 排放总量将由 2020 年的 $36.06×10^8$ 吨降至 $20.82×10^8$t，实现 $15.24×10^8$ 吨的减排量，其中能效提升对 CO_2 减排的贡献率为 6.7%，替代原燃料对 CO_2 减排的贡献率为 54.0%，CCUS 对 CO_2 减排的贡献率为 39.3%。因此原燃料替代、CCUS 及流程变革等技术是水泥行业低碳技术突破的关键。

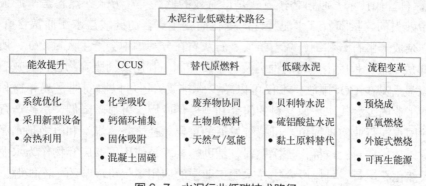

图 6-7　水泥行业低碳技术路径

① 能效提升。水泥行业生产的能效提升技术包括：优化烧成系统，采用新型的燃烧器，降低热耗；利用先进的冷却机提高冷却效果，降低出冷却机熟料温度，降低热耗；同时，使用先进的水泥粉末系统，提高效率，降低电耗。此外，新型干法水泥熟料生产中低温余热发电技术的应用，可将排放到大气中占熟料烧成系统热耗 35% 的废气余热进行回收，节能效果显著。

② CCUS 技术。碳捕集、利用与封存（CCUS）技术是将工业生产过程中产生的二氧化碳捕集起来，并采取多种措施加以储存，然后投入新的生产过程加以循环利用，避免其直接排放到大气中的一种技术。CCUS 技术被认为是全球实现减排行动的重要技术途径，也是我国应对气候变化的重要手段。水泥行业流程简单，烟道单一，能够捕集的 CO_2 比例很高，

CCUS 在水泥行业的应用前景十分可观。

CO_2 的捕集方式有三大类：燃烧前捕集、富氧燃烧和燃烧后捕集。燃烧前捕集是利用煤气化和重整反应。富氧燃烧则是指通过分离空气制取纯氧，以纯氧作为氧化剂进入燃烧系统，同时辅以烟气循环的燃烧技术，可视为燃烧中捕集技术，该技术捕集的 CO_2 浓度可达 90% 以上，只需简单冷凝便可实现 CO_2 的完全分离。因此 CO_2 捕集能耗和成本相对较低，但额外增加制氧系统的能耗，提高了系统的总投资。燃烧后捕集是指直接从燃烧后烟气中分离 CO_2，虽然投资较少，但烟气中 CO_2 分压较低，使得 CO_2 捕集能耗和成本较高。由于燃烧后捕集技术不改变原有燃烧方式，仅需要在现有燃烧系统后增设 CO_2 捕集装置，对原有系统变动较小，是当前应用较为广泛且成熟的技术。

目前，全球水泥行业 CCUS 主要技术包括：化学吸收、钙循环、固体吸附、膜分离、混凝土固碳等。化学吸收技术的原理是利用碱性的溶液对酸性的 CO_2 气体进行吸收，吸收后在高温条件下进行解吸，分离出高浓度的 CO_2，并进行 CO_2 捕集。钙循环技术主要是利用氧化钙与二氧化碳（$CaO+CO_2 \rightarrow CaCO_3$）以及碳酸钙的分解（$CaCO_3 \rightarrow CaO+CO_2$）两种反应循环吸附脱附，从而实现 CO_2 的捕集。作为最适合水泥行业生产工艺的碳捕集技术，钙循环技术中的钙循环失活吸收剂不仅可以作为水泥的生料使用，还可与分解炉进行技术集成[66]。吸附法是指通过弱范德华力（物理吸附）或强共价键合力（化学吸附）将 CO_2 分子选择性地吸收到另一种材料的表面上，从而实现富集 CO_2 的方法。吸附了 CO_2 的吸附剂可根据其吸附机理不同通过不同的手段再生，同时释放出被吸附的 CO_2，实现循环使用。膜分离法是利用某些聚合材料制成的薄膜对不同气体的渗透率差异来分离气体的。膜分离的驱动力是压差，当膜两边存在压差时，渗透率高的气体组分以很高的速率透过薄膜，形成渗透气流，渗透率低的气体则绝大部分在薄膜进气侧形成残留气流，两股气流分别引出从而达到分离的目的。

③ 原燃料替代技术。原料替代方式是最有效的低碳生产方式，熟料是水泥最主要的成分，水泥中熟料的含量随着其水泥特性的变化而变化。普通硅酸盐水泥通常含有 90% 左右的熟料，其余成分由石膏和细石灰石组成。石灰石在分解炉中会产生大量 CO_2，所以水泥生产的 CO_2 排放量很大程度由熟料的种类及含量所控制。利用富钙废弃物替代石灰石等高载碳原料，可以显著减少 CO_2 排放；不仅可以减少碳排放，还可以协同处置废弃物和垃圾。通过大力开展工业固废替代水泥原材料的研究和规模化应用，可显著降低天然矿产资源和能源消耗，是我国水泥行业实现绿色、可持续发展的重要途径之一。煤炭和电力是水泥行业能源的主要来源，替代燃料，也称作二次燃料、辅助燃料，是使用可燃废弃物作为水泥窑熟料生产，替代天然化石燃料，可燃废弃物在水泥工业中的应用不仅可以节约一次能源，同时有助于环境保护，具有显著的经济、环境和社会效益。

（2）玻璃行业　平板玻璃行业节能降碳技术主要包括：熔窑降耗、工艺优化、生产自动化、新能源替代技术。

① 熔窑降耗。玻璃熔窑能耗占玻璃工厂总能耗的 95% 左右，熔窑的能量消耗主要有玻璃液生成热、熔窑表面散热、烟气带走热量三部分。要降低熔窑能耗，需要提高整体传热效率、减少玻璃液生成热、减少玻璃窑炉表面散热量、提高余热回收效率。

② 工艺优化。优化熔窑、锡槽、退火窑及公用工程的工艺控制，提高全厂工艺用能效率。

③ 生产自动化。围绕构建智能装备、智能生产、智能运维、智能运营、智能决策五大维度，打造"数据、算力、算法、场景和全链路"的技术集群，实现玻璃生产线层级的生产管

控智能决策、自动化专家系统、智能优化控制及自主寻优，整体完成或分步完成四个维度的生产管控智能化平台建设，实现生产管理智能优化，安全、环境、能源自动监视分析，找出企业管理、设备、工艺操作中的能源浪费问题；核算企业节能效果，降低单位能耗成本。

④ 新能源替代技术。利用平板玻璃企业的自然环境和地理位置，使用风电、光电技术、风光储技术，吸收工业领域新能源技术探索经验，通过绿色能源技术途径减少平板玻璃生产过程中的电力消耗，结合余热发电、分布式发电等，提升企业能源"自给"能力，减少对化石能源及外部电力依赖，促进平板玻璃生产的绿色能源低碳转型。

（3）陶瓷行业　陶瓷是我国国民经济与城市化发展的重要原材料之一，同水泥和玻璃一致作为高排放建材工业，国家政策的导向是以节能和低碳为主，陶瓷行业已被列为碳减排重点关注行业。陶瓷行业碳排放的主要来源包括化石燃料燃烧、生产过程、净购入用电蕴含。通过优化生产工艺、选用高效的保温材料和涂层技术、使用智能控制技术、废料再利用等来降低行业碳排放量。

① 优化生产工艺。采用多层干燥烧成窑技术，多层干燥烧成窑的截面小，能在辊道上下同时加热从而可节约能源，且窑内温度分布均匀，其散热面积相对单层烧成窑小，使其升温速度快，降低碳排放量。也可以通过低温快烧工艺，有优化的配方和控制参数，降低陶瓷生产阶段燃料燃烧的温室气体排放量。

② 选用高效的保温材料和涂层技术。窑体热损失主要分为蓄热损失与散热损失。减少热损失的主要措施是加强窑体的有效保温。并且在保证窑墙外表温度尽可能低的情况下，选用最合理最经济的材料以取得最薄的窑墙结构。应用高性能保温材料或绝热材料，可以使陶瓷窑炉的窑墙结构发生改变，不但可以减少窑墙的蓄散热，而且可以大大地减薄窑壁的厚度，使窑壁的结构简单化。

③ 智能控制技术。通过计算机模拟，对窑炉的结构进行优化，找出窑炉保温性能对窑内传热过程影响，加强对陶瓷烧成过程的精确控制，可以大大提高生产效率，减少能源的消耗和浪费。

④ 废料再利用。随着陶瓷制品的大量生产，陶瓷废渣若不处理，将会对环境造成很大的影响，同时也浪费了巨大的资源、能源。可以利用陶瓷废料中的微细有机磨料作为发泡剂及少量的无机触媒在烧成过程中的液相发泡致孔技术，研制出具有保温、隔热、隔音等优良性能的节能、环保型轻质高强建筑节能新型墙材。

应该说，面对技术含量低、高污染、高能耗、高物耗的低端制造产能将被加速淘汰的未来，陶瓷业通过技术升级而促进产业升级的前进步伐要加快，通过技术创新而推进结构调整的发展速度要加快，通过采用先进技术和工艺设备，努力降低行业碳排放量，以保证实现本行业的绿色环保、节能减排目标。

6.3.6　建筑材料工业碳排放总量控制目标及政策研究

《建材行业碳达峰实施方案》从行业特点出发，为充分落实了《工业领域碳达峰实施方案》的相关要求，提出了到 2030 年前的主要目标，明确了不同时间段的不同目标及相关举措。

针对排放总量大的特点，实施方案明确了强化总量控制的措施，包括引导低效产能退出、防范过剩产能新增等，并重点提出完善水泥错峰生产，从源头降低碳排放。针对减排难度大的问题，实施方案提出一是推动原料替代，主要包括逐步减少碳酸盐用量、加快提升固废利用水平、推动建材产品减量化使用；二是转换用能结构，包括加大替代燃料利用、加快清洁绿色能源应用、提高能源利用效率水平；三是加快技术创新，包括加快研发重大关键低碳技术、推广节能降碳技术装备、以数字化转型促进行业节能降碳；四是推进绿色制造，包括构建高效清洁生产体系、构建绿色建材产品体系、加快绿色建材生产和应用。

2023 年 2 月，中共中央、国务院印发《质量强国建设纲要》，指出建设质量强国是推动高质量发展、促进我国经济由大向强转变的重要举措，是满足人民美好生活需要的重要途径。当今世界正经历百年未有之大变局，新一轮科技革命和产业变革深入发展，引发质量理念、机制、实践的深刻变革。面对新形势新要求，必须把推动发展的立足点转到提高质量和效益上来，培育以技术、标准、品牌、质量、服务等为核心的经济发展新优势，推动中国制造向中国创造转变、中国速度向中国质量转变，坚定不移推进质量强国建设。

绿色低碳发展，是大势所趋，也是一场具有变革意义的同台竞技。实现"双碳"目标是一场广泛而深刻的变革，绝不是轻轻松松就能实现的。不仅要加快绿色建材工业低碳科学技术的发展，加快绿色建材工业低碳技术的研发，更要做好基础研究，从关键核心技术的突破到综合示范的全链条布局。从《中共中央　国务院关于完整准确全面贯彻新发展理念做好碳达峰碳中和工作的意见》到《2030 年前碳达峰行动方案》的相继发布，为实现碳达峰、碳中和作出顶层设计，擘画行动路线图。我国从碳达峰到碳中和只有三十年的过渡期，又是世界最大的制造业国家，是全球最大的工业制成品出口国，实现碳中和目标，既是挑战，也是机遇。我国正处在迈向高质量发展的阶段，在生产、生活方式转型的过程中，碳中和与经济发展、新兴产业的发展是协同关系。实现碳达峰、碳中和的核心是能源问题。建筑材料工业作为我国碳减排任务最重的行业之一，不仅需要通过技术升级改造，让工业排放更少、更清洁，更是要用可再生能源替代化石能源，在能源供给端实现少排，甚至是不排。

6.3.7　推进建筑材料工业全面实现碳达峰实施方案

建筑材料工业是我国工业产业链中的重要环节，十八大以来，保护环境与健康，使用绿色建材、实施绿色建筑，已成为建筑行业和全社会的广泛共识。加强绿色建材发展、走绿色低碳之路，在推动可持续发展、实现"双碳"目标中凸显越来越重要作用。"绿色建材产品认证"是绿色建材行业发展的基石，对于引导绿色建材行业发展意义重大。同时，推进技术设备创新，大力提升清洁能源应用比例，建立建材工业绿色低碳标准体系，建立绿色低碳公共服务平台，让企业参与碳排放权市场交易，推进建筑材料工业全面实现碳达峰实施方案。

（1）绿色建材认证　大力发展绿色建材是实现碳达峰、碳中和目标的重要途径之一，也是支撑绿色建筑和新型城镇化建设的重要物质基础。财政部、住建部、工信部、国家发改委等部门先后出台了一系列配套政策，在"十四五"期间将大幅提高绿色建材在工程建设中的应用比例。基于住建部、工信部此前开展的绿色建材评价工作打下的良好基础，国家统一的绿色产品认证制度在建材行业率先落地。绿色建材产品认证是依据国家市场监管总局、住建部、工信部《绿色建材产品认证实施方案》《关于加快推进绿色建材产品认证及生产应用的通知》等一系列政策文件精神建立的国家认证制度。

绿色建材是指在全生命周期内，可减少对天然资源消耗和减轻对生态环境影响，具有"节能、减排、安全、便利、可循环"特征的建材产品，绿色建材认证由低到高分为一星级、二星级和三星级。绿色建材认证树立企业科技与质量品牌，为客户和潜在的客户提供信心，是展示企业绿色发展理念，证明企业实力、科技水平和产品质量、体现企业社会/行业责任感和树立企业品牌的重要手段。绿色建材认证工作将积极参与国际互认工作机制，为中国建材走向"一带一路"、走向世界提供权威采信依据，可以有效避免出口贸易绿色壁垒。

（2）推进技术设备创新　推进技术设备创新，以提高行业准入标准，淘汰高耗能、低效率的生产设备，促进节能技术减排。推进建材工业结构调整和转型升级，强化环保、能耗、质量、安全等标准约束，更好地发挥行业规范条件在化解过剩产能、激励技术创新、转变发展方式中的作用。支持企业研究开发、推广应用可以减少工业固废产生量和降低工业固废危害性的生产工艺和设备。加快结构调整，引导建材行业健康发展。推动低碳重点领域关键核心技术突破。推动构建绿色低碳循环发展经济体系。

（3）大力提升清洁能源应用比例　推进实施建材行业超低排放改造，研究推动水泥、玻璃、陶瓷等重点行业实施超低排放。鼓励建材企业开展初期雨水收集处理。对生产、使用、排放优先控制化学品的企业，实施强制性清洁生产审核，推动建材等重点行业制定清洁生产改造提升计划，创新原材料重点行业清洁生产推行模式。限制和逐步淘汰高毒、高污染、高环境风险能源和工艺技术。强化产品全生命周期绿色发展理念，降低传统化石能源在建筑用能中的比例。推广分散式风电、分布式光伏、智能光伏等清洁能源应用，提高生产生活用能清洁化水平，推广综合智慧能源服务，加强配电网、储能等能源基础设施建设。积极开展可燃废弃物资源的综合利用，大力推进低碳排放燃料为特点的清洁能源替代，鼓励研究开创新型清洁能源，运用多形态燃料混合燃烧技术满足能源供应要求，从而降低传统高碳排放燃料的使用量，减少碳排放。

（4）建立建材工业绿色低碳标准体系　积极开展绿色制造体系创建工作，完善建材行业绿色制造标准体系建设，推行与制订绿色设计产品标准，扩展绿色评价范围，实现绿色标准体系基本覆盖建材各领域。加快制订绿色设计标准，完善与修订绿色制造标准，增加绿色评价领域和绿色评价标准的制修订，要与所有产业的产品标准、工艺设计标准的提升相衔接，使绿色低碳和节能减排达标同方向、同部署、同推进。打造建材行业绿色制造数据集成应用平台，打通建材行业能源、资源、排放等重点数据的在线采集、储存与分析应用。率先实现水泥、平板玻璃、陶瓷产能的相关绿色数据的入库，并以"大数据"服务与监督行业节能减排。通过绿色制造集成应用和大数据平台的应用，结合生命周期评价技术规范标准的制修订，以点带面与系统推进相结合推动绿色设计产品的扩展与延伸。

（5）建立碳市场　党的二十大报告提出："完善碳排放统计核算制度，健全碳排放权市场交易制度。"建设全国碳排放权交易市场，是利用市场机制控制和减少温室气体排放、推动绿色低碳发展的一项重大制度创新，是实现碳达峰、碳中和的重要政策工具。由于碳市场以碳排放权为标的资产进行交易，是一种比较典型的权证市场，有较强的金融属性。因此，发展碳金融，对建好碳市场至关重要。

碳市场是推动实现我国碳达峰碳中和目标的重要政策工具之一。我国已形成 1 个全国碳市场和 9 个地方碳市场并行的格局，市场整体运行平稳，促进温室气体减排和引导绿色低碳转型的作用初步显现。充分利用碳排放配额和国家核证自愿减排量的交易，控制碳排放总量，提高增加排放量的进入成本，实现配额的有偿使用及排放的总量控制，并对碳减排的建材企业给予补偿和鼓励，促进企业转型升级。对于行业内领先并具有科技创新能力的标杆企业率先实施碳中和行动，体现企业的责任担当，有效推动"双碳"目标的实现。目前，碳市场仍处于发展早期阶段，在价格发现机制、市场互联互通、基础制度建设等方面均存在较大的发展空间。因此需要制定统一的碳金融市场准入、碳金融产品的交易方式和交易规则，同时需要更多政策扶持，需要更多产品创新，带动建材工业行业和企业向着更加科学化、合理化、规范化的方向发展。

6.4 钢铁企业碳排放与控制

6.4.1 钢铁企业碳排放与控制背景

钢铁作为人民生活和国家建设不可或缺的原材料，因其优异的功能性在国民经济建设中占有重要地位，对现代工业、信息文明起到重要的助推作用。世界多地，因钢生城，以钢而荣，曾几何时，钢铁成为衡量工业水平的重要指数，毫不夸张地说"钢铁正推动着人类文明进步之轮！[67]"但随着工业文明的发展、信息文明的推进，因工业化排放的温室气体开始严重影响到人类赖以生存的地球。应对气候变化的《巴黎协定》代表了全球绿色低碳转型的大方向，是保护地球家园需要采取的最低限度行动，各国必须迈出决定性步伐。因此 2020 年 9 月 22 日习近平主席在第七十五届联合国大会一般性辩论上发表重要讲话中指出：中国将提高国家自主贡献力度，采取更加有力的政策和措施，二氧化碳排放力争于 2030 年前达到峰值，努力争取 2060 年前实现碳中和[68]。2021 年全球 CO_2 排放量达 363 亿吨，中国排放 119 亿吨，约占全球总量的 30.6%，而钢铁作为仅次于发电行业碳排放的第二大行业，排放占比达到 15.2%，在二氧化碳减排问题上，面临巨大压力[69]。

钢铁工业碳排放量居制造业行业之首。有效控制碳排放，实现钢铁碳达峰，企业发展必须清楚自身工序碳排放的比例及减排路径，结合碳汇措施，"双碳政策"对钢铁企业未来发展产生深远的影响，决定钢铁行业发展的工艺方向。无论是从全生命周期的角度，还是从高质量发展的角度，更好应对欧美国家碳边界税制度下的产品竞争角度，在未来碳排放过程中，钢铁企业无疑将扮演积极参与者和践行者的重要角色，承担极其重要的碳减排责任。

6.4.2 钢铁企业碳排放核算

（1）钢铁企业碳排放来源 我国是钢铁大国，自 1996 年钢铁年产量突破 1.0 亿吨以后，一直稳步递增，2022 年粗钢产量为 10.1 亿吨，连续 5 年突破 10 亿吨产量大关，以长流程（高炉 - 转炉）为主，占比高达 90% 以上，澄清碳来源，控制碳排放刻不容缓[70]。钢铁企业一般涵盖矿物采选、焦化、烧结、球团、炼铁、炼钢（转炉、电炉）、轧钢等工序，经轧制后的钢材被使用到不同的国民经济建设当中。

核定碳排放，首先要清楚钢铁碳素来源界面、源头、核定的方法及标准。我国是以产业链周期的碳排放计算的，排放源包括燃料燃烧排放、工业生产过程排放、电力和热力调入调出产生的排放以及固碳产品隐含的二氧化碳排放。以生产 1t 普通碳素钢为单位，以供需分，可以分为原燃料铁矿石煤炭的开采、洗选、运输、焦化、烧结、炼铁、炼钢、轧制等工序的碳排放，也就是从铁前的烧结（包括球团）到轧钢成材计算的。由于生产工艺的提高，不同工序间形成的中间产物和余热可以被二次利用，继而减少全周期的碳排放。

传统的炼钢工艺流程图如图 6-8 所示，炼铁包括球团、烧结、焦化及高炉本体；炼钢分为转炉和电炉，为了提高生产效率，常在转炉添加废钢，由于废钢的不足，铁水富余的部分企业电炉又添加铁水。炼钢结束后，特殊钢需要精炼的往往还要进行合金化、调温、渣洗等处理，经连铸和轧制成材推广使用。除了国内传统的炼钢工艺之外，中东、印度、俄罗斯、拉丁美洲等国家和地区具有先天的廉价天然气能源及矿石资源，DRI（直接还原铁）+电炉的炼钢工艺具有得天独厚的低碳减排优势，2022 年全球产量已经达到 2.01 亿吨，厚积薄发，逐年递增，为中国钢铁碳减排提供了指南启迪作用。钢铁碳排放的计算要依据企业自身选定的工艺路径、使用的工序材料测算，表 6-1 为钢铁原材料碳排放计算标准。

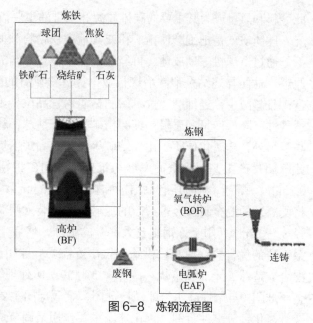

图 6-8　炼钢流程图

表 6-1　钢铁原材料碳排放计算标准

炼焦原煤 / (kg/t)	动力煤 / (kg/t)	洗精煤 / (kg/t)	焦油（软沥青） / (kg/t)	焦炉煤气 / (kg/m³)	高炉煤气 / (kg/m³)	转炉煤气 / (kg/m³)
3059	2210	2770	3390	0.646	0.524	1.076
汽油 / (kg/t)	粗苯 / (kg/t)	铁水 / (kg/t)	天然气 / (kg/m³)	电力 / (kg/m³)	热力 / (kg/GJ)	LPG 液化石油气 / (kg/t)
2050	3370	147	1.8	0.95	13	2985

烧结是将各种粉状含铁原料，配入适量的燃料和熔剂，加入适量的水，经混合和造球后在烧结设备上使物料发生一系列物理化学变化，将矿粉颗粒黏结成块的过程。烧结生产的工艺流程主要包括烧结料的准备，配料与混合，烧结和产品处理等工序。生产上广泛采用带式抽风烧结机生产烧结矿。含铁原料一般为品位高，成分稳定，杂质少，粒度 < 5mm 的矿粉、铁精矿、高炉炉尘、轧钢皮、钢渣等。为了稳定后续高炉工艺，便于操作顺利进行，保障高炉渣碱度（$R=0.9 \sim 1.2$），需要在烧结过程中配加熔剂，使烧结矿碱度达到 1.7 左右。熔剂为有效 CaO 含量高，杂质少，成分稳定，粒度小于 3mm 的石灰石、石灰、消石灰等，加入量 8% ~ 15%，为了提高烧结矿质量，同时配加 1.5% ~ 5.0% 的白云石，适当的 MgO 含量对烧结过程有良好的助熔作用[71]。燃料是烧结矿另一种主要原料，也是主要的热源，其用量在 44 ~ 55kgce/t，主要为焦粉和无烟煤。要求其固定碳含量高，灰分低，挥发分低，含硫低，成分稳定，含水小于 10%，粒度小于 3mm 的占 95% 以上。[72]经过计算配料混合后，采用一次混合或二次混合两种流程，保证透气性的情况下布料、点火开始以后，依次出现烧结矿层、燃烧层、预热层、干燥层和过湿层。然后后四层又相继消失，最终只剩烧结矿层。由于烧结是自上而下进行的，需要一定的真空度，平均每吨烧结矿需风量为 3300 ~ 4000m³，因

此燃料和风量成为其主要的碳排放源和减排的主要措施方向。

球团矿就是把细磨铁精矿粉或其他含铁粉料添加少量添加剂混合后，在加水润湿的条件下，通过造球机滚动成球，再经过干燥焙烧，固结成为具有一定强度和冶金性能的球形含铁原料。球团与烧结是钢铁冶炼行业中提炼铁矿石的两种常用工艺，进入 21 世纪后由于天然富矿日趋减少，经细磨、选矿后的精矿粉，品位易于提高；过细精矿粉用于烧结生产会影响透气性，降低产量和质量；细磨精矿粉易于造球，粒度越细，成球率越高，球团矿强度也越高。另外，金属化球团矿比烧结矿等更适宜高炉冶炼，是一种有潜力的优良的高炉熟料，因此球团生产工艺得到全面发展与推广。球团矿将精矿粉（过 200 目大于 70%，上限不超过 0.2mm）、熔剂（有时还有黏结剂和粒度 < 0.5mm 燃料）的混合物，在配料皮带上进行配料；将配料后的混合料与经过磨碎的返矿一起，装入圆筒混合机内加水混合，在造球机中滚成直径 8 ~ 22mm（用于炼钢则要大些）的生球，然后干燥、焙烧，固结成型，成为具有良好冶金性质的优良含铁原料，供给钢铁冶炼需要。球团法生产的主要工序包括原料准备、配料、混合、造球、干燥和焙烧、冷却、成品和返矿处理等工序。球团矿分氧化球团即酸性球团，金属球团（自熔性球团）即碱性球团，金属球团主要就是在氧化球团的生成过程中添加氧化镁、氧化钙等碱性溶剂。氧化球团主要作用是调节烧结矿的酸碱度。如今球团工艺的发展从单一处理铁精矿粉扩展到多种含铁原料，生产规模和操作也向大型化、机械化、自动化方向发展，技术经济指标显著提高。球团产品也已用于炼钢和直接还原炼铁等。球团矿具有良好的冶金性能：粒度均匀、微气孔多、还原性好、强度高，有利于强化高炉冶炼。

目前主要的几种球团焙烧方法是：竖炉焙烧球团、带式焙烧机焙烧球团、链箅机 - 回转窑焙烧球团。竖炉焙烧法采用最早，但由于这种方法本身固有的缺点而发展缓慢。采用较多的是带式焙烧机法，60% 以上的球团矿是用带式焙烧机法焙烧的。实践表明球团工艺的能耗和污染物排放仅为烧结工序的 50% 以下，CO_2 排放为烧结的 30% 左右，用球团替代烧结，提高球团矿在高炉炼铁中的使用比例有利于降低炼铁系统的污染物和碳排放，改变我国高炉炼铁以烧结矿 70% 比例为主的结构模式[73]。

焦炭作为高炉冶炼中的发热剂、还原剂、料柱骨架和渗碳剂并能为炉料下降提供自由空间，成为高炉炼铁暂时无法替代的炉料。炼焦就是将原煤进行选洗，去除其他杂质和降低煤中所含的灰分；将各种结焦性能不同的洗煤按一定比例配混，目的是在保证焦炭质量的前提下，扩大炼焦用煤的使用范围，合理地利用国家资源，并尽可能地多得到一些化工产品；配合好的煤装入炼焦炉的炭化室，在隔绝空气的条件下通过两侧燃烧室加热干馏，经过一定时间，最后形成焦炭。红热焦炭送去熄焦塔熄火，采用干法或湿法进行熄焦，然后进行破碎、筛分、分级，获得不同粒度的焦炭产品，分别送往高炉及烧结等用户。炼焦工序能耗为 99.67kgce/t，焦煤除煅烧成炭外，1 吨焦炭还将释放近 400m³ 的焦炉煤气（COG），以及其他苯、萘、焦油、粉尘等杂质。炼焦工艺流程如图 6-9 所示。

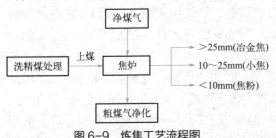

图 6-9　炼焦工艺流程图

高炉炼铁是由古代竖炉炼铁发展、改进而成的。尽管世界各国研究发展了很多新的炼铁法，但由于高炉炼铁技术经济指标良好，工艺简单，生产量大，劳动生产率高，能耗低，这种方法生产的铁仍占世界铁总产量的 95% 以上。自 20 世纪诸多新技术在高炉上完善应用,其已成为一个比较成熟、高效、完备的能质交换系统。高热值的煤气从炉缸均匀上升,料(烧结矿、球团矿、焦炭等)从炉顶按一定规律布料后连续下降,炉料与煤气逆向运动,炉料经充分地预热、还原、熔融、滴落以及生铁在炉缸内渗碳等物理化学过程,炉内能源得到充分的利用。炼铁理论表明,铁矿石进行直接还原反应是吸热的,间接反应是放热的,间接反应占到炉内反应 50% 以上,因此扩大间接反应区间有利于节能。随着喷煤技术的日臻完善,高炉重点能耗参数焦比降低明显,目前高炉的综合焦比平均达到 590kg/t 铁。高炉除了产出生铁,还有 300kg 以上的高炉渣及 1750m^3 煤气(CO 含量 28% ~ 33%,N_2 占 55% ~ 60%,CO_2 占 6% ~ 12%)。因此高炉除了还原剂直接产生的碳排放外还有能源电力消耗、高炉渣显热带走的热量及能耗、煤气带走的热量及自生的碳含量。

炼钢就是将高炉生铁中含有 4.5% ~ 5.4% 的渗碳经转炉吹氧冶炼的铁水脱碳反应[74]。铁水含有物理热和化学热,转炉冶炼过程(约 30min/炉)就是依靠这部分热量完成的,而且转炉冶炼过程中还可以回收一定量的转炉煤气(约 115m^3/t)和蒸汽(吨钢产汽约 90kg)。按工序能耗的计算方法,这部分回收的煤气和蒸汽的热值减掉冶炼过程消耗的电力、氧气和水,对应的能耗是有盈余的,这就是所谓的"负能炼钢"。但是,转炉炼钢过程将铁水中的元素碳氧化成 CO、CO_2,消耗了氧气(约 50m^3/t),从而排放了一定量的 CO_2。此外,根据生产的钢种不同,脱碳的深度也不一样,产生的 CO_2 排放量也会不一样。另外,冶炼过程中为了脱除 S、P 夹杂物,需要添加石灰(碳钢 30kg/t,不锈钢 150kg/t 左右),因此冶炼终了产生钢渣,钢渣的处理也是钢企面临亟待解决的问题。

电炉炼钢就是利用电能将废钢重新熔炼,或勾兑部分铁水,经过熔融、氧化期和还原期脱除钢中 S、P 夹杂物,重新冶炼钢铁的过程。由于我国受制于电能和废钢资源,电炉炼钢所占比例远低于世界平均 33% 的水平,把中国剔除,全球电炉钢比例可达 40% 多,而美国等发达国家的电炉钢比例已达 70%。因此,相较国外,中国钢铁行业的减排面临更严峻的挑战。中国钢铁以铁矿石和焦炭作为主要原材料的高炉钢占 90%,纯电炉钢占 10%。而高炉一吨钢排两吨二氧化碳,纯电炉钢一吨钢则只有 600 千克碳排放。

轧钢是将炼钢厂生产的钢锭或连铸钢坯轧制成钢材的过程。轧钢工序碳排放主要来自钢坯加热过程中的煤气燃烧(约 200m^3/t)和轧制过程中的设备电耗(约 110kW·h/t)。轧钢能耗整体上呈降低趋势,但是降低的幅度不大,目前维持在约 60kgce/t。

如果单纯从工序能耗计算,采用 2019 年我国钢铁工业的生产数据(吨铁矿石消耗、烧结球团产量、焦比、吨钢生铁消耗、成材率等,其中炼焦采用 2017 年能耗数据),可以得到我国生产 1t 钢材的分单元工序能耗及相应占比。由表 6-2 可知,铁前工序(烧结＋球团＋炼焦＋高炉)能耗占总能耗的 91.27%,对钢铁材料生产过程的能耗起决定性作用。实际上,对于高炉炼铁和转炉炼钢工序,其 CO_2 排放占比要大于其工序能耗占比,特别是转炉炼钢工序,其本质上是一个 CO_2 排放的过程[75]。

表 6-2　2019 年钢铁企业工序能耗

工序	高炉	炼焦	烧结	球团	转炉炼钢	轧钢
kgce/t 产品	387.35	99.67	48.23	25.51	−15.04	60.17
kgce/t 钢	375.34	34.84	51.70	4.26	−15.61	60.17
占比 /%	73.50	6.82	10.12	0.83	−3.05	41.78

在钢铁工业绿色低碳转型发展的浪潮之下，有别于传统的冶金方式层出不穷，以还原铁矿石生产 DRI 的气基竖炉直接还原为主要代表的非高炉炼铁工艺近年来发展迅猛，成为减排的主要工艺方向之一，全球占比逐年上升。气基直接还原具有以下优势：①反应速率快。在高温条件下，H_2 的还原能力高于 CO 还原能力，且反应平衡浓度低于 CO，在相同温度下，还原气氛中 H_2 含量越高，还原反应速率越大。②产品清洁。除铁之外其他元素很难被氢还原，且气基直接还原不使用固体还原剂，带入的 P、S 等少。③环境负荷小。氢冶金气基直接还原的产物主要为水，可减少甚至避免 CO_2 的排放。有别于传统的高炉冶炼工艺，气基直接还原加电炉，成为碳减排的有力措施方向之一。

　　（2）钢铁企业碳排放核算　根据我国目前钢铁现状，工序能耗，依据华北电网排放因子，计算一吨钢全周期的综合碳排放如下：

　　① 典型高炉转炉流程碳排放。基于典型高炉转炉流程，计算出转炉钢水的碳排放如下，即吨钢 CO_2 排放量为 1819.89kg/t。具体见表 6-3。

表 6-3　典型高炉转炉流程碳排放

工序	吨工序产品 CO_2 排放量 / (kg/t)	钢比系数	吨钢 CO_2 排放量 / (kg/t)	占比 %
焦化	493.48	0.35	172.48	9.48
烧结	191.93	1.33	255.29	14.03
球团	153.77	0.21	32.84	1.80
高炉	1457.12	0.92	1343.95	73.85
转炉	15.34	1	15.34	0.84
合计			1819.89	100.00

　　从表 6-3 可以看出，无论是能耗比例，还是碳排放，高炉工序在一吨钢的冶炼过程中均占到 70% 以上，成为名副其实的碳排放大户。

　　② 气基竖炉工序的二氧化碳排放。基于电力排放因子，选取 2012 年区域电网平均排放因子中华北地区的数值 0.8843kgCO_2/kWh，电解氢气为可再生能源制氢，计算的气基竖炉工序的能耗数值见表 6-4。

表 6-4　气基竖炉工序的二氧化碳排放数据

项目	单位	单耗			CO_2 排放因子	CO_2 排放 / (kg/t)		
		天然气	焦炉煤气	氢气	kg/ (m^3、kWh)	天然气	焦炉煤气	氢气
水	t/t	1.2	1.5	0.9	0.7355	0.88	1.10	0.66
电	kWh/t	60	95	45	0.8843	53.06	84.01	39.79
还原气	m^3/t	293			2.1840	639.17		
	m^3/t		604		0.7699		464.69	
	m^3/t			760	6.1787			0
氮气	m^3/t	28	28	28	0.2570	7.20	7.20	7.20

续表

项目	单位	单耗			CO₂ 排放因子	CO₂ 排放 / (kg/t)		
		天然气	焦炉煤气	氢气	kg/ (m³、kWh)	天然气	焦炉煤气	氢气
氧气	m³/t	60	25	0	0.5140	30.84	12.85	0.00
压缩空气	m³/t	10	10	10	0.1145	1.14	1.14	1.14
合计						732.29	570.99	48.8

可见，采用天然气、焦炉煤气、氢气的竖炉工序，CO_2 排放数据分别为 732.29kg/tDRI，570.99kg/tDRI，48.8kg/tDRI。

③ 电炉炼钢工序二氧化碳排放值。根据典型电炉消耗数值，在 DRI 采用 400℃热装的条件下，根据各消耗项目的碳排放因子，计算的电炉炼钢工序二氧化碳排放值为 508.44kg/t，采用冷态 DRI 时的二氧化碳排放为 579.92 kg/t，具体见表 6-5。

表 6-5 电炉炼钢工序二氧化碳排放值

项目	排放因子	100%CDRI		100%HDRI	
		吨钢水消耗	碳排放 / (kg/t)	吨钢水消耗	碳排放 / (kg/t)
轻烧石灰	0.4400	55.0kg/tls	24.20	55.0kg/tls	24.20
轻烧白云石	0.4470	15.0kg/tls	6.71	15.0kg/tls	6.71
碳粉	3.0770	22.9kg/tls	70.46	22.9kg/tls	70.46
碳块	3.0770	5.6kg/tls	17.23	5.6kg/tls	17.23
电极	3.6630	1.40kg/tls	5.13	1.20kg/tls	4.40
耐火材料		5.0kg/tls	0.00	5.0kg/tls	0.00
冶炼电耗	0.8843	490.0kWh/tls	433.31	410.0kWh/tls	362.56
氧气	0.5140	38.0m³/tls（标况下）	19.53	38.0m³/tls（标况下）	19.53
氩气	0.3855	0.2m³/tls（标况下）	0.07	0.2m³/tls（标况下）	0.07
氮气	0.2570	1.0m³/tls（标况下）	0.26	1.0m³/tls（标况下）	0.26
天然气	2.1840	1.2m³/tls（标况下）	2.62	1.2m³/tls（标况下）	2.62
压缩空气	0.1145	3.5m³/tls（标况下）	0.40	3.5m³/tls（标况下）	0.40
合计			579.92		508.44

④ 气基竖炉流程与高炉流程的碳排放分析。气基竖炉采用全部球团为原料的前提下，选取球团的 CO_2 排放因子为 153.77kg/t，计算得到采用焦炉煤气、天然气、电解氢气为气源的电炉钢水流程的二氧化碳排放分别为 1384.74kg/t、1564.50kg/t、802.75 kg/t。具体见表 6-6。

表 6-6　气基竖炉电炉流程碳排放及减排情况

项目	排放因子			钢比系数	二氧化碳排放 /（kg/t）		
	焦炉煤气	天然气	电解氢		焦炉煤气	天然气	电解氢
球团	153.77			1.56	239.93	239.93	239.93
气基竖炉	570.99	732.2	48.8	1.11	636.37	816.14	54.38
电炉	508.44			1.00	508.44	508.44	508.44
合计					1384.74	1564.5	802.75
比高炉流程减排					435.15	255.39	1017.14
比高炉流程减排比例					23.91%	14.03%	55.89%

从表 6-6 可见，采用焦炉煤气气基竖炉 + 电炉炼钢流程的吨钢水二氧化碳排放比高炉转炉流程吨钢水的二氧化碳排放少 435.15kg/t，二氧化碳减排比例约 23.91%。采用天然气为气基竖炉还原气流程二氧化碳减排比例为 14.03%，而采用绿电电解制氢气为还原气流程，将大幅度减少二氧化碳排放量（注：除了电解氢为绿电外，其余用电采用华北电网排放因子）。

2021 年钢铁生产过程中二氧化碳排放情况国内媒体也有专业报道，中国长流程企业平均吨钢二氧化碳排放量在 2.1 吨，短流程吨钢二氧化碳排放量仅 0.9 吨。由于中国部分联合钢铁企业的电炉兑入铁水，导致二氧化碳排放高于其他国家的电炉。BHP 数据也显示，中国平均吨钢二氧化碳排放量在 1.8 吨，高于全球主要地区，仅略低于印度。吨钢二氧化碳排放主要取决于金属料来源。发达国家废钢资源相对比例较高，中国、印度生铁与直接还原铁的比例较高，吨钢二氧化碳排放量较大。此外，从高炉寿命来看，中国高炉平均寿命仅 12 年，可见短期减少高炉产能的可能性比较小。表 6-7 即为报道时的二氧化碳排放情况。

表 6-7　不同炼钢工艺二氧化碳排放核算表

生产流程	CO$_2$ 排放 /（kg/t）	电力 /（kWh/t）	CO$_2$ 总排放 /（kg/t）
高炉 - 转炉（153kgPCI）	2111	187	2198
高炉 - 转炉（250kgPCI）	2084	184	2170
Corex+ 电炉	1639	632	1934
Hismelt+ 电炉	1600	370	1970
电炉（150kg/t 铁水）	396	478	619
电炉（100% 废钢）	68	458	282

我国钢铁行业吨钢碳排放量为 1.7 ～ 1.8 吨 / 吨粗钢，按照 2020 年 10.65 亿吨钢产量计算，碳排放总量超过 18 亿吨。从工艺流程来看，高炉 - 转炉工艺碳排放量为 1.8 ～ 2.2 吨 / 吨粗钢，电炉工艺碳排放量为 0.4 ～ 0.8 吨 / 吨粗钢。从工序来看，铁前工序碳排放量占比超过 70%，主要集中在炼铁和焦化工序。

6.4.3 钢铁企业碳排放控制路径

全球气候变化已经给全人类的可持续发展带来了严重的威胁和严峻的挑战，大气中 CO_2 含量升高，是气候变暖的重要原因之一，减排温室气体已经成为世界共识，国际上已多次开会，呼吁人们减少 CO_2 排放。2018 年 11 月，欧盟委员会宣布了一项新的气候保护长期战略，旨在实现联合国 2015 年巴黎协定的目标。提出了 2050ULCOS（超低二氧化碳炼钢）计划，突破性技术包括二氧化碳捕集、利用与封存（CCUS）的"顶部气体循环高炉"（TGR-BF）；带有 CCUS 的 HIsarna 工艺，涉及熔炼还原；带有 CCUS 的 ULCORED，涉及一个新的直接还原（DR）概念；以及（iv）电解。日本 2008 年开始的国家研究项目 COURSE50，其最大的核心技术是将作为还原剂的焦炭的一部分切换为氢气，是一项减少 CO_2 排放的氢还原制铁技术，计划在 2030 年实现第一座高炉的氢还原制铁技术商业化应用，在 2050 年实现该技术在日本全国高炉中的普及。2021 年 9 月 22 日，中国发布了《关于完整准确全面贯彻新发展理念，做好碳达峰碳中和工作的意见》和《2030 年前碳达峰行动方案》，明确了时间表、路线图、施工图。2021 年 11 月 1 日，习近平主席向《联合国气候变化框架公约》第二十六次缔约方大会世界领导人峰会发表书面致辞中进一步呼吁：要维护多边共识，增强互信，加强合作；要聚焦务实行动，加速绿色转型，以科技创新为驱动，推进能源资源、产业结构、消费结构转型升级，探索发展和保护相协同的新路径。作为全球最大的钢铁企业中国宝武，2021 年 1 月率先宣布了绿色低碳发展目标，承诺"2025 年具备减碳 30% 工艺技术能力，2035 年力争减碳 30%，2050 年力争实现碳中和"。基于以上目标和承诺，中国宝武将以绿色低碳为统领，着力开展绿色低碳钢铁技术创新，以低碳冶金和智慧制造实现钢铁生产过程的绿色化，以研发制造钢铁精品、实现钢材用户使用过程的绿色化。实施钢铁全流程的绿色制造，引领中国钢铁行业绿色低碳高质量发展，如期完成承诺的"双碳"目标。继宝武发布碳减排路线图后，鞍钢、河钢等钢铁企业均发布了自己的发展路径及方案，钢铁企业碳减排呈现百花齐放，百家争鸣的局面。

（1）钢铁企业碳排目标及路线图 为了遏制地球变暖，尽快实现工业碳达峰和碳中和目标，维护人类共同的地球家园，各国及经济体都在全球协议框架内，结合自身发展条件，提出发展计划和实施路径。

欧洲低碳冶金技术路径：到 2050 年实现一个气候中和的欧洲，意味着到那一天温室气体净排放为零，碳排放量减少 100%，或引入补偿性负碳工艺。而传统钢铁生产也是欧洲最大的二氧化碳排放源之一，欧洲大陆的钢铁工业二氧化碳排放约占欧洲二氧化碳排放总量的 4%，工业二氧化碳排放量的 22%。为了减少碳排放，早日实现碳中和，欧洲一改往日传统冶金形式，在未来五到十年的周期内，欧洲炼钢行业必须决定投资新技术。目前最有前途的新兴技术分为两大类：第一类是碳捕集、利用与封存技术，第二类是铁矿石的替代还原技术。在开展这两类技术革新的同时，重点从七个方面有计划分步骤地推进。

① 碳捕集、利用与封存就是将二氧化碳与其他气体分离，并在炼铁等高排放过程中被捕集。然后，将被捕集的二氧化碳通过管道或船舶运输到陆上或海上封存起来（在欧洲，旧的北海气田是绝佳的封存地点）或用作燃料或生物质。工艺包括燃烧后 / 燃烧前捕集以及压缩 - 运输 - 封存 / 使用（见图 6-10）。

② 生物质炼铁是碳中性生物质在预处理过程中部分替代化石燃料或作为铁矿石还原剂。

例如，由生物质（原藻类、草、木材等）制成的富含碳的"半焦"用于生产替代焦炭，或者将沼气替代天然气注入竖炉。工艺包括热解和水热碳化。碳捕集、利用与封存系统清除任何剩余的碳排放。仅生物质就能减少40%～60%的二氧化碳排放，与碳捕集、利用与封存结合可实现碳中和炼钢。在短期内，生物质是化石燃料的即时部分替代品，可在现有工厂实现快速减排。排放中的二氧化碳也可以使用碳捕集、利用与封存进行回收，以生产新鲜的生物质。

③ 基于氢气的直接还原铁 - 竖炉就是不使用焦炭等碳还原剂，而是用氢气将铁矿石球团还原为"直接还原铁"（DRI 或海绵铁）。该反应在竖炉中进行，竖炉是一种使用气体还原剂制造直接还原铁的炉子。工作温度比较低，约800℃。然后将直接还原铁送入电弧炉并通过进一步加工和添加碳将其变成钢。作为实现碳中和炼钢铺平道路的过渡技术，它还可以以"热压铁团块"（HBI）的形式送入高炉，这是一种高质量的直接还原铁。这显著提高了高炉效率并减少了焦炭的使用。如果仅由绿色电力提供动力，该工艺将使整个主要炼钢路线碳中和且不含化石燃料，生产灵活性高，过程易于启动和停止，并且能够使用更小的单元实现更大的可扩展性。

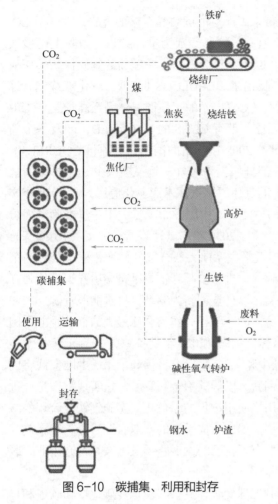

图 6-10　碳捕集、利用和封存

④ 基于氢气的直接还原铁 - 流化床（图 6-11）与竖炉版本一样，此方法使用氢气来还原铁矿石并生产直接还原铁以提供原料给电弧炉。不同之处在于还原发生在流化床中而不是炉中，并且使用精细加工的铁矿石粉末（细粉）而不是球团。流化床是反应室，可以将固体原料与气体连续混合以产生固体。有几种可能的工艺，包括 FINEX 和 Circored。在铁球团上使用细粉的优点是不需要球团，降低成本和工艺中涉及的高二氧化碳排放。此外，与竖炉相比，流化床反应器的内部粘连问题更少，实现了更高的金属化（95%～90%）。

⑤ 悬浮炼铁工艺始于对低品位铁矿石进行超细研磨以生产铁精矿，然后在高温"闪蒸"反应器中使用氢气将其仅还原几秒钟，一旦添加碳，就可以直接生产钢。铁精矿也可以在加入闪蒸反应器之前在单独的反应器中在较低温度下预还原。在另一个反应器中将铁矿石直接还原为钢，无须炼铁、烧结或成球，具有显著的成本和排放优势。它还可以生产"更清洁"的钢材，因为高温和快速反应时间确保了更少的杂质。

⑥ 等离子直接炼钢是在等离子炼钢反应器中使用氢等离子还原未加工的、细粉或球团形式的铁矿石。同时，将碳添加到反应器中以生产钢。氢等离子体是经过加热或带电后分离或电离成其组成颗粒的氢气气体。该工艺可以使用热等离子体（通过直接加热氢气产生）或非

热等离子体（将氢气通过直流电流或微波产生）。

⑦ 电解工艺有两种类型：电解和电解沉积。电解使用电作为一种还原剂将铁矿石在约 1550℃下转化为钢水。在电解沉积中，铁矿石被研磨成超细精矿，浸出，然后在约 110℃的电解槽中还原。生成的铁板被送入电弧炉，将其变成钢。ULCOLYSIS 是主要的电解法，ULCOWIN 是主要的电解沉积法。

中国宝武碳中和路线图：为应对气候变化，中国宝武作为全球最大钢铁企业，带头实现碳中和更是责无旁贷。中国宝武产业布局是"一基五元"，"一基"指的就是钢铁主业，碳排放主要来自钢铁板块，2020 年宝武 1.15 亿吨粗钢产量，分布在 17 个钢铁基地，且以长流程为主，电炉钢占比只有 6.5%。由于各钢铁基地的能源结构、产品结构有较大差别，碳排放强度差别较大，不可能用一两种方式来实现整个集团的钢铁转型发展，因为各个基地的资源、环境条件差异很大，所以碳减排对中国宝武有着比同行更严峻的挑战。但是，宝武向社会承诺，以 2020 年为基准，2035 年降低碳排放 30% 至每吨钢 1.3 吨，力争 2050 年实现碳中和，路线见图 6-12。为了实现碳中和目标，宝武主要从：极致能效、富氢碳循环高炉、氢基竖炉、近终形制造、冶金资源循环利用和碳回收及利用六方面来开发碳中和冶金技术路径，

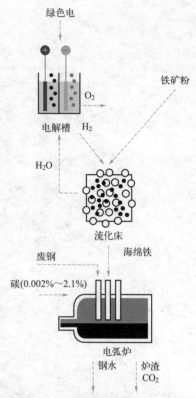

图 6-11　基于氢气的直接还原铁－流化床生产路线

六个方面汇总技术路径见图 6-13。目标是形成具有中国特点、宝钢特色、可推广应用的 DRI 生产技术，助力中国钢铁行业实现碳减排。

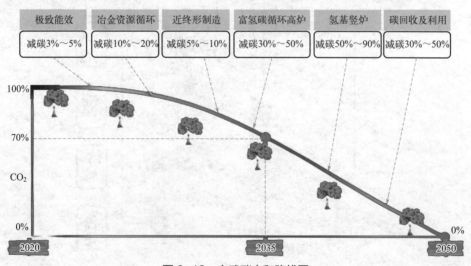

图 6-12　宝武碳中和路线图

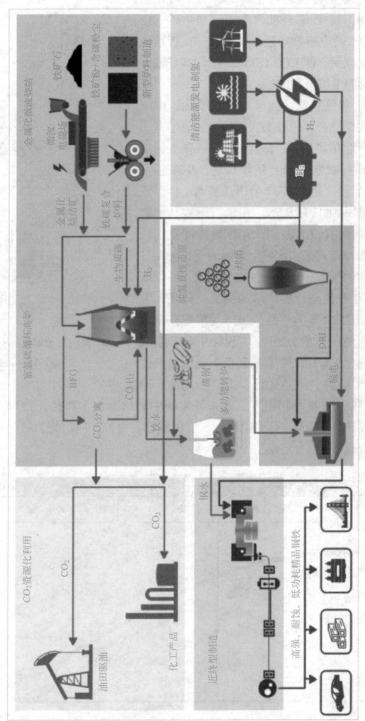

图6-13 中国宝武碳中和冶金技术路线图

中国宝武先期谋划、超前布局低碳冶金技术创新路线，提出了 7 个技术创新课题，包括：①钢铁流程极限提升能效；②含铁（废钢）资源和生物质能利用；③传统高炉节碳和碳循环高炉新工艺；④氢冶金（气基直接还原 - 电炉）短流程钢铁冶炼新工艺；⑤近终形铸轧工艺；⑥炉窑加热用能以电代气（煤）；⑦钢厂尾气 CO_2 捕集和资源化利用。

（2）钢铁企业传统工艺创新降碳路径　为了实现降碳目标，钢铁行业不同企业及科研院所都在进行减碳、降碳的探索和优化，梳理炼钢流程，重新定义工序成本，操作方法，技改措施，最大限度地实现极致能效。例如自焦化开始干熄焦技术应用，炼铁至炼钢的一罐到底，水渣显热利用，连铸坯红送等均是节能降耗的变革。在进行上述技术革新的同时，近年来钢企相继开展大胆创新的工艺，如用氢烧结，氢气鼓入高炉，纯氧燃烧，转炉煤气综合利用，焦炉煤气鼓入高炉，真可谓是百花齐放，百家争鸣。

最典型大胆的工艺莫过于中国宝武的 HyCROF 工艺。在顶层设计和强力推动下，宝武在新疆的八钢公司建立低碳冶金试验平台，利用八钢公司原有的 2 号 430 立方米高炉，开展绿色低碳冶金工业试验。由中钢国际设计承建的八钢公司 430 立方米高炉脱胎换骨，华丽变身为世界首个工业级别的绿色冶金试验高炉。这座面向全球、开放性的低碳冶金创新平台，承载着宝武推进碳达峰碳中和的政治责任和历史使命。历经 7 年的探索与实践，解决了冶金煤气高效低成本二氧化碳脱除、高压高还原势煤气安全加热、高温煤气 - 纯氧 - 煤粉复合喷吹、全氧冶炼煤气循环下合理的煤气分布等主要技术难题。2022 年，全球首个 400 立方米工业级别的富氢碳循环氧气高炉 HyCROF（Hydrogen-enriched carbonic oxide recycling oxygenate furnace）在八钢公司正式亮相、点火投运。经过探索与实践，逐步完成了从 35% 富氧、50% 超高富氧到 100% 全氧冶炼工况条件下的喷吹脱碳煤气和富氢冶炼的工业化生产试验探索，开展了 1200℃ 高温煤气自循环喷吹和富氢冶炼的工业化试验，打通了富氢碳循环氧气高炉工艺全流程。HyCROF 固体燃料消耗降低达 30%，碳减排超 21%。新工艺具有安全、稳定、顺行、高效，抗波动能力强、制造成本低，与传统制造流程匹配性好等特点。工艺流程如图 6-14 所示。

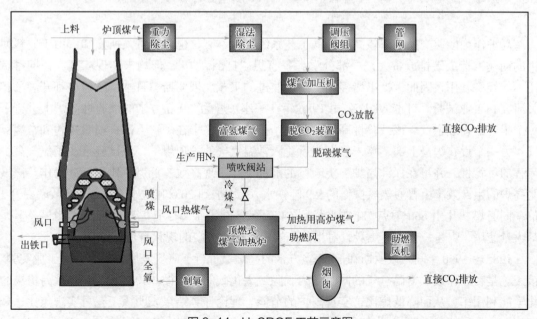

图 6-14　HyCROF 工艺示意图

随着 430HyCROF 的成功实践，宝武已开始着手 2500 立方米规模传统高炉改造为 HyCROF 商业化装置，为全球绿色低碳冶炼提供宝武方案。

转炉负能炼钢为钢铁工业做出巨大贡献，其快捷的工艺流程助推钢企快速发展，其工艺煤气回收利用技术比较成熟，但普遍仅作为燃料气使用，没有实现其经济价值最大化。选择性回收高浓度 CO 混合荒煤气，改造现有提纯工艺和设备设施，在正常煤气回收切换阀至转炉煤气总管之间新增可调节的阀门组，引出煤气进入新建的高浓度 CO 荒煤气缓存柜体中，将煤气柜体与喷煤喷吹系统相连，用压缩的富一氧化碳气体代替原喷吹用的压缩空气或氮气来喷吹煤粉，可以达到最佳的效果。由于还原性煤气的引入，喷煤及焦炭相应减少，在酌量减少焦炭消耗量的前提下，提高高炉产量，降低二氧化碳排放总量。为进一步增加 CO 气量喷吹量，可增加辅助管道，在风口前补入喷枪内，实现任意量喷吹的调整。为了达到冶炼过程中产生还原性 CO 气体高浓度回收，采用 CO_2 作为转炉罩密封气体，避免混进 N_2 气体，后经净化、加压后作为高炉喷煤的工作载气，替代空气或氮气，不仅充分利用 CO 的还原特性，减少因为氮气不参与反应而带走能量，而且可以节约综合燃料比，降低吨铁二氧化碳排放，是一条低碳冶金的有效实现捷径。具体工艺流程如图 6-15 所示。

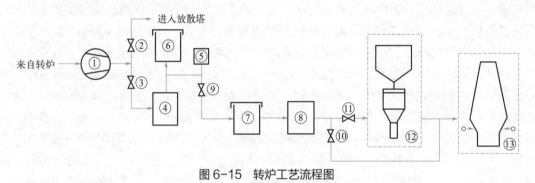

图 6-15　转炉工艺流程图

①—轴流风机；②—钟阀；③—钟阀；④—精除尘降温器；⑤—CO 浓度检测仪；⑥—转炉煤气柜；⑦—专用高浓度煤气柜；⑧—煤气加压机；⑨—钟阀；⑩—阀门；⑪—阀门；⑫—高炉喷煤系统；⑬—高炉

高炉作为能质交换效率较高的炼铁工艺系统经久不衰，也最为世人所熟知，由于原料使用的问题，造成碳排放量大，一部分学者一直想"打倒高炉"，但均未实现。其实预期打倒还不如经济利用，因此，提出诸多围绕高炉改进的工艺。俄罗斯、日本、欧盟也都开展了相关研究和工业试验。日本 NKK 公司 1986 年在一座炉容为 3.9 立方米的试验性高炉上进行了一个半月的连续生产。该试验性高炉设置两个排风口，一个在炉缸上部，喷吹煤粉和常温氧气；另一个设在炉身上部，喷入经燃烧后兑入常温氮气的炉顶煤气，该试验证实了氧气高炉流程的可行性，并可在保证高炉稳定顺行的前提下，实现高效、低燃料比、低硅操作。该试验高炉的生产效率由普通热风操作的 9.9 吨铁水 / 天增加到 20.0 吨铁水 / 天，生产效率提升 1 倍，同时燃料比由 668 千克 / 吨铁水降到 647 千克 / 吨铁水。尽管燃料比降低不明显，但是却大量使用了煤粉，节约了焦炭，对当前焦煤资源严重短缺的现状有重要意义。

1985 ～ 1990 年间，俄罗斯在 1033 立方米的高炉上进行了氧气鼓风操作工艺的工业实验。该工艺是在风口鼓入常温氧气的同时鼓入脱除二氧化碳的炉顶循环预热煤气，以提高焦炭的化学能利用率，从而降低焦比，实现高炉的节能。理论计算结果表明该工艺可实现焦比达到 280 ～ 300 千克 / 吨铁水，生产效率提高 25% ～ 30%。该工艺在 6 年间的 12 次工业试验中，生产铁水 25 万吨，最低焦比 367 千克 / 吨铁水（无喷煤），实现了氧耗 251 立方米 / 吨铁水、生产效率 1700 吨铁水 / 天、硅含量 2.2% 的参数。尽管该试验艺克服了一系列工艺及技术难题，实现了低燃料比生产，然而由于该工艺没有喷煤操作，虽然焦比有明显下降，但是仍然处于较高的水平（367 千克 / 吨铁水），而在当前焦煤严重短缺及炼焦过程产生污染物带来的环境问题等形势下，这限制了该工艺的进一步推广应用。

中国也相应地提出氧气高炉的技术工艺路径，2009 年宝山钢铁股份有限公司申请了《一种低焦比高炉炼铁工艺》专利，2017 年北京科技大学申请了《一种全氧高炉炼铁方法》和《一种基于喷吹高温煤气的炼铁工艺》专利，2020 年北京北大先锋科技有限公司发明了一种拟以纯氧炼铁及高炉气循环利用方法及装置。但相对这些，2022 年中钢国际提交的一种高效生态冶金炼铁方法相对具有较高的可行性。

在双碳环境下，以非炼焦煤和氧气为主要能源的新型冶金炼铁工艺，大幅度降低焦比和吨铁 CO_2 排放量，采用氧气气化炉充分燃烧造气的规模工业化，充分发挥了高炉能量利用率高和生产率高的优点，克服了高炉上部炉料还原气体不足，金属化率偏低的缺点，使高炉炉缸保持正常温度不变的情况下，增加 3 倍以上还原气成分，下部的主要功能变为金属化炉料的熔化和部分供热，不但可使高炉焦比降低到 180kg/t 铁以下，也将使高炉的生产率大幅度提高，减少了炼焦的污染物排放量，提高了高炉炼铁工艺的竞争力。整个冶炼系统不再配置热风炉，炉顶煤气部分脱碳脱水净化，自产煤气高度循环利用。将干煤粉喷入气化炉内与纯氧充分混合并进行燃烧与气化反应，产生高温煤气，气化炉的压力为 0.45MPa 以下，低于高炉原配置鼓风机压力，出口煤气温度 1300 ～ 1800℃，在气化炉后半部分兑入脱碳净化后或部分脱碳净化后的高炉炉顶煤气，温度控制在 1100 ～ 1350℃；然后将这种高温高还原性含一氧化碳 70% ～ 90% 的热混合煤气利用热风围管，自高炉风口单数或双数编号风口喷入高炉炉缸；高炉其他编号的风口喷吹纯氧或喷吹纯氧煤粉燃烧。最大限度利用粉煤气化产生的煤气显热，并且最大量地使用自产煤气，从而减少吨铁碳素消耗。高炉输出煤气自身循坏使用为主，高浓度 CO 的循环使用，促进了冶炼炉间接反应区的扩充，充分发挥高炉间接反应（$FeO+CO \Longrightarrow Fe+CO_2$）的优势，从而最大限度地降低焦比，减少 CO_2 的排放。焦炭、煤粉的热能最大限度用于高炉本系统，仅保留做骨架和透气作用的入炉焦炭，焦炭用量最低，可将入炉焦比降低到 180kg/ 吨铁。可使高炉利用系数提高，从而使高炉的生产率比传统高炉提高 1.5 ～ 2.0 倍。采用纯氧煤粉以及自循环煤气供热，不需要热风炉换热工序，不需要建设热风炉烟气脱硫脱硝系统。同时煤气回用率高，没有富余煤气，不需要建设低热效率的高炉煤气发电系统，简化供配电系统，极大地节约人力需求。结合 CCS，燃料比节约 30%，CO_2 的排放减少 80% 以上。具体工艺流程如图 6-16 所示[76]。

（3）钢铁企业典型的非高炉低碳工艺　纵观目前世界范围内的炼铁工艺技术，尽管碳排放面临巨大压力，高炉炼铁仍是主流，高炉冶炼正在走一条自己的减排、中和路线。高炉冶炼相对的非高炉冶金主要有直接还原和熔融还原 2 种。从效率和规模总量来看，2021 年全球铁产量共计约 13.77 亿吨，其中高炉铁水 12.78 亿吨，占比 92.8%，占绝对优势；直接还原铁 9006.7 万吨，占比 6.5%；熔融还原铁约 900 万吨，占总铁水产量的 0.7%[77]。从单体设备最高年产来看，非高炉炼铁装备只能达到最大高炉炼铁的 40% 左右；从作业率来看，非高炉炼铁最高不超过 95%，而高炉最高则能达到 99% 以上[78]。作为钢铁冶金的有效补充工艺技术，目前具有商业运营的有 COREX、FINEX、HIsmelt、转底炉、直接还原竖炉等。

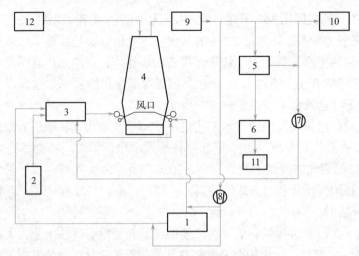

图6-16　高效生态冶金炼铁工艺流程图

1—制粉设备；2—制氧设备；3—纯氧煤粉气化混合系统；4—高炉本体；5—二氧化碳、水、硫和氯化氢脱除设备；

6—二氧化碳储罐；7—第二加压机；8—第一加压机；9—高炉重除尘布袋除尘系统；10—煤气管网；

11—二氧化碳使用；12—铁料和焦炭

① COREX 熔融还原炼铁技术。该技术是旨在减少焦煤资源依赖的非高炉炼铁技术。其工艺特点是原料（球团、烧结矿、熔剂等）进入还原竖炉后，通过炉内的还原煤气将含铁原料进行预加热和预还原，然后送入气化炉内，在全氧冶炼下，实现终还原、熔化、去除铁水杂质，最后产生铁水和煤气，煤气再经过热旋风除尘后，送入还原竖炉作为还原气。竖炉产生的顶煤气经过脱碳净化后喷吹入气化炉风口，从而实现了欧冶炉煤气自循环工艺路线。欧冶炉工艺流程见图 6-17[79-80]。

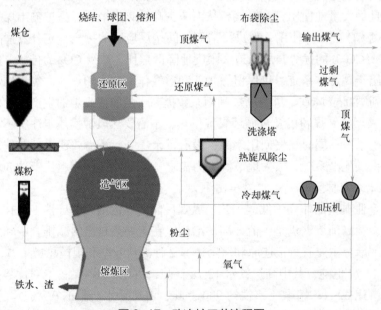

图6-17　欧冶炉工艺流程图

早在 2005 年，当时的宝钢承担起了我国探索非高炉炼铁技术的重大使命，从奥钢联引入熔融还原技术，建成了设计年产能 150 万吨、当时全世界最大的 COREX 炉，并于 2008 年 5 月顺利实现"三达"。由于国内外原燃料结构的差异，COREX 炉的运行和经济性遇到了前所未有的挑战。2011 年将罗泾 COREX-3000 炉搬迁至新疆八钢，命名为欧冶炉，希望利用当地的资源，走出一条适合国情、高性价比的非高炉炼铁技术之路。在随后的多年里，项目团队敢闯敢试，开展了大量的基础研究、设计研究和工业应用研究，实施了一系列重大技术创新并取得了显著成效。开发了适合欧冶炉冶炼特点的原料结构，拓展了原料的适应性；创造性地开发了气化炉拱顶喷煤造气的工艺，解决了非炼焦煤清洁高效使用问题；首次开发了冶金煤气循环利用技术，改善了欧冶炉炉顶煤气的利用率；研发了竖炉黏结抑制技术，提升了生产的稳定性。自欧冶炉投产以来，八钢技术团队经过多年的攻关积累，2021 年铁水焦比约 140kg，燃料比约为 821kg，而且铁水成本也在不断降低，2021 年同比八钢 2500m^3 高炉，吨铁成本低约 300 元，结合产量，欧冶炉全年相比八钢自有的高炉有 3.09 亿元的成本优势。与国外 COREX 和 FINEX 相比，欧冶炉的经济技术指标已处于领先地位，特别是动力煤比例已达到 60%，优势明显[81]。

根据 2022 年国内典型的原燃料和公辅能介价格测算，欧冶炉技术在内地推广后的铁水成本同比高炉低百余元，仍具较强的推广价值。特别是在如今焦煤和非炼焦煤差价日益增大的情况下，欧冶炉更是具有较强的生命力。欧冶炉所形成的以动力煤为主（比例达 60%）的燃料结构，和可适应各种含铁原料的熔融还原炼铁工艺，生产稳定，铁水成本都具有显著的竞争优势。不断加快绿色低碳关键工艺创新，努力探索低碳转型技术方案和路线图，欧冶炉发展前景可期。

HIsmelt 是典型非焦熔融还原炼铁工艺。该工艺将生产所需的铁矿粉、煤和熔剂等炉料在原料场堆存后，经原燃料输送系统输送到矿粉预热预还原系统、煤粉制备系统，在矿粉预热预还原系统内完成铁矿粉的预热、预还原，被加热的铁矿粉经过热矿输送机进入热矿喷吹系统；原煤进入煤粉制备系统后，经过干燥破碎后进入煤粉喷吹系统，被加热的热矿粉和破碎后的煤粉分别经过各自的输送管道、水冷喷枪喷吹到熔融还原炉（简称 SRV 炉）内，其中系统的还原剂及热量来源煤粉喷入熔池中后，煤开始裂解，碳元素熔于铁水中，矿石开始熔化并形成熔渣。铁水熔池中由于剧烈反应产生大量气体，在熔池中具有强烈的搅拌作用。由于熔池内的气体搅拌和顶部热风喷枪的射流，大量渣铁混合物被喷溅到熔池上部，形成过渡区，过渡区是发生还原反应及热传递的重要区域，对过渡区的控制是冶炼操作的核心部分。HIsmelt 工艺设施包括粉矿预热及喷吹系统、煤粉制备及喷吹系统、熔融还原炉（SRV 炉）、热风炉、出铁场、渣处理及湿法除尘等系统，除矿粉预热、热矿喷吹系统与 SRV 炉体部分同传统高炉不同外，其他出铁、出渣等部分类似于传统炼铁高炉。相比于传统的高炉炼铁工艺，HIsmelt 熔融还原炼铁工艺省去了烧结及焦化两个环节，在同样产能下节省了大量的投资及运行成本，且这种工艺在生产过程中产生的大量蒸汽及富余煤气均可以用于发电，使其生产系统的资源利用效率更高，应用前景广阔[82-83]。

生产的铁水经过前置炉排出，进入铁水罐，然后经铁水倒运装置依次经过铁水脱硫、铸铁机生产合格生铁。冶炼产生的熔渣经专用渣口排出，进入水渣粒化系统。

SRV 炉生产的大量高温煤气经煤气室导出，依次进入汽化冷却烟道、高温旋风除尘器，进行降温及初步除尘，降温后的半净煤气再进入余热锅炉，进一步回收煤气显热，降温后的煤气温度约为 200℃，进入煤气净化系统，完成最终净化，进入管网，供下游用户使用。汽化烟道和余热锅炉产生的饱和蒸汽，用于发电。

HIsmelt 工艺主要是流程短、工厂建设相对简单、占地面积小；原料要求低、物料范围广、可使用低品位的矿粉和非焦煤；操作简单灵活，响应速率快；环境优势明显，没有二次污染排放，没有焦炉、烧结工序，基本没有二噁英、硫化物、焦油、氮化物等污染物排放[84]。工艺流程见图 6-18。

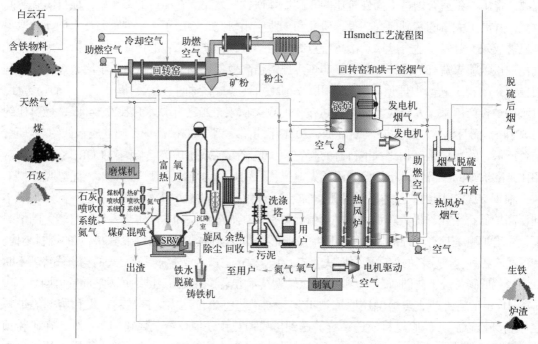

图 6-18　HIsmelt 工艺流程图

② 直接还原工艺。直接还原铁（DRI）是铁矿在固态条件下还原为金属铁，可用作冶炼优、特钢的纯净原料，也可作为铸造、铁合金、粉末冶金等工艺的含铁原料[85]。直接还原工艺不用焦炭，原料可使用冷压球团、球团块或块矿，不用烧结矿，是一种优质、低耗、低污染的炼铁新工艺，也是全世界钢铁冶金的前沿技术之一。其产品主要有：CDRI（冷却到环境温度的球团状直接还原铁）；HBI（还原铁压块，钝化后易于运输和储存）；HDRI 在 550 ～ 750℃产出并直接装入电炉炼钢[86]。

直接还原主要分为煤基直接还原与气基直接还原两大类。

具体工艺流程如图 6-19 所示。

根据主体设备以及气源制备方式的不同，又可以分为数十种，具体工艺及市场占有情况分别如图 6-20、图 6-21 所示。

目前气基竖炉直接还原工艺投入商业生产的工艺主要是 Midrex 工艺和 HYL/Energiron 工艺，这两种工艺主要以天然气作为还原气的气源。2021 年世界的 DRI 产量为 1.192 亿吨，其中采用 Midrex 工艺的产量占总产量的 59.5%，HYL/Energiron 工艺占 12.7%。目前针对天然气匮乏然而煤资源又相对丰富的情况，很多研究机构和企业在开发和进行煤制煤气 - 气基竖炉工艺及焦炉煤气 - 气基竖炉工艺的工业试验和项目建设，但是到目前为止，采用煤制煤气和焦炉煤气作为还原气气源且长期稳定生产的项目几乎还没有。鉴于气基直接还原占 DRI 总产量 75.8%（Midrex 占 60.5%，HYL/Energiron 占 13.2%，PERED 占 2.1%）；煤基回转窑法约占总产量的 24%；其他方法仅占 0.2%[87]。下面主要对气基直接还原的几种主要工艺进行阐述。

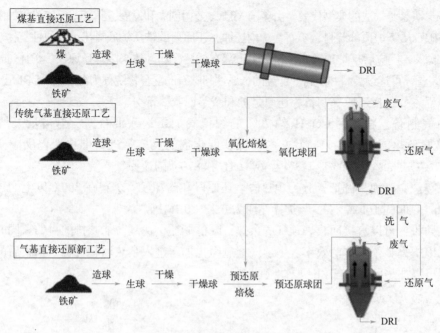

图 6-19　直接还原工艺流程

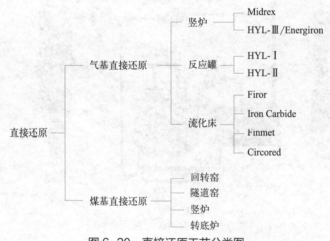

图 6-20　直接还原工艺分类图

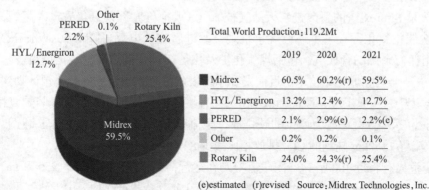

图 6-21　不同工艺的 DRI 产量分布

Midrex 法是竖炉法的典型代表，由美国 Midrex 公司创立和发展，其工艺反应流程如图 6-22 所示 [88]。铁矿石从竖炉顶部装料，矿石在炉内还原，还原后的铁从炉底排出。还原性气体从炉体中部的喷嘴吹入，反应后从炉顶逸出。在炉子下部有循环冷却气体来冷却还原铁。炉体进出口均有动态密封装置，可连续装料和出料。产生的金属铁和脉石的混合物统称为海绵铁（DRI）[89]。

该流程主要包括还原气制备、还原竖炉和余热回收 3 部分。

还原气制备：净化后 $CO+H_2$ 约 70% 的炉顶气加压送入混合室，与当量天然气混合送入换热器预热，后进入 1100℃ 左右有镍基催化剂的反应管进行催化裂化反应，转化成 4%～36%CO、60%～70%H_2、3%～6% CH_4 和 870℃ 的还原气。

还原竖炉：断面呈圆形，分为预热段、还原段和冷却段。炉料在 800℃ 以上的还原段停留 4～6h（总时间 10h 左右），竖炉操作压力 0.2～0.3MPa。

余热回收：可以直接回收炉顶气的余热，降低能耗，达到节能减排的目的。同时余热回收系统可以提高整个炉体的效率。炉顶气经过净化加压进入余热回收装置，回收后的余热通过换热器可以加热助燃空气和还原性气体。

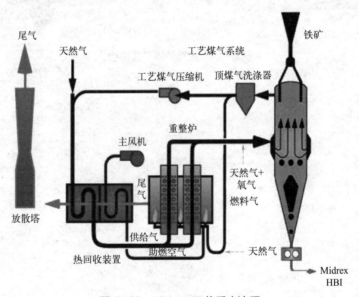

图 6-22 Midrex 工艺反应流程

此外，根据还原气输送方式的不同，又逐渐衍生出 Arex 法、MXCOL 法与 Midrex H_2 法等。Arex 法是 Midrex 法的新改进，天然气被氧气（或空气）部分氧化后送入竖炉，利用新生热海绵铁催化裂化，省去了还原气重整炉，改进后吨铁电耗可降低 50kWh；MXCOL 法则可以应用任何来源的合成气，包括煤气化炉及焦炉煤气非催化部分氧化重整技术的改进；Midrex H_2 法是全氢竖炉还原技术。目前安赛乐米塔尔位于德国汉堡的分公司计划建设 10 万吨/年的全氢竖炉还原工厂；欧洲 ULCOS 氢气直接还原炼钢工艺中，氢气竖炉直接还原的碳排放几乎为零，若考虑电力产生的碳排放，全流程 CO_2 排放量仅有 300kg/ 吨钢，与传统高炉 - 转炉流程 1850kg/ 吨钢的 CO_2 排放相比减少 84%[90-91]。

目前全世界有将近 100 座 Midrex 气基竖炉在运行，单座最大产能可达 250 万 t/a，位于阿尔及利亚 Oran 和 Bellara 地区，分别于 2018 年和 2021 年建成投产，均采用天然气重整技术。

HYL-Ⅲ 最早由 Hylsa 公司在墨西哥蒙特利尔开发成功。1979 年，新研制成功的

HYL- Ⅲ法已由一座竖炉取代了四座反应罐，能够连续生产，不仅产量高，而且可以使用天然气，煤和油的气化或焦炉煤气，可以使用球团或块矿，产品海绵铁质量稳定，可直接加入电炉，不需要再筛分或压块。典型工艺流程见图6-23[92]。

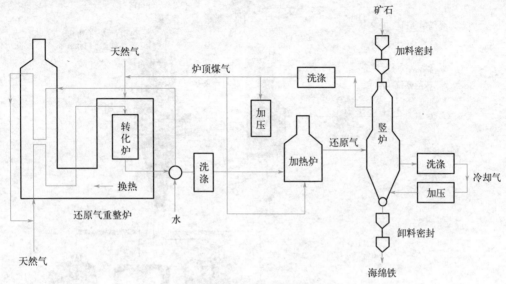

图6-23　HYL- Ⅲ工艺流程

该工艺的特点：由1座连续式竖炉和1座还原气重整炉构成，将还原气重整转化与气体加热合一；采用高氢还原气，高还原温度（900～960℃）和0.4～0.6 MPa高压作业，还原时间通常大于10h；含硫气不通过重整炉，延长了催化剂和催化管使用寿命；还原和冷却作业分别控制，能对产品金属化率和含碳量进行大范围调节，产品平均金属化率90.9%、控制碳量1.5%～3.0%，质量稳定；配置CO_2吸收塔，选择性地脱除还原气中H_2O和CO_2，提高还原气利用率；重整炉产生高压蒸汽发电，最低生产能耗为10.43～11.2GJ/t，电耗90kWh/t。

Energiron是特诺恩希尔公司、得兴公司和达涅利公司联合组建的品牌，以打通直接还原、电炉炼钢、连铸连轧工艺。Energiron ZR 技术是在 HYL-ZR 基础上建立的气基直接还原工艺，典型工艺流程见图6-24[93]。

该工艺的特点是还原气的选择具有高度灵活性，可以使用天然气、煤制气或焦炉煤气等；原料适应性好，对 S 含量要求不严；在加热器和竖炉之间注入氧气以提高还原气体可用化学能，提高还原效率；能效高，气耗较低，约为9.5GJ/t；不需要煤气重整炉，还原气可在还原反应炉内依靠金属铁的催化作用进行自重整；竖炉内的操作压力高，为0.6～0.8MPa；增加了CO_2脱除系统，显著降低了CO_2排放量，有数据显示，采用 Energiron 工艺的 DR-EAF 流程比传统的 BF-BOF 流程 CO_2 减排 40%～60%。

（4）钢铁企业零碳路径　钢铁作为国计民生的基础材料，独特的性价比使其在金属材料中具有暂时无法替代的地位。但由于其采用碳热法的冶炼，地球温室效应又是无法回避的问题，如何使用氢代替碳，实现钢铁企业零碳排放，成为业界最热门的研究内容[94]。将碳冶金改为氢冶金即用氢气取代碳作为还原剂和能量源炼铁，还原产物为水，可实现零碳排放（基本反应式为 $Fe_2O_3+3H_2\!\!=\!\!=\!\!2Fe+3H_2O$，还原剂为氢气，产物为铁和水）。因此，采用光伏、风能、海洋潮汐能、核能等绿电，将热化学转化为电化学，世界各主要经济体科研机构或企业均在进行中试或工业化的路径探索实践，电解一步法冶金，氢等离子体冶金，电解制氢直接还原＋电炉冶金，氢气流化床和闪速冶金等技术路径成为探索的重点方向[95]。

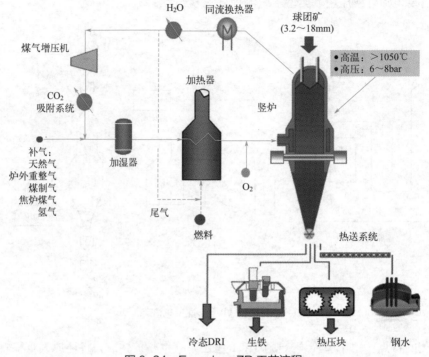

图6-24　Energiron ZR 工艺流程

针对短流程炼钢的特点，利用 Midrex、HYL/Energiron（两种气基竖炉直接还原工艺）工艺，匹配电炉熔炼，目前正在研究这一路径的国家主要有中国、瑞典、奥地利、德国等。就是用可再生能源发电制氢，将实现整个工艺流程的零碳排放。用氢作还原剂替代传统炼铁使用的还原剂焦炭，氢气将与铁矿石中的氧气反应生成水，实现炼铁过程的零碳排放。具体工艺流程如图6-25所示[96]。

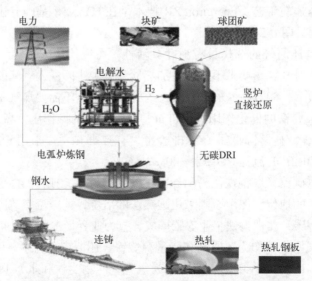

图6-25　欧洲 ULCOS 氢气直接还原炼钢工艺流程

　　中国宝武湛江 100 万吨示范项目就是采用该工艺流程。宝武的核能 - 制氢 - 冶金耦合技术，以世界领先的第四代高温气冷堆核电技术为基础，开展超高温气冷堆核能制氢技术的研发，并与钢铁冶炼和煤化工工艺耦合，依托中国宝武产业发展需求，实现钢铁行业的二氧化碳超低排放和绿色制造。其中核能制氢是将核反应堆与采用先进制氢工艺的制氢厂耦合，进行大规模 H_2 生产。经初步计算，一台 60 万千瓦高温气冷堆机组可满足 180 万吨钢对氢气、电力及部分氧气的需求，每年可减排约 300 万吨二氧化碳，减少能源消费约 100 万吨标准煤，将有效缓解我国钢铁生产的碳减排压力。

　　瑞典钢铁 HYBRIT 工艺是使用无化石能源和氢气（H_2）直接还原铁矿石。氢气是利用无化石电力电解水而产生的。氢与铁矿石中的氧发生反应，形成金属铁和水蒸气。

　　HYBRIT 工艺的特别之处在于，所有氢气均是通过利用电解方式获得。虽然此工艺属于能源密集型，但是如果所需电力可以再生，那么整个工艺的碳排放可以忽略不计[97-98]。工艺流程见图 6-26。

　　等离子体直接炼钢工艺避免了对铁矿石进行预处理的需要，并允许降低反应器温度。它也是高度集成的，一些方法（例如氢气等离子体熔炼还原）只需要一个步骤。这使得它在商业上具有吸引力。该技术有可能大大减少成本。它还提供更高的产品质量和更好的生产灵活性。该技术处于非常早期的开发阶段，最佳工艺和完整的反应器设计尚待开发。其商业可行性也仍有待证明。作为其可持续钢铁（SuSteel）项目的一部分，奥地利钢铁制造商奥钢联已经在其 Donawitz 工厂建立了一个小型试验性氢气等离子体还原反应器。等离子体直接炼钢的过程如图 6-27 所示。

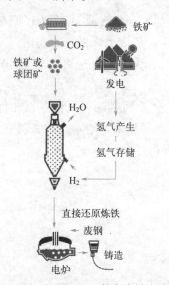

图 6-26　HYBRIT 工艺生产铁水流程

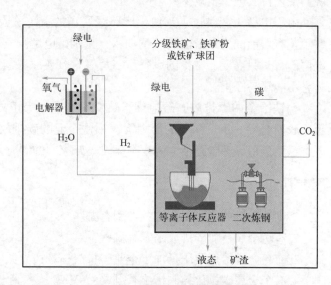

图 6-27　等离子体直接炼钢工艺

　　电解工艺有两种类型的电解工艺。它们是：电解和电铸。这两种工艺的变体在 ULCOS 计划中被称为 ULCOWIN 和 ULCOLYSIS。ULCOWIN 工艺在略高于 100℃ 的碱溶液中运行，溶液中充满了小颗粒的矿石。在这个过程中，铁矿石被磨成超细精矿，浸出，然后在电解槽中以大约 110℃ 的温度进行还原。所产生的铁板被送入电弧炉，变成钢。ULCOLYSIS 在炼钢温度（约 1550℃）下运行，其熔盐电解质由炉渣制成（热电解）。这个过程使用电力作为还原剂将铁矿石转化为液体钢。图 6-28 显示了钢铁生产的电解过程。

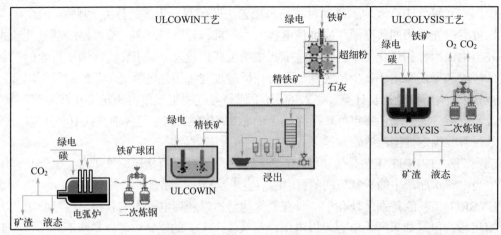

图 6-28　用于钢铁生产的电解工艺

电解工艺是在 ULCOS 计划内从零开始开发的，因此，目前仍在实验室规模下运行。尽管它拥有零排放的承诺，但如果能获得绿色电力，需要时间将其扩大到商业规模也要 10 ～ 20 年。ULCOWIN 工艺包括铁矿石的碱性电解。电解通常用于生产钢铁以外的金属，需要大量的电力。该工艺要依靠二氧化碳清洁的电力来源，如可再生能源、水力发电或核能。ULCOLYSIS 是熔融氧化物电解。熔融氧化物电解的工作原理是将电流通过装有氧化铁的熔融矿渣。氧化铁会分解成液态铁和氧气。不产生二氧化碳。通过二氧化碳清洁电力来源，工艺排放进一步减少[99]。

由于电解工艺跳过了其他生产路线所需的上游阶段，如生产焦炭或 H_2 作为还原剂，这些工艺有可能成为最节能的炼钢技术，特别是电解。它们还有望大大降低资本支出，因为就电解而言，只需要非常少的设备。与氢气直接还原工艺相比，该工艺也是相对不灵活的，因为它不能轻易停止。

钢铁冶金的碳排放、碳追溯、碳交易、碳汇等正成为企业面临的艰巨任务，在行业规范、政府督导、工厂探寻的努力下，钢铁企业的碳排放及控制越来越清晰，越来越有规范，人类正逐步追寻零碳路径，为人类建设美好家园的同时，保护好地球。

思考题

1. 工业碳排放主要工业源及类型有哪些？
2. 有色金属行业碳排放来源有哪些？
3. 有色金属冶炼及压延加工企业碳排放核算边界如何确定？
4. 有色金属碳排放控制措施有哪些？

参考文献

[1] 徐叶净，王兵. 工业碳排放状况及减排途径分析 [J]. 现代工业经济和信息化，2022，12（4）：87-88，96.

[2] 姜冬梅，张孟衡，陆根法. 应对气候变化 [M]. 北京：中国环境科学出版社，2007.

[3] WANG K，WEI Y M. China's regional industrial energy efficiency and carbon emissions abatement costs [J]. Applied Energy, 2014，130：617-631.

［4］曹孜，彭怀生，鲁芳. 工业碳排放状况及减排途径分析［J］. 生态经济，2011，(9)：40-45.

［5］白宏涛. 基于低碳发展目标的中国战略环境评价研究［D］. 天津：南开大学，2011.

［6］缪博艺.《中油工程》战略转型研究［D］. 北京：对外经济贸易大学，2014.

［7］中国工程院. 中国碳达峰碳中和战略及路径［R］. 2022.

［8］陈素梅. 中国工业低碳发展的现状与展望［J］. 城市，2022，(1)：63-69.

［9］王喜明，安铁雷. 我国发展低碳经济面临的机遇、挑战和对策［J］. 理论导刊，2013，(9)：99-101.

［10］王利宁，戴家权. 中国长期能源发展趋势研判［J］. 国际石油经济，2017，25 (8)：58-63，87.

［11］何建武，李善同. 二氧化碳减排与区域经济发展［J］. 管理评论，2010，(6)：9-16.

［12］张锁江，张香平，葛蔚，等. 工业过程绿色低碳技术［J］. 中国科学院院刊，2022，37 (4)：511-521.

［13］姚宏等. 工业企业碳中和与绿色发展（下册）［M］. 北京：化学工业出版社，2022.

［14］何勇坚. 我国钢铁产业技术政策研究［D］. 沈阳：东北大学，2011.

［15］清洁竖炉直接还原铁技术研究组. 我国钢铁产业在低碳时代的发展研究［J］. 低碳世界，2011，(3)：24-26.

［16］屈宇宏. 城市土地利用碳通量测算、碳效应分析及调控机制研究——以武汉市为例［D］. 武汉：华中农业大学，2015.

［17］张圣贤. 浅谈从钢铁行业指标定位经济周期［J］. 中国外资（下半月），2013，(9)：252-252，254.

［18］魏莉. 碳排放许可与交易下废钢铁再制造系统生产计划研究［D］. 南京：东南大学，2019.

［19］李庆威. 国民经济运行中房地产现有利益格局的实证研究［D］. 郑州：河南大学，2013.

［20］曹嘉涵. 中国能源结构调整的美国因素及其战略思考［J］. 电力与能源，2012，(6)：506-510.

［21］刘凯迪. 基于两区模型的高压欠膨胀氢气射流研究［D］. 济南：山东大学，2019.

［22］田丝女. 建筑业与其他产业的碳排放关联效应研究［D］. 泉州：华侨大学，2015.

［23］卫婧. 基于社会网络分析的中国产业部门碳排放关联特征研究［D］. 西安：长安大学，2017.

［24］史冬梅. 我国有色金属工业节能减排关键技术发展重点［J］. 科技中国，2017，(4)：38-40.

［25］刘梦飞. 有色行业高质量发展"四并重"和"四需要"［J］. 中国有色金属，2019，(19)：41.

［26］晁冰. 地铁票价制定中的环境补偿因子研究［D］. 西安：长安大学，2013.

［27］谢琼芳. 城市交通系统应对气候变化协同效应评价研究［D］. 武汉：华中科技大学，2014.

［28］佟新华. 中国工业燃烧能源碳排放影响因素分解研究［J］. 吉林大学社会科学学报，2012 (4)：151-158.

［29］伊鹤楠. 基于能效测试的燃煤工业锅炉节能减排分析［D］. 沈阳：东北大学，2017.

［30］王逸飞. 工业锅炉节能技术研究综述［J］. 应用能源技术，2016，(07)：25-28.

［31］张清林. 提高中国燃煤工业锅炉运行效率及节能措施研究［J］. 洁净煤技术，2005，11 (2)：5-10.

［32］高玉冰. 城市交通大气污染物与温室气体协同控制效应评价——以乌鲁木齐市为例［J］. 中国环境科学，2014，(11)：2985-2992.

［33］EGGLESTON H S，BUENDIA L，MIWA K，et al. IPCC 2006，2006 IPCC Guidelines for National Greenhouse Gas Inventories，Prepared by the National Greenhouse Gas Inventories Programme［R］. Japan：IGES，2006.

［34］黎水宝. 宁夏工业生产过程温室气体核算研究［J］. 宁夏大学学报（自然科学版），2016，(4)：504-508.

［35］黎向丹. 碳排放权交易会计制度研究［D］. 武汉：武汉理工大学，2016.

［36］罗智星. 建筑生命周期二氧化碳排放计算方法与减排策略研究［D］. 西安：西安建筑科技大学，2016.

［37］高天明. 水泥生产过程资源消耗与二氧化碳排放研究［D］. 北京：中国科学院大学，2013.

［38］闫旭. 污水处理过程中温室气体的产生与逸散特征研究［D］. 北京：中国科学院大学，2013.

［39］可持续天然气研究所. 天然气供应链的温室气体排放需引起关注——随着未来低碳发展，天然气将在能源系统中起主要作用，企业要确保以对环境影响最小的方式向终端用户供气［J］. 世界石油工业，2017，(1)：32-35.

［40］李云皓，周俊虎．20 t/h 生物质燃气蒸汽锅炉燃烧特性的数值模拟研究［J］．能源工程，2020（06）：16-21+26.

［41］Renewable Energy Policy Network for the 21st Century．Renewables Global Status Report［R］．2022.

［42］DEMIRBAS，A．Combustion characteristics of different biomass fuels．Progress in energy and combustion science，2004，30（2）：219-230.

［43］胡珊珊．基于隐含碳视角的我国钢铁产品绿色贸易转型实现机制研究［D］．青岛：中国海洋大学，2013.

［44］吴滨，高洪玮，张芳．有色金属行业节能减排成效及碳达峰思路研究［J］．国土资源科技管理，2022，39（1）：1-8.

［45］张楠，刘若曦．"双碳""双循环"下我国有色金属矿业发展新趋势［J］．中国有色金属，2022，（21）：38-41.

［46］郎诗桐．基于电力绿证下的铝行业降碳新思路［J］．国土资源科技管理，2022，39（2）：1-12.

［47］张伟伟．有色金属工业碳排放现状与实现碳中和的途径［J］．有色冶金节能，2021，37（2）：1-3.

［48］谷琳，何坤，马明生．基于能源结构视角的有色金属冶炼行业低碳发展分析［J］．中国有色金属，2022，51（3）：1-7.

［49］郭朝先．"双碳"目标下我国有色金属工业转型发展研究［J］．广西社会科学，2022，（1）：135-143.

［50］屈秋实，王礼茂，王博，等．中国有色金属产业链碳排放及碳减排潜力省际差异［J］．资源科学，2021，43（4）：756-763.

［51］王文堂，邓复平，吴智伟．工业企业低碳节能技术［M］．北京：化学工业出版社，2017.

［52］吴刚．低碳经济转型路径探析［M］．西安．陕西人民出版社，2010.

［53］董晓东，张立民，杨俊峰，等．浅谈有色金属工业环境保护新形势及对策［J］．有色金属工程，2015，5（2）：93-96.

［54］中国建筑材料联合会．中国建筑材料工业碳排放报告（2020 年度）［J］．中国水泥，2021，（4）：12-15.

［55］中国建筑材料联合会．建筑材料工业二氧化碳排放核算方法［J］．江苏建材，2021，（2）：77-79.

［56］Friedlingstein P Rogelj J，Andrew R M，et al．Persistent growth of CO_2 emissions and implications for reaching climate targets［J］．Nature Geo- science，2014，7（10）：709-715.

［57］张海滨．关于全球气候治理若干问题的思考［J］．华中科技大学学报（社会科学版），2022，36（5）：31-38.

［58］CHEN J，DUAN L，SUN Z．Review on the Development of Sorbents for Calcium Looping［J］．Energy & Fuels，2020，34（7）：7806-7836.

［59］中国碳减排目标［J］．城市环境与城市生态，2009，（6）：47.

［60］付立娟，杨勇，卢静华．水泥工业碳达峰与碳中和前景分析［J］．中国建材科技，2021，30（4）：80-84.

［61］曾令可，李治，李萍，等．陶瓷行业碳排放现状及计算依据［J］．山东陶瓷，2014，37（1）：3-7.

［62］阎晓峰．中国建材行业力争 2025 年全面实现碳达峰——在中国建筑材料联合会首场新闻发布会上的讲话［J］．石材，2021，（5）：1-2，54.

［63］冉迎春，刘洲．浅谈绿色建材的发展［J］．科学咨询，2010，（31）：71-72.

［64］赵婷婷，陈斌．欧洲水泥工业碳中和路径及技术概况［J］．中国水泥，2022，（5）：71-76.

［65］WEI J X，CEN K，GENG Y B．Evaluation and mitigation of cement CO_2 emissions：projection of emission scenarios toward 2030 in China and proposal of the roadmap to a low-carbon world by 2050［J］．Mitigation and Adaptation Strategies for Global Change，2019，24（2）：301-328.

［66］罗雷，郭旸旸，李寅明，等．碳中和下水泥行业低碳发展技术路径及预测研究［J］．环境科学研究，2022，35（6）：1527-1537.

［67］HORNBERGER M，MORENO．J，SCHMID M，et al．Experimental investigation of the carbonation reactor in a tail-end Calcium Looping configuration for CO_2 capture from cement plants［J］．Fuel Processing Technology，2020，210：106557-1~106557-9.

［68］杨国辉．构筑信息安全的"钢铁防线"——专访首钢总公司信息化部［J］．中国信息安全，2011（1）：6.

［69］中国能源编辑部．为力争二氧化碳排放于 2030 年前达到峰值，努力争取 2060 年前实现碳中和而奋斗！［J］．中国能源，2020，42（10）：1.

［70］上官方钦，刘正东，殷瑞钰．钢铁行业"碳达峰""碳中和"实施路径研究［J］．中国冶金，2021，31（9）：6.

［71］王新东，上官方钦，邢奕，等."双碳"目标下钢铁企业低碳发展的技术路径［J］. 工程科学学报，2023，45（05）：853-862.

［72］蒋大军. 基于综合效果优化的高活性熔剂熔量化烧结试验［J］. 南方金属，2018（6）：7.

［73］重庆晨宇机床制造有限公司. 一种铁矿粉烧结生产工艺：CN201410760212.X［P］. 2016-07-06.

［74］杨晓东，张丁辰，刘锟，等. 球团替代烧结——铁前节能低碳污染减排的重要途径［J］. 工程研究跨学科视野中的工程，2017，9（001）：44-52.

［75］王筱留. 钢铁冶金学（炼铁部分）［M］. 北京：冶金工业出版社，2008.

［76］王广，张宏强，苏步新，等. 我国钢铁工业碳排放现状与降碳展望［J］. 化工矿物与加工，2021，50（12）：55-64.

［77］陆鹏程，化光林，金锋，等. 一种高效生态冶金炼铁方法：CN202210926492. 1［P］. 2023-07-23.

［78］《世界金属导报》编辑部. 图解2019年全球高炉生铁和直接还原铁产量［J］. 世界金属导报，2020-02-25.

［79］朱仁良. 未来炼铁技术发展方向探讨以及宝钢探索实践［J］. 钢铁，2020，55（8）：2-10.

［80］袁万能，李涛，刘正新. 八钢低碳炼铁技术思路与实践［J］. 新疆钢铁，2022（1）：1-4.

［81］邹庆峰. 欧冶炉中心煤气流分布技术开发与应用［J］. 新疆钢铁，2022（1）：12-15.

［82］中冶赛迪技术研究中心有限公司. 利用欧冶炉气化炉输出煤气生产直接还原铁的系统：CN201920579229. 3［P］. 2020-02-07.

［83］Zhang X Y，Jiao K X，Zhang J L，et al. A review on low carbon emissions projects of steel industry in the World［J］. Journal of Cleaner Production，2021，306：127259.

［84］张建良，张冠琪，刘征建，等. 山东墨龙HIsmelt工艺生产运行概况及主要特点［J］. 中国冶金，2018，28（5）：37-41+46.

［85］贾利军，汤彦玲. HIsmelt熔融还原炼铁技术的工艺煤耗及生产实践［J］. 山东冶金，2021，43（4）：3-6.

［86］游锦洲，周国凡，于仲洁，等. 热态直接还原铁防再氧化初步研究［J］. 钢铁，1999，34（11）：5-6.

［87］冯燕波，曹维成，杨双平，等. 中国直接还原技术的发展现状及展望［J］. 中国冶金，2006，16（5）：10-13.

［88］朱德庆，薛钰霄，潘建，等. 气基直接还原工艺研究进展和发展思考［J］. 烧结球团，2022，47（1）：1-9+86.

［89］Atsushi M，Uemura H，Sakaguchi T. MIDREX processes［J］. Kobelco Technology Review，2010，29：50-57.

［90］邱梓洋，王淇，王义松，等. 典型的气基竖炉直接还原工艺［C］//中国金属学会能源与热工分会. 第十一届全国能源与热工学术年会论文集. 2021：604-610.

［91］Gaines H P，Ravenscroft C M. A scenario for integrated sustainability：application of the TRS® for the integrated blast furnace steel industry［C］//AISTech-iron and steel technology conference proceedings. 2014：225-234.

［92］危中良，戴金华. 氢能在钢铁企业应用方向的探讨［J］. 冶金动力，2022（3）：67-70+86.

［93］刘龙. 氢气直接还原竖炉还原段内温度场及流场研究［D］. 秦皇岛：燕山大学，2016.

［94］Duarte P，Pauluzzi D. Premium quality DRI products from ENERGIRON［J］. Techn rep. Energiron，2019.

［95］唐钰. 氢冶金发展现状和趋势［J］. 中国冶金文摘，2022，36（3）：8-15.

［96］郭学益，陈远林，田庆华，等. 氢冶金理论与方法研究进展［J］. 中国有色金属学报，2021，31（7）：1891-1906.

［97］Buergler T，Prammer J. Hydrogen Steelmaking：Technology Options and R&D Projects［J］. BHM Berg- und Hüttenmännische Monatshefte，2019，164（11）：447-451.

［98］Vogl V，Åhman，Max，Nilsson L J. Assessment of hydrogen direct reduction for fossil-free steelmaking［J］. Journal of Cleaner Production，2018，203：736-745.

［99］D. Kushnir，T. Hansen，V. Vogl，and M. Åhmanc，Adopting hydrogen direct reduction for the Swedish steel industry：A technological innovation system（TIS）study，J. Cleaner Prod.，242（2019），art.No.118185.

［100］严珺洁. 超低二氧化碳排放炼钢项目的进展与未来［J］. 中国冶金，2017，27（02）：6-11.

第 7 章

碳汇建设对碳中和的作用

7.1 碳汇的定义

碳汇是从大气中清除二氧化碳等温室气体的过程、活动或机制。即通过植树造林、森林管理、植被恢复等措施,利用植物光合作用吸收大气中的二氧化碳,并将其固定在植被和土壤中,从而减少温室气体在大气中浓度的过程、活动或机制。一般可分为地质碳汇、森林碳汇、耕地碳汇、草地碳汇、海洋碳汇等。

7.1.1 碳汇与碳循环

碳循环指的是碳元素在地球上的生物圈、岩石圈、水圈及大气圈中交换,并随地球的运动循环不止的现象。

岩石圈化石燃料是地球最大的碳库,其含碳量约占地球碳总量的99.9%。岩石中的碳经自然和人为的各种化学作用分解后进入大气和海洋,同时死亡生物体及其他含碳物质又以沉积物的形式返回地壳,由此构成了全球碳循环的一部分。但实际上岩石圈化石燃料库储量虽大,但碳活动却十分缓慢。而大气圈库、水圈库和生物圈库这三个碳库虽然碳容量小,但却十分活跃,所储存的碳在生物和无机环境之间迅速交换,实际上起着交换库的作用。

碳的地球生物化学循环控制了碳在地表或近地表的沉积和大气、生物圈及海洋之间的迁移。生物圈中的碳循环主要表现在:陆地和海洋中的植物从大气中吸收二氧化碳,然后通过生物或地质过程以及人类活动,以二氧化碳的形式返回大气中,这正是地球不同于其他星球的独特地方。而二氧化碳进入大气之后,大约20年可完全更新一次。

7.1.2 碳汇与碳源

碳源与碳汇是碳循环中的两个重要概念。碳源是指碳排放的源头(sources),是向大气释放 CO_2 和 CH_4 等导致温室效应的气体、气溶胶或它们的前体的任何过程、活动和机制。碳汇是指碳的吸收与储存,是指从大气中移走 CO_2 和 CH_4 等导致温室效应的气体、气溶胶或它们初期形式的任何过程、活动和机制。如果碳源和碳汇能够在循环中获得平衡,则温室气体在大气中的浓度就会稳定,温室效应便停止上升。

碳源既来自自然界,也来自人类生产和生活过程。碳源与碳汇是两个相对的概念,即碳源是指自然界中向大气释放碳的母体,碳汇是指自然界中碳的寄存体。减少碳源一般通过二氧化碳减排来实现,增加碳汇则主要采用固碳技术。农田土壤碳汇通过采用保护性耕作措施、扩大水田种植面积、增加秸秆还田、增加有机肥施用、采用轮作制度和改善土地利用方式等,让农田土壤由碳源转化为碳汇。

7.1.3 碳汇的分类

（1）森林碳汇 是指森林植物通过光合作用将大气中的二氧化碳吸收并固定在植被与土壤当中，从而减少大气中二氧化碳浓度的过程。林业碳汇是指利用森林的储碳功能，通过植树造林、加强森林经营管理、减少毁林、保护和恢复森林植被等活动，吸收和固定大气中的二氧化碳，并按照相关规则与碳汇交易相结合的过程、活动或机制。

土壤是陆地生态系统中最大的碳库，在降低大气中温室气体浓度、减缓全球气候变暖中，具有十分重要的独特作用。森林面积虽然只占陆地总面积的 1/3，但森林植被区的碳储量几乎占到了陆地碳库总量的一半。树木通过光合作用吸收了大气中大量的二氧化碳，减缓了温室效应。这就是通常所说的森林的碳汇作用。二氧化碳是林木生长的重要营养物质。它吸收的二氧化碳在光合作用下转变为糖、氧气和有机物，为生物界提供枝叶、茎根、果实、种子，提供最基本的物质和能量来源。这一转化过程，就形成了森林的固碳效果。森林是二氧化碳的吸收器、储存库和缓冲器。反之，森林一旦遭到破坏，则会变成二氧化碳的排放源。

（2）草地碳汇 国内仍没有学者对草地碳汇进行界定，但草地碳汇能力很强，主要将吸收的二氧化碳固定在地下的土壤当中，植物的固碳比例较小，仅占一成左右，多年生草本植物的固碳能力更强。随着我国退耕还林、还草工程的实施，尤其是退化草地的固碳增量更加明显，因此可充分发挥草地的固碳作用。

（3）耕地碳汇 耕地固碳仅涉及农作物秸秆还田固碳部分，原因在于耕地生产的粮食每年都被消耗了，其中固定的二氧化碳又被排放到大气中，秸秆的一部分在农村被燃烧，只有作为农业有机肥的部分将二氧化碳固定到了耕地的土壤中。

（4）土壤碳汇 据"酶锁理论"，土壤微生物可作碳"捕集器"，以减少大气中的温室气体。但 2021 年 7 月，美国科罗拉多州立大学副教授 Kelly Wrighton 领导的团队，以 Bridget McGivern 为第一作者、发表在《自然—通信》的实验结果表明土壤微生物也"吃"多酚，可能会释放二氧化碳，这些实验结果与"酶锁理论"背道而驰。

（5）海洋碳汇 是将海洋作为一个特定载体吸收大气中的二氧化碳，并将其固化的过程和机制。地球上超过一半的生物碳和绿色碳是由海洋生物（浮游生物、细菌、海草、盐沼植物和红树林）捕获的，单位海域中生物固碳量是森林的 10 倍，是草原的 290 倍。

7.1.4 碳汇的发展

1997 年 12 月，为缓解全球气候变暖趋势，由 149 个国家和地区的代表在日本京都通过了《京都议定书》，2005 年 2 月 16 日在全球正式生效，由此形成了国际"碳排放权交易制度"（简称"碳汇"）。旨在减少全球温室气体排放的《京都议定书》是一部限制世界各国二氧化碳排放量的国际法案。议定书附件 B 中包括的各国（多数国家属于经济合作和发展组织及经济转轨国家）同意减少人为六种温室气体（二氧化碳、甲烷、氧化亚氮、氢氟碳化物、全氟化碳和六氟化硫）的排放量，在 2008 ～ 2012 年的第一承诺期内排放量至少比 1990 年水平低 5%。同时规定，包括中国和印度在内的发展中国家可自愿制定削减排放量目标。在此后一系列气候公约国际谈判中，国际社会对森林吸收二氧化碳的汇聚作用越来越重视。《波恩政治协议》《马拉喀什协定》将造林、再造林等林业活动纳入《京都议定书》确立的清洁发展机制，鼓励各国通过绿化、造林来抵消一部分工业源二氧化碳的排放，原则同意将造林、再造林作为第一承诺期合格的清洁发展机制项目，意味着发达国家可以通过在发展中国家实施林业碳汇项目抵消其部分温室气体排放量。

2003年12月召开的《联合国气候变化框架公约》第九次缔约方大会，国际社会就已将造林、再造林等林业活动纳入碳汇项目达成了一致意见，制定了新的运作规则，为正式启动实施造林、再造林碳汇项目创造了有利条件。

2011年8月3日，为进一步推进清洁发展机制项目在中国的有序开展，促进清洁发展机制市场的健康发展，对《清洁发展机制项目运行管理办法》进行了修订。

2020年10月28日，《自然》科学期刊上一个国际团队的研究报告也再次表示，中国的西南地区和东北地区的"碳汇"，占了中国整体陆地的35%还多一点。

2022年，都昌县与易高天成（北京）科技有限公司成功签约水稻种植温室气体减排项目，这是江西省首个签约落地的农业碳汇项目。

2022年5月，全国首个农业碳汇交易平台在厦门落地。

2022年5月，福建首例双壳贝类海洋渔业碳汇交易项目完成。

2022年5月23日，全国首个农业碳汇服务驿站在厦门市同安区莲花镇军营村设立，开启为农户提供"农业碳汇＋绿色金融"的下沉式服务新模式。

2022年6月26日，中国林学会发布了"十三五"期间林草科技十大进展。其中，开发竹林碳汇多尺度联合监测技术体系，实现竹林碳汇时空动态的快速准确计测，为实现我国森林质量精准提升和森林碳汇精准估测提供重要科技支撑。

2022年7月，鄂尔多斯市乌审旗首个碳汇林示范区在国有无定河林场建成。

2022年8月17日，福鼎市茶产业发展中心与中国人寿财险福建省分公司签约，为福鼎市特色农业产业提供300万元碳汇损失风险保障，标志着农业碳汇保险率先在福建实现创新突破。

7.2 土壤碳汇

7.2.1 土壤碳汇的定义

土壤碳汇一直都是全球碳汇研究中的热点，究其原因是陆地碳汇中土壤碳汇占比第一。研究显示全球 $0 \sim 1m$ 深土层土壤有机碳储量比大气碳储量高了两倍。可以看出土壤碳库量巨大，陆地碳循环和大气 CO_2 浓度变化受到许多因素影响，土壤碳库在这之中起着非常重要的作用。如果土壤碳储量发生变化，即使是很小的变化也会对全球的碳循环产生很大影响。

7.2.2 土壤碳汇的原理

无机碳库和有机碳库是组成土壤碳库的重要部分，其中有机碳库远大于无机碳库。无机碳库由碳元素和含碳矿物组成。含碳矿物主要是白云石、石膏这些。在干旱和半干旱土壤碳库中，无机碳库的比例有着重要影响。而无机碳总体是一种非常稳定成分，无机碳不会由于环境变化而发生巨大的改变。但有机碳恰好与之相反，有机碳是比较活跃的组成部分，环境变化以及土地利用方式的变化都会有可能引起土壤有机碳的变化，因此土壤有机碳的变化是土壤碳库变化的重要原因[1]。土壤有机碳库在土壤碳库中有着举足轻重的地位，时时刻刻影响着陆地总碳库。因此要进行总碳库的研究，有机碳库是首要研究目标。研究数据统计发现，现在的土壤有机碳储量主要是考虑土壤 1m 内的储量，因为土壤有机碳主要是分布在这个深度，并且由于位于土壤深层的有机碳受到的外界活动影响少，表现得更加稳定。数据显示，如今的全世界的土壤有机碳储量大概是 1800Pg。把土壤有机碳库和植物碳库、大气碳库进行比较发现，土壤有机碳库储量要高于植被碳库和大气碳库。

对于土壤有机碳库的研究一直很多，在研究初期，研究者们主要的研究内容是土壤有机碳与土壤肥力指标的相关性联系和影响。随着全球科技的发展，人们对土壤有机碳库的研究逐渐深入，出现了一些新的关于土壤有机碳库的研究方法。在这些方法里，土壤有机碳动态成为了研究者们关注的主要内容，除此之外还关注了土壤碳循环及其驱动力，进行了相关的研究。1960 年以后，研究者们对于土壤有机碳的研究主要方法是静态的、定量的测算。但是这些方法并不是完美的，有一些不足之处。比如：研究中的测算仅仅是基于少数量的土壤有机碳研究数据资料进行，因此研究所需的数据不够完善，同时研究方法也没有达到完全优化，所以研究得到的结果的信服力不大[2]。

在 1980 年以后，出现了一些新的方法比如地统计这些方法，研究者把新的方法运用到土壤有机碳库的相关研究中。关于这些方法，国内外有很多研究。Post 等[3]利用 2000 多个土壤剖面数据资料，用模型内容把土壤有机碳储量和该区域的气候、植被这些因子联系起来，利用这个模型，研究出具有意义的结果，结果显示在土壤深度为 1m 处，土壤有机碳储量的范围在 1380 ～ 1412Pg。Eswaran 等[4]则用土壤类型法，以全球的土壤有机碳储量为内容，结合不同土壤类型，研究他们之间的联系和互相影响。国内也展开了一些相关研究，王绍强等[5]研究者，利用大数据下的优势，对全国土壤普查的数据进行合理利用，以我国土壤有机碳总储量为研究目标，对其结果进行估算，结果显示我国土壤有机碳总储量范围在 920 ～ 925Pg。Ni[6]也以我国土壤有机碳储量为研究目标，不过该研究运用的是中密度法估算，该研究估算结果和先前的研究并不一致，结果显示我国土壤碳储量在 154Pg 左右。李克让等[7]则是以我国陆地生态系统的碳储量为研究目标，该研究中使用了生物地球化学模型，模型估算结果显示我国陆地生态系统碳储量为 957.2 ～ 959.7Gt，并且对植物和土壤的碳储量占比作了研究，研究发现在陆地生态系统的碳储量中，植被所占比例为 13.89%，而土壤碳储量占比很高，达到了 86.11%。通过这些研究我们不难发现，土壤碳库在陆地生态系统碳库中有着至关重要的影响。郑聚锋等[8]研究者从新的角度出发，以中国土壤碳库及固碳潜力为研究内容进行了相关的研究。

关于土壤有机碳储量的研究，目前主要出现了两种方法，这两种方法是动态法以及静态法。关于静态法的研究国内外都有很多。方精云等[9]以静态法为研究方法，以我国土壤有机碳总储量为研究目标进行了估算，结果显示我国土壤有机碳总储量在 185.4 ～ 185.6Pg。同时发现，青藏高原储藏了我国超过 21% 的土壤有机碳。潘根兴也运用了静态法来估算我国碳库，该研究分别进行了土壤有机碳和土壤无机碳的估算。结果显示中国土壤有机碳总储量范围在 49 ～ 52Pg，无机碳储量范围在 57 ～ 62Pg。以上研究都是在以中国为研究对象大尺度下的估算。关于小尺度估算土壤碳库的研究也有很多，李宁云等[10]就以滇西北土壤碳储量为研究目标进行了估算。龚伟等则是以川南天然常绿阔叶人工林为研究对象，进行了该地区的土壤碳储量估算。而仝川和董艳[11]则是以我国的城市生态系统为研究目标，对其土壤碳库开展了大量的研究。而关于土壤碳动态研究，关系模型、机理过程模型是采用较多的方法。

在这些模型中，运用较多的比较有知名度的模型包括以下几种：CENTURY模型、RothC模型、CASA模型、DNDC模型和SCNC模型。由于动态研究方法自身的特点，目前关于其研究都是大尺度范围下的研究。这些研究很多，王金州等[12]以华北潮土区的土壤有机碳为研究目标，把RothC模型运用到研究中，通过研究得到了有用的结论。方东明等[13]运用了另外一种模型：CENTURY模型，通过该模型，研究团队模拟火烧林地之后对土壤碳动态变化的影响，研究结果显示林地在经历了火烧之后，土壤总碳库的变化规律是先升高，到达一定程度后会下降，但随着年限的增加，后期又逐渐恢复。

遥感、全球定位系统GPS以及地理信息系统技术的出现对土壤碳库的研究产生了有利的影响。借助这些技术手段，开展了很多对土壤碳库的研究，解宪丽等[14]就运用了遥感手段，并且结合国家对土壤普查的相关数据，以我国100cm土层深度的碳密度变化为研究目标，研究发现该土壤深度的土壤碳密度范围在$1.19 \sim 176.46 kg/m^2$，并且对该土壤深度的土壤碳储量进行了计算，结果为88.4Pg。于东升等[15]研究出一种新的方法用于土壤碳库的研究，把该方法定义为"土壤类型GIS连接法"，通过该方法并且结合我国土壤数据库，进行了中国土壤有机碳储量的估算，估算结果表明中国土壤有机碳储量在90Pg左右。Piao等[16]则是以中国草地土壤有机碳库为研究目标，结合了遥感手段构建出了一个关于土壤有机碳与植被指数及气候等因子的多元回归模型，通过模型估算了中国草地土壤有机碳在$1982 \sim 1999$年间的变化范围，结果显示在该年间中国草地土壤有机碳每年大概增加了6Tg。李红梅[17]则是以诺尔盖湿地为研究对象，通过把遥感数据和野外调查数据相结合，进行了该地区的土壤有机碳储量研究。

关于土壤碳储量的研究大多是大尺度区域下的，而对于小尺度区域的碳储量研究较少。在这些研究中很少考虑到土壤深度对土壤碳储量的影响。

7.2.3 土壤碳汇对碳中和的作用

碳中和指人类活动造成的CO_2排放与全球人为CO_2吸收量在一定时期内的平衡，基于此可知，实现碳中和的最重要的途径是增加碳汇能力和减少碳排放。增强陆地碳汇被认为是缓解气候变化最为成熟的途径之一，土壤作为陆地生态系统中最大的碳库，其丰富的有机、无机碳库在当前碳中和的大环境中作为碳储存形式对于减少大气CO_2浓度的长期效应不可忽视，尤其是较有机碳库更为稳定的无机碳库是实现碳中和目标的坚实的碳汇基础。对于有机碳库，远大于无机碳库的基数与易受人类活动影响的特性使得其成为土壤碳库变化的重要原因，但目前对于相关土壤碳汇问题研究得并不全面，有研究表明，受损土壤的碳源能力大于碳汇能力，而未受损的土壤的碳汇能力是远远大于碳源能力的，因此对于达成碳中和目标上，以减少受损土壤为基础加强土壤修复一定程度上有益于加强现有土壤的有机碳汇能力。因此，鉴于土壤碳汇当前应用尚不成熟但未来具有良好的发展前景，将土壤增汇理念贯穿于退化土地修复当中对于我国碳中和的达成有着正面的现实意义。

同时，作为陆地碳汇不可缺失的主体，与植物碳汇息息相关的碳储对象，土壤碳汇一定程度上影响着如森林碳汇、草原碳汇等以生长需要良好土壤环境的植物为碳汇主体的其他陆地碳汇方式，其健康与否直接或间接影响着陆地碳汇的其余碳汇过程与碳汇效果。基于国内外大量的观测中，一个成熟稳定的生态系统拥有较高的土壤有机碳积累速率，且土壤有机碳积累速率也不总是比系统中其余碳汇积累速率低。因此，作为多种碳汇措施共同作用的汇，多种途径相互交织，土壤碳汇对于其他碳汇方式达成碳中和也有着举足轻重的影响。

7.3　植物碳汇

7.3.1　植物碳汇的定义

植物碳汇是指生态系统通过植物光合作用的方式将二氧化碳转化为碳水化合物，并以有机碳的形式固定在植物体内，从而减少大气中二氧化碳浓度的过程，主要包括森林碳汇、草原碳汇等多种形式。森林碳汇和草原碳汇共同构成的林草碳汇是一种高效且成本较低的碳汇方式。有关数据显示，林木的碳汇存储能力大致为：每生长 1 立方米蓄积量，大约可吸收 1.83 吨二氧化碳，释放 1.62 吨氧气。在"双碳"背景下，林草碳汇的地位与作用日益显现。

据专家估测，到 2060 年，全国碳排放可能在 25 亿吨左右，林草碳汇达到 15 ～ 18 亿吨，对国家碳中和贡献超 60%。林草碳汇除了作用于固碳减排外，还能促进生态保护，在林草碳汇的开发过程中，能够实现丰富生物多样性、加强水土保持等多种生态服务功能。可以说保护和发展林草资源，也就相当于是在保护绿水青山。

此外，林草碳汇也是生态产品价值转化机制的重要抓手，发挥着多重作用。对国家而言，碳汇能够促进经济发展，碳抵消的能力越强，留给经济发展可使用的空间就越大；对森林和草地的经营者而言，通过碳汇可以在原有的农林产品和生态旅游的基础上增加新的收入来源；对林草场所有人来说，通过"碳金融"手段林草碳汇可以解决经营的资金问题，从而实现生态系统改善与经济效益提高的良性循环。

目前，作为全国首个国家生态文明试验区的福建省森林覆盖率已达 66.8%，森林植被的碳储量已经超过 4 亿吨，同时每年可新增碳汇 5000 万吨左右，体现出了林草碳汇的碳减排价值。福建三明市通过发放林业碳票的方式，把空气变成可交易、可收储、可贷款的"真金白银"，在为全国碳汇储量作出贡献的同时，也将林草碳汇的生态价值转化为经济价值，大大提升了民众植树造林、节能减排的意识。

近年来，国家林业和草原局围绕"双碳"目标，着力提升林草碳汇能力，不断加大林草碳汇工作力度，与自然资源部、国家发改委、财政部共同牵头编制《生态系统碳汇能力巩固提升实施方案（2021—2030 年）》，并组织编制了《林业和草原碳汇行动方案（2021—2030 年）》等一系列文件。

7.3.2　植物碳汇的原理

植物群落作为陆地生态系统土壤有机碳的主要来源[18]，可通过凋落物和根系生命活动（如细根周转、根系分泌物）等方式，将植物通过光合作用固定的有机碳输入土壤中。通过凋落物和根系向土壤输入有机碳的具体过程表现为植物的凋落物在分解过程中，产生的一部分碳会直接以 CO_2 的形式排放到大气中，另外一部分以可溶性有机碳、稳定态腐殖质的形式输入土壤，从而参与碳循环过程。根系是植物向土壤输入有机碳的一个关键组织，根系生命活动（根系周转、分解和根系分泌物等）对土壤碳输入过程具有重要意义。

在进行区域的生态固碳时，植被生物量与其有着密切联系。在一个区域尺度下进行植物生物量的调查，一般用的方法有：①实地调查测定植物生物量；②通过遥感等技术，结合地理信息在电脑上进行反演，计算出植物生物量；③结合区域尺度，建立适合的模型进行拟合计算植物生物量。每种方法各有优势，其中实地调查的方法相对来说比较费时费力，对成本要求较高，并且在实地调查方法中，不同的区域需要不同的方法和标准，还未达到统一。针对以上特点，实地调查法一般只用于少数样本的区域，而对大尺度区域的相关研究还缺乏代表性。有关植物生物的研究在很早就开始了，可以追溯到 1950 年以前。1960 年以后，大规模的关于植物生物量的研究逐渐展开，著名的就是国际生物学计划。随着时代科技的快速发展，3S 技术出现在人类的视野内，这些技术的出现使植被生物量以及植物碳库的研究有了巨大的进步。Baraloto 等 [19] 以亚马孙森林为研究目标，利用相关技术模型进行了该区域的地上生物量与影响因子之间的相关关系研究。除此之外，Du 等 [20] 也进行了植物生物量研究，以毛竹林为研究对象，利用地理信息系统相关软件模型对该区域的地上生物量的空间分布特征进行了研究。我国对植物生物研究也十分重视，很多研究者运用 3S 系统，充分利用森林清查资料和农业统计资料，对我国森林系统的碳储量进行了估算 [21]。Zhang 等 [22] 也以中国草地植物生物量为研究目标，利用 CSCS 模型，结合 RS 系统对该区域的植物生物量进行估算。此项研究向我们展示了 2004 ～ 2008 年间中国草地植被净生产力变化量，发现从 2004 ～ 2008 年，我国草地净生产力数据增加了 110g/（m²/a）左右。Dong[23] 从新的角度出发，结合森林清查资料，使用 NDVI 软件构建了一个模型，模型用来估算陆地植被生物量。

国内关于植物生物量以及碳储量的研究基本都是在大尺度下的研究，主要运用的是遥感软件和模型，而对于某一领域实地的植物生物量与碳库研究，以及小尺度区域内每种植物的碳储量能力的相关研究较少。

7.3.3　森林碳汇

森林不仅具有经济效益、社会效益等多重功能，而且其生态效应更不容忽视。森林通过将碳封存在生物群落或是林产品中达到吸收二氧化碳的作用。随着经济社会的发展导致的二氧化碳排放量逐渐增加，只有通过森林碳汇和其他人工技术或工程手段进行固碳释氧，才能最终实现二氧化碳的净增量减少为零。为提升森林碳汇效应，国内外就森林碳汇政策、森林碳汇价值实现、森林碳汇潜力与气候变化等方面进行了深入讨论。森林碳汇在适应、减缓气候变化方面所发挥的不可替代作用得到了国际社会的广泛认可和高度重视，逐渐成为人类在应对气候变暖中采取的经济、绿色、可持续发展的举措。因此，森林碳汇成为更经济、更高效的 CO_2 减排措施，对森林碳汇的价值估算、发展潜力的研究对我国碳达峰碳中和的目标实现有重要的借鉴意义。

森林是陆地上最大的储碳库和吸碳器，一亩森林每天能吸收 67 公斤二氧化碳，释放出 49 公斤氧气。我国现有的森林覆盖率与碳储量较为可观。以我国为主体的亚洲东部亚热带森林是巨大的碳汇能区，碳储量约占我国陆地生态系统碳储总量的 40.3%。森林在减缓气候变化方面能够发挥重要作用已被学者证实，尤其是从长期来看（2050 年以后），基于森林的固碳比其他方式更具成本收益：一是森林植被碳库的固碳边际成本比其他可再生能源的平均边际减排成本低至少两倍；二是森林土壤碳库可以通过异养呼吸调节有机质库和维持生态系统的稳定；三是森林产品碳库通过短期和长期的碳储存可以有效抵消化石燃烧所排放的碳量，进而调节生物系统中的碳库平衡。森林碳汇包含了森林植物生物量碳和土壤有机碳，是削减大气中二氧化碳浓度的最佳选择，提升林业碳汇功能已成为实现中国"双碳"目标的一个重要手段和途径。在"双碳"重大战略背景下，森林等生态系统的碳汇作用更加凸显。根据国家规划，到 2025 年我国森林覆盖率要达到 24.1%，森林蓄积量要达到 180 亿立方米；到 2030 年我国森林覆盖率要达到 25% 左右，森林蓄积量要达到 190 亿立方米。如期实现上述目标，将为我国实现碳达峰碳中和奠定坚实基础。

森林是碳的汇和源，在区域和全球碳循环中发挥着重要作用。在全球范围内，森林占土壤有机碳的 70%，森林管理实践的微小变化也会影响地球上的碳循环。喜马拉雅山脉的森林是兴都库什地区的气候调节器，该地区正经历着高速的气候变化，对森林系统的正确理解对于缓解这一问题是必要的。目前的一些研究都局限于单一的森林或过程，如碳储存或碳释放，并没有涉及多种森林类型的碳同化和释放过程，但碳同化和释放过程对于理解非生物和生物变量对碳循环的影响很重要。Devi 等人[24]假设气候变量的变化及其诱导效应（如物种范围的变化）会影响森林的碳汇和碳源功能，探索非生物和生物因素、气候及其诱导效应的变化将如何影响森林的碳源和碳汇功能。研究者调查了喜马拉雅东部不同农业气候区森林的碳固存（植被和土壤）和森林土壤 CO_2 排放量如何变化，并确定了碳固存和排放的影响因素以及该地区气候变化的可能影响。与热带森林相比，温度和降雨量低、树木多样性高、物种丰富度高的森林，即温带森林，可以吸收更多的碳，排放更少的土壤二氧化碳。碳固存随着植物物种多样性的增加而增加，随着温度和降雨量的增加而减少。研究表明，森林土壤 CO_2 含量表现出季节性和随森林类型的变化，并受到气候因素特别是降雨量变化的影响。

7.3.4　草原碳汇

草原生态系统通过光合作用吸收大气中的二氧化碳，并以有机碳（SOC）的形式将碳固定在植物体内和土壤中，具有丰富的碳储量和强大的碳汇功能，是我国最大的陆地生态系统。草原生态系统碳库主要包括植被碳库和土壤碳库，其碳储存主要分布在土壤碳库，土壤碳库约占草原生态系统碳库总量的 90%，草原系统中包含的土壤有机碳约占世界总量的 20%，总碳储量占陆地生态系统的 30% ～ 34%，是我国仅次于森林的第二大碳库。草原作为天然碳库，不仅能吸收二氧化碳、净化空气，还具有成本低、经济效益好的特点，具有工业减排无法比拟的优势。

联合国粮食及农业组织（粮农组织）发布的《全球草原土壤碳评估报告》指出，改善草原（即地面覆盖草本植物特别是用于放牧的大面积区域）管理可以提高土壤的碳汇能力，并帮助各国实现其气候目标，评估报告测定了半天然和人工管理草原的土壤有机碳存量基线，并对其封存土壤有机碳的潜力进行估算。研究发现，在应用加强土壤有机碳封存的管理做法 20 年后，若可用草原 0 ～ 30 厘米深度层中的土壤有机碳含量增加 0.3%，则每年可实现 0.3 吨碳 / 公顷的封存量。草原生态环境保护是生态文明建设的重要内容，我国《2030 年前碳达峰行动方案》指出提升生态系统固碳能力，要深入推进大规模国土绿化行动，巩固退耕还林还草成果，扩大林草资源总量，加强草原生态保护修复，提高草原综合植被盖度。这都直接阐明了草原具有丰富的碳汇潜力，充分发挥草地生态系统的功能对于 CO_2 减排具有深远意义。

我国草原碳汇潜力巨大，首先草原面积大，《第三次全国国土调查主要数据公报》显示我国草地面积为 26453.01 万公顷（396795.21 万亩）。其中，天然牧草地 21317.21 万公顷（319758.21 万亩），占 80.59%；人工牧草地 58.06 万公顷（870.97 万亩），占 0.22%；其他草地 5077.74 万公顷（76166.03 万亩），占 19.19%。草地主要分布在西藏、内蒙古、新疆、青海、甘肃、四川等地，占全国草地的 94%，其次可恢复部分储量也较大，是我国面积最大的绿色生态屏障，具有森林碳汇不可替代的作用，通过保护和恢复草原植被、提高土壤质量、合理管理畜牧放牧等措施，可以增加草原生态系统对二氧化碳的吸收和储存，为应对气候变化作出积极的贡献。

7.3.5　植物碳汇对碳中和的作用

随着工业化和城市化的快速发展，人类活动对化石能源的需求日益增大，由此产生的 CO_2 排放量逐年增长，大气环境日益破坏，而植物作为生态系统的重要组成部分，在物质循环和能量流动中处于关键的地位，也是生态系统最重要且基础的生产者角色，具有固碳释氧的天然机能，在实现碳中和过程中发挥着不可忽视的作用。在地球上，二氧化碳主要由植物或海洋生物通过光合作用吸收固定，从而实现大气二氧化碳排放和吸收的动态平衡。植物通过光合作用不断生长，一方面为动物提供粮食和能源，另一方面以有机物的形式将大气中的二氧化碳保存下来，这就是"植物碳汇"。植物碳汇主要包括森林碳汇、草原碳汇等多种形式，而森林和草原储存着绝大部分的陆地生态有机碳，陆地碳汇主要来自森林和草原，其变化对未来的温度进程有着显著影响。

植物通过光合作用吸收大气中的二氧化碳，并将其固定在植物自身体内或周围土壤中的生态过程，能够有效抑制大气二氧化碳浓度的上升，对应对气候变化相关问题具有十分积极的意义。碳中和是指化石燃料燃烧排放和土地利用变化等产生的碳排放，与陆地生态系统、海洋和其他途径固碳之间建立平衡。实现碳中和有两个关键要素。其一是减少各行业部门的碳排放，这可以通过减少能源消耗、提高能源使用效率和发展可再生能源等途径来实现，其二是通过增强陆地和海洋生态系统的碳汇来实现碳中和。在这两个关键中，增强陆地碳汇（即自然气候解决方案，NCS）被认为是缓解气候变化的最可行因素之一，陆地生态系统（如森林、湿地、草原等）和海洋生态系统具有吸收和储存大量碳的能力。通过保护、恢复和管理这些生态系统，可以增加它们对二氧化碳的吸收和储存能力，从而实现碳中和，因此，提高生态系统碳汇容量是实现碳中和目标的关键，也是减缓大气 CO_2 浓度持续上升、实现碳中和目标的重要途径。而植物群落作为陆地生态系统土壤有机碳的主要来源，必然起着极其重要的作用。

植物固碳的方式绿色环保，潜力巨大，利用植物生物技术充分挖掘植物碳汇的潜力，是我国实现"双碳"目标不可替代的策略。植被通过光合作用吸收人类活动排放 CO_2 的 30% 左右，是重要的二氧化碳吸收者，其通过光合作用将光能转化为化学能，将二氧化碳与水反应，释放出氧气，并以碳的形式储存能量，包括在植物的根、茎、叶等部位。植物还可以通过吸收大量的 CO_2 来生长，并将其储存为生物质，如树木、植被等。这些植物所积累的有机物储存在植物体内，起到了减少大气中 CO_2 浓度的作用。此外，植物通过根系将部分固定的碳输送到土壤中，形成有机质，如植物残渣、树叶、根系等。这些有机质在土壤中相对稳定地储存着碳，并在一定程度上减少了二氧化碳的排放。由此可见，植物碳汇在碳中和过程中扮演着重要的角色。总体来说，植物碳汇通过光合作用、生物质固碳、土壤固碳等过程，有效地吸收和储存二氧化碳，对缓解全球气候变化起到积极的作用。加强保护和恢复植被，促进碳循环平衡，对实现碳中和目标具有重大意义。

7.4　海洋碳汇

7.4.1　海洋碳汇的定义

海洋碳汇指红树林、盐沼、海草床、浮游植物、大型藻类、贝类等从空气或海水中吸收并储存大气中二氧化碳的过程、活动和机制。

7.4.2　海洋碳汇的原理

海洋碳循环的过程主要依赖海洋碳泵的作用，通过碳泵实现碳在海洋中的垂直和水平迁移以及形态转换，从而调节全球气候。海洋碳泵主要包括生物泵、微型生物泵和碳酸盐泵。

具体来看，首先，藻类和浮游植物基于光合作用，通过生物泵机制将大气中的二氧化碳变成颗粒有机碳（POC），并将其沉降至海底，实现无机碳向有机碳的转化；其次，海洋微生物通过细胞生长代谢、宿主细胞裂解以及原生动物摄食活动分泌大量有机碳，通过惰性溶解有机碳（RDOC）机制实现碳封存；最后，碳酸盐泵是微生物诱导产生碳酸盐的关键机制，可以使海底沉积物封存上亿年。

（1）生物泵（biological pump，BP）

生物泵是通过海洋生物或海洋生物活动将碳从海洋表层传递到深海海底的过程，其依赖于颗粒有机碳（particulate organic carbon，POC）沉降的海洋碳扣押方式。融入海洋的二氧化碳通过海洋生物圈的初级生产力完成从海洋表面到深海海底的过程。

浮游植物是海洋的初级生产者，其固定碳和氮的总量比全世界陆地植物的固定总量还要多。一方面，吸收有机碳的部分浮游植物被浮游动物和大型鱼类食用，并通过呼吸作用和微生物分解作用将二氧化碳排入海洋；另一方面，浮游植物和浮游动物等生物链物种的碎屑、排泄物和蜕皮等，经过沉降和分解等过程转变为颗粒有机碳，沉于深海海底和海底沉积物。被封藏的碳不再参与地球化学循环，可被保存上万年甚至上亿年，从而实现对碳循环的调节。

（2）微型生物泵（microbial carbon pump，MCP）

由生物泵产生的颗粒有机碳向深海的输出十分有限，大部分颗粒有机碳在沉降过程中会降解，到达海底并封藏的量非常少。真正将有机碳转变为惰性有机碳并实现长期封存的是微型生物泵。微型生物泵是指海洋微型生物的生理代谢和生态过程将活性有机碳转化为难以被生物利用的惰性溶解有机碳（Recalcitrant Dissolved Organic Carbon，RDOC），从而长期封存于海洋水体中的储碳机制。基于惰性溶解有机碳的微型生物泵理论认为，海洋微生物通过3个基本途径将活性溶解有机碳或半活性溶解有机碳转化为惰性溶解有机碳：①异养微生物利用浮游植物产生的活性溶解有机碳，在分解有机碳的同时，也代谢分泌惰性溶解有机碳；②病毒通过感染和裂解细菌（古细菌）细胞释放微生物细胞大分子物质，其中有相当一部分具有生物利用惰性特征，成为潜在的惰性溶解有机碳，对海洋惰性溶解有机碳库的累积具有十分可观的贡献；③微生物将有机底物降解为不被利用的残留化合物，成为惰性溶解有机碳的一部分，从而在海洋中形成巨大、稳定的惰性溶解有机碳储库。

微型生物泵是海洋碳循环中最重要机制。与生物泵相比，微型生物泵不依赖沉降等物理搬运过程，储碳效率最高；尤其在河口和浅海地区，生物泵易受上升流和再悬浮的影响，生态功能被严重削弱，而微型生物泵处于海洋微食物环中，不会受到影响。

（3）碳酸盐泵（carbonate pump，CP）

碳酸盐泵的作用机理是海洋生物的钙化作用。生活在海洋表层的钙质生物，如颗石藻和浮游有孔虫等，其体表都会沉积碳酸钙。这些生物会利用海水中的溶解无机碳（dissolved inorganic carbon，DIC）形成碳酸钙，从而产生坚硬的保护外壳。随着这些生物的死亡，壳体中的碳酸钙会同生物一起沉降至海底，其中可能会伴随着微型生物的分解利用造成的部分碳的回收利用，完全逃离这些过程的碳酸钙颗粒则会到达海底，并在海底的沉积物中封存几千年或更长的时间，真正意义上降低了大气中的 CO_2 水平。

由于海洋生物利用碳酸氢盐生成碳酸钙的过程会释放 CO_2，因此该过程也被称为碳酸盐反向泵（carbonate counter pump，CCP）。碳酸钙在海洋中沉降的同时也驱动了海水中碳酸盐反向泵过程，最终会导致溶解在海水中的 CO_2 不断向大气中释放，这在一定程度上抵消了生物有机碳泵和颗粒无机碳（particle inorganic carbon，PIC）沉降的固碳效应。

7.4.3 海洋碳汇对碳中和的作用

海洋在碳中和目标实现方面可以发挥重要支撑作用。在碳储量上，海洋是地球上最大的活跃碳库，其碳储存量约为 $4×10^5$ 亿吨，是陆地碳库的 10 倍 [（4.6～6.7）$×10^4$ 亿吨]，大气碳库的 50 倍（$8.6×10^3$ 亿吨），发挥了重要的气候变化调节作用。海洋碳汇借助海洋碳循环机制吸收、固定和储存二氧化碳，有效减缓了气候变暖，同时提升了生物多样性，特别是基于海洋生物多样性而产生的生物泵、微型生物碳泵以及碳酸盐碳泵（也称为海洋"三碳泵"机制）构成海洋"负排放"效应，保证了海洋巨大的固碳潜力。并且发展海洋碳汇产业，在实现"负排放"、生态修复与海洋可持续发展的同时，鼓励社会资本参与碳汇项目建设，实质性推动海洋碳汇资源资本化进程，增加海洋碳汇资本积累，真正实现"经济 - 生态 - 社会"多重效益。在碳汇时间尺度上，相较于森林、草原等陆地生态系统数十年到几百年的碳汇储存周期，海洋碳汇可达千年之久，使得封存碳不易重返大气，能够在地质历史时间尺度应对全球气候变化。

当前科学研究表明，海洋能够在持续增加碳汇和可再生能源开发利用方面发挥重要作用。海洋蕴藏着丰富的可再生能源资源，如风能、波浪能、温差能等。风能是重要的可再生能源，海上风速比陆地上快约 20%，发电量多约 70%。海上风电不占用宝贵的土地资源，受自然环境因素的影响较小，发电价格也非常低廉。波浪能是海水波浪式前进形成的能量，拥有极为丰富的储量，能量密度较大，时空分布合理，海洋波浪能被誉为"蓝色石油"。温差能是表层海水与深层海水的温度差所含有的能量，最大特点是发电非常稳定，一旦开机循环就可以稳定地输出电能，还可以产生淡水等附加产品。海洋可再生能源，可以在碳减排和增汇两端发力，因而具有巨大碳中和潜力。减少碳排放方面，对比火力发电，海洋可再生能源没有二氧化碳排放，滩涂还可用来海水养殖，这也是增汇的一种重要形式。

思考题

1. 简述碳汇的定义。
2. 什么是地质碳汇？
3. 什么是土壤碳汇？
4. 什么是植物碳汇？

参考文献

［1］李敏. 森林土壤碳储量研究综述［J］. 林业调查规划，2018，43（04）：21-24.

［2］齐边斌，赵鑫勇，吕德国. 影响土壤有机碳动态变化的因素研究进展［J］. 北方果树，2019，（04）：1-4.

［3］Post W M，Emanuel W R，Zinke P J，et al. Soil carbon pools and world life zones［J］. Nature，1982，（298）：156-159.

［4］Padmanabhan E，Reich P F. World soil map based on soil taxonomy［M］//Goss M J，Oliver M. Encyclopedia of Soils in the Environment (Second Edition). Oxford：Academic Press，2023：218-231.

［5］张城，王绍强，于贵瑞，等. 中国东部地区典型森林类型土壤有机碳储量分析［J］. 资源科学，2006（02）：97-103.

［6］Ni J. Carbon Storage in Terrestrial Ecosystems of China：Estimates at Different Spatial Resolutions and Their Responses to Climate Change［J］. Climatic Change，49（3）：339-358.

［7］李克让，王绍强，曹明奎. 中国植被和土壤碳贮量［J］. 中国科学（D辑：地球科学），2003，（01）：72-80.

［8］郑聚锋，程琨，潘根兴，等. 关于中国土壤碳库及固碳潜力研究的若干问题［J］. 科学通报，2011，56（26）：2162-2173.

［9］方精云，刘国华，徐嵩龄. 中国陆地生态系统碳循环及其全球意义.［C］//王庚辰，温玉璞，编. 北京：中国环境科学出版社，1996：129-139.

［10］李宁云，袁华，田昆，等. 滇西北纳帕海湿地景观格局变化及其对土壤碳库的影响［J］. 生态学报，2011，31（24）：7388-7396.

［11］仝川，董艳. 城市生态系统土壤碳库特征［J］. 生态学杂志，2007，（10）：1616-1621.

［12］王金州，卢昌艾，张金涛，等. RothC 模型模拟华北潮土区的土壤有机碳动态［J］. 中国土壤与肥料，2010，（06）：16-21.

［13］方东明，周广胜，蒋延玲，等. 基于 CENTURY 模型模拟火烧对大兴安岭兴安落叶松林碳动态的影响［J］. 应用生态学报，2012，23（09）：2411-2421.

［14］解宪丽，孙波，周慧珍，等. 中国土壤有机碳密度和储量的估算与空间分布分析［J］. 土壤学报，2004，（01）：35-43.

［15］顾成军，史学正，于东升，等. 省域土壤有机碳空间分布的主控因子——土壤类型与土地利用比较［J］. 土壤学报，2013，50（03）：425-432.

［16］Piao S，Fang J，Ciais P，et al. The carbon balance of terrestrial ecosystems in China［J］. China Basic Science，2010，458（7241）：1009-1013.

［17］李红梅. 美国湿地减洪实例［J］. 水利水电快报，2008，（07）：29-30.

［18］丁越岿，杨劼，宋炳煜，等. 不同植被类型对毛乌素沙地土壤有机碳的影响［J］. 草业学报，2012，21（02）：18-25.

［19］Baraloto C，RABAUD S，MOLTO Q，et al. Disentangling stand and environmental correlates of aboveground biomass in Amazonian forests［J］. Global Change Biology，17（8）：2677-2688.

［20］Du H Q，Zhou G M，Fan W Y，et al. Spatial heterogeneity and carbon contribution of aboveground biomass of moso bamboo by using geostatistical theory［J］. Plant Ecology，2010，207（1）：131-139.

［21］施君杰，徐媛，姚毅恒，等. 蒙辽农牧交错区草地植物群落固碳规律研究［J］. 广东蚕业，2018，52（05）：12-14.

［22］Zhang M L，Lal R，Zhao Y Y，et al. Estimating net primary production of natural grassland and its spatio-temporal distribution in China［J］. Science of the Total Environment，2016，553：184-195.

［23］Dong J R，Kaufmann K R，Myneni B R，et al. Remote sensing estimates of boreal and temperate forest woody biomass：carbon pools，sources，and sinks［J］. Remote Sensing of Environment，2003，84（3）：393-410.

［24］Devi N B，Lepcha N T. Carbon sink and source function of Eastern Himalayan forests：implications of change in climate and biotic variables［J］. Environmental Monitoring and Assessment，2023，195（7）：843.

第 **8** 章

碳捕集、利用与封存

实现碳达峰碳中和目标需要最大程度的减排，但不可避免会产生部分碳排放，除了通过森林、海洋等碳汇自然吸收，应用碳捕集、利用与封存等技术处理是我国实现深度减排目标的必要选择。无论是从资源利用还是从环境保护的角度考虑，探究碳捕集、利用与封存，符合可持续发展的要求，其相关科学和技术研究具有重要意义。本章重点介绍碳捕集、利用与封存（carbon capture utilization and storage，简称 CCUS）等技术，在全生命周期内，对人为排放或大气中的 CO_2 进行捕集、利用和封存，以达到大规模减排和固碳的效果 [1]。

8.1 碳捕集

CCUS 技术是指将工业排放的 CO_2 捕集分离压缩后，通过管道技术等输送至油气田或封存点，用于提高油气采收率和将 CO_2 永久封存在地下。CO_2 运输技术是 CCUS 技术的中间环节，承担着将 CO_2 输送至封存点的任务，是连接捕集与封存的纽带 [2]。CCUS 技术分为捕集、运输、利用和封存四个环节。

二氧化碳捕集技术用于去除气流中的二氧化碳或者分离出二氧化碳作为气体产物。捕集是碳捕集与封存（carbon capture and storage，简称 CCS 技术）的第一步。二氧化碳在运输和封存时需要较高的纯度，而在大多数情况下工业尾气中二氧化碳的浓度达不到这个要求，所以必须从尾气中将二氧化碳分离出来，这一过程称为二氧化碳的捕集。

8.1.1 碳捕集方式

根据化石能源生命周期各过程中捕获二氧化碳的位置不同，可将适用于电厂的碳捕集技术分为燃烧后捕集、燃烧前捕集和富氧燃烧。

（1）燃烧后捕集

燃烧后捕集是指采用适当的方法在燃烧后排放的烟道气中脱除 CO_2。该技术适用范围广，原理相对简单，与现有电厂匹配性好。目前绝大多数火力发电厂，包括新建和改造电厂，主要采用燃烧后脱碳的方法开展 CO_2 的捕集。

（2）燃烧前捕集

燃烧前捕集就是在碳基原料燃烧前，采用合适的方法首先将化学能从碳中转移出来，然后再将碳和携带能量的其他物质进行分离，从而达到脱碳的目的，是未来最有前景的脱碳技术之一。整体煤气化联合循环发电系统 IGCC（integrated gasification combined cycle）就是将煤气化技术和高效的联合循环相结合的先进发电技术。IGCC 是最典型的可以进行燃烧前脱碳的系统。

（3）富氧燃烧

富氧燃烧采用传统燃煤电站的技术流程，通过制氧技术，将空气中大比例的氮气脱除，直接用高浓度的氧气与抽回的部分烟气（烟道气）的混合气体来替代空气，这样得到的烟气中有高浓度的 CO_2 气体，可以直接处理和封存，但该技术成本较高。

8.1.2 碳捕集技术

碳捕集气源一般可分为工业过程气体和大气两种。从工业过程气体中分离，尤其是从化工和化石燃料的燃烧排放气中捕集 CO_2 的研究相对较多，其方法可分为吸附法、膜分离法等捕集方法；从大气中直接捕集 CO_2 的方法包括吸附法等捕集方法。

8.1.2.1 高浓度二氧化碳捕集技术

二氧化碳捕集可划分为微生物法、吸收法、吸附法、膜分离法。微生物法所依据的原理是：绿色植物的光合作用是消化吸收二氧化碳的具体方式。物理吸收法依据的原理是：二氧化碳在液体中的溶解性随压力更改来吸收或脱附。二氧化碳物理吸收法的吸收剂有水、碳酸丙烯酯以及工业甲醇等。物理吸收法大多数在超低温、高压下开展，具备吸收剂再生不用加热以及不腐蚀机器等优势。化学法吸收具有可选择性好、吸收效率高、耗能及运营成本低等优势。但工艺较复杂，吸收液需要再次处理，否则会造成废水的污染。化学吸收法有热钾碱溶液法、氨吸收法、有机胺法等，其中有机胺法实际效果最好。与吸收法不同，吸附法主要利用多孔的固体物质对二氧化碳进行捕集，有变温吸附法、变压吸附法、变电吸附法。而膜分离法则是通过膜的选择透过性对二氧化碳进行筛选捕集。

（1）二氧化碳液体吸收技术

① 物理吸收技术。物理吸收技术是指吸收剂对 CO_2 的吸收是按照物理溶解的方法进行的，所采用的吸收剂对 CO_2 的溶解度高于其他气体组分，且对吸收 CO_2 有一定的选择性，如水（加压水洗法）、N-甲基吡咯烷酮、低温甲醇（Rectisol 法）、乙二醇醚（Selexol 法）、碳酸丙烯酯（PC 法）等。物理吸收技术一般在低温、高压下进行操作，由于吸收剂的吸收能力强，用量较少，吸收剂再生可采用降压或常温气提的方法，无须加热，因而能耗低，且溶剂不腐蚀设备。但由于 CO_2 在溶剂中的溶解服从亨利定律，因此这种方法仅适用于 IGCC 电厂等 CO_2 分压较高的烟道气，且脱碳（或去除 CO_2）程度不高。

吸收剂脱碳主要有物理吸收法、化学吸收法和物理化学复合吸收法。在三种吸收方法中物理吸收法总能耗最小，适用于 CO_2 分压较高，脱碳度要求较低的情况。化学吸收法在吸收剂再生时需加热，能耗较高，适用于 CO_2 分压较低，脱碳度要求高的情况。物理化学复合吸收法总能耗介于化学吸收法与物理吸收法之间，适用于脱碳度要求较高的情况。

② 化学吸收技术。化学吸收和解吸技术是指先利用 CO_2 与吸收剂在吸收塔内进行化学反应形成一种弱联结的中间体，然后在还原塔内加热富含 CO_2 的吸收液使 CO_2 解吸，同时吸收剂得到再生。具体操作通常是采用碱性溶液对 CO_2 气体进行吸收分离，然后通过解吸分离出 CO_2 气体，同时对溶液进行再生。

化学吸收法是利用二氧化碳和吸收液间的化学反应将二氧化碳从混合气中分离出来的方法。最初采用氨水、热钾碱溶液吸收二氧化碳，随后发现利用有机胺作 CO_2 吸收剂的效果较好[3]。

a. 热钾碱法：包括加压吸收阶段和常压再生阶段，吸收温度等于或接近再生温度。采用冷的支路，特别是采用具有支路的两段再生流程可以得到较高的再生效率，从而使脱碳后尾

气中的 CO_2 分压降到很低水平。

b. 苯菲尔法：是在热钾碱法的基础上发展起来的，可有效地将脱碳后的尾气中 CO_2 含量降到 1% ~ 2%。其中"改良苯菲尔法"是在碳酸钾溶液中加入活化剂，以提高 CO_2 的吸收速率并降低 CO_2 在溶液表面的平衡能力。

c. 有机胺吸收法：是以胺类化合物吸收 CO_2 的方法，该法出现于 20 世纪 30 年代，是目前工业分离 CO_2 最主要的方法之一。与其他方法相比，有机胺吸收法具有吸收量大、吸收效果好、成本低、可循环使用并能回收到高纯产品的特点，因此应用最为广泛。

③ 二氧化碳物化联合吸收技术。化学吸收剂能耗高，抗氧化能力差，易降解，腐蚀性强，还易出现起泡、夹带现象。物理吸收剂选择性较差，回收率较低，能耗比化学吸收剂低。采用物理化学复合吸收剂来吸收 CO_2，即吸收 CO_2 时既存在物理吸收又有化学反应，从而兼具物理吸收法和化学吸收法的优点。工业上常用的物理化学吸收剂有 Sulfinol 和 Amisol 等，其他一些新的复合吸收剂也在研发之中[4]。

a. Sulfinol 吸收剂。萨菲诺（Sulfinol）吸收剂是由环丁砜与二异丙醇胺（DIPA）、水混合而成，通常吸收剂中含有 40%（质量分数）左右的环丁砜，15%（质量分数）的水，其余为 DIPA。Sulfinol 法吸收二氧化碳的过程包括物理溶解和化学吸收两部分，由于该方法具有酸气负荷高的特点，特别适用于原料气中酸性气体含量高、压力高且含硫的混合气中分离二氧化碳。Sulfinol 法吸收二氧化碳的能耗低，一方面是由于其可以通过闪蒸释放出物理溶解的酸气，减少再生过程的能耗；另一方面则是因为环丁砜的比热容小，解吸过程蒸气消耗量比较低。另外，砜胺溶剂溶解有机硫化合物的能力很强，可以脱除有机硫化合物，故该工艺成为最有效的酸气净化工艺，我国川东天然气脱硫就大量采用此方法。不过砜胺溶剂也能够溶解两个碳以上的烃类，增加对重烃的吸收，使酸气中烃含量增加，而且不容易通过闪蒸分离，因此该法不适于重质烃类含量较高的原料气中二氧化碳的分离。

b. Amisol 吸收剂。Amisol 吸收剂是甲醇和仲胺的混合物，由于吸收液中甲醇含量高，吸收、再生又近乎在常温下进行。使用这种吸收剂的方法在国内常称为常温甲醇洗。常温甲醇洗是物理化学吸收相结合脱除酸性气体的一种方法，可脱除 HS、O_2、COS、硫醇等有机物，常用于天然气、煤气化制合成气、蒸气转化合成气和炼厂气等净化等。

采用此法的净化装置投资较省，运行费用低，经减压蒸馏即可再生。由于工艺操作压力低，吸收温度为常温，也是一种较理想的酸性气体净化工艺。Amisol 法也存在一些不足，一方面为了回收净化气和再生气中甲醇蒸气所形成的稀甲醇溶液，需设置低压甲醇蒸馏装置；另一方面，甲醇具有一定的毒性，在操作时应采取必要的安全措施。

（2）二氧化碳固体吸附技术

合成氨、制氢、天然气净化等工业过程都含有吸附脱除 CO_2 的工序，如利用吸附量随压力变化而使某种气体分离回收的变压吸附（PSA）工艺，利用吸附量随温度变化而分离回收的变温吸附（TSA）工艺，以及将两者结合的变压变温吸附（PSTA）工艺等。然而，由于电厂烟气流量巨大，CO_2 分压低，出口温度高，含有 O_2、SO_2、NO_x 等杂质气体以及大量惰性气体，使得电厂烟气的性质与传统化工工业含 CO_2 尾气的性质有着较大的差别，从而使得这些传统的化工吸附分离过程很难应用于电厂烟气中 CO_2 的捕集分离。因此，电厂烟气中捕集分离 CO_2 对化工分离技术提出了严峻的挑战，而这一问题的解决必将推动化工分离技术的蓬勃发展。

近年来，关于 CO_2 变压吸附的研究工作较多。PSA 法回收烟气中 CO_2 的新技术也在研究开发中。但目前此工艺成本较高、规模较小。目前，变压吸附主要有两种途径：一种是高压吸附、减压脱附；另一种是高压或常压吸附，真空条件下脱附，即真空变压吸附（VSA）。变压吸附法的优点是工艺过程简单、适应能力强、能耗低，但此法吸附容量有限、吸附剂需求量大、吸附解吸操作频繁、自动化程度要求较高。

吸附法是利用固态吸附剂对烟气中 CO_2 的选择性可逆吸附作用来捕集分离 CO_2 的。固态吸附剂在低温（常压或高压）时吸附 CO_2，升温（或降压）后将 CO_2 解吸出来回收，同时固态吸附剂得到再生。吸附法的关键是吸附剂的载荷能力，其主要决定因素是温差（或压差）。

变温吸附法是利用吸附现象的放热反应，在相同的压力下，气体的吸附量随温度的变化（低温吸附、高温脱附）来分离气体混合物。由于加热冷却的循环周期通常需要数个小时，因此 TSA 在单位时间所能处理的气体量较 PSA 小。TSA 法吸附剂容易再生、工艺过程简单、无腐蚀，但是吸附剂再生能耗大、时间长、装备体积庞大。

吸附法分离回收 CO_2 是通过吸附过程和脱附过程反复进行而实现的，因此，为了连续地分离回收 CO_2，至少应设置两个交叉进行吸附和脱附的基本系统。PSA 吸附过程中，CO_2 的分离回收是通过加压吸附和减压脱附实现的。而在 TSA 吸附过程中，滤床内 CO_2 的脱附和吸附剂的再生是利用提高温度来完成的。TSA 系统中的能源消耗是 PSA 系统的 $2 \sim 3$ 倍，且体积庞大，吸附剂的再生时间长，因此，PSA 比 TSA 系统有更大的优越性。

（3）二氧化碳膜分离与膜吸收技术

① 二氧化碳膜分离技术。CO_2 的膜分离主要是通过 CO_2 在高分子膜上的高渗透率来实现的，而这种高渗透率是由于 CO_2 具有相对大的溶解度。高分压的 CO_2 能塑化和一定程度减弱玻璃态高分子性能。膜分离 CO_2 主要应用在三个方面：a. 天然气脱酸性气（从天然气的高压甲烷中除 CO_2）；b. 从垃圾填埋气中回收 CO_2（为 CO_2/CH_4 分离，但压力相对低一些）；c. 采油中 CO_2 的回收（EOR，包括从各种碳氢化合物中分离 CO_2）。另外，由于燃煤电厂尾部烟气中 CO_2 的分离越来越受到关注，膜分离技术也逐渐开始应用在燃煤电厂烟气中 CO_2 的分离回收。

② 二氧化碳膜吸收技术。膜吸收技术是将膜和普通化学吸收相结合而出现的一种新型膜过程，该技术主要采用的是微孔膜。与气体膜分离技术相比，膜吸收过程中在膜的另一侧有化学吸收液的存在。膜吸收技术中的微孔膜材料只是起到隔离气体与吸收液的作用，微孔膜上的微孔足够大，理论上可以允许膜一侧被分离的气体分子不需要很高的压力就可以穿过微孔膜到另一侧，主要依靠膜一侧吸收液和另一侧的被分离组分进行化学反应的原理来达到分离的目的。

对于气液两相在膜接触器内的流动，一般有两种流动方式：一种是采用吸收液为管程流动（流经膜内），烟气为壳程流动（流经膜外）的方式；另一种是烟气为管程流动，吸收液为壳程流动的方式。目前，这两种流动方式均有采用，由于尚没有确定的标准，因此对于这两种流动方式的利弊还没有形成共识。但是需要注意的是，当第二种流动方式应用于燃煤电厂的烟气时，在实际应用中需要考虑燃煤烟气中粉尘对吸收性能的影响，即当烟气流经膜内时，烟气流速在膜内变缓后有可能出现粉尘在膜内的聚集，堵塞膜孔道，从而造成膜接触器利用率的下降。

③ 二氧化碳膜分离材料。膜分离法利用特定材料制成的薄膜对不同气体渗透率的不同来分离气体。膜材料分为有机膜及无机膜两种。有机膜的选择性及渗透性较高，而在机械强

度、热稳定性及化学稳定性上不及无机膜。常见的膜材料包括：碳膜、二氧化硅膜、沸石膜、促进传递膜、混合膜、聚酰胺类膜及聚酰酸酯膜等。其中二氧化硅膜被认为最接近于工业应用。膜分离法需要较高的操作压力，不适合于常规燃煤电站中 CO_2 的分离。膜分离法装置紧凑，占地少，且操作简单，具有较大的发展前景。其缺点是现有膜材料的 CO_2 分离率较低，难以得到高纯度的 CO_2，要实现一定的减排量，往往需要多级分离过程。

（4）深冷分离法

深冷分离法是通过加压降温的方式使气体液化以实现 CO_2 的分离。此方法在液态状态下对 CO_2 进行分离，分离出的 CO_2 更利于运输及封存。同时此方法避免了化学或物理吸收剂的使用，不存在吸收剂腐蚀等问题，且耗水较少，分离出的 CO_2 便于运输、储存，多用于强化驱油。但是深冷过程中需要消耗大量的能量，且设备投资较大。

分析以上几种 CO_2 分离技术，常规吸收法工艺技术成熟，在化工行业已有广泛的应用，是近阶段煤基电站 CO_2 分离的重要技术选择。目前成熟的吸收法工艺，均是在低温湿法条件下运行。对 PC 电站而言，钙基吸收剂碳化 / 煅烧技术是一种有较大发展前景的技术。对 IGCC 电站而言，膜分离法是较适合的技术。这两种方法中，目前高温膜分离法的材料成本较高，且较难获得高纯度的 CO_2。

8.1.2.2 空气中二氧化碳直接捕集技术

作为实现"双碳"目标的托底技术，从空气中直接去除二氧化碳，并永久转化和封存，即直接空气捕集技术（direct air capture，DAC）的开发同样必不可少[5]。与传统的 CCUS 技术相比，空气捕集法不受限于时间和地域，可直接从空气中捕集低浓度的 CO_2。又因该过程没有运输环节，所以没有传统 CCUS 的运输风险。CO_2 空气捕集主要有三种方法。第一种是吸收法，即 CO_2 溶解到吸收剂中；第二种是吸附法，即 CO_2 分子附着在吸附剂材料的表面；第三种是低温精馏法，其本质上是一种气体液化技术，利用混合气体中各组分沸点的不同，通过连续多次的部分蒸发和部分冷凝来分离混合气体中各组分。这三种方法分离出的 CO_2 可地质封存或用于生产碳基燃料和其他化学品。DAC 吸附与吸收的材料主要有树脂材料、有机胺类吸附材料和无机吸附材料。以碱溶液吸收和有机胺类吸附材料为例介绍。

（1）碱溶液吸收 强碱性 NaOH 溶液吸附剂是 DAC 技术中比较受关注的无机溶液吸附剂。工业上常用的让液体和气体接触并吸附气体的方法是让液体下滴，如果用 NaOH 溶液作吸附剂，可以让 NaOH 溶液沿着装满填充物的吸收塔往下流，而让空气从下到上反方向以一定速率通过吸收塔，CO_2 的吸收效率能够达到 99% 以上。早期吸收塔主要用来制备不含 CO_2 的空气，2007 年 Zeman 等首次将这种吸收塔用于空气中 CO_2 的捕集。

（2）有机胺类吸附材料 负载化的胺吸附材料可以根据基底与活性材料的相互作用以及材料的制备方法来进行分类，一类是单胺或聚胺通过物理吸附作用与基质（一般是二氧化硅）结合形成的材料，由于结合力较弱，该类材料的活性会因为胺逐渐脱离基质表面而降低；另一类材料是活性胺通过化学键永久与基质相结合，克服胺的挥发性问题，可避免吸收性能的逐渐降低。理论上所有表面含活泼羟基的材料（氧化物、金属或聚合物）都能够作为基质永久固定单胺或聚胺。第三类材料是聚胺材料，由无机基质和含胺的单体（如三聚氰胺，L- 赖氨酸酸酐）原位聚合生成，如运用化学嫁接技术制备的超支化氨基硅（HAS）、中孔硅土负载的三聚氰胺树状聚合物和硅土负载的聚 L- 赖氨酸等，都可用于从高浓度气体或空气中吸收 CO_2。

8.2　碳封存

8.2.1　碳运输技术

CO_2 的运输是实现碳捕集、利用与封存技术的重要一环。该环节将捕集到的 CO_2 运输到封存地点。CO_2 的运输与天然气运输有相似之处，根据运输距离、封存地的具体情况，需采用不同的运输方式，通常可以分为管道运输、车载运输和船舶运输三大类[6]。目前，陆路车载运输和内陆船舶运输技术已经较为成熟，CO_2 海底管道运输技术在国内还处于概念研究阶段。CO_2 陆地管道输技术是最具应用潜力和经济性的技术。

8.2.1.1　管道运输技术

管道运输作为一种具有经济效益的运输载体，在 CO_2 的运输技术中具有十分明显的优势[7]。其管道类似于天然气运输管道，长度可达数千公里，可以跨越山脉、城市和海洋运输。当 CO_2 处于超临界或密相状态时，其具有液体的密度、气体的黏性和压缩性，对于管道运输是最有效率的。目前，管道输送技术比较成熟。

CO_2 管道可以输送液态、气态、超临界、密相等不同相态 CO_2，根据管道所处地理位置、输送距离和公众安全等问题选择最适合的输送状态。管道运输相较于罐车和船舶运输具有以下优点：①连续性强且安全可靠；②输送量大，运行成本低；③管道基本为埋地管道，占地少，节约土地资源，且运输不受恶劣多变天气影响；④泄漏量小，环境污染小。但管道输送灵活性差，也不能轻易扩展管线，有时必须通过船舶与罐车运输协助才能完成全部运输；输送过程中必须控制好压力和温度，防止出现相态变化，从而导致输送瘫痪；输送前必须提高 CO_2 纯度，避免杂质对管道造成腐蚀破坏[8]。由于管输 CO_2 的特殊性质，CO_2 输送管道与碳氢化合物输送管道的主要区别是：运输介质、气体分压和管道强度的差异。

CO_2 有较低的临界温度和压力，其输送中主要有气相、液相、密相和超临界四种相态。考虑到单相比多相输送产生的摩擦阻力更小，产生阻塞的可能性小，设备便于选型等，因此输送过程中大多采用单相输送。

（1）气相 CO_2 管道运输技术　气相 CO_2 在接近大气压力条件下输送时体积庞大，运输时所需管径较大，可通过压缩机进行压缩从而达到运输目的，压缩时压力不宜过高，以避免超过其临界压力，进入超临界态。当运输距离变长时，气态 CO_2 管道运输成本较高，但当管道途经人口密集区域时，气态运输安全性较好。因此，气相 CO_2 管道运输适合于短距离、低输入量且人口众多的情况[9]，其管道设计应参考最新的输气管道设计规范 GB 50251—2015。如果想进一步压缩气态 CO_2 体积需要将其进行液化处理[10]。

（2）液相 CO_2 管道运输技术　输送过程中 CO_2 在管道内保持液相或密相状态，通过泵送升高输送压力以克服沿程的摩擦阻力与地形高差，管道是否设有保温层需要通过热力核算确定。在输送过程中要注意 CO_2 不能发生相变，否则会造成管道运输过程中出现气堵现象，对管道输送造成严重影响。

（3）密相 CO_2 管道运输技术　当输送温度略低于超临界输送而保持压力区间不变时，管道输送方式进入密相输送，要保证管道输送沿线流体一直处于密相状态，需使输送压力高于临界压力，而输送温度不能过高，入口温度的选择主要依据 CO_2 液化流程的出口温度确定。密相输送的沿线管道压降低于超临界输送和液相输送，而投资略低于超临界输送，远低于气相输送和液相输送，适合在人口稀少的地区输送。

（4）超临界 CO_2 管道运输技术　输送过程中 CO_2 在管道内保持超临界状态（输送起点的温度、压力均高于临界值），通过压缩机压缩升高输送压力，管道无须保温。

CO_2 输送工艺主要包括管道沿程压降计算、最优管径选择、沿线增压方式及间距确定。工艺系统每一个因素是相互依托、相互制约的，如增加管径可以降低沿管道的压降，从而减少动力设施的数量和输入功率，减少运行成本，但管道初投资会随着管径增大而增加，所以必须进行经济比选，从而选择最优方案。

对于大量封存和中等距离输送（小于 1000km）的情况，管道输送是 CO_2 最安全和经济的运输方式。但总体而言，目前在全球范围内利用管道输送密相（液相或 / 和超临界相） CO_2 实现碳捕集、利用与封存的经验仍非常有限[11]。

8.2.1.2　车载运输技术

车载运输 CO_2 主要是依靠 CO_2 罐车实现的。到目前为止，罐车运输 CO_2 技术相对比较成熟，且我国也具备了生产该类罐车和相关附属设备的能力。罐车输送有公路罐车输送和铁路罐车输送两种方式，两者没有本质的区别，但各自的适用范围不同。

（1）公路运输技术　公路运输是交通运输系统的重要组成部分之一，适合于地势崎岖，人烟稀少，铁路和水运不发达的偏远和经济落后地区。

公路 CO_2 罐车运输主要有干冰块装、低温绝热容器装和非绝热高压瓶装三种运输方式[12]。公路运输的优势在于：①适应性强，机动性大，网络发达，车辆可以随时调度、装运，各个环节衔接短；②运输速度快，在中短途运输中能实现点对点直达运输。但公路运输也有其缺陷：①一次性运输量小，且运输费用高；②在运输过程中，受气密性等条件的影响，CO_2 不可避免地发生泄漏；③公路运输安全性相对较低，且环境污染比较严重；④连续性差，不适合碳捕集、利用与封存等大规模工业系统。现有的 CO_2 公路罐车运输主要应用在一些食品加工领域或小规模的驱油实验中，目前还没有用于碳捕集、利用与封存系统的先例[13]。

（2）铁路运输技术　铁路运输是现代运输的主要方式之一，也是构成车载运输的两个基本方式之一，在整个运输领域占据十分重要的地位，并发挥着越来越重要的作用。

铁路运输相较于公路运输具有运输距离长、输送量大、受天气影响小、单车装载运输能力大等诸多公路运输不能比拟的优势[14]，但铁路运输同样具有其自身的劣势：①同样具有不连续性且地域局限性大；②铁路沿线需装配装载、卸载和临时储存等设备，额外增加了输送费用；③若现有铁路不能满足输送条件，必要时还需铺设专门铁路，这样势必会提高 CO_2 输送成本。基于这些特点，到目前为止，世界范围内还没有铁路运输 CO_2 的先例[15]。

8.2.1.3　船舶运输技术

目前，气体液化并由船舶运输的技术在石油和天然气领域已经相当成熟，可以考虑将其应用到 CO_2 运输中。CO_2 船舶运输是实现碳捕集、利用与封存产业链的一环，在绿色转型成为必然趋势的大背景下，CO_2 海上运输的需求将出现显著增长，各种 CO_2 运输船开发项目也应运而生。

船舶运输适用于大规模、超长距离或者海洋线运输等情形，且具有运量大、目的地灵活等优点，但也存在投资巨大，运行维护成本高，需要设置配套的储库和接卸设备，还会受到气候条件的影响。当前，全球大规模的 CO_2 船舶运输仍处于开发试验阶段。

CO_2 运输船舶根据温度和压力参数的不同可划分为三种类型：低温型、高压型和半冷藏型。低温型船舶是在常压下，通过低温控制使 CO_2 处于液态或固态；高压型船舶是在常温下，通过高压控制使 CO_2 处于液态；半冷藏型船舶是在压力与温度共同作用下使 CO_2 处于液态。通常情况下，CO_2 船舶运输主要包括液化、制冷、装载、运输、卸载和返港几个重要步骤。对于较远距离来说，不管是陆上还是海上，海运都是未来 CO_2 运输的首选，船运可以承担至少每年 500 万吨的运输量。

目前，CO_2 运输船舶在设计建造上还存在不少挑战，而且这种挑战是动态的，即未来技术标准可能会发生转变，适应条件和要求难度都会越来越大。对比二氧化碳管道运输，船舶运输既便捷，成本也相对较低，但 CO_2 运输船舶作为一种高端船舶，也有其技术和工艺乃至配套设施制约的一面。

对于 CO_2 运输船舶设计，首先需要保证对船舶的密封系统和货物处理系统进行最佳的设计，通过优化船舶实现可持续商业模式和流程支持。其次要调节所载二氧化碳使其保持低含水量，解决好船上低温储存、码头装载臂等问题。这些都需要在船舶设计时予以考虑并付诸实现。采用船舶运输大量 CO_2 的危险，一是船舶制造难度高。二是 CO_2 的自然泄漏，由于该泄漏持续时间长，但泄漏强度不大，因而这种泄漏一般难以测量，且在初期难以察觉，对运输船舶的工作状态也存在较大的挑战和考验。三是 CO_2 的意外泄漏，主要包括碰撞、火灾、沉没和搁浅事故。相比于一般油品运输船舶，由于 CO_2 不易燃，其引起火灾的风险较小，需要注意对船只搁浅、沉没、碰撞等事故的预防和应急措施[16]。

8.2.2 碳封存技术

CO_2 封存技术是实现 CCS 技术的关键阶段技术，通常指将大型排放源产生的 CO_2 捕集、压缩后运输到选定的地点长期保存或利用，而不是直接释放到大气中。CO_2 的封存技术实际上就是把 CO_2 存放在特定的一种自然或人工"容器"中，利用物理、化学、生化等方法，将 CO_2 封存百年甚至更长的时间，森林、海洋、底层、化学反应器等都可以作为封存 CO_2 的"容器"[17]。根据所采取封存的"容器"、方法等的不同将 CO_2 的封存技术分类，主要包括地质封存、海洋封存、化学封存以及其他封存技术。

8.2.2.1 地质封存

地质封存是封存 CO_2 的主要方式，指直接将 CO_2 注入地下适当地质构造使其半永久或永久封存[18]。CO_2 在地下储层中可以自然滞留。强化采油（EOR）和酸性气体项目等各种项目中注入或储存 CO_2 所获得的信息和经验表明：CO_2 可以在特性良好和管理得当的地点安全注入和储存。虽然自然积累和工程储存之间存在差异，但将 CO_2 注入精心选择的深层地质构造中，可以使 CO_2 长期储存在地下，现研究表明储存期限可达 1000 年。目前，适于注入 CO_2 的地质构造主要包括油气藏、深部咸水层、玄武岩含水层以及不可开采煤层等地下空间，特别是盐碱地层（被咸水或盐水饱和的地下深层多孔储层岩石），皆可用于储存 CO_2。如表 8-1 所示，根据不同的封存地质构造介绍不同的 CO_2 的封存技术方案及其优缺点。

表 8-1 CO_2 地质封存类型及其优缺点

封存类型	储存类型	缺点	优点	机理	风险
深部咸水层	砂岩、冠岩、页岩或泥岩	地质数据缺乏，选址标准、冠岩长期完整性以及容量评价标准缺乏，无经济刺激	分布广泛，封存能力大，技术成熟，安全性高，成本低	物理作用 化学作用	中

续表

封存类型	储存类型	缺点	优点	机理	风险
枯竭油（气）田	枯竭油（气）田	采油（气）可能成为潜在的泄漏途径	技术成熟，原有的油气田地质资料丰富	物理作用化学作用	低
玄武岩	玄武岩含水层	未获足够重视，研究起步较晚，技术还不成熟	其独特的化学俘获机理可确保CO_2永久安全高效地封存	化学作用	低
CO_2-EOR	油（气）田	采油（气）可能成为潜在的泄漏途径	各方面技术较成熟，原油的增产价值可抵消部分封存成本	物理作用化学作用	低
CO_2-ECBM	深部不可采煤层	受煤层渗透系数影响较大，需较多的钻井数；有可能造成资源浪费	可以在相对较浅的深度进行注入，通常小于1000m	物理作用	中

（1）地质封存原理　CO_2常温常压状态下为气体，运输及注入过程中需要提供一定的压力和温度使其维持液态或超临界状态，以提高运输效率及安全性，同时提高CO_2封存容量。CO_2临界温度和压力分别为30.98℃和7.73773MPa，通常封存地层的压力可以保持其超临界状态（深度大于800m时CO_2可较为稳定处于超临界状态）[19]。超临界状态的CO_2兼具气液两性，密度远大于气体状态，黏度比水小且比其液体状态小两个数量级，极易流动，更有利于石油、天然气、卤盐水、地热能开发，可以在一定程度上抵消CCUS技术成本[20]。

超临界状态的CO_2兼具气液两性，密度远大于气体状态，黏度比水小且比其液体状态小两个数量级，极易流动，更有利于石油、天然气、卤盐水、地热能开发，可以在一定程度上抵消CCUS技术成本。地层岩石良好的孔隙结构可以封存CO_2，注入后的CO_2在目标地层中可流动，盖层（储存层上部）岩石的渗透性和承压性能直接影响CO_2在垂直方向上的扩散，是决定CO_2是否安全稳定封存的关键因素。

地质封存机理主要分为储层的物理和地球化学俘获机理。CO_2通过多种机制被保留在地下，例如：被困在不透水的封闭层（帽岩）之下；作为不动相被困在储存层的孔隙中；溶解在原地的形成液中；或吸附在煤和页岩的有机物上。此外，它可能通过与储层和冠岩中的矿物发生反应而被捕获，产生碳酸盐矿物，所以CO_2的地质封存具体可包括构造地层封存、束缚气封存、水动力封存，溶解封存和矿化封存。

不同形式封存机理的特征及主要影响因素见表8-2。

表8-2　CO_2封存机理特征 [21]

封存形式	封存机理	主控因素
地质构造封存	CO_2通过浮力运移并密封在盖层中	岩石可压缩性、盖层密闭性
束缚空间封存	CO_2通过毛细作用填充岩石孔隙	毛细管力、渗透率
水动力封存	CO_2通过浮力运移并封存在盖层中	地下水层、盖层密闭性
溶解封存	CO_2迁移并溶解于地层流体之中	温度、压力、盐度
矿化封存	CO_2与岩石反应形成固态碳酸盐矿物	反应时间、矿物组成、CO_2含量

（2）油气藏封存　利用油气藏封存CO_2是一种永久封存CO_2的方法，通过油田注入井

或生产井将超临界状态的 CO_2 注进油气藏中，由于具有较高的经济价值，是进行 CO_2 封存的主要方式之一。目前，CO_2 油气藏封存的主要方式是结合提高原油或者天然气采收率进行的。

注入油气藏中的 CO_2 一般以 3 种形式存在：一是分子形式，注入的 CO_2 在储层中受浮力作用存在于盖层下，经扩散后形成 CO_2 储层；二是溶解形式，随着封存时间增长，CO_2 逐渐在地层水中溶解，在地层中得到长期封存；三是化合物形式，地层的压力、温度使得 CO_2 与矿物反应生成化合物，从而使 CO_2 得以封存。其中，最常见的是 CO_2 以分子形式封存于岩石孔隙中，有的甚至可以达到上万年的时间。对 CO_2 进行油气藏封存，首先要符合一定的经济条件，要考虑封存在经济上是否合理。同时，封存能力要强，地层孔隙度高且油气开采潜力大。从安全角度出发，要求地质体的圈闭构造好，盖层的岩性、厚度及连续性好，盆地地质构造最佳，并且要远离活火山发育带及地震带，地质环境稳定，从而保证封存环境的稳定性，确保环境风险事故不会发生。

目前，油气藏封存主要分为枯竭（废弃）油气田封存和 CO_2 驱油封存（CO_2-EOR）。

① 枯竭（废弃）油气田封存。利用油气藏对 CO_2 进行封存，选择之一是将其封存在枯竭油气田中，这是 CO_2 最为理想的埋存地点。19 世纪末，挪威开始在枯竭气田封存 CO_2，其在北海海床上建立的气田地层封存 CO_2 项目，至今仍无因地震等因素造成 CO_2 泄漏的事件发生。当前，世界范围内已投运的具有代表性的枯竭油气田 CO_2 封存项目如表 8-3 所示。

表 8-3　枯竭油气田 CO_2 封存项目

项目 / 年份	封存深度 /m	封存类型	概况
West Pearl Queen（2002）	2000	枯竭油田	美国首次现场试验，CO_2 封存超过 2000 吨
Otway Basin（2005）	2050	枯竭油田	澳大利亚最大的 CO_2 地质封存示范项目
Total Lacq（2006）	4500	枯竭油田	法国第一个进行 CCS 全套运作的项目
Milovan Urosevic（2010）	2000	衰竭气藏	首次结合应用地震监测技术

利用枯竭油气田封存 CO_2 是一种安全且永久性的措施，但截至目前，世界范围内利用枯竭油气田封存 CO_2 的项目依然屈指可数。这主要是由于受到地域及埋存条件等因素的限制，且封存的经济性较差。因此，虽然枯竭油气田是最理想的 CO_2 埋存方式，但依然无法得到真正的大规模推广应用。

② CO_2 驱油封存（CO_2-EOR）。CO_2 驱油封存（CO_2-EOR）技术是对 CO_2 进行附属封存的技术。与枯竭油气田封存 CO_2 不同，该技术是将 CO_2 注进还在生产的油井中，通过高压注入，使 CO_2 和原油形成混合物，在封存 CO_2 的同时，将油驱替出来，通过提高原油采收率来提高原油产量。

CO_2-EOR 技术的原理是用高压将 CO_2 注入油田与原油形成混合物，把原油驱入生产油井中，同时又把 CO_2 封存在地下的技术。原油的增产率取决于储层特性和二次采油阶段的回收效率，一般在 5% ~ 15% 之间。

断裂地层中（页岩或致密砂岩等）原油的典型一次采收率小于 10%，随着开采进行，压力下降，开采效率降低，此时可以通过注入 CO_2 提升采油率。CO_2 可溶解于原油中，使其体积膨胀、提升压力，并同时降低黏度和界面张力，从而提高采油率。CO_2 也可以使石油中的可挥发性组分（包括甲烷等各种轻质烷烃类物质）蒸发，提高石油气资源采收效率，同时部分 CO_2 将吸附或者溶解于岩石空隙中实现地质封存。石油开采完成后形成采空区，地质条件密封性较好，可长期稳定封存 CO_2，也可继续注入 CO_2 提升封存量。

实施 CO_2-EOR 过程中，能够同时实现 CO_2 驱油提高采收率和 CO_2 封存，二者同时进行，但机理却有所区别，下面将分别介绍该过程中的 CO_2 驱油及封存机理。

CO_2 驱油机理主要包括以下几个方面[22]：a 引起原油体积膨胀；b. 降低原油黏度，改善油水流度比；c. 萃取轻质组分；d 混相效应。根据驱替方式不同，CO_2 驱油可分为混相驱、非混相驱和近混相驱 3 类。CO_2 驱油技术原理，如图 8-1 所示。

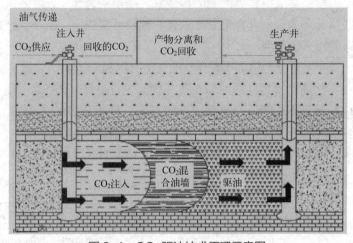

图 8-1　CO_2 驱油技术原理示意图

由图 8-2 可见，在 CO_2-EOR 过程中，CO_2 封存机理主要包括地质构造俘获、束缚空间俘获、溶解俘获和矿化俘获 4 种机理[23]。

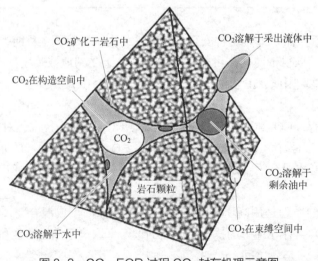

图 8-2　CO_2-EOR 过程 CO_2 封存机理示意图

（3）深部咸（盐）水层封存　联合国政府间气候变化专门委员会（IPCC）特别报告指出深部咸水层是最有前景的长期封存 CO_2 的选择，尤其是在缺少直接经济刺激的前提下，咸水

层在靠近 CO_2 捕获地方面具有潜在的地理优势，此外，咸水层的 CO_2 预计封存能力也要远大于油气田储层的封存能力。

良好的储存 CO_2 的咸水层的上部必须有低渗透的岩层，俗称盖层，它是储存 CO_2 的必要条件，防止注入的 CO_2 通过断层或裂缝渗漏到上部淡水层或地表。CO_2 在咸水层的封存效率取决于储层的捕集机制，包括：构造捕集、残余捕集、溶解捕集和矿物捕集。前两者属于物理捕集机制，只能暂时性地储存 CO_2，但发挥作用的时间较快；后两者属于化学捕集，可以永久性地封存 CO_2，不会出现泄漏等危险事件，但通常需要较长的时间，矿物捕集一般需要上百年，甚至上千年时间[24]。地下咸水层封存 CO_2 的捕集机制时间跨度为：构造捕集<残余捕集<溶解捕集<矿物捕集。

深部盐水层大多为砂岩、页岩和泥质岩，储层分布十分广泛，封存潜力很大，国内外相关技术已十分成熟，可实现低成本及可靠地封存 CO_2。但其目前没有一定的选址标准和储存容量标准，缺乏一定的地质储层资料信息，而且经济收益不明显。

（4）深层煤层封存 煤层吸附 CO_2 分子的能力远高于其他地质层，吸附过程从 CO_2 被注入地层就开始发生。但是煤层深度越大，对应储层的渗透率越小，将 CO_2 储存于目标煤层中会导致地层体积膨胀，渗透率降低，对于封存效果十分不利。目前，深层煤层封存 CO_2 主要包括 CO_2 驱替煤层气封存（CO_2-ECBM）和煤炭地下气化及封存。

① CO_2 驱替煤层气封存。CO_2-ECBM（enhanced coal bed methane）技术是把 CO_2 注入深部不可采煤层的技术，如图 8-3 所示。其机理为竞争吸附，煤层对 CO_2 的吸附能力比对甲烷的更强，煤层在吸附 CO_2 的同时解吸 CH_4，解吸出来的这部分 CH_4 的价值可以抵消部分 CO_2 注入费用。CO_2 地质封存及驱替煤层气（CO_2-ECBM）技术，可以把 CO_2 长期封存于深部煤层中，同时提高深部煤层气开发井的采收率，获得高效清洁的煤层气资源。

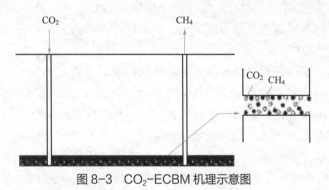

图 8-3 CO_2-ECBM 机理示意图

② 煤炭地下气化及封存。煤炭地下气化（underground coal gasification，UCG）是通过气化剂与煤的气化反应将煤在地层中原位转化为 CO、CH_4、H_2 等可燃气体的过程，产生的混合气体直接输送至地面利用，可节省开采、运输等人力物力。气化剂通常为空气、氧气、水及其混合物，气化过程较难控制。采用 CO_2 与氧气按照一定比例混合作为气化剂，可以降低气化强度，同时避免水作为气化剂在煤层表面分布不均的问题，提升了煤炭地下气化的可控性。

煤气中的 CO_2 分离后可重复使用，直接参与煤炭气化，主要反应过程如图 8-4 所示。UCG 采空区（包括产生的各种烧焦物质和碎石）可以作为 CO_2 储存场地，煤层岩石盖层和 CO_2 吸附导致的残留煤膨胀可以有效限制 CO_2 在竖直方向上的扩散和迁移。

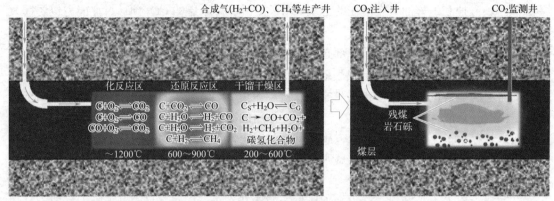

图 8-4　CO_2 用于煤炭地下气化涉及的主要反应过程

　　研究认为 UCG 联合 CCS 为未来煤炭发电最有前景的技术，同时实现温室气体减排、煤灰减排、降低煤炭开采运输等工程投资，且相较地面煤制天然气成本更低。除了产生合成气资源外，UCG 过程中将产生重金属、多环芳烃等污染物，应当予以关注，避免对地下水的污染。

　　深部煤层采空区对于封存 CO_2 的安全性和可靠性更好。总体上看，当前对煤炭地下气化封存 CO_2 的机理及控制技术、潜力评估、效益分析、安全防控技术及环境风险评估等方面缺乏深入研究。

8.2.2.2　海洋封存

　　海洋封存是指用管道或者船舶运输将 CO_2 储存在深海的海洋水或者深海海床上，可分为"溶解型"和"湖泊型"两种海洋封存。"溶解型"海洋封存是将 CO_2 输送到深海中，使其自然溶解并成为自然界碳循环的一部分；"湖泊型"海洋封存是将 CO_2 注入至地下 3000m 的深海中，由于 CO_2 的密度大于海水，会在海底形成液态 CO_2 湖，从而延缓 CO_2 分解到环境中的过程。但由于海洋封存技术还不够完善，对海洋中的环境和生物存在较大风险，因此该技术无法大规模广泛使用。

　　海洋封存的基本原理是利用海洋庞大的水体体积及 CO_2 在水体中不低的溶解度，使海洋成为封存 CO_2 的容器。海水中所含碳的总量约为大气层的 50 倍，植物及土壤中总和的 20 倍。CO_2 海洋封存的潜在容量远大于化石燃料的含量，海水能自大气层吸收 CO_2 的潜在能力，取决于大气层的 CO_2 浓度和海水的化学性质。而吸收速率的高低，则取决于表层及深层海水的混合速率。海洋每年要吸收约 2×10^9t CO_2，受限于表层及深层海水间的缓慢对流，仅在大约 1000m 深的海洋水体中发现了人类活动所排放 CO_2 的证据。就阻隔 CO_2 返回大气层而言，灌注深度越深，隔离效果越好。CO_2 的海洋封存都是把 CO_2 灌注于海洋的斜温层以下，以期获得更好的封存效果。被灌注到深海中的 CO_2，可以是气态、液态、固态或水合物形态，不同灌注形态 CO_2 的溶解速率会有差别。

　　海洋运输封存的原则是通过管道或船舶将 CO_2 运输到海洋封存地点，从那里再把 CO_2 注入海洋的水柱体或深度在 1000m 以上的海底，被溶解和消散的 CO_2 随后会成为全球碳循环的一部分，而大部分 CO_2 将会与大气隔离若干世纪。虽然海洋封存操作方便、简单可行，但是在海洋中大量注入 CO_2，会显著增加水体的酸度，严重影响海洋生物，例如降低生物钙化、繁殖及成长速率、迁移能力等。虽然 CO_2 海洋封存已历经近 30 年的理论发展，一些国际项目已经在实验室和小范围现场进行了可行性研究，但对于注入二氧化碳的大点源对海洋生态系统影响的认识有限。由于海洋注入 CO_2 存在重大争议，环保组织的抗议已导致夏威夷和挪威取消了试点项目。2007 年，海洋保护条约《奥巴黎保护东北大西洋海洋环境公约》（OSPAR）发布一项决定，禁止在水中或者海床中封存二氧化碳。

8.2.2.3　化学封存

化学封存经过一系列复杂的化学反应将 CO_2 转化成为一些稳定的碳酸盐，从而达到永久封存 CO_2 的目的。一般利用富含镁、钙等天然碱土矿物或工业废料与 CO_2 反应，将 CO_2 矿物碳酸化固定，在封存 CO_2 的同时，联产高附加值的化工产品，或者利用富含 Mg^{2+}/Ca^{2+} 的海水固定 CO_2 的同时还能解决海水淡化厂的海水预处理或卤水废弃物问题。

化学封存所形成的碳酸盐，是自然界的稳定固态矿物，可在很长的时间中提供稳定的 CO_2 封存效果。CO_2 化学封存的可行性取决于封存过程所需提供的能量成本、反应物的成本以及封存的长期稳定性三个因素。一旦 CO_2 经化学封存为碳酸盐矿物后，其封存稳定性可高达千年以上，相对于地质、海洋等其他封存机制，其封存后的监管成本较低。但是，整体而言，CO_2 化学封存技术尚未成熟，作为一种较新的封存二氧化碳的技术，存在操作成本高，经济效益和减排效率不可预测，矿业开采作业对环境的影响等问题。

8.2.2.4　生物封存

生物能结合碳捕集与封存技术（简称 BE-CCS）被视为可行性最高的负排放技术之一。IPCC 第五次评估报告（2014 年）中强调了生物质能源技术和 CCS 结合的新型 CCUS 技术（BE-CCS），包括生物质燃料发电、热电联产、造纸、乙醇生产、生物质制气等，封存生产排放的 CO_2。

在 BE-CCS 技术中，微藻为生物质优质原料，旨在取代化石燃料的利用，并作为缓解温室气体的主要原料，具有封存量大、来源广泛、前景无限等优点。

BE-CCS 最大的特点是可以实现 CO_2 净吸收，因为生物生长吸收 CO_2，随着时间的推移，只要规模足够大，这项技术理论上可以封存大量的 CO_2。但是，BE-CCS 的缺点也十分致命，具有不确定性：资源可获得性的不确定性、技术成熟度的不确定性、经济影响的不确定性以及社会和生态影响的不确定性。

8.2.3　碳固定技术

在生物学或自然界碳固定的概念中，碳固定也被称为碳同化，表示由活的有机物所实现的将无机碳（主要是 CO_2）转化成有机化合物的过程。在碳中和背景下，人们提出了 CO_2 矿化固定的途径来封存 CO_2。从碳被固定的机理过程来看，可以粗略地将 CO_2 固定分为物理固定、化学固定、生物固定等，上述固定的过程或途径，其核心是实现游离 CO_2 的转化和固定。也可以分为两类固定途径：一类是碳固定的生物过程；第二类为矿化固定，涉及 CO_2 与矿物的反应过程。这些技术在目前的 CCUS 框架下也被高度重视并日益得到深入研究。

8.2.3.1　陆地碳汇

陆地碳汇是指陆地从大气圈中吸收并储存碳的容量，涉及岩石圈、生物圈和土壤圈等，岩石圈是地球上最大的碳库，据估计整个岩石圈碳总储量约为 900 兆亿吨，有机碳储量约为 200 兆亿吨；生物圈碳储量约为 6860 亿吨，其中，森林占 6620 亿吨，草原占 240 亿吨；土壤圈碳总储量为 1.4 万亿～ 1.5 万亿吨。在陆地生态系统中，碳汇主要通过森林、土壤和湿地等途径来实现。

森林碳汇途径主要分为乔木林、竹林和国家特别规定的灌木林地。土壤主要包括农用地和森林土壤，森林土壤是一种特殊的碳汇类型。土壤中的碳最初来自植物通过光合作用固定的二氧化碳，在形成有机质后通过根系分泌物、死根系或者枯枝落叶的形式进入土壤层，形成土壤碳汇。表层土壤（0～20厘米）年碳汇量比深层土壤（20～40厘米）高出30%，但深层土壤中的碳属于持久性封存的碳，可在较长时间内保持稳定的状态。湿地兼有水陆生态系统的属性。湿地植物通过光合作用吸收大气中的二氧化碳，并将其转化为有机质；湿地储存的碳占陆地土壤碳库的18%～30%。受湿地表层结构（植被状况、淹水泥炭层厚度）和泥炭沉积速率的影响，不同类型湿地固碳能力差异巨大。

8.2.3.2 海洋碳汇

海洋碳汇指海洋吸收大气中的二氧化碳，并用各种方式将其固定在海洋中的过程、活动和机制。海洋覆盖了地球表面的70.8%，是地球上最重要的"碳汇"聚集地，地球上约93%（38.4万亿吨）的二氧化碳储存在海洋中，并在海洋中循环。据测算，地球上每年使用化石燃料所产生的二氧化碳约13%被陆地植被吸收，35%被海洋所吸收，而其余部分则暂留存于大气中。可见，海洋在调解全球气候变化，特别是吸收二氧化碳等温室气体效应方面作用巨大。海洋储碳的形式包括无机的、有机的、颗粒的、溶解的碳等各种形态。

常见的海洋碳汇技术有：①海洋物理固碳，通过海洋物理泵的作用，海水中的二氧化碳-碳酸盐体系向深海扩散和传递，最终变成碳酸钙，沉积于海底，形成钙质软泥，从而起到固碳作用。碳在海流的作用下不断被带入深海，在深海长期储存，以达到固碳目的。②深海封存固碳，在深海中，二氧化碳会与水形成稳定外壳，这层外壳限制了二氧化碳与海水的接触，当海水深度大于3000米时，液态二氧化碳表面能形成稳定的水合物外壳，实现真正意义上的"深海碳封存"。③海洋生物固碳，海洋生物主要通过藻类、珊瑚礁、贝类进行固碳。④海洋生态系固碳，即浮游植物通过光合作用生长繁殖，将二氧化碳转化为自身肌体的组成部分，随后，有机碳物质随着生物链最终成为颗粒碳，大部分成为软泥被埋藏在海底，这一过程加快了悬浮颗粒物在水体中向底层的垂直运移，被认为是碳从海洋浅层向海底输送的主要途径之一。

8.2.3.3 矿化固碳

CO_2矿化模拟并加速自然界中岩石的风化过程，利用二氧化碳与含钙镁硅酸盐矿物进行反应使CO_2以稳定的碳酸盐（$CaCO_3/MgCO_3$）形式永久地固定。CO_2矿化形成稳定的碳酸盐避免了后期的CO_2泄漏监控，同时由于矿化产物具有一定的附加值，其稳定性和安全性比其他封存手段更好，因此日益受到研究者的关注。

CO_2矿物封存的原料包括镁橄榄石（Mg_2SiO_4）、蛇纹石 [$Mg_3Si_2O_5(OH)_4$]、硅灰石（$CaSiO_3$）等在内的天然矿物以及高炉渣、钢渣、废石膏、粉煤灰等含钙镁的工业固废。这些天然矿物或者工业固废中钙镁含量较高，世界储量或者产量大、分布广，故而非常适合用于CO_2矿化。工业固废的生产过程通常经历了高温或高压处理，其矿物结构及物理化学性质发生了很大的变化，它们的活性往往要比天然矿物高得多。因此，工业固废在CO_2矿化过程中比天然矿物具有反应速率快、转化率高、能量输入低的优势。另外，大量工业固废的堆存不仅占用了大量土地，还有可能污染地下水、土壤等，而CO_2矿化在封存CO_2的同时处理了这些工业固废，实现以废治废，因此它在经济上也具有一定优势。

根据反应历程的不同，CO_2矿化可分为两类，即直接矿化和间接矿化，如图8-5所示。直接矿化需要高温高压操作，且很难获得高附加值产品，导致其能耗高、经济性较差，距离工业应用还有很大差距。因此，研究者们提出了两步法（间接矿化）：首先在低的 pH 下提取矿物中的钙镁元素，然后在高的 pH 下进行碳酸化反应。间接矿化所需的反应条件没有直接矿化那么苛刻，且不需要高浓度、高压的 CO_2 作为原料，获得的矿化产物纯度较高，具有一定的经济价值，因此近年来对于间接矿化的研究要多于直接矿化。

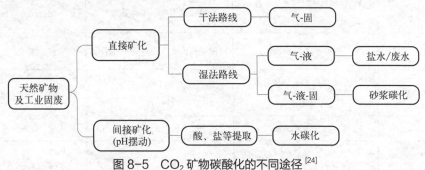

图 8-5　CO_2 矿物碳酸化的不同途径[24]

直接矿化的代表方法有干法碳酸化和湿法碳酸化。在间接矿化中，介质的筛选是间接路线工艺中的关键一环。反应介质需要同时具备以下两个特点：一是有利于钙、镁离子浸出，二是在碳酸化反应过程中介质容易回收及循环利用。常见的介质主要包括盐酸、熔盐、乙酸和氢氧化钠。

8.2.4　碳监测技术

CO_2 地质封存后，为了确保封存场地的适宜性、安全性。需在地表监测其泄漏运移情况，核查地质体内没有发生 CO_2 泄漏，这是 CCS 技术能够成功的关键之一。按照 CO_2 地质封存关注的区域和监测手段从空间上划分为：天空监测技术、地表及近地表监测技术与地下监测技术（浅层和深部地下空间）三类（地下 - 地面 - 空中），主要的监测内容包括空气、土壤化学性、潜孔地质化学、地下水、CO_2 流、注入压力、注入井的完整性、地球化学性监测等。CO_2 封存项目的监测涉及项目周期内及结束后的长期监测，因此监测技术从时间上划分，包括 CO_2 注入前监测、注入中监测、注入后监测和关闭期监测。全球 CO_2 地质封存项目主要的监测技术包含：常规测井、示踪监测、井间地震、微震监测、3D 时移地震（4D 地震）、地面变形监测、大气监测、井网监测、土壤气监测、大面积 CO_2 泄漏监测（红外、UMA、卫星）等技术。

8.2.4.1　天空监测技术

天空监测技术包括大气监测技术和卫星装载监测技术。大气监测技术主要是对大气 CO_2 浓度进行监测，采用遥感技术获取特定谱段的红外影像数据探测 CO_2 是否发生泄漏；监测点主要布设在建设项目场地、影响范围内的环境敏感点，包括封井口附近、场地附近地势最低处和常年主导风向的下风处等；监测频率为一个月至少 3 次。卫星装载监测技术主要包括干涉合成雷达（InSAR）、高光谱分析、重力测量等。

8.2.4.2　地表监测技术

CO_2 地表监测技术是 CO_2 驱油封存项目"地下 - 地面 - 空中"立体监测和评价的重要组成部分，快速识别 CO_2 泄漏的位置与风险程度，制定风险管理措施密切相关。地表监测技术是监测可能泄漏的 CO_2 对生态环境的影响，分析水、土壤成分的变化及地表生物呼吸、光合作用等。监测内容主要是地表形变监测、土壤气体监测和植被监测。表 8-4 是根据 NETL 的监测技术指南整理的 CO_2 地表监测技术。

表 8-4 CO_2 地表监测技术 [25]

监测方法	监测内容	技术局限	应用阶段
卫星或机载光谱成像	地表植被健康情况和地表微小或隐藏裂缝裂隙发育	排除因素多、工作量大	注入前、注入、注入后、闭场
卫星干涉测量	地表海拔高度变化	可能受局部大气和地貌条件干扰	注入前、注入、注入后、闭场
土壤气体分析	浅层土壤内 CO_2 体积分数和流量	准确调查大型区域所需费用高、耗时长	注入前、注入、注入后、闭场
土壤气体流量	浅层土壤内 CO_2 流量	适用于在有限空间进行瞬时测量	注入前、注入、注入后、闭场
地下水和地表水水质分析	地下/地表水中 CO_2 体积分数及水质变化	需要考虑水流量的变化	注入前、注入、注入后、闭场
生态系统监测	生态系统的变化	泄漏后才发生显著变化，同时各生态系统对 CO_2 的敏感程度不同	注入前、注入、注入后、闭场
热成像光谱	CO_2 地表体积分数	在地质封存方面无大量经验	注入前、注入、注入后、闭场
地面倾斜度/GPS 监测	地表变形	通常要远程测量	注入前、注入、注入后、闭场
浅层二维地震	CO_2 在地表浅层的分布情况	在不平坦地面无法监测，无法监测达到溶解平衡的 CO_2	注入

8.2.4.3 地下监测技术

根据监测对象，可以分为地面环境、盖层和储层系统；根据所采用的方法与技术可以分为地下模拟、地球物理和地球化学方法等；根据监测技术的使用状况，分为主要技术、次要技术和潜在技术；根据获取地下信息的方式，可分为直接和间接监测技术 [26]。上述分类方法相互关联，如储层系统监测要结合使用模型模拟和地球物理等方法。现有的监测技术大部分与石油工业相关。监测技术的组合取决于以下因素：现场条件、埋存深度、油藏组分特性和注入 CO_2 性质等，同时也取决于所用监测方法和技术的类型、使用期限、覆盖范围、分辨率、重复测量的必要性和成本等，因此需要联合使用以发挥每种技术的优势。

地球化学方法主要包括示踪剂方法、酸碱度分析法、同位素法以及储层流体水化学组分法 [27]。由于 CO_2 注入储层后，会导致储层的 pH 值降低 $1 \sim 3$ 个单位，从而促使 CO_2 与岩石、水发生相互作用，储层流体中 HCO_3^-、Fe、Si、Al 和 Ca 等元素的含量增加。此外，储层水与 CO_2 中的 C、O 同位素发生交换，因此使同位素的特征变为有效的监测指标。地球物理技术在 CO_2 监测中发挥了重要作用，主要包括重力、声波测井、时移地震、3D/4D 地震、电阻率层析成像、微动技术监测等。

8.3 碳利用

碳利用指的是对二氧化碳进行资源化利用，在地质、化工、生物等领域都有其应用场景 [28]。狭义上讲，从碳减排的角度，碳资源化利用主要包括 CO_2 化工利用和生物转化利用。表 8-5

是中国 21 世纪议程管理中心整理的 CO_2 利用技术分类。地质利用指的是将二氧化碳注入天然气及石油等资源储层的过程，可实现强化资源开采的目的[29]。化工利用指的是将二氧化碳和共反应物通过化学反应转化为合成产物的过程，可合成无机碳酸盐、可降解塑料等产品。生物利用指的是以二氧化碳为原料制作肥料用于生物质合成，可生产尿素、二氧化碳气肥等产品。

表 8-5　CO_2 利用技术分类

学科领域分类	应用领域	技术 / 产品目标
地质利用	能源	CO_2 强化石油开采（CO_2-EOR）
		CO_2 强化煤层气开采（CO_2-ECBM）
		CO_2 强化天然气开（CO_2-EGR）
		CO_2 强化页岩气开采（CO_2-ESGR）
		CO_2 增强地热开采（CO_2-EGS）
	资源	CO_2 铀矿地浸开采（CO_2-EUL）
		CO_2 强化深部咸水开采（CO_2-EWR）
化工利用	材料	CO_2 合成可降解聚合物（CO_2-CTP）
		CO_2 合成异氰酸酯 / 聚氨酯（CO_2-CTU）
		CO_2 合成碳酸酯 / 聚酯材料（CO_2-CTPC）
		CO_2 合成乙烯基聚酯（CO_2-CTPET）
		CO_2 合成聚丁二酸乙二醇酯（CO_2-CTPES）
	能源	CO_2 重整制备合成气（CO_2-CDR）
		CO_2 制备液体燃料（CO_2-CTL）
	有机化学品	CO_2 合成甲醇（CO_2-CTM）
		CO_2 合成有机碳酸酯（CO_2-CTD）
		CO_2 合成甲酸（CO_2-CTF）
	无机化学品	钢渣（直接）矿化利用 CO_2（CO_2-SCU）
		石膏矿化利用 CO_2（CO_2-PCU）
		低品位矿加工联合 CO_2 矿化（CO_2-PCM）
		钢渣（间接）矿化利用 CO_2（CO_2-ISCU）
生物利用	能源	微藻固定 CO_2 转化为化学品和生物燃料（CO_2-AB）
	消费品	微藻固定 CO_2 转化为生物肥料（CO_2-AF）
		微藻固定 CO_2 转化为食品和饲料（CO_2-AS）
		CO_2 气肥利用（CO_2-GF）

8.3.1　地质利用

相较于传统工艺，CO_2 地质利用技术可减少 CO_2 排放，主要用于强化开采石油、天然气、地热、地层深部咸水、铀矿等多种资源。主要包括能源生产技术和资源开发技术。

（1）能源生产技术　能源生产技术主要包括强化采油技术、强化采气技术（天然气、页岩气）、驱替煤层气技术和增强地热技术。以强化采油技术为例介绍：强化采油技术是指以 CO_2 为驱油介质提高石油采收率的技术，也可以称为 CO_2 驱油技术和提高原油采收率技术，具有适用范围大、驱油效率高的特点。CO_2 驱油的原理是由于 CO_2 易溶于水和原油，并且 CO_2 在原油中的溶解度大于在水中的溶解度，因此当原油中溶有注入的 CO_2 时，原油性质会发生变化，甚至油藏的物性也会得到改善，主要表现为降黏、改善原油与水的流度比、膨胀、萃取和汽化原油中的轻质烃、混相效应、分子扩散、降低界面张力、溶解气驱作用和提高渗透率。CO_2 驱油工艺分为连续注二氧化碳气体、注碳酸水、水和二氧化碳气体交替注入与二氧化碳和水同时注入 [30]。影响 CO_2 驱油效果的因素很多，主要包括地层流体性质、储层参数以及注气方式等。其中流体性质主要包括原油密度、扩散及弥散作用等；储层参数主要包括油藏的非均质性、油层厚度、渗透率等。

（2）资源开发技术　资源开发技术主要包括溶浸采铀技术和强化深部咸水开采技术。溶浸采铀技术是指将二氧化碳注入铀矿层中，通过二氧化碳等溶浸流体在铀矿层中移动，将地层中的矿石物质开采提取，并实现二氧化碳的封存。目前该技术在我国已有应用。强化深部咸水开采技术是指将二氧化碳注入深部咸水层或卤水层，驱替咸水层或卤水层下高附加值的液体矿产资源，并通过高温蒸发、低温冷却等技术实现矿产资源的回收利用。该技术主要应用在盆地等富含钾、钠、碘等元素的地区。

8.3.2　化工利用

8.3.2.1　化工材料

化工材料是建造化工装置所需工程材料的简称。由于 CO_2 分子的热力学稳定性与动力学惰性，CO_2 难以直接合成化工材料。但 CO_2 能与高能化合物环氧乙烷高效合成碳酸乙烯酯，还能与氮气、乙醇有效合成氨基甲酸乙酯，也能经生物固碳等途径大量制备脂肪酸甘油三酯。因此，以上三种 CO_2 碳氧载体进一步转化制备有机醇酯，是实现 CO_2 间接合成高价值有机醇酯的有效途径。如 CO_2 可以间接制备异氰酸酯/聚氨酯、聚碳酸酯/聚酯材料、乙烯基聚酯和聚丁二酸乙二醇酯材料等。

以 CO_2 间接非光气合成异氰酸酯/聚氨酯为例：聚氨酯作为重要的合成材料，通常由异氰酸酯和多元醇聚合而成。基于 CO_2 的非光气生产方法有两种：一种是碳酸二甲酯替代光气合成氨基甲酸酯，进而合成异氰酸酯；另一种则是以 CO_2 为原料制备非异氰酸酯聚氨酯（NIPU），避开光气和异氰酸酯这两个剧毒的原料环节。

8.3.2.2　化工能源

随着催化技术的发展，CO_2 在有机合成领域作为一种原料，也可用于制备多种高附加值有机化学产品（醇、低碳烯烃、醛、酸、醚、酯和高分子等物质）。这些化学产品的生产，一方面可以直接减少 CO_2 排放；另一方面能够替代传统的碳基化石能源燃料，间接减少化石能源开采和加工过程的碳排放。

（1）CO_2 与甲烷重整制备合成气　在一定的温度压力条件和催化剂的作用下，CO_2 与 CH_4 可以反应生成 CO 和 H_2，其反应方程如下。

$$CO_2+CH_4 \longrightarrow 2CO+2H_2$$

CO 和 H_2 既具有一定的热值，也是合成气的主要组成成分，是重要的化学工业基础原料，主要用于合成氨及其产品、甲醇及其产品等化学品。CO_2 与甲烷重整制备合成气具有一系列优势：①CO_2 来源广泛，可以通过工厂捕集获得，减少了煤炭和烃类原料的使用量，具有较强的减排潜力；②该反应制备的合成气具有较低的碳氢比，后续碳氢调节成本低；③CH_4 和 CO_2 的催化重整在实际反应过程中是具有较大反应热的可逆反应，可以作为能源的储存和运输介质。

（2）CO_2 经一氧化碳制备液体燃料　液体燃料是燃料的一类。能产生热能或动能的液态可燃物质，主要含有碳氢化合物或其混合物。经过石油加工而得的汽油、煤油、柴油、燃料油等，由油页岩干馏而得的页岩油，以及由一氧化碳和氢合成的人造石油等，都可归为其类。

8.3.2.3　有机化学品

（1）CO_2 直接加氢合成甲烷　CO_2 在一定温度和压力下，在催化剂（或微生物）作用下，与 H_2 反应，可以生成甲烷，其反应方程如下。

$$CO_2+4H_2 \longrightarrow CH_4+2H_2O$$

关于 CO_2 加氢合成 CH_4 的反应机理分为两种：一种是 CO 中间体机理，即 CO_2 第一步先转变为 CO，CO 再加 H_2 得到 CH_4；另一种是 CO_2 直接与解离后的 H^+ 反应得到 CH_4。

除该方法外还有嵌入式生物电解硫化氢或者有机废水合成甲烷。

（2）CO_2 直接加氢合成甲醇　甲醇是一种重要有机化工原料，广泛应用于有机中间体合成、医药、农药、涂料、燃料、合成纤维及其他化工生产领域，同时甲醇也是　种易于储存和运输的液体燃料。

CO_2 加氢合成甲醇技术是在一定温度、压力条件下，通过催化剂的催化作用，CO_2 与 H_2 发生反应生成甲醇。该过程涉及的主要反应式如下：

$$CO_2+3H_2 \longrightarrow CH_3OH+H_2O$$

$$CO_2+H_2 \longrightarrow CO+H_2O$$

$$CO+2H_2 \longrightarrow CH_3OH$$

目前，该技术主要存在两个方面的问题：①H_2 来源问题，H_2 的制备过程和成本是该技术能否实现商业化应用的关键；②催化剂的成本和性能，需要开发高效低成本的催化剂。

（3）CO_2 合成碳酸二甲酯　碳酸二甲酯（DMC）的用途有代替光气作羰基化剂，代替硫酸二甲酯作甲基化剂，还有合成苯甲醚等。以 CO_2 为原料合成 DMC 按照工艺来分可以分为 CO_2 直接法、CO_2 间接法和尿素醇解法。

①CO_2 直接法。

反应方程式：

$$CO_2+2CH_3OH \longrightarrow DMC+H_2O$$

该反应在温度 0 ～ 800℃和压力 0 ～ 1MPa 内反应的吉布斯自由能均为正值，反应的 K 值也很小，如在 25℃时约为 7×10^{-5}，说明由 CH_3OH 和 CO_2 直接合成 DMC 是非自发的反应，需要改变反应路线，降低反应体系 ΔG 才有可能进行，所以必须选用高活性的催化剂和良好的工艺路线。

② CO_2 间接法。CO_2 间接法采用的催化剂一般为碱性化合物，碱金属氢氧化物和醇盐等无机碱是最常见的一类催化剂，有较高的转化率。CO_2 间接法是一个可逆反应，若及时将生成的 DMC 移出体系，则反应有利于平衡向 DMC 的方向移动，可提高反应产率。反应的产物还有碳酸丙烯酯（PC）、乙二醇（EG），两者皆为重要的化学品，催化剂不同副产物也不相同，主要的副产物有：乙二醇二甲醚和 $C_5H_{11}O_2$。

③ 尿素醇解法。利用尿素和甲醇反应生产 DMC 和氨气，若该工艺和尿素生产装置联产，则尿素只作为反应的中间产物，氨气循环利用，原料为 CO_2 和甲醇，所以将尿素醇解法归类于以 CO_2 为原料之类中。此方法通过使用一套 DMC 装置与一套尿素装置一体化，能大大降低 DMC 的生产成本，同时可以使尿素由传统的农业领域扩展到精细化工领域，扩大了尿素的利用范围同时也加大了对 CO_2 的利用。

反应方程式如下：

$$CO_2 + 2NH_3 \longrightarrow (NH_2)_2CO + H_2O$$

$$(NH_2)_2CO + 2CH_3OH \longrightarrow DMC + 2NH_3$$

（4）CO_2 加氢合成甲酸 CO_2 加氢合成甲酸技术是 CO_2 与 H_2 在催化剂的作用下直接合成甲酸的过程。相应的反应方程式如下。

$$CO_2 + H_2 \longrightarrow HCOOH$$

甲酸作为一种重要的化工原料，在橡胶、制革、医药、染料、燃料电池及其他多种行业均有广泛用途。目前，制备甲酸的传统方法有甲酸钠法、甲醇羰基合成法和甲酰胺法等，均是采用 CO 作为羰基源，或与 NaOH 生成甲酸钠，或与甲醇反应得到甲酸甲酯，再进一步酸化或者水解生产甲酸。和传统甲酸制备工艺相比，CO_2 加氢合成甲酸技术可以将 CO_2 转化为甲酸及其衍生物（甲酸盐或甲酸酯），具有明显的减排优势。生成的甲酸还可作为液态储氢材料，将气态氢转化为液态氢，便于储存和运输，甲酸在一定条件下又可分解释放 H_2 用于工业生产，实现氢能循环。该技术与可再生能源耦合，可以实现可再生能源的利用和存储。

CO_2 加氢合成甲酸反应在热力学上是不利的，是一个需要外部能量的过程。需寻求合适的催化剂，采取高温高压、反应体系加碱或加甲醇使甲酸酯化等办法，突破热力学平衡限制，促进化学反应平衡移动。

8.3.2.4 无机化学品

CO_2 矿化利用是模仿自然界 CO_2 矿物吸收过程，利用含碱性或碱土金属氧化物的天然矿石或固体废渣，通过碳酸化反应，生成化学性质稳定的碳酸盐。CO_2 矿化利用可以与固废处理过程或特殊资源提取过程相结合，将 CO_2 转化为高价值产物，在碳减排的同时，实现固废的资源化利用和高值化产品生产。

CO 矿化利用生成无机化学品技术主要包括 4 种：①钢渣矿化利用 CO_2 技术；②磷石膏矿化利用 CO_2 技术；③钾长石加工联合 CO_2 矿化技术；④CO_2 矿化混凝土养护技术。本小节主要介绍前两种技术。

（1）钢渣矿化利用 CO_2 技术　钢渣矿化利用 CO_2 技术是以富含 Ca、Mg 组分的钢渣为原料，与 CO_2 发生碳酸化反应，转化为稳定的碳酸盐产品，分为直接矿化和间接矿化两种工艺路线。其反应方程式如下。

$$(Mg,Ca)_xSi_yO_x+2_{y+z}H_{2x}(s)+xCO_2(g) \longrightarrow x(Mg,Ca)CO_3(s)+ySiO_2+$$

$$ySiO_2(s)+zH_2O(l/g)$$

（2）磷石膏矿化利用 CO_2 技术　磷石膏是磷酸和磷酸盐肥料生产过程中产生的固体废弃物，磷石膏矿化利用 CO_2 技术是磷石膏中的硫酸钙与 CO_2 在氨介质体系中发生碳酸化反应生成碳酸钙和硫酸铵，再利用硫酸钙和碳酸钙在硫酸铵中溶度积的差别，硫酸钙发生碳酸化反应转化为固体碳酸钙，同时生产硫酸铵母液。其反应方程式如下。

$$CaSO_4 \cdot 2H_2O+2NH_3+CO_2 \longrightarrow CaCO_3(s)+(NH_4)_2SO_4+H_2O$$

磷石膏矿化利用 CO_2 是能够同时实现 CO_2 减排和磷石膏资源化利用的绿色低碳技术路线。生成的固体碳酸钙可以经进一步加工，变成高附加值的轻质碳酸钙产品，硫酸铵母液可用于制备硫酸钾及氯化铵钾等硫基复合肥，实现磷石膏中钙、硫资源的高值化回收利用。

8.3.3　生物利用

CO_2 生物利用是以生物转化为主要手段，将 CO_2 用于生物质合成，实现 CO_2 资源化利用的过程，主要产品有食品和饲料、生物肥料、化学品与生物燃料和气肥等。

（1）微藻固定 CO_2 转化为生物燃料和化学品技术　微藻固定 CO_2 转化为生物燃料和化学品技术主要是利用微藻的光合作用，将 CO_2 和水在叶绿体内转化为单糖和 O_2，单糖可在细胞内继续转化为中性甘油三酯（TAG），甘油三酯酯化后形成生物柴油。

（2）微藻固定 CO_2 转化为生物肥料技术　微藻固定 CO_2 转化为生物肥料技术主要是利用微藻的光合作用，将 CO_2 和水在叶绿体内转化为单糖和 O_2。同时丝状蓝藻能将空气中的无机氮转化为可被植物利用的有机氮。这类技术能够将生物固碳、工厂附近固碳和稻田大规模固碳结合起来。

（3）微藻固定 CO_2 转化为食品和饲料添加剂技术　微藻固定 CO_2 转化为食品和饲料添加剂技术是利用部分微藻的光合作用，将 CO_2 和水在叶绿体内转化为单糖，然后将单糖在细胞内转化为不饱和脂肪酸和虾青素等高附加值次生代谢物。根据选用的微藻种类不同，该技术的产品包括一系列不饱和脂肪酸、虾青素和胡萝卜素等高附加值次生代谢物的藻粉等。

（4）CO_2 气肥利用技术　CO_2 气肥利用技术是将来自能源、工业生产过程中捕集、提纯的 CO_2 注入温室，增加植物生长空间中 CO_2 的浓度，来提升作物光合作用速率，增加植物的干物质，以提高作物产量的 CO_2 利用技术。

思考题

1. 什么是 CCUS？

2. CCUS 技术在电力行业的典型应用场景有哪些？

3. 我国 CCUS 发展现状和未来潜力如何？面临的主要问题是什么？

4. 你认为 CCUS 在碳中和目标中的地位和作用是什么？

参考文献

［1］李阳. 碳中和与碳捕集利用封存技术进展［M］. 北京：中国石化出版社，2021.

［2］陆诗建. 碳捕集、利用与封存技术［M］. 北京：中国石化出版社，2020.

［3］田宝卿，徐佩芬，庞忠和，等. CO_2 封存及其地球物理监测技术研究进展［J］. 地球物理学进展，2014，29（03）：1431-1438.

［4］王晓桥，马登龙，夏锋社，等. 封储二氧化碳泄漏监测技术的研究进展［J］. 安全与环境工程，2020，27（02）：23-34.

［5］DIDAS S A, CHOI S, CHAIKITTISILP W, et al. Amine-oxide hybrid materials for CO_2 capture from ambient air［J］. Accounts of Chemical Research，2015，48（10）：2680-2687.

［6］骆仲泱，方梦祥，李明远，等. 二氧化碳捕集、封存和利用技术［M］. 北京：中国电力出版社，2012.

［7］MCKAY W, MADDOCKS J. Acid Gas Dehydration—Is There a Better Way?［C］All Days. Houston, Texas, USA：OTC，2012：OTC-23549-MS.

［8］陈兵，白世星. 二氧化碳输送与封存方式利弊分析［J］. 天然气化工（C1 化学与化工），2018，43（2）：114-118.

［9］刘建武. 二氧化碳输送管道工程设计的关键问题［J］. 油气储运，2014，33（4）：369-373.

［10］张墨翰. 二氧化碳捕集、运输与储存技术进展及趋势［J］. 当代化工，2017，46（9）：1883-1886.

［11］李昕. 二氧化碳输送管道关键技术研究现状［J］. 油气储运，2013，32（4）：343-348.

［12］喻西崇，李志军，郑晓鹏，等. CO_2 地面处理、液化和运输技术［J］. 天然气工业，2008，（8）：99-101+147.

［13］杜竹影. 酸气相态分析与地面回注工艺研究［D］. 成都：西南石油大学，2019.

［14］吕龙德. 二氧化碳运输船或迎广阔市场［J］. 广东造船，2021，40（5）：13-15.

［15］张天禹. 铁路交通运输组织管理策略分析［J］. 运输经理世界，2022，（22）：50-52.

［16］江蓉，张进，李小姗，等. 基于富氧燃烧的 CO_2 压缩纯化技术研究进展［J］. 煤炭学报，2022，47（11）：3914-3925.

［17］田志杰，汪黎东. 全球变暖背景下二氧化碳减排研究初探［J］. 产业与科技论坛，2018，17（18）：78-79.

［18］王建秀，吴远斌，于海鹏. 二氧化碳封存技术研究进展［J］. 地下空间与工程学报，2013，9（1）：81-90.

［19］兰天庆，马媛媛，贡同，等. 超临界状态 CO_2 封存技术研究进展［J］. 应用化工，2019，48（6）：1451-1455+1473.

［20］李怀展，唐超，郭广礼，等. 地下气化场地地基稳定性评价及燃空区封存超临界二氧化碳初探［J］. 采矿与安全工程学报，2023，1-16.

［21］叶航，刘琦，彭勃. 基于二氧化碳驱油技术的碳封存潜力评估研究进展［J］. 洁净煤技术，2021，27（2）：107-116.

［22］李士伦，汤勇，侯承希. 注 CO_2 提高采收率技术现状及发展趋势［J］. 油气藏评价与开发，2019，9（3）：1-8.

［23］叶航，刘琦，彭勃. 基于二氧化碳驱油技术的碳封存潜力评估研究进展［J］. 洁净煤技术，2021，27（2）：107-116.

［24］Liu W Z, Teng L M, Rohani S. CO_2 mineral carbonation using industrial solid wastes：A review of recent developments［J］. Chemical Engineering Journal，2021，（416）：129093，2-16.

［25］魏宁，刘胜男，李小春，等. CO_2 地质利用与封存的关键技术清单［J］. 洁净煤技术，2022，28（06）：14-25.

［26］任韶然，任博，李永钊，等. CO_2 地质埋存监测技术及其应用分析［J］. 中国石油大学学报（自然科学版），2012，36（01）：106-111.

［27］朱希安，汪毓铎. 国内外 CO_2 运移监测技术和方法研究新进展［J］. 中国煤层气，2011，8（05）：3-7.

［28］樊静丽，张贤等. 中国燃煤电厂 CCUS 项目投资决策与发展潜力研究［M］. 北京：科学出版社，2020.

［29］宋海良. 碳达峰 碳中和百问百答［M］. 北京：中国电力出版社有限责任公司，2021.

［30］苏玉亮. 油藏驱替机理［M］. 北京：石油工业出版社，2009.

企业碳核算

2022 年 8 月，国家发改委、统计局和生态环境部联合印发《关于加快建立统一规范的碳排放统计核算体系实施方案》。方案明确提出建立全国及地方碳排放统计核算制度，完善行业、企业碳排放核算机制，建立健全重点产品碳排放核算方法。碳排放核算是做好碳达峰碳中和工作的重要基础，是企业摸清碳排放家底、挖掘节能减排潜力、开展达峰中和路径研究、提升企业可持续发展和社会价值的数据基础；是政府制定政策、开展评估考核工作、参与国际气候谈判履约的重要依据。

9.1 企业碳核算概述

9.1.1 碳核算产生的背景

随着工业化和经济发展的加速，人类活动产生的温室气体排放量大幅增加，导致地球气候系统发生变化，引发了全球气候变暖的问题。全球气候变暖对社会经济发展、生态系统和人类健康等方面带来了严重影响，国际社会认识到需要制定相关政策和措施来减少温室气体排放，以应对气候变化问题。

1997 年 12 月，《联合国气候变化框架公约》第 3 次缔约方大会在日本京都召开。149 个国家和地区的代表通过了旨在限制发达国家温室气体排放量以抑制全球变暖的《京都议定书》。2005 年 2 月 16 日，《京都议定书》正式生效。这是人类历史上首次以法规的形式限制温室气体排放。发达国家需要对自身的温室气体排放量进行核算和报告，碳核算因此成为一种必要的工具。为了促进各国完成温室气体减排目标，世界各国均开展了一系列的减排措施，以应对由工业活动引起的气候变化问题。不同国家、不同地区、不同企业等控排主体，都需要依托于科学数据来明确减碳目标、度量减碳成效。特别是工业企业作为排放量最大的群体，需要通过碳核算来量化评估企业温室气体排放量。

此后，为了鼓励温室气体减排，一些国家和地区建立了碳排放权交易市场，通过碳排放权配额的买卖来实现温室气体减排的经济激励。碳核算是交易市场的基础，通过对排放量的核算和验证，确保交易的准确性和可靠性。

综上所述，碳核算产生的背景是全球气候变化问题的紧迫性和国际社会对温室气体减排的需求。通过对温室气体排放量的核算和报告，可以实现对气候变化问题的监控和管理，促进可持续发展。

9.1.2 企业碳核算的定义

碳核算是一种测量工业活动向地球生物圈直接和间接排放二氧化碳及其当量气体的措

施。碳核算是指对特定实体或活动的温室气体排放量进行测量、记录和报告的过程。具体来说，碳核算主要关注二氧化碳（CO_2）的排放量，也可以包括其他温室气体如甲烷（CH_4）、氧化亚氮（N_2O）等。通过对温室气体排放的核算，可以了解和评估特定实体或活动对气候变化的贡献程度，以及采取相应的减排措施。

企业碳核算是指按照相关标准和方法，对核算范围内的温室气体排放相关参数进行计量、检测、统计，核算企业生产经营活动温室气体排放量的一系列活动。

9.1.3 企业碳核算的意义

企业碳核算是企业进行碳排放量摸底自查、量化评估的过程。企业碳核算的意义主要体现在以下几个方面：

① 碳核算能够帮助企业摸清自身温室气体排放情况，帮助企业发现能源利用的问题和瓶颈，通过科学管理和技术创新，提高能源利用效率，减少能源消耗，降低企业的运营成本；通过碳核算有针对性地制定减排措施，为企业提供低碳发展规划的量化指导，从而为企业制定碳排放管理策略与实施碳减排项目提供数据依据，有利于企业在绿色低碳竞争中占据主动地位。

② 进行碳核算并实施减排措施可以提高企业的社会形象和公众认可度。在全球气候变化问题日益受到关注的背景下，企业积极采取减排行动，体现了企业的社会责任感，有助于树立良好的企业形象。

③ 碳核算可以帮助企业建立可持续发展的经营理念，通过降低碳排放，推动企业的绿色转型和可持续发展。在未来的竞争中，具备低碳经济竞争力的企业更有可能获得市场和政府的支持。

④ 一些国家和地区已经出台了关于碳排放限制和碳市场交易的法律法规，企业进行碳核算可以帮助企业满足相关的法律法规要求，避免因违规而面临的处罚和声誉损失。

⑤ 随着2022年底欧盟碳边境调节机制（CBAM）的落地，欧盟发布的《欧洲绿色新政》确认了其将实施碳边境调节机制，也就是所谓的"碳关税"，预计2026年正式实施。这意味着在该政策的影响下，高碳产品进入欧盟市场时需要支付额外成本，产品国际竞争力将受到影响。对出口型企业来说，碳核算将成为企业遵守法规的重要依据，也将成为钢铁、水泥、电解铝等重点行业和产品降低绿色贸易壁垒的关键武器。

⑥ 碳核算是实现"碳达峰"和"碳中和"的必经之路和重要数据基础。只有摸清重点排放企业每年排放了多少二氧化碳，政府主管部门才能制定绿色政策、推进减排方案、发挥碳排放权交易市场机制，企业碳核算是做好"碳达峰"和"碳中和"工作的重要抓手和有力保障。

9.2 企业碳核算的标准体系

目前国际上企业和组织层面较为通用的碳核算标准包括 GHG Protocol 和 ISO14064 标准。国内企业碳核算的标准体系主要包括国家发改委和生态环境部发布的核算方法与报告指南。

9.2.1 GHG Protocol

GHG Protocol（温室气体核算体系）由世界可持续发展工商理事会（WBCSD）和世界资源研究所（WRI）联合建立，其宗旨是制定国际认可的温室气体核算方法与报告标准，并推广其使用。GHG Protocol 自 2009 年发布以来已被国际社会广泛采用。该体系下出台了一系列核算标准，与企业碳核算相关的标准有《温室气体核算体系：企业核算与报告标准》和《温室气体核算体系：企业价值链（范围3）核算和报告标准》。为简化企业碳核算过程，GHG Protocol标准将企业的温室气体排放划分为三个范围，分别是范围1、范围2和范围3。

范围1排放是指企业拥有或控制的排放源直接向大气排放温室气体的活动。按照GHG Protocol标准分为四个领域：固定源燃烧（例如各种锅炉和工业窑炉燃烧化石燃料）、移动源燃烧（例如机动车辆燃烧化石燃料）、无组织排放（例如煤矿的甲烷排放、制冷设备的氢氟碳化物泄漏）和过程排放（例如水泥生产过程的碳酸盐分解）。

范围2排放是指企业由外购的电力、蒸汽、供热或制冷的生产而产生的间接排放。一般而言，外购电力是企业最大的范围2排放。

范围1和范围2排放统称为企业生产运营边界内的排放。企业可以通过加强自身碳排放管理，提高生产效率、降低能源消耗、采用清洁能源等措施以实现直接运营排放的降低。

范围3排放是企业价值链中产生的所有其他间接排放量（不包括范围1和2排放）。范围3排放分为15个类别，包括8项上游排放，外购商品与服务，资本商品，燃料与能源相关活动，上游运输与配送，运营中产生的废弃物，商务旅行，雇员通勤，上游资产租赁；7项下游排放，下游运输与配送，销售产品的加工，售出产品的使用，售出产品的报废与处理，下游资产租赁，特许经营，投资。15项价值链排放有个共同点，产生的排放都在企业的运营边界之外，或者说企业难以控制的领域，需要企业对供应链碳减排施加积极影响。由于范围3计算难度较大，往往不强制要求核算。

9.2.2 ISO 14064

ISO 14064于2006年由国际标准化组织（ISO）发布，旨在帮助组织进行温室气体排放及移除的量化报告，由企业层面碳核算、项目层面碳核算及温室气体核查三部分组成。ISO 14064（表9-1）是国际社会广泛认可的企业碳核算基础标准。

表9-1 ISO 14064系列标准

序号	标准号	标准名称
1	ISO14064-1：2018	《温室气体 第一部分：在组织层面温室气体排放和清除的量化和报告指南性规范》
2	ISO14064-2：2019	《温室气体 第二部分：在项目层面温室气体排放和清除的量化和报告指南性规范》
3	ISO14064-3：2019	《温室气体 第三部分：有关温室气体声明审定和核证指南性规范》

ISO14064第一部分规定了组织层面量化和报告温室气体排放和清除量的原则和要求。

ISO14064第二部分针对减少GHG排放量或加快温室气体的清除速度的GHG项目（如风力发电或碳捕集、回收项目），确定和选择与项目和基线情景相关的监测、量化、记录和报告温室气体项目绩效以及数据质量管理。

ISO14064第三部分规定了组织、项目和产品温室气体声明审定和核证过程的原则和要求，并为审定和核证机构提供了指导。

9.2.3 国家发改委发布的核算指南

为有效落实建立完善温室气体统计核算制度，逐步建立碳排放交易市场的目标，国家发改委在 2013 ～ 2015 年间分三批次组织制定并发布了 24 个重点行业企业温室气体排放核算方法与报告指南，见表 9-2。该系列指南主要用于核算企业法人边界的温室气体排放量，为发电、钢铁、石化、化工、有色、建材、造纸、民航等企业提供了规范化和标准化的核算方法。

表 9-2　国家发改委核算指南覆盖行业

批次	覆盖行业
第一批	1. 中国发电企业温室气体排放核算方法与报告指南（试行） 2. 中国电网企业温室气体排放核算方法与报告指南（试行） 3. 中国钢铁生产企业温室气体排放核算方法与报告指南（试行） 4. 中国化工生产企业温室气体排放核算方法与报告指南（试行） 5. 中国电解铝生产企业温室气体排放核算方法与报告指南（试行） 6. 中国镁冶炼企业温室气体排放核算方法与报告指南（试行） 7. 中国平板玻璃生产企业温室气体排放核算方法与报告指南（试行） 8. 中国水泥生产企业温室气体排放核算方法与报告指南（试行） 9. 中国陶瓷生产企业温室气体排放核算方法与报告指南（试行） 10. 中国民航企业温室气体排放核算方法与报告格式指南（试行）
第二批	11. 中国石油和天然气生产企业温室气体排放核算方法与报告指南（试行） 12. 中国石油化工企业温室气体排放核算方法与报告指南（试行） 13. 中国独立焦化企业温室气体排放核算方法与报告指南（试行） 14. 中国煤炭生产企业温室气体排放核算方法与报告指南（试行）
第三批	15. 造纸和纸制品生产企业温室气体排放核算方法与报告指南（试行） 16. 其他有色金属冶炼和压延加工业企业温室气体排放核算方法与报告指南（试行） 17. 电子设备制造企业温室气体排放核算方法与报告指南（试行） 18. 机械设备制造企业温室气体排放核算方法与报告指南（试行） 19. 矿山企业温室气体排放核算方法与报告指南（试行） 20. 食品、烟草及酒、饮料和精制茶企业温室气体排放核算方法与报告指南（试行） 21. 公共建筑运营企业温室气体排放核算方法与报告指南（试行） 22. 陆上交通运输企业温室气体排放核算方法与报告指南（试行） 23. 氟化工企业温室气体排放核算方法与报告指南（试行） 24. 工业其他行业企业温室气体排放核算方法与报告指南（试行）

国家发改委发布的核算方法与报告指南覆盖了我国 23 个重点工业行业，未覆盖的其他工业行业可参考《工业其他行业企业温室气体排放核算方法与报告指南》。核算指南主要核算的是企业法人边界的温室气体排放量，包含了企业所有的排放源、所有的温室气体类型。该范围一般包括工业企业直接生产系统、辅助生产系统以及直接为生产服务的附属生产系统。辅助生产系统包括厂区内供电、供水、化验、机修、运输等；附属生产系统包括职工食堂、车间浴室等。

在此基础上，2015 年 11 月，国家标准委批准发布了包括《工业企业温室气体排放核算和报告通则》以及发电、钢铁、民航、化工、水泥等 10 个重点行业温室气体排放管理的 11 项国家标准。工业企业在实际的应用过程中采用国家发改委发布的 24 个核算指南更为广泛。

9.2.4　国家生态环境部发布的核算指南

2018 年国家机构改革后，应对气候变化和减排职责转隶至生态环境部。全国碳排放权交易市场于 2021 年 7 月正式启动，发电行业作为首批纳入全国碳市场管控的行业。为进一步加强其碳排放数据管理，国家生态环境部在 2021 年 3 月发布了《企业温室气体排放核算方法与报告指南　发电设施》。该指南用于指导发电行业重点排放单位开展生产设施边界的温室气体排放核算，报送发电行业配额分配和清缴履约的相关数据工作。

结合碳市场运行和发电企业碳核算实践中发现的问题，生态环境部于 2022 年 12 月修订发布《企业温室气体排放核算与报告指南 发电设施》，解决发电企业此前的碳核算技术参数链条过长等问题，优化完善缺省值，加强关键参数管理等内容。规范全国碳市场发电行业重点排放单位的温室气体排放核算与报告工作。

生态环境部发布的发电设施核算指南主要针对纳入国家碳排放权交易的重点排放单位发电企业。核算指南主要核算的是生产设施边界的温室气体排放量。由于这部分碳排放量需要发电企业进行清缴履约，因此生产设施边界又被称为履约边界。生产设施边界只包含发电企业直接生产系统——发电设施，核算的温室气体也只包括二氧化碳，不包括企业的辅助生产系统、附属生产系统以及非生产系统。

此外，生态环境部、市场监管总局将会同行业主管部门组织制修订电力、钢铁、有色、建材、石化、化工、建筑等重点行业碳排放核算方法及相关国家标准，加快建立覆盖全面、算法科学的行业碳排放核算方法体系。企业碳排放核算依据所属主要行业进行，有序推进重点行业企业碳排放报告与核查机制。

生态环境部、人民银行等有关部门将根据碳排放权交易、绿色金融领域工作需要，在与重点行业碳排放统计核算方法充分衔接的基础上，会同行业主管部门制定进一步细化的企业或设施碳排放核算方法或指南。

9.2.5 地方省市发布的核算指南

除了全国碳市场，我国七个试点碳市场主管部门也陆续发布了地方企业核算指南 / 标准，例如：北京市已发布道路运输、电力生产、服务业、水泥制造业、石油化工等行业核算标准；上海市发布了钢铁、电力、纺织、造纸、航空、有色、化工等行业核算标准；广东省、深圳市、重庆市等试点碳市场也分别发布了各项企业核算方法和报告指南。

未纳入全国碳市场管控，但是已纳入北京、上海、广东等试点碳市场的重点排放单位，须采用当地相关核算指南进行企业碳核算，如表 9-3 所示。

表 9-3 试点省市碳市场发布的企业核算指南

省市	时间	文件名称
北京	2020 年 12 月	二氧化碳排放核算和报告要求 电力生产业
		二氧化碳排放核算和报告要求 水泥制造业
		二氧化碳排放核算和报告要求 石油化工生产业
		二氧化碳排放核算和报告要求 热力生产和供应业
		二氧化碳排放核算和报告要求 服务业
		二氧化碳排放核算和报告要求 道路运输业
		二氧化碳排放核算和报告要求 其他行业
广东	2021 年修订	广东省企业（单位）二氧化碳排放信息报告通则
		广东省火力发电企业二氧化碳排放信息报告指南
		广东省水泥企业二氧化碳排放信息报告指南
		广东省钢铁企业二氧化碳排放信息报告指南
		广东省石化企业二氧化碳排放信息报告指南
		广东省民用航空企业二氧化碳排放信息报告指南
		广东省造纸企业二氧化碳排放信息报告指南

续表

省市	时间	文件名称
上海	2012 年 12 月	上海市温室气体排放核算与报告指南（试行） 上海市电力、热力生产业温室气体排放核算与报告方法（试行） 上海市钢铁行业温室气体排放核算与报告方法（试行） 上海市化工行业温室气体排放核算与报告方法（试行） 上海市有色金属行业温室气体排放核算与报告方法（试行） 上海市纺织、造纸行业温室气体排放核算与报告方法（试行） 上海市非金属矿物制品业温室气体排放核算与报告方法（试行） 上海市航空运输业温室气体排放核算与报告方法（试行） 上海市旅游饭店、商场、房地产业及金融业办公建筑温室气体排放核算与报告方法（试行） 上海市运输站点行业温室气体排放核算与报告方法（试行） 上海市水运行业温室气体排放核算与报告方法（试行）
深圳	2018 年 11 月	组织的温室气体排放量化和报告指南 组织的温室气体排放核查规范及指南 组织的温室气体排放核查技术要点
重庆	2022 年 8 月	重庆市工业企业碳排放核算报告和核查细则（试行） 重庆市（17 个行业）企业温室气体核算方法与报告指南 重庆市碳排放核查技术指南
天津	2013 年 12 月	天津市企业碳排放报告编制指南（试行） 天津市电力热力行业碳排放核算指南（试行） 天津市钢铁行业碳排放核算指南（试行） 天津市炼油和乙烯行业碳排放核算指南（试行） 天津市化工行业碳排放核算指南（试行） 天津市其他行业碳排放核算指南（试行）

9.3　企业碳核算的对象

9.3.1　重点排放单位

根据生态环境部发布的《碳排放权交易管理办法（试行）》，重点排放单位是指属于全国碳排放权交易市场覆盖行业（包括发电、钢铁、石化、化工、有色、建材、造纸、民航），年度温室气体排放量达到 2.6 万吨二氧化碳当量（综合能源消费量约 1 万吨标准煤）的企业或其他经济组织。重点排放单位应当根据国家制定的企业温室气体排放核算与报告技术规范，核算温室气体排放量，编制温室气体排放报告，并上报至主管部门。

当前纳入碳市场管控并需要进行报告、履约的重点排放单位主要为发电企业及自备电厂，发电企业及自备电厂应按照生态环境部发布的《企业温室气体排放核算与报告指南　发电设施》完成企业温室气体排放核算和报告工作。

其他覆盖行业内温室气体排放量达 2.6 万吨的企业，将会被逐步纳入碳市场管控，当前可采用国家发改委发布的相应行业企业温室气体核算与报告指南以及碳排放补充数据核算报告。例如从事化工产品生产活动的企业可按照《中国化工生产企业温室气体排放核算方法与报告指南（试行）》提供的方法核算企业法人边界温室气体排放量并编制企业温室气体排放报告。化工企业的自备电厂则须按照《企业温室气体排放核算与报告指南发电设施》单独核算和报送生产设施边界的温室气体排放量。

9.3.2 其他组织

目前纳入全国和地方碳市场强制管控的企业范围有限，随着"双碳"目标的深入宣贯，越来越多未纳入管控的非重点排放单位也将陆续加入碳减排队伍，在开展温室气体排放量核算时可根据自身行业归属采用国内相应核算标准与指南，参考管控企业提前核算企业碳排放，做好充分准备。

企业和组织可采用国家制定的温室气体排放核算与报告技术规范、GHG Protocol 或 ISO 14064-1 等标准核算组织温室气体排放量，挖掘节能减排潜力、扩大组织品牌影响力及应对资本、供应链的低碳要求。

9.3.3 核算温室气体种类

《京都议定书》中规定的温室气体包括：二氧化碳（CO_2）、甲烷（CH_4）、氧化亚氮（N_2O）、氢氟碳化物（HFCs）、全氟化碳（PFCs）、六氟化硫（SF_6）。三氟化氮（NF_3）在 2008 年《联合国气候变化框架公约》（UNFCC）中被添加到监管的气体之列。我国于 2021 年 1 月发布的《碳排放权交易管理办法（试行）》第四十二条也明确规定了 CO_2、CH_4、N_2O、HFCs、PFCs、SF_6、NF_3 七种温室气体，通常换算为二氧化碳当量（CO_2e）。

为了统一度量不同温室气体对气候变化影响的相对大小，采用"全球增温潜能"（gobal warming potential，GWP）值来评价。GWP 值就是把单位质量二氧化碳的温室效应大小作为一把"尺子"来度量其他温室气体效应。把二氧化碳的温室效应作为"1"（即 GWP 值为 1），与二氧化碳同等质量的另一种温室气体如果温室效应是二氧化碳的 N 倍，则 GWP 即为 N。由于不同温室气体效应还与其在大气中的寿命有关，在实际应用中一般以 100 年作为比较的时间尺度，如果没有特殊说明则温室气体的 GWP 值表示在 100 年的时间尺度中温室效应的大小。GWP 值是通过伯尔尼碳循环模型计算出来的。随着伯尔尼碳循环模型的修正，GWP 值可能会有改变。如 IPCC 第四次评估报告中的 CH_4 的 GWP 值是 25，第五次评估报告中的 GWP 值为 28，第六次评估报告则为 27.9。因此，在实际应用或者引用时应注明引用文献及时间。当前普遍采用的 IPCC 第六次评估报告中不同温室气体的 GWP 值见表 9-4。

表 9-4 不同温室气体的全球增温潜能值（GWP）

温室气体类别		分子式	GWP-100Y
二氧化碳		CO_2	1
甲烷		CH_4	27.9
氧化亚氮		N_2O	273
六氟化硫		SF_6	25200
三氟化氮		NF_3	17400
全氟化碳	PFC-14	CF_4	7380
	PFC-116	C_2F_6	12400

续表

温室气体类别	分子式	GWP-100Y
全氟化碳 PFC-218	C_3F_8	9290
PFC-C-318	$c\text{-}C_4F_8$	10200
PFC-31-10	C_4F_{10}	10000
PFC-41-12	$n\text{-}C_5F_{12}$	9220
PFC-51-14	$n\text{-}C_6F_{14}$	8620
PFC-61-16	$n\text{-}C_7F_{16}$	8410
PFC-71-18	C_8F_{18}	8260
PFC-91-18	$C_{10}F_{18}$	7480
氢氟碳化物 HCFC-21	$CHCl_2F$	160
HCFC-22	$CHClF_2$	1960
HCFC-122	$CHCl_2CF_2Cl$	56.4
HCFC-123	$CHCl_2CF_3$	90.4
HCFC-124	$CHClFCF_3$	597
HCFC-132c	CH_2FCFCl_2	342
HCFC-141b	CH_3CCl_2F	860
HCFC-142b	CH_3CClF_2	2300
HCFC-225ca	$CHCl_2CF_2CF_3$	137
HCFC-225cb	$CHClFCF_2CClF_2$	568
HFC-23	CHF_3	14600
HFC-32	CHF_3	771
HFC-41	CHF_3	135

9.4　核算边界

9.4.1　企业法人边界

　　企业的核算边界以企业法人或视同法人为判定依据，主要核算企业在生产过程相关活动产生的温室气体排放，包括主、辅生产系统及直接为生产服务的附属生产系统。核算边界是报告主体核算温室气体排放的范围，其与企业生产活动有关，也与地理位置有关，一个边界范围可以包括多个地理位置。企业的生产和运行可能存在不同的法律形式和经济实质，包括合资或全资、自有或者租赁、分公司或子公司等各种形式，如集团下属的企业为独立法人的应当作为独立核算单位，因此温室气体核算按照独立法人的原则对边界进行确认，且应在后续年份的温室气体排放报告中保持边界的一致性。

以发电企业为例，企业如果开展碳排放盘查，或是向社会披露组织边界排放量，发电企业可根据 GHG Protocol、ISO 14064-1 或者国家发改委的核算指南，选取企业法人边界核算碳排放量。企业的法人边界排放一般包括化石燃料燃烧排放、脱硫过程排放、企业净购入使用电力产生的排放。发电企业法人边界温室气体常见排放源与排放设施见表 9-5。

表 9-5 发电企业法人边界温室气体常见排放源与排放设施

排放源类别	系统	排放设施	排放源举例
化石燃料燃烧排放	主要生产系统	燃煤锅炉、天然气锅炉、燃油锅炉、生物质掺烧锅炉等	燃煤、燃油、燃气等的燃烧
	主要生产系统	锅炉启动点火、内燃机	燃气、燃油等的燃烧
	辅助生产系统	铲车	柴油、重油等的燃烧
	附属生产系统	公务车、食堂等	柴油、汽油、液化石油气等的燃烧
燃煤发电脱硫过程排放	辅助生产系统	脱硫装置（使用含碳酸盐的脱硫剂）	脱硫剂的使用
企业购入使用电力产生的排放	主要生产系统	火力发电过程中使用的各类机电设备等耗电设施，例如锅炉给水泵、一次风机、引风机等	外购电力的消耗
	辅助生产系统	软化水、化验室等耗电设施	外购电力的消耗
	附属生产系统	厂部办公楼、食堂等耗电设施	外购电力的消耗

9.4.2 企业生产设施边界

如果发电企业被纳入国家碳排放权交易市场，属于重点排放点位，须按照生态环境部发布的《企业温室气体排放核算方法与报告指南 发电设施》要求，报告企业生产设施边界碳排放量。企业的生产设施边界排放包括化石燃料燃烧产生的二氧化碳排放、购入使用电力产生的二氧化碳排放。发电企业生产设施边界温室气体常见排放源与排放设施见表 9-6。

表 9-6 发电企业生产设施边界温室气体常见排放源与排放设施

排放源类别	系统	排放设施	排放源举例
化石燃料燃烧排放	主要生产系统	燃煤锅炉、天然气锅炉等燃烧系统	燃煤、燃油、燃气等的燃烧
	主要生产系统	锅炉启动点火	点火燃油等的燃烧
企业购入使用电力产生的排放	主要生产系统	火力发电过程中使用的各类机电设备等耗电设施，例如锅炉给水泵、一次风机、引风机等	外购电力的消耗

企业生产设施边界是为了控排企业公平参与碳市场履约而人为划分的边界，只包含企业的直接生产系统，或者可以理解为只核算与企业主营产品生产相关的生产系统和设施。对发电企业而言，电力和热力是其主营产品，那么企业的生产设施边界包括燃烧系统、汽水系统、电气系统、控制系统等装置，不包括厂区内其他辅助生产系统以及附属生产系统。例如厂内的铲车、办公楼等属于企业法人边界，而不属于企业生产设施边界。

9.5　核算方法

在企业碳排放核算方法上，目前国际和国内的主要方法包括排放因子法、碳质量平衡法、实测法。

9.5.1　排放因子法

排放因子法是我国企业碳核算适用范围最广、应用最为普遍的一种碳核算办法。根据IPCC 提供的碳核算基本方程：

$$温室气体（GHG）排放＝活动水平数据（AD）×排放因子（EF）$$

其中：AD 是活动水平数据，量化导致温室气体排放的生产或消费活动的活动量，例如各种化石燃料的消耗量、原材料的使用量、购入的电量等。

EF 是排放因子，量化每单位活动水平的温室气体排放量的系数。排放因子通常基于抽样测量或系统分析获得，表示在给定操作条件下某一活动水平的代表性排放率。对于化石燃料包括单位热值含碳量或元素碳含量、碳氧化率等，表征单位生产或消费活动量的温室气体排放系数。EF 既可以直接采用 IPCC、国家主管部门和相关核算指南提供的已知数据（即缺省值），也可以基于实测数据（例如企业实测化石燃料的元素碳含量）来计算。国家主管部门基于行业实际情况设置了排放因子缺省值，例如《工业其他行业企业温室气体排放核算方法与报告指南（试行）》的附录二提供了常见化石燃料特性参数缺省值数据。

排放因子法优点是简单明确、易于理解，缺点是碳排放因子受到技术水平、工艺过程等影响而不确定性较大，适用于社会经济排放源变化较为稳定、自然排放源不是很复杂的情况。该方法也适用于国家、省份、城市等较为宏观的核算层面，可以粗略地对特定区域的整体情况进行宏观把控。在实际工作中，由于地区能源品质差异等，各类能源消费统计及碳排放因子容易出现较大偏差，成为碳排放核算结果误差的主要来源。

9.5.2　碳质量平衡法

碳质量平衡法又称为物料衡算法。其基本原理是物质守恒定律，将诸如有机化工等复杂生产系统及非化石燃料燃烧过程排放作为黑箱模型考虑。在碳质量平衡法下，碳排放由输入碳含量减去非二氧化碳的碳输出量得到：

$$二氧化碳排放＝（原料投入量×原料含碳量－产品产出量×产品含碳量－$$
$$废物输出量×废物含碳量）×44/12$$

其中，44/12 是碳转换成二氧化碳的转换系数（即 CO_2/C 的相对原子质量比）。采用基于具体设施和工艺流程的碳质量平衡法计算排放量，可以反映复杂生产过程的实际排放量。

碳平衡法优点是具有较强的科学性及实施有效性，缺点是工作量大，需要搜集详细的工业生产过程数据和全面了解生产工艺等情况，适用于数据基础较好的行业，例如煤化工、天然气化工等。

9.5.3　实测法

实测法是基于排放源实测基础数据得到碳排放量，优点是快速、直接、结果准确，缺点是计量监测成本较高，且要求检测样品具有代表性，适用于固定源、有组织排放的碳排放源。实测法一般是在烟气连续在线监测系统（CEMS）中搭载二氧化碳监测模块，通过连续监测烟气流量和二氧化碳浓度，从而计算二氧化碳排放量。

实测法在国外应用较为广泛，美国环保署在 2009 年《温室气体排放报告强制条例》中规定，所有年排放超过 2.5 万吨二氧化碳当量的排放源自 2011 年开始必须全部安装烟气连续在线监测系统（CEMS）并在线上报美国环保署。欧盟委员会自 2005 年启动欧盟碳排放交易系统并正式开始监测 CO_2 排放量，目前 23 个国家中有 155 个排放机组（占比 1.5%）使用了烟气连续在线监测系统（CEMS），主要有德国、捷克、法国。

我国目前火电厂基本已安装了 CEMS，主要针对烟气污染物进行连续监测，并未使用 CEMS 对 CO_2 排放量进行监测。2021 年 5 月 27 日，国内首个电力行业碳排放精准计量系统在江苏上线，在国内率先应用实测法进行碳排放实时在线监测核算。生态环境部正在强化统筹协调和技术指导，稳妥有序推进碳监测评估试点工作。

9.6　碳核算流程

9.6.1　核算步骤

以发电企业为例，核算二氧化碳排放的工作流程包括以下步骤：

（1）确定排放源、核算边界和核算方法　企业在核算边界中逐一识别纳入边界的排放设施和排放源，并确认排放源识别不存在重复和遗漏。确定核算边界，排放报告应包括核算边界所包含的装置、所对应的地理边界、组织单元和生产过程。根据核算要求选择采用的核算指南和标准。

（2）数据质量控制计划编制与实施　按照各类数据测量和获取要求编制数据质量控制计划，并按照数据质量控制计划实施温室气体的测量活动。

（3）收集活动数据　以发电企业法人边界核算为例，需要收集的活动数据包括：化石燃料燃烧消耗的热量（通过化石燃料消耗量和对应燃料的低位发热量计算获得）；脱硫剂等各类碳酸盐的消耗量；企业净购入电量。而以发电企业生产设施边界核算为例，需要收集的活动数据仅包括：化石燃料燃烧消耗的热量和发电设施购入使用的电量。

（4）选择和获取排放因子数据　化石燃料燃烧的排放因子包括元素碳含量、单位热量含碳量和碳氧化率。元素碳含量可来自实测数据，具体实测方法可参考 GB/T 476—2008《煤中碳和氢的测定方法》。单位热值含碳量和碳氧化率可采用核算指南附录给出的缺省值；脱硫过程排放的排放因子是二氧化碳与碳酸盐的相对分子量之比再乘以转化率。企业法人边界购入电力的排放因子来自国家政府主管部门公布的相应区域电网排放因子，按照华北、东北、华东、华中、西北、南方电网进行区分。如果发电企业属于重点排放单位（生产设施边界），则按照生态环境部发布的全国电网排放因子进行取值计算。

（5）排放量的量化　分别计算化石燃料燃烧产生的二氧化碳排放量、脱硫过程二氧化碳排放量、发电企业购入电力所对应的二氧化碳排放量。按照核算指南中给出的排放量计算公式，核算和报告年度排放源的二氧化碳排放量，即等于报告年度内活动数据乘以排放因子。

发电企业生产设施边界碳核算流程见图 9-1。

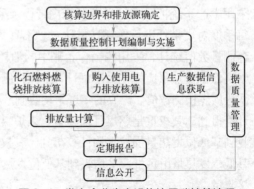

图 9-1　发电企业生产设施边界碳核算流程

9.6.2　发电企业法人边界碳排放计算

　　发电企业活动水平数据的监测主要指对燃料消耗量、燃料低位发热量、脱硫剂碳酸盐消耗量、外购电量的监测，监测的相关参数主要指低位发热量、元素碳含量、碳氧化率和排放因子等。

　　发电企业温室气体总排放量计算公式如下：

$$E = E_{燃烧} + E_{生产过程} + E_{电}$$

式中　$E_{燃烧}$——核算边界内排放设施导致的化石燃料燃烧排放量；

　　$E_{生产过程}$——生产过程排放量，例如发电企业的脱硫过程产生的排放量；

　　　$E_{电}$——企业净购入使用电力生产的排放量。

　　对于生物质混合燃料发电或垃圾焚烧发电企业，化石燃料燃烧排放仅统计混合燃料中化石燃料（如燃煤）的二氧化碳排放。式中各子项的 CO_2 排放量分别对应于不同过程的活动水平与排放因子的乘积。

9.6.3　化石燃料燃烧排放计算

　　化石燃料燃烧的二氧化碳排放量＝化石燃料的活动水平×化石燃料排放因子，计算公式如下：

$$E_{燃烧} = \sum_i (AD_i \times EF_i)$$

式中　$E_{燃烧}$——化石燃料燃烧的二氧化碳排放量；

　　AD_i——第 i 种化石燃料活动水平，以热量表示；

　　EF_i——第 i 种燃料的排放因子；

　　i——化石燃料的种类。

　　① 发电企业化石燃料燃烧的活动水平数据是热量，为燃料消耗量和平均低位发热值的乘积，计算公式如下：

$$AD_i = FC_i \times NCV_i \times 10^{-6}$$

式中　FC_i——第 i 种化石燃料的消耗量；

　　NCV_i——第 i 种化石燃料的平均低位发热值；

　　　i——化石燃料的种类。

　　燃煤消耗量应优先采用经校验合格后的皮带秤或耐压式计量给煤机的入炉煤测量结果，采用生产系统记录的计量数据。皮带秤须采用皮带秤实煤或循环链码每月校验一次，或至少每季度对皮带秤进行实煤计量比对。不具备入炉煤测量条件的，根据每日或每批次入厂煤盘存测量数值统计，采用购销存台账中的消耗量数据。

　　低位发热量应优先采用每日入炉煤检测数值。不具备入炉煤检测条件的，采用每日或每批次入厂煤检测数值。燃煤的年度平均收到基低位发热量由月度平均收到基低位发热量加权平均计算得到，其权重是燃煤月消耗量。入炉煤月度平均收到基低位发热量由每日/班所耗燃煤的收到基低位发热量加权平均计算得到，其权重是每日/班入炉煤消耗量。入厂煤月度平均收到基低位发热量由每批次平均收到基低位发热量加权平均计算得到，其权重是该月每批次入厂煤接收量。

　　② 化石燃料的排放因子包含两个参数：单位热值含碳量和化石燃料的碳氧化率。两者的

乘积乘以二氧化碳与碳分子量之比即为化石燃料燃烧的排放因子，计算公式如下：

$$EF_i = CC_i \times OF_i \times 44/12$$

式中　EF_i——第 i 种化石燃料的排放因子；

　　　CC_i——第 i 种化石燃料的单位热值含碳量；

　　　OF_i——第 i 种化石燃料的碳氧化率；

　44/12——二氧化碳与碳的分子量之比。

　　a. 单位热值含碳量。对于燃煤的单位热值含碳量，企业可每日检测入炉煤元素碳，或者每批次检测入厂煤元素碳。也可以每日采集入炉煤样品，每月将获得的日样品混合，用于检测月度缩分样的元素碳含量。具体测量标准应符合 GB/T 476—2008《煤中碳和氢的测定方法》。而后根据元素碳与低位发热量的商计算单位热值含碳量。单位热值含碳量也可采用核算指南附录缺省值。

　　b. 碳氧化率。碳氧化率可采用核算指南附录缺省值。

9.6.4　工业生产过程排放计算

　　对于发电企业法人边界碳排放核算，碳酸盐在脱硫过程产生的排放应纳入核算范围。脱硫过程的碳排放量可通过碳酸盐的消耗量乘以排放因子得出，计算公式如下：

$$E_{脱硫} = \sum (CAL_k \times EF_k)$$

式中　$E_{脱硫}$——脱硫过程的二氧化碳排放量；

　　　CAL_k——第 k 种脱硫剂中碳酸盐消耗量；

　　　EF_k——第 k 种脱硫剂中碳酸盐的排放量；

　　　k——脱硫剂类型。

　　脱硫过程二氧化碳排放的核算采用排放因子法，其中活动水平数据为脱硫剂中碳酸盐的年消耗量，排放因子为基于物料守恒法计算并考虑转换率的参数。

$$CAL_{k,y} = \sum_m (B_{k,m} \times I_k)$$

式中　$CAL_{k,y}$——脱硫剂中碳酸盐在全年的消耗量；

　　　$B_{k,m}$——脱硫剂在全年某月的消耗量；

　　　I_k——脱硫剂中碳酸盐含量，取缺省值 90%；

　　　y——核算和报告年；

　　　k——脱硫剂类型；

　　　m——核算和报告年中的某月。

　　脱硫剂排放因子等于脱硫剂中碳酸盐完全转换成二氧化碳时的排放因子与转换率相乘。完全转化时脱硫过程的排放因子依据化学反应方程式计算获得，转换率可使用推荐值 100%，计算公式如下：

$$EF_k = EF_{k,t} \times TR$$

式中　EF_k——脱硫过程的排放因子；

　　　$EF_{k,t}$——完全转化时脱硫过程的排放因子；

　　　TR——转化率。

9.6.5 净购入电力产生的排放

对于购入使用电力产生排放量的计算采用排放因子法，其中活动水平数据为企业净购入电量，排放因子来自国家政府主管部门公布的最近一年对应区域的电网年平均排放因子，计算公式如下：

$$E_电 = AD_电 \times EF_电$$

式中 $E_电$——净购入使用电力产生的二氧化碳排放量；

    $AD_电$——企业的净购入电量；

    $EF_电$——区域电网年平均供电排放因子。

在活动水平数据获取时，应注意区分消费的购入电量、购入但未消费的电量和自发电量，其中仅有消费的购入电量作为核算时使用的活动水平数据。

9.7 碳核算报告体系

9.7.1 MRV 原则

MRV 原则是温室气体排放核算报告体系的基本原则之一，MRV 是 monitoring，reporting and verification 的缩写，即监测、报告和核查，如图 9-2 所示。

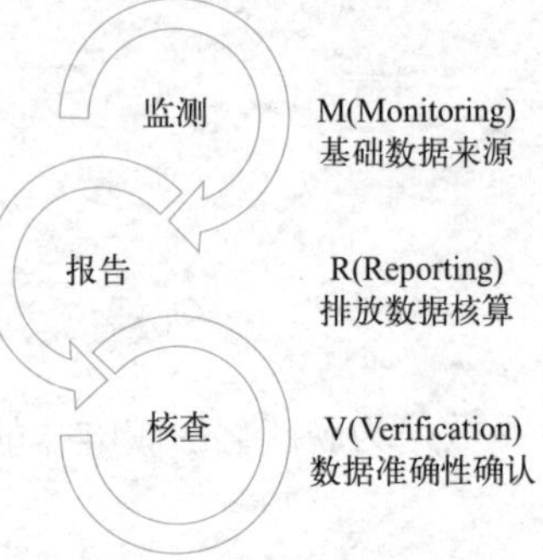

监测   M(Monitoring) 基础数据来源

报告   R(Reporting) 排放数据核算

核查   V(Verification) 数据准确性确认

图 9-2 MRV 原则的三要素

首先，MRV 原则要求对温室气体排放进行监测。监测包括对温室气体排放源活动水平数据和排放因子数据的计量、统计或定期检测，以确保准确获取温室气体排放基础数据。

其次，MRV 原则要求对温室气体排放进行报告。报告是将监测到的温室气体排放基础数据进行统计和整理，以便进行核算和分析。报告应按照相关主管部门的要求，按照一定的格式编写，报告包括温室气体排放的数量、数据来源等信息。对于非重点排放单位的碳排放报告一般以碳排放信息自愿披露为主。

最后，MRV 原则要求对温室气体排放进行核查。核查是对报告的数据进行审查和验证，以确保数据的准确性和可靠性。通常采用的方式是不同数据源的交叉校核，并对每一项活动水平和排放因子数据进行溯源和重现。核查可以通过独立的第三方机构进行，以提高核查的透明性和客观性。

通过遵循 MRV 原则，可以建立一个科学、透明和可信的温室气体排放核算报告体系，为企业制定和评估温室气体减排措施提供依据。

9.7.2 数据质量控制计划

对于重点排放单位，监测、报告、核查体系需要使用明确与碳排放权交易配额分配及履约相关的量化核算标准或指南。核算方法的制定考虑不同规模企业的数据基础、知识基础、经济性及数据可获得性等因素。依据给定的核算方法，需要对不同的活动水平数据、排放因子等开展监测的工作。对于同一行业制定适合的符合核算方法并满足配额分配与纳入控排企业履约等的数据质量控制计划，可以使同类企业获得相应公平的机会。

为更好满足核算指南的要求，确保监测能够为配额分配和企业履约提供高质量数据和保障，根据国家政府主管部门的要求，纳入全国碳排放权交易控排企业要建立数据质量控制计划并执行。纳入控排企业的数据质量控制计划包括 5 部分内容，分别为数据质量控制计划的版本及修改、报告主体描述、核算边界和主要排放设施描述、活动水平数据和排放因子的确定方式以及数据内部质量控制和质量保证相关规定。在制定数据质量控制计划过程中，需要特别注意核算边界的确认、排放源的识别等内容。

数据质量控制计划需要第三方审核机构的审核。审核机构应按照规定的程序对企业（或者其他经济组织）的数据质量控制计划的符合性和可行性进行审核。

9.7.3　碳排放核查

对于纳入国家碳排放权交易的重点排放单位，由主管部门委派核查机构对企业的碳排放报告和碳排放数据进行第三方核查。碳排放核查的主要步骤包括签订协议、审核准备、文件审核、现场访问、审核报告编制、内部技术复核、审核报告交付及记录保存等 8 个步骤。

① 签订协议。核查机构与委托方签订审核协议。

② 审核准备。核查机构应在与委托方签订审核协议后选择具备能力的审核组。审核组要制订审核计划并确定审核组成员的任务分工。在审核实施过程中，如有必要可对审核计划进行适当调整。

③ 文件审核。文件审核包括对企业（或者其他经济组织）提交的数据质量控制计划和相关支持性材料（组织机构图、厂区分布图、工艺流程图、设施台账、监测设备和计量器具台账、数据内部质量控制和质量保证相关规定等）的审核。文件审核工作应贯穿审核工作的始终。

④ 现场访问。现场访问的目的是通过现场观察企业（或者其他经济组织）的核算边界、主要排放设施、相关数据的监测设备、查阅活动数据和排放因子的数据获取方式，以及与现场相关人员进行会谈等，判断和确认数据质量控制计划内容是否完整、是否满足行业企业温室气体核算方法与报告指南和补充数据表的要求，以及是否具有可行性。

⑤ 审核报告编制。在确认不符合关闭后或者 30 天内未收到委托方和 / 或企业（或者其他经济组织）采取的纠正措施及相关证明材料，审核组应完成审核报告的编写。

⑥ 内部技术复核。审核报告在提供给委托方和 / 或企业（或者其他经济组织）之前，应经过核查机构内部独立于审核组成员的技术复核，避免审核过程和审核报告出现技术错误。

⑦ 审核报告交付。当内部技术复核通过后，核查机构可将审核报告交付给委托方和 / 或企业（或者其他经济组织），以便于企业（或者其他经济组织）于规定的日期前将经审核确认符合要求的数据质量控制计划报送至注册所在地省级政府主管部门。

⑧ 记录保存。核查机构应保存审核记录以证实审核过程符合要求。核查机构应以安全和保密的方式保管审核过程中的全部书面和电子文件，保存期至少 10 年。

9.7.4　企业数据质量管理

数据质量管理工作是企业确保温室气体排放量核算数据的准确性，提升温室气体管理能力的重要手段。核算指南中数据质量管理指引企业在开展温室气体核算与报告工作的同时，加强温室气体排放数据质量管理能力，使核算和报告的温室气体排放数据准确性不断提高。

温室气体排放数据质量管理工作需要参考 ISO9001 质量管理体系的管理思路，从制度建立、数据监测、数据流程监控、记录管理、内部审核等几个角度着手，建立健全企业温室气体排放数据流（数据的监测、记录、传递、汇总和报告等）的管控和数据质量管理工作，根据企业核算指南内容，企业主要开展的工作如下：

① 从管理层面上对温室气体排放核算和报告工作进行规范，首先在组织结构上进行保障，对此项工作指定管理机构，设置专人负责，并明确相关工作的职责和权限；制定规范性流程性管理文件，明确核算和报告工作的流程，及每个节点需完成的工作内容，对明确性的工作内容制定详细的工作方法，便于岗位人员尽快有效地完成，也有利于此项业务长期可持续地进行。

② 对排放源进行分类管理。原则上，企业对于所有排放源对应活动水平数据和排放因子都应该统一管理，严格确保数据的准确性，实际操作过程中，排放源类别也可根据排放占比情况进行排序分级，对不同排放源类别的活动水平数据和排放因子进行分类管理。以确保在合理范围内，有效控制温室气体排放核算和报告的成本。

③ 数据质量控制计划是确保活动水平数据和排放因子数据准确性的重要工具。企业要根据现有的监测条件，并结合现有计量器具和数据管理流程，提前制订每一个排放源的数据质量控制计划，内容包括燃料消耗量、低位发热值等相关参数的监测设备、监测方法及数据监测要求；数据记录、统计汇总分析等数据传递流程；定期对计量器具、检测设备和在线监测仪表进行维护管理，并对数据缺失的行为制定措施，注意将每项工作内容形成记录。

④ 温室气体数据记录管理体系是在数据质量控制计划的基础上，对其中所涉及的核算相关参数进行记录管理。包括企业每个参数的数据来源，数据监测记录统计工作流转的时间节点，以及每个节点的相关责任人。注意要在数据流转时建立审核制度，建议对于每一份记录均设置记录人和审核人，并重视数据的溯源，确保企业不会因为存在多个流转环节而对数据的准确性产生影响。

⑤ 在企业内部定期开展温室气体排放报告内部审核制度，是参考体系管理的思路，通过定期自查的方式，进一步确保温室气体排放数据的准确性。在选取活动水平数据和排放因子时，注意采用交叉校验的方式对同一组数据进行核对，从而识别问题点，并对可能产生的数据误差风险进行识别，提出相应的解决方案。

例如，某发电企业为了满足以上要求，策划了温室气体报告数据质量管理活动，并制订了数据质量控制计划，对数据流的产生、记录、传递、汇总和报告的全过程进行管控。

在实际工作中，企业按照相关程序和数据质量控制计划对数据质量进行管理。为了保证数据的准确性，企业策划并开展了内部审核工作，对温室气体排放数据和信息开展了系统的检查。为支撑以上工作，企业建立了《碳排放源识别管理程序》《碳排放核算和报告程序》《内审和管理评审控制程序》《监视、测量和分析控制程序》《能力、培训和意识控制程序》《温室气体排放相关参数管理程序》和《计量设备检定校准管理程序》等文件。

思考题

1. 什么是碳核算？
2. 碳核算的方法有哪些？
3. 碳核算体系的构成与标准有哪些？

参考文献

[1] IPCC. Climate change 2007: mitigation of climate change [M]. Cambridge: Cambridge University Press, 2007.

[2] 世界资源研究所. 温室气体核算体系：企业核算与报告标准（修订版）[M]. 北京：经济科学出版社，2011.

[3] 国家发展和改革委员会. 企业温室气体排放核算方法与报告指南发电设施 [R]. 北京：国家发展和改革委员会，2013-2015.

第 10 章

企业碳管理

10.1　企业碳管理概述

10.1.1　发展历程

　　管理是我们日常生活中经常使用的词汇，它的造词起源和实践活动可以追溯到公元前，而管理作为一门系统的学科得以研究与发展也就近 100 年历史。现代管理学之父彼得·德鲁克将管理定义为"界定企业的使命，并激励和组织人力资源去实现这个使命"。管理学发展与企业发展密不可分，随着企业越来越多，企业越来越大，企业管理的边界不断地扩张，企业管理的要求不断地深入。同时，企业作为国民经济的基本单位，既深受外部环境影响，也是推动社会进步的主要力量，这份使命及实现使命的力量将被新的时代唤醒。

　　应对气候变化是人类在 21 世纪的巨大挑战，人类活动产生和排放温室气体加剧地球变暖是各方共识。为此，国际社会开展了一系列气候治理的探索与合作，《巴黎协定》确立了全球应对气候变化的长期目标：到 21 世纪末，将全球平均温升保持在相对于工业化前水平 2℃以内，并为全球平均温升控制在 1.5℃以内付出努力。作为世界上第二大经济体，也是温室气体排放量最大的国家，中国始终高度重视应对气候变化，并积极采取一系列战略、措施和行动，特别是近十年来应对气候变化的脚步在明显加速。2020 年 9 月 22 日，中国向全世界承诺二氧化碳排放于 2030 年前达到峰值，努力争取 2060 年前实现碳中和。中国进入"双碳"战略发展新阶段，并制定出台了《关于完整准确全面贯彻新发展理念做好碳达峰碳中和工作的意见》和《2030 年前碳达峰行动方案》及重点行业和领域的达峰方案和支撑政策，努力推动如期实现"双碳"目标。

　　企业是落实"双碳"目标的重要责任主体，国家"双碳"目标的实现很大程度上取决于企业"双碳"行动的效果。国内企业的碳管理需求诞生于试点碳市场和全国碳市场的相继启动，以及更早一些时期部分外向型出口企业和外资在华企业推动开展的一些碳管理试水工作。2017 年，全国碳排放权交易市场启动建设，涵盖石化、化工、建材、钢铁、有色、造纸、电力、航空等 8 个重点排放行业，这些行业的二氧化碳排放量合计约占全国的 80%，所属的控排企业成为"双碳"政策和市场的重要利益方和关注者。2021 年 11 月，国资委印发《关于推进中央企业高质量发展做好碳达峰碳中和的指导意见》，对中央企业制定实施碳达峰行动方案做出部署，明确把碳达峰碳中和纳入国资央企发展全局，于是以中央企业为主的大型集团企业率先开展了企业碳管理工作。此外，其他更多行业的领军企业和知名跨国企业并不置身其外，外部压力和内部驱动力促使企业尽早进入"双碳"赛道，并通过低碳发展提升企业竞争力和影响力。纵观全球，已经有越来越多企业提出了自身的"双碳"目标，相对于近期碳达峰目标，更多上市企业已瞄准中远期碳中和目标。这些企业的碳中和目标年份因各自行业特性会有所不同，但一般不晚于 2050 年，本身排放量相对较高的企业主要实现自身碳中和，高科技、新能源和服务业等本身排放量相对较低的企业则主要致力于产品和引导供应链碳中和，如巴斯夫、宝武钢铁、英国石油公司等宣布到 2050 年实现碳中和，莱茵集团、三峡集团等承诺 2040 年实现碳中和，苹果公司承诺到 2030 年实现供应链和产品碳中和，远景集团宣布 2028 年实现全价值链碳中和，微软公司则是宣布到 2050 年去除公司创立以来的历史碳排放。

碳达峰与碳中和已成全球大势，新一轮的企业管理变革已经到来。作为一个新兴的行业，企业碳管理对于普通民众来说十分陌生，即使从业人士也未必能给出一个全方位画像。"双碳"在国内仍处于初期探索阶段，企业碳管理这个行业也在快速学习和成长中。如同管理是帮助企业解决各类问题，企业碳管理的许多问题如今摆在人们面前：企业碳管理是什么？企业碳管理有何意义？如何科学有效进行企业碳管理？有哪些企业碳管理的优良实践？好在这些问题经过先行实践积累了一定基础经验，我们可以尝试去回答，答案即便不够完美，相信按图索骥也能有所收获，何况"双碳"仍在不断发展和演化，未来碳管理相关工作也会逐步递进和完善。毕竟"双碳"是一条漫长而艰难的赛道，作为选手的企业要想跑得快、跑得远，就要匹配时代节奏的配速，开启自身定位的导航，所以企业碳管理注定是一项系统而不凡的工作。

10.1.2 目的意义

企业碳管理并没有统一和准确的定义，根据行业理解，企业碳管理可认为是：一种以企业生产和经营活动中的温室气体排放管理为核心，以企业可持续发展理念为宗旨，实施以温室气体减排为目标引领的企业绿色低碳战略的组织保障和管理工作。企业碳管理可帮助企业摸清碳排放家底，识别企业碳排放风险，把握低碳发展机遇，制定减排战略规划，促进转型发展降本增效，提高企业的行业竞争力，展示绿色低碳成果，体现企业社会责任，实现企业高质量与可持续发展。在国家"双碳"目标推动下，各类企业绿色低碳转型成为定势，实践和发展企业碳管理具有重要的现实意义和长远效益。

首先，企业碳管理有助于企业满足政策合规和风险控制的要求。2020 年 12 月，生态环境部发布的《碳排放权交易管理办法（试行）》规定，属于全国碳排放权交易市场覆盖行业且年度温室气体排放量达到 2.6 万吨二氧化碳当量的企业被列为温室气体重点排放单位，依法接受碳排放配额分配、配额清缴、排放核查等监督管理，同时各地方碳排放权交易试点市场对所属相关行业控排企业另行监管。国际层面，我国的航空业或将面对国际民航组织框架下国际航空碳抵消及减排机制（CORSIA）的相关减排制度的约束，除每年的碳排放监测、报告和核查（MRV）之外，还需要每三年确保其飞机运营人符合该机制抵消要求。除企业组织碳排放之外，贸易商品是被纳入碳监管机制的另一重点对象，受到广泛关注的欧盟碳边境调整机制（CBAM）就是针对进口产品的碳含量征收欧盟碳价与出口国碳价之差，覆盖钢铁、水泥、铝、化肥、电力和氢能等 6 类产品，全球首个"碳关税"机制的实施将对国内相关企业出口产生影响。

随着国家对"双碳"顶层设计和战略布局的加强，企业正越来越多地受到相关法律、政策、标准的约束和管制，政策法规方面的合规管理和风险控制是企业生产经营的底线。政府间气候变化专门委员会（IPCC）第六次评估报告指出：近年来减缓气候变化的政策和法律不断增多，但已实施政策的预计排放量与国家自主贡献的预计排放量之间仍存在差距，资金流也未达到实现气候目标所需的水平。气候治理任重道远，未来国内外政策法规的碳约束会不断强化，广大企业未雨绸缪方能从容应对，赢得先机。因此，企业应积极关注政策形势和外部环境风险，顺势而为并尽早进行战略布局，加大碳管理力度和提升碳管理水平，制定有效的应对方案，确保政策合规和风险成本可控。

其次，企业碳管理有助于提升企业核心竞争力和实现可持续发展。迈克尔·波特的创新补偿理论认为，适当的环境规制可以激发企业通过积极的环境管理来实现创新，从而部分或近乎全部地弥补环境规制的遵循成本。比尔·盖茨在《气候经济与人类未来》书中提出"绿色溢价"的概念，即使用清洁能源比化石能源要付出的更多成本是多少。"双碳"催生了新业态、新模式和新市场，也加剧了市场竞争，"绿色溢价"将成为企业之间新的竞争壁垒，企业将站在更高的战略层面审视全盘利益和可持续竞争力。同时，经济全球化下的企业无法独善其身，气候行动引领新一轮全球供应链和价值链的重塑，重新定义市场竞争的维度，低碳转型的压力通过产业链传导到各相关企业，碳管理是企业必须重视和应对的工作。

因此，企业应主动将"双碳"目标纳入企业管理范畴，结合发展目标和定位，加强碳管理体系建设和探索实践，提升企业自主创新能力，降低生产经营成本，将碳管理转化为企业核心竞争力，塑造绿色低碳和履行社会责任的品牌效应，形成高质量与可持续的发展模式。

10.1.3　机遇挑战

"双碳"带来广泛而深刻的经济社会变革，对企业生产、经营和管理活动产生重要影响，这既是机遇，也是挑战。一方面，企业迎来低碳转型发展历史机遇，政策、市场和行业的配套支持和全面推进将为企业提供广阔发展空间，企业通过技术升级、结构优化、业务转型等方式在新的赛道实现高质量和可持续发展；另一方面，企业面临减排形势下的巨大压力和挑战，各企业将受到越来越严格的气候和环境管控，能源结构调整优化，技术水平加速提升，市场竞争不断加剧，生产经营成本和风险增大，对企业的生产、运营和管理各层面都是个小的考验。

（1）经济社会变革催生企业发展新机遇　碳达峰碳中和带来的变革涉及众多行业和领域，包括能源结构、生产方式、消费方式、产业协同等改变，这种系统性变革需要持续有力的政策支持、技术创新和资金投入，带来大量可观的经济发展机遇。有关机构预测中国碳中和带来的相关投资总额将在 140 万亿左右，主要用于能源生产、工业、建筑、交通等重点领域的绿色低碳实施路径，这为企业发展提供了重要机遇和强大动力，也带动了战略性新兴产业、高端制造业、服务业等低排放、高附加值产业的大力发展。通过实施节能降碳、清洁生产、结构优化、低碳管理等系列措施，众多企业自主掌握了新技术、新工艺、新产品、新服务等生产经营能力，开拓了新的市场空间，提升了新的业务价值。国家落实温室气体排放控制目标，培育了一大批绿色工厂、绿色设计产品、绿色工业园区、绿色供应链管理企业。截至 2021 年，共计培育 430 家节能环保类专精特新"小巨人"企业，有效带动中小企业提升绿色低碳创新能力。

（2）人力资源环境提升企业竞争软实力　管理与人密不可分，人力资源是企业碳管理的基本保障。规范完善的人力资源体系有利于培育稳健的行业环境，为企业低碳发展创造良好的条件。"双碳"目标提出之前，企业节能减排相关工作和力量均较为分散，更缺乏大量专业的人员和系统化的服务机构。"双碳"不仅带来了企业碳管理人才的旺盛需求，也为企业低碳发展和碳管理工作注入了新活力。2021 年，人力资源和社会保障部将"碳排放管理员"

纳入新的职业，对其定义是：从事企事业单位二氧化碳等温室气体排放监测、统计核算、核查、交易和咨询等工作的人员，主要工作内容包括：监测企事业单位碳排放现状，统计核算企事业单位碳排放数据，核查企事业单位碳排放情况，购买、出售、抵押企事业单位碳排放权，提供企事业单位碳排放咨询服务等。"双碳"带来了新职业和新行业的发展，良好的外部环境奠定了企业人才保障和可持续发展的基础，也为企业人力体系和能力建设的加强创造了机会，这将大大提升企业低碳发展和竞争的软实力，有力促进企业低碳业务的行业交流与合作，从而帮助企业主动破局，赢得发展先机。

（3）"双碳"目标及低碳供应链给企业带来艰巨减排压力　碳达峰碳中和对企业的影响是全方位的，涉及结构调整、产业转型、生产水平、产业链关系、管理能力、投资风控、品牌价值、国际化等各方面。碳达峰碳中和目标将加速构建清洁低碳的能源体系，能源供应与消费结构将发生巨大变革，能源供应企业和能源消费企业都将受到这一总体趋势的深远影响。高耗能产业将面临日益严峻的减排挑战，企业面临优化产业布局的现实压力。全球应对气候变化行动日益升级，绿色贸易壁垒逐步形成，企业作为全球产业价值链的一环，受到来自供应链以及消费者的减排要求。碳排放控制政策约束下，企业应对气候变化工作的管理水平将成为重要的核心竞争力，是提高竞争优势、巩固行业地位的关键。

（4）企业应对低碳发展目标存在诸多困难　目前，我国大部分企业仍面临低碳发展的各种不足和障碍，主要体现在：一是企业对碳达峰碳中和认识不到位，对如何科学减排和真实减排存在认知误区，也未意识到这场变革的重要影响和深刻内涵，存在形式主义、机会主义和激进主义等问题；二是企业对碳达峰碳中和执行不力，既未形成清晰可执行的降碳路线图和碳管理机制，也缺乏足够的技术和手段支撑实施精准而长效的降碳，存在碳排放所涉数据信息的记录和文件材料缺失、混乱甚至不实等情况；三是企业对全球气候治理参与和主导不足，不利于提升企业的国际影响力和话语权，往往被动蒙受损失削弱了竞争力甚至失去了竞争机会；四是当前企业低碳转型成本较高，投资回报难以准确估量，成本传导的市场机制和环境尚未成熟，在一定程度上降低了企业行动的积极性。

10.2　企业碳管理体系

10.2.1　内容体系

如前所述，企业碳管理早期需求可追溯到 2013 年陆续启动的国内 8 个省（市）碳排放权交易试点市场。所谓的碳排放权，就是指分配给重点排放单位的规定时期内的碳排放额度。企业从事碳排放权交易及相关活动需要具备一定的碳管理基础，而随着国家"双碳"目标的提出，参与的行业和企业越来越多，"双碳"影响范围和企业碳管理需求已经远不局限于碳市场。但国家层面指导性的企业碳管理标准和指南尚未跟进，从现有行业内研究来看，碳管理的内容大致包括：碳排放管理、碳资产管理、碳交易管理和碳中和管理，企业碳管理内容体系如图 10-1 所示。

（1）碳排放管理　碳排放管理的目的是使企业减少碳排放。广义上的企业碳排放包括组织层面的碳排放和产品层面的碳排放，组织层面的碳排放管理包括碳核查和碳盘查，产品层面的碳排放管理主要为产品碳足迹核算。

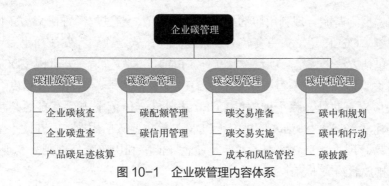

图 10-1　企业碳管理内容体系

根据生态环境部发布的《企业温室气体排放报告核查指南（试行）》，碳核查指根据行业温室气体排放核算方法与报告指南以及相关技术规范，对重点排放单位报告的温室气体排放量和相关信息进行全面核实、查证的过程。国家建立了碳排放 MRV 机制，即监测（Monitoring）、报告（Reporting）和核查（Verfication），三者紧密联系，相辅相成，是确保碳排放数据准确的重要路径。从基本流程来看，企业首先要确定碳排放核算边界，识别相关碳排放源，真实准确监测碳排放活动数据，按照相应的碳排放核算指南进行碳排放量核算，配合政府部门委派的第三方机构进行碳核查并出具核查报告，确保监测和报告符合相关性、完整性、一致性、准确性、透明性的要求。碳盘查与碳核查具有很多相似之处，但碳盘查是企业自主行为，主要目的是基于自身发展考虑和产业链相关利益方要求，通过摸清自己的碳家底，挖掘节能减排和碳资产运作等潜力，因此碳盘查所覆盖的企业范围更广。

产品碳足迹可以理解为以全生命周期评价（LCA）的方法评估某个产品在其整个生命周期内的各种温室气体排放。根据 ISO 14044 和 PAS 2050 定义，LCA 是对一个产品系统全生命周期的输入、输出和潜在环境影响的编制和评价。这里的全生命周期包括整个产品系统从原材料获取或自然资源生产到最后处理的连续和相互联系的各个阶段。开展产品碳足迹核算与评价，一方面可以帮助了解产品碳排放特征，识别产品主要碳排放源，发现降低成本、提高产品经济价值和环境效益的途径，提升产品的市场竞争力；另一方面配合和满足供应链客户的相关要求，同时引导和加强企业绿色供应链管理。产品碳足迹核算和评价主要包含 4 个步骤：①目标和范围的确定，明确评价目标、对象功能、功能单位、评价周期、系统边界。②清单分析，确定系统边界内各阶段排放活动的能量和物质的输入和输出数据。③影响评价，通过收集的数据清单，对产品系统全生命周期对环境的影响进行量化分析。④结果解释，针对评价目标和范围，对分析和评价结果进行总结、建议和决策。

（2）碳资产管理　碳资产管理的目的是使企业在碳减排方面的资源投入与产出能够以资产的形式量化显现。碳资产主要分为两类，一类是在各种碳交易机制下由主管机构根据相关规则直接发给控排企业（或重点排放单位）的碳配额，另一类是由碳减排项目申请并经特定程序核证签发获得的碳信用，它们都能用于企业碳排放履约。

我国现行的碳资产包括国家分配给控排企业的碳配额和各企业减排项目产生的国家核证自愿减排量（CCER）。当企业碳配额不足时，可以通过采购配额或 CCER 方式确保足额履约；企业通过减排措施取得碳配额盈余或 CCER 开发时，也可以通过碳资产交易或质押融资等方式，实现降碳收益。无论是碳配额还是 CCER，企业都应掌握必要的规则方法和分析决策能力，对碳资产进行有效管理。在政策与市场双重影响下，企业若不能按时清缴碳配额将受到相应责罚，反之若能合理利用履约规则和市场行情，通过配额置换交易获得差价收益也能降低履约成本。CCER 开发有一套较为复杂的流程，从立项到签发往往也需要 1 年以上周期，整个过程包括方法学选定、项目设计文件（PDD）编写、第三方机构（DOE）审定、主管部门项目备案、监测报告编写、DOE 核查、减排量备案等，项目开发难度、成本和失败风险都需要去应对。此外，除了国内的 CCER 之外，全球范围内还有自愿减排核证标准（VCS）、黄金标准（GS）、清洁发展机制（CDM）等主要碳信用形式，在此不予赘述。

（3）碳交易管理　碳交易管理的目的是使企业能够利用碳交易规则来实现碳资产增值、变现和降低碳排放履约成本。

全国碳排放权交易市场以两年为一个周期进行履约，第一个履约周期为 2019—2020 年度（2021 年底前完成履约），以发电行业为首个重点行业，年度覆盖碳排放量约 45 亿吨，一跃成为全球规模最大的碳市场。据生态环境部统计，截至 2021 年 12 月 31 日，1833 家企业按时足额完成配额清缴，178 家企业部分完成配额清缴，总体履约率为 99.5%。全国碳市场允许企业使用 CCER 抵消碳配额清缴，抵消比例不超过应清缴碳配额的 5%，第一个履约周期累计使用 CCER 约 3273 万吨用于碳配额清缴抵消，而 CCER 自 2017 年停发以来，市场存量仅剩 1000 余万吨。面对第二履约期，企业应提前对自身配额盈缺情况进行测算与评估，持续跟踪碳市场政策动向，制定第二履约期履约及交易策略，合理利用配额，做到可持续履约。

（4）碳中和管理　碳中和管理的目的是使企业通过碳减排和碳抵消的优化方案实现零碳目标。企业碳中和需要设定科学合理的目标，太容易实现的目标不具有挑战性，难度过大的目标又不具有可行性，两种情况都不利于约束和激励企业碳管理。除了企业范围 1 和范围 2 的碳排放也就是企业自身生产经营碳排放之外，范围 3 的碳排放覆盖整个企业价值链，排放量往往更大也更复杂，要实现全价值链的碳中和实属不易。除了制定碳中和目标外，更需要配套的行动计划和各方面资源支持，基本思路是从企业低碳和可持续发展战略目标出发，全面分析碳中和目标的范围边界、影响因素、实施潜力、投入成本、未来趋势等方面内容，分阶段制定减排目标和实施具体战略措施，实现从碳达峰向碳中和稳步推进，从生产运营碳中和向产品供应链碳中和不断探索。由此可见，碳中和管理体现了企业绿色低碳发展的最大决心和能力。

企业实现碳中和首先应考虑从能源结构上逐步清洁化转型，同时重点实施低碳、零碳或负碳技术措施实现高质量降碳，图 10-2 展示了不同领域实施碳中和的主要技术。其次通过购买碳信用抵消难以消除的少量剩余碳排放，在这过程中，企业还可以通过碳普惠、碳定价、绿色供应链管理等方式推动企业内部和供应链上下游的碳中和管理。碳普惠是以生活消费为场景，为公众、社区、中小微企业绿色降碳行为赋予价值的激励机制，通过碳普惠机制可推动全社会形成绿色低碳的生产和生活方式，对于具有减排场景（如绿色出行、垃圾分类、低碳公益等）的企业更有机会获得碳普惠收益，公众的低碳消费偏好也可以倒逼企业提供更多绿色产品和服务。碳定价也是国际上采用的碳减排的一种主要手段，碳排放权交易、碳税等都是具体措施，企业制定内部碳定价机制是较为创新的碳管理办法，简单来说就是为企业碳排放厘定衡量标准和量化碳排放价格，并将相关成本和收益传达给各部门以鞭策和激励主动减排。

为帮助企业制定减排目标乃至实现碳中和，全球环境信息研究中心（CDP）、联合国全球契约组织（UN Global Compact）、世界资源研究所（WRI）和世界自然基金会（WWF）联合发起了科学碳目标倡议（SBTi），并迅速成为全球最受认可的基于最新气候科学的减排目标设定标准。SBTi 设定科学碳目标包含 5 个步骤：①承诺，即提交承诺函，表明企业有意愿设定一个科学碳目标；②制定，即制定符合 SBTi 标准的减排目标；③提交，即将企业的目标提交至 SBTi 进行正式验证；④公布，即将企业的目标对外宣布并告知利益相关方；⑤披露，即每年报告企业的排放情况并跟踪目标进度。截至 2021 年底，覆盖全球 70 个国家及 15 个行业的 2253 家企业已承诺提交或通过验证的科学碳目标，占全球市值三分之一以上。加入 SBTi、转型路径倡议（TPI）、气候债券倡议组织（CBI）等可信的国际倡议组织，有助于企业科学设定和实施碳减排和碳中和目标，有利于提高企业国际认可度和市场影响力。

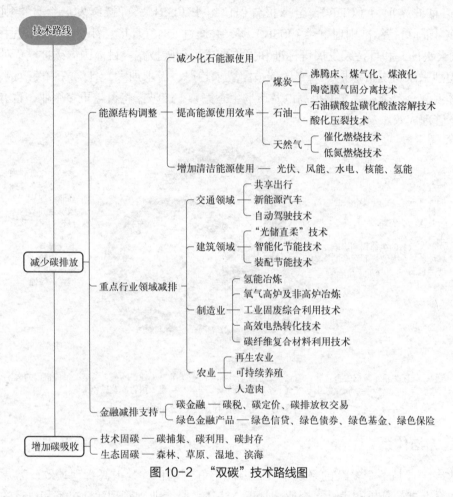

图 10-2　"双碳"技术路线图

碳披露，顾名思义就是碳有关信息的披露，披露内容总体上包括碳排放情况、碳减排目标规划及执行情况、气候相关的风险与机遇等。企业碳披露有助于投资者和公众获得企业有价值的碳信息，表现好的企业可以树立良好企业形象，获得竞争优势和市场回报，表现差的企业受到督促，及时改善企业碳排放绩效。同时，企业碳披露有利于降低碳管理风险，为企业制定碳减排和碳中和战略及管理决策提供支撑。

生态环境部 2021 年 12 月发布了《企业环境信息依法披露管理办法》，要求将碳排放信息纳入企业年度环境信息依法披露报告，企业范围包括重点排污单位、实施强制性清洁生产审核的企业、上市公司、发债企业和其他依法应当披露环境信息的企业。随后发布的《企业环境信息依法披露格式准则》对纳入碳市场的控排企业的碳排放披露内容做出明确规定，包括年度碳实际排放量及上一年度实际排放量，配额清缴情况，依据温室气体排放核算与报告标准或技术规范，披露排放设施、核算方法等信息。相比于不断出台的碳披露相关政策，国家或行业层面的碳披露相关标准规范制定进展较为缓慢，目前公开可查的是 2021 年中国标准化研究院发布的国家标准《组织碳排放管理信息披露指南（征求意见稿）》，该指南对披露原则、披露方式和披露内容作出了规范，特别是披露内容涵盖了碳排放管理、碳排放合规情况、碳排放量、碳减排情况、对外支持实现碳减排等多方面。放眼国外，碳披露相关工作起步较早，形成了多个具有代表性的组织体系，如气候相关财务信息披露工作组（TCFD）、碳排放信息披露项目（CDP）、全球报告倡议组织（GRI）、可持续发展会计准则委员会（SASB）、国际可持续准则理事会（ISSB）等，并通过 ESG（环境、社会、管治，见图 10-3）、CSR（社会责任）和可持续发展等标准和报告形式进行碳披露。目前国内碳披露尚处于起步阶段，但迎来了历史机遇期，未来的碳披露要求趋严、需求加大，且随着相关政策、标准、机构等体系健全，企业认知度提高以及市场生态完善，碳披露将覆盖更多企业，也有助于提升企业碳管理成效。

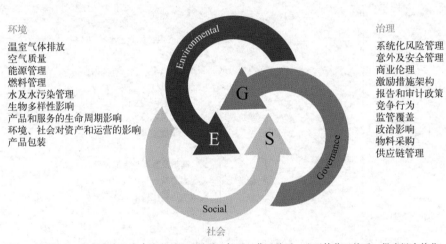

图 10-3　SASB 制定 ESG 标准

10.2.2　方法体系

　　企业碳管理是一个复杂的系统工程，要想定好管理目标，提高管理绩效，需要从顶层的方法体系上进行分析和设计。企业碳管理方法体系是企业碳管理活动决策和执行的保障体系，用于指导企业制定和管理减排目标，确保减排措施和减排路径合理规划并顺利实施。对于大部分企业来说，一套良好适用的企业碳管理方法体系不仅可支撑企业实现节能减排目标，而且能提高企业的质量、成本、风险等层面管理。目前国内外对于碳管理的系统性研究和论述较少，作为一个既非纯粹管理又非纯粹技术的领域，企业碳管理的方法体系有必要结合企业实践经验去摸索提炼。

　　"SMART-ABC"框架是北京中创碳投科技有限公司基于多年对不少大型集团企业提供碳管理服务经验梳理出来的一套原创方法体系，企业可借鉴这套方法体系开展全过程碳管理工作。"SMART"是个缩略语，"S"指战略目标与规划、"M"指管理架构、"A"指行动方案、"R"指规章制度、"T"指支撑工具，"ABC"分别指考核约束、品牌宣传和能力建设。

制定企业碳达峰碳中和战略（strategy）目标与规划是碳管理工作的首要任务。企业通过对碳排放进行全面盘查，梳理碳排放来源、特征、影响因素等信息，摸清企业碳排放家底，分析预测碳排放未来变化趋势，并结合分析政策形势、市场环境和企业内在发展要求，提出和部署企业碳达峰碳中和的指导方针、战略目标、阶段目标和实施规划等内容。"双碳"目标应具有明确的时间及可量化指标，如 2025 年碳排放强度相比 2020 年（基准年）下降 10%、2028 年实现企业范围 1 和范围 2 碳达峰、2050 年实现企业范围 1 和范围 2 的碳中和等目标可作为参考。

管理（management）架构是实施企业碳达峰碳中和战略目标和规划的核心保障。企业管理层应对企业"双碳"目标高度重视，企业各部门对目标和规划达成共识，确立"双碳"工作的直管领导和决策机制，组织成立专门的碳管理部门和岗位，协调和监管各有关部门和人员的"双碳"工作。

行动（action）方案是落实企业碳达峰碳中和战略目标和规划的操作指南。方案的编制主要包括企业低碳发展的实施路径和重点任务，选择开展产品碳足迹核算、减排技术或项目实施、碳资产开发、碳交易等活动，统筹兼顾气候效益、经济效益和社会效益。一般来说，减排行动方案应包括企业范围 1 和范围 2 的减排要求，可通过开发低碳或负碳技术、改进生产工艺流程和能效水平、提高电气化和清洁能源部署等技术措施和减排路径降低企业碳排放，针对纳入范围 3 的减排行动方案，可实施企业价值链低碳管理、企业业务低碳转型、倡导员工低碳工作生活方式等策略行动。

规章制度（regulation）是支撑和规范企业碳达峰碳中和战略和行动的管理文件。企业应根据碳管理过程中的各项要求，结合企业的战略目标与规划、管理架构、行动方案的具体内容，建立碳管理工作的规章制度，规范相关活动的流程和质量。

支撑工具（tools）是辅助企业实施碳达峰碳中和行动的效率工具。数字化碳管理是必然趋势，通过运用大数据、人工智能、5G 等新兴技术构建数字化碳管理系统，帮助企业实现碳数据采集、计算、分析、应用等全过程动态生命周期管理，提高碳管理的数据质量，提升碳管理的决策效率。

为巩固和转化碳管理工作成果，还应从内到外对整个框架进行有力支撑。企业应将碳管理工作纳入企业考核评价（assessment）体系，根据考核约束指标完成情况对各相关部门和个人予以一定的奖惩，对未达到预期目标的相关工作进行改进，不断探索和积累有效措施和有益经验，实现碳管理流程的良性循环。通过公开企业 ESG 报告、社会责任报告、可持续发展报告、行动方案、白皮书等方式披露企业碳排放信息，分享企业碳管理实施成果，从而达到企业品牌（brand）宣传的目的，让企业绿色品牌价值最大化。此外，应重视企业碳管理各相关业务人才的培养，加强碳管理基础和综合能力建设（capability），组织开展碳减排、碳管理、碳交易等专业化、系统化培训，打造一支高水平的专业人才队伍。

10.2.3　组织体系

碳管理是复杂性高、专业性强、时间线长的工作，为保障各项碳管理任务有效执行，应组建企业专业化的碳管理组织架构体系，统筹企业低碳发展工作。目前各企业逐步建立碳管理组织架构体系，完善的组织架构体系是碳管理机制的基础，分工明确、权责清晰、协调配合也是保障碳管理机制高效运行的关键。没有完全一样的企业组织架构体系，由于企业的规模、类型、管理模式、目标战略等不同，碳管理组织架构可差异化设置，如果企业已建立能源管理、环境管理或可持续发展等相关团队，也可在原有团队职能的基础上增加碳管理的要求，进行组织调整优化，形成专门的碳管理组织架构体系。当然，企业碳管理组织架构不宜臃肿，既额外增加企业管理成本，也不利于提高企业管理效率，此外企业还可以通过采购第三方专业机构的碳管理产品和服务精减组织上投入。在此，本书根据相关企业案例，结合碳管理工作内容和要求，搭建碳管理组织架构体系的示例，如图 10-4 所示。

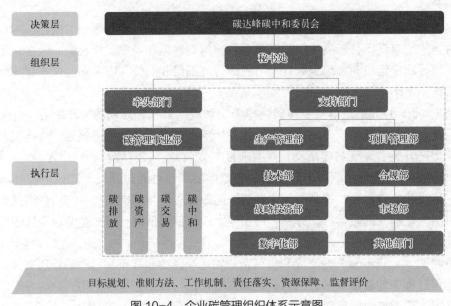

图 10-4　企业碳管理组织体系示意图

　　碳达峰碳中和委员会是企业碳管理工作的最高管理者，负责统筹企业碳管理工作，决策企业碳达峰碳中和战略，定期评审和持续改进碳管理体系。委员会下设秘书处，负责管理和推进碳管理日常事务，相关职责由碳管理事业部承担。碳管理事业部作为碳管理工作的执行牵头部门，也是碳管理工作的中枢部门，全权负责企业绿色低碳发展战略的实施，权责包括但不限于：①承担企业碳排放绩效和碳管理体系要求；②组建碳管理团队，加强团队能力建设；③建立碳管理方法和制度体系；④结合企业战略方针和业务模式，确立碳管理的发展目标和工作范围；⑤制定碳管理工作指南和碳达峰碳中和行动方案；⑥协调企业各部门资源，部署开展碳管理工作；⑦加强与各利益相关方的合作和交流，共同推进"双碳"事业；⑧编制年度进展报告和下一年工作计划。碳管理涉及碳排放量监测和收集、技术减排方案制定、产品碳足迹核算、碳资产开发、碳交易、碳披露等诸多内容，需要生产、技术、市场、投融资等多部门的支持与合作，各支持的业务和职能部门分别设置碳管理联络员，承接在本部门开展碳管理各项工作，反馈工作成果，保障具体工作得到实施推进。企业碳管理组织架构以企业低碳战略目标为导向，遵循政策法规和科学准则，并结合企业实际情况制定相关工作机制，在执行层面推动各部门实体的责任落实，为确保企业低碳或零碳目标达成，提供必要的资源保障，以及加强全过程监督、控制。

　　此外，企业应根据部门职责进行岗位设置，明确各岗位职责，加强岗位之间的信息传递。参照 DB 50/T 936-2019《工业企业碳管理指南》，分别设置碳管理总监、低碳战略经理、低碳技术经理、碳核算经理、数据经理、碳资产经理、碳交易经理、风控经理等。碳管理总监：负责企业碳管理总体统筹协调工作及企业碳管理重大事项决策。低碳战略经理：负责企业低碳发展战略制定、政策研究等工作。低碳技术经理：负责对接技术部门进行低碳技术和产品研究、节能降碳量化和技术方案编制等工作。碳核算经理：负责碳排放监测计划制订、碳排放核算、报告编制、碳排放核查、产品碳足迹的总体管理。数据经理：负责碳排放的数据管理和信息化管理工作，提高数据质量，保障数据安全。碳资产经理：负责企业在碳交易框架下形成的与碳排放相关资产的管理。碳交易经理：负责配额申报、配额获取、配额交易、履约、CCER 备案和交易等工作。风控经理：负责在政策信息、市场信息、企业内部信息和碳排放数据信息的基础上，对企业碳排放的合规风险、碳资产和碳交易风险进行控制。

10.3　企业碳管理实践

在了解企业碳管理的基本理论和方法之后，这一节内容我们将重点介绍部分企业碳管理的实践案例。碳管理是相当复杂的系统，既遵循一定的框架和规范，又突出企业自身的特点和创新，受到各参与方广泛而持续的关注。特别是我国"双碳"目标才刚刚起步，应积极探索碳管理的广度与深度，不断积累国内外先进企业碳管理实践经验。本书选取了国内外 4 个具有代表性的企业案例，分别来自具有不同碳排放特征的行业，主要聚焦于这些企业的重点碳减排措施和宝贵管理经验，它们既有一定相似之处又有诸多差异化表现。希望这些"他山之石"的案例能为大家提供有益参考，也希望更多企业和从业者加入进来，以碳管理为抓手共同助力攻克绿色低碳和可持续发展目标。

10.3.1　化工行业——巴斯夫

（1）碳数据与碳目标　巴斯夫是全球最大的化工品制造商，自 1990 年以来，巴斯夫已将温室气体排放量减半，2018 年温室气体排放量为 2190 万吨。巴斯夫一直在推动自身的碳减排目标，并制订了中长期的碳减排计划，其中包括在 2030 年将二氧化碳排放量较 2018 年减少 25%，到 2050 年实现全球二氧化碳净零排放（范围 1 和范围 2）。

（2）碳减排措施

① 提高生产和工艺效率。使工厂和流程更加高效和节约资源。通过优化元材料来减少二氧化碳的排放。例如，位于德国施瓦茨海德基地的燃气和蒸汽轮机发电厂投资 7300 万美元建设项目，发电量不仅将增加 10%，由于更高的燃料效率，发电的二氧化碳排放系数也将降低 10% 左右。

② 增加可再生能源的使用。增加可再生能源在能源供应中所占的份额。欧洲和北美的 19 个站点已部分或完全使用无排放的电力。2020 年，在中国曹泾和浦东建立了铭牌容量约为 1300 千瓦的光伏电站。

③ 开发全新的低排放技术和工艺。巴斯夫正在开发创新的、气候友好的甲烷热解制氢工艺和可再生能源驱动电阻加热炉替代整齐裂解器加热技术；与林德公司合作开发干法重整工艺，与巴斯夫研发的催化剂及创新工艺流程结合，以二氧化碳作为原材料生产合成气。

④ 增加生物质在生产中的应用。采用生物质替代部分化石基原材料。

⑤ 电力转蒸汽。利用电热泵从废热中生产零碳排放的蒸汽，并将其用于生产基地。

（3）碳管理经验

① 积极推动革命性气候友好型新技术。巴斯夫聚焦基础化学品低碳技术研发项目，因为这些基础化学品占化工行业温室气体排放总量约 70%，同时也是价值链和所有创新不可或缺的起点。电气化和可再生能源发电等技术的应用有可能实现基础化学品生产过程达到零排放。

② 自主数字应用开发促进企业供应链碳减排。由于产品碳足迹平均约 70% 来自外购原材料，推动供应商披露原材料碳足迹、共同开展减排工作，大幅降低原材料碳排放，是巴斯夫实现提供大量低碳产品的必经之路。因此，巴斯夫自主开发了一套数字化工具 SCOTT（strategic CO_2 transparency tool），能够实现全球约 4.5 万种在售产品的碳足迹自动化计算。为了提高范围 3 排放的透明度，巴斯夫正与供应商紧密合作，以改善购买的原材料的数据，并为碳足迹计算的标准化作出贡献。

③ 持续披露。巴斯夫自 2008 年以来每年都会发布全面的企业碳足迹报告，也是全球目前唯一一家全面披露碳足迹报告的工业企业。而且自 2004 年以来，巴斯夫一直向 CDP 提交气候保护相关的数据报告，由此就气候保护战略和二氧化碳减排措施与利益相关者保持透明沟通，并持续取得优异评级。

10.3.2 钢铁行业——宝钢股份

（1）碳数据与碳目标　宝钢股份是我国最大、最现代化的钢铁联合企业，钢铁行业也是我国碳排放主要行业之一。宝钢股份的碳核算以运营控制权为边界，包括四个制造基地、独立轧钢厂、钢材剪切加工配送中心、贸易分销服务商，2021 年碳排放总量为 9080.5 万吨二氧化碳当量（范围 1 和范围 2），同比增长 1.0%，碳排放强度为每吨粗钢 1.897 吨二氧化碳当量，与上年几乎持平。宝钢股份承诺 2035 年力争相比 2020 年降碳 30%，2050 年力争实现碳中和。

（2）碳减排措施

① 发展低碳技术。依托于母公司中国宝武，确定了六个方面的重点技术攻克方向：极致能效、富氢碳循环高炉（HECR）、氢基竖炉、近终形制造、冶金资源循环利用、碳回收及利用（CCU）。通过大力布局低碳冶金技术，减少对化石燃料的依赖，从而引领行业低碳技术发展。

② 优化能源结构。煤焦燃烧排放量占宝钢股份总碳排放量约 90%，为摆脱对传统化石燃料的依赖，宝刚股份通过加大外购绿电，并坚持"应设尽设"原则部署分布式可再生能源发电，不断提高循环利用余能发电设施效率，同时推进以氢替碳、能源电气化等措施落地。

③ 开发绿色低碳产品。开发高强度、高能效、耐腐蚀、长寿命、高功能的钢铁产品，例如高性能能源用钢、高强度汽车钢板吉帕钢、低波纹度汽车外板宝特赛、高效能宝钢硅钢等产品，覆盖能源、汽车制造、电机、建筑等行业客户，为客户的低碳转型带来更具竞争力的钢铁产品。

（3）碳管理经验

① 发展绿色金融。作为国内规模最大的碳中和主题基金，宝武碳中和基金 - 宝武绿碳基金总投资规模 500 亿元，聚焦于绿色技术、清洁能源、节能环保三大领域，致力于以资本投

资助力中国宝武构建绿色低碳产业生态，50% 以上投资于中国宝武产业链，持续推动绿色创新技术研发应用，加速绿色低碳技术的实施与落地。此外，发行面向专业投资者的低碳转型绿色公司债券（第一期），该期债券是全国首单低碳转型绿色公司债券，发行规模 5 亿元，发行期限 3 年，发行利率 2.68%。本期债券募资拟全部投放于宝钢股份子公司东山基地氢基竖炉系统项目，该项目采用氢基竖炉低碳冶炼工艺代替常规高炉流程，初期采用天然气、焦炉煤气和氢气作为燃料和还原剂，远期可使用高比例绿色能源。

② 全球低碳合作。公司已加入世界钢协、中国钢铁工业协会、全球低碳冶金创新联盟等 90 多个社会组织。全球低碳冶金创新联盟由中国宝武倡议并联合全球钢铁业及生态圈伙伴单位共同发起成立，由来自世界 15 个国家的 62 家企业、高等院校、科研机构共同组建。联盟定位于低碳冶金创新领域的技术交流平台，合作开展基础性、前瞻性低碳冶金技术开发，促进技术合作、交流和转化，形成钢铁低碳价值创新链，推动钢铁工业的低碳转型。宝钢股份 2004 年起参加世界钢铁协会 LCA 专家委员会，并于 2021 年担任专家委员会主席（首次由中国钢铁企业担任此职），该委员会致力于全球钢铁企业利用 LCA 方法研究钢铁产品的环境可持续发展，衡量产品生命周期对社会及经济产生的影响，保持钢铁竞争力。此外，国际贸易中环境产品声明（EPD）是对产品整个生命周期的环境影响综合信息披露，宝钢股份在中国钢铁工业协会 EPD 平台首发两个产品环境声明报告，同时着手修订绿色发展指数，将二氧化碳的排放强度作为绿色指数的一个重要内涵，弥补中国钢铁 EPD 注册制度的空缺。

③ 培育企业低碳文化。宝钢股份积极开展内部碳管理培训，已举办"碳管理集中研修""碳达峰碳中和形势下钢铁行业面临的挑战与机遇""碳排放 ISO 14064、ISO 14067 标准解读和实践培训"等系列专题培训，受众覆盖全体员工。其次，部署组织低碳宣贯，以"宝钢股份直通车"和"你好宝钢"公众号为重要载体进行"宝钢股份碳达峰碳中和蓝图"、绿色低碳行动、绿色低碳知识等方面的宣传，积极传播绿色低碳发展理念，引导广大干部职工践行绿色低碳生活方式。

10.3.3　科技行业——微软

（1）碳数据与碳目标　微软是全球最大的电脑软件提供商，也是应对气候变化的企业典范。微软的碳排放具有显著特征，2021 年温室气体总排放量约 1400 万吨，范围 3 排放量具有超高比重（约 98%），而且 2020 年和 2021 年排放量（不含范围 3）分别同比下降 12.0% 和 16.9%，2021 年范围 3 排放量有所增加，这与数据中心和 Xbox 业务增加有关。2020 年，微软宣布到 2030 年微软将实现负碳排放，以及到 2050 年将消除公司自 1975 年成立以来的直接排放或用电产生的碳排放，并提出了 2030 年将减少 50% 以上（以 2020 年为基准年）的范围 3 碳排放。

（2）碳减排措施

① 零碳和 LEED 建筑。未来所有数据中心和大部分办公楼都将达到 LEED 金级或铂金级，包括 100% 采用地热能、热能回收等高效电力能源系统，全部采用带有感应器的 LED 节能灯具，减少空调的不必要浪费使用，采用飞轮不间断电源（UPS）替代铅酸电池能大大减少全生命周期的碳排放，利用人工智能技术帮助改善冷水机组的制冷能效，发展光伏和氢能储能等各项措施。

② 隐含碳和产品供应链。微软通过联合开发一款建筑隐含碳计算器（EC3）用于跟踪和减少建材隐含碳，并在全球办公区和数据中心开创和投资低碳建材。对于产品，微软通过数字化管理、材料回收、低碳化和减量化等方式减少产品设计阶段的碳足迹，如配送中心采用光伏发电减少碳排放并采用智能平台计算运输过程碳排放。产品使用阶段的能效也是重点，又如Xbox团队开发了一项新功能，使设备处于"待机模式"时的功耗从15瓦降至不足2瓦。在价值链上，微软将产品全生命周期的碳足迹告知客户和相关利益方，同时加强与供应商合作并促其披露与减少碳足迹，并通过培训、新融资方式、供应链再循环、LCA评估等方式促进供应链减排。对于范围3中人员出行碳排放，微软通过与相关组织和航空公司合作以减少商务飞行中的碳排放。

③ 绿电采购和碳消除。微软通过购电协议（PPAs）已采购了8GW可再生能源电力。此外，微软2021年采购了140万吨的碳消除量，完成了全球最大的一笔碳消除订单，微软认为碳消除（carbon removal）抵消量比传统的避免碳排放（avoided emissions）抵消量更有助于解决气候问题，微软开展的碳消除项目包括社区层面的植树造林、生物炭、直接空气碳捕集。

（3）碳管理经验

① 数据是行动的基础。微软《2021年度环境可持续发展报告》中所说："we can't solve problems we can't measure"，可见准确和全面的数据在微软应对气候变化这份事业中的重要地位。对排放数据进行追踪、测算、披露和管理，特别是范围3的排放，微软的供应商行为准则中要求规定范围内的供应商需报告其碳排放量，目前已掌握了超过87%的供应商排放数据，其中大部分都被纳入了微软的碳核算报告中。

② 严格的内部碳管理。在保持业务持续发展的同时，微软正在采取更有力的新措施来减少范围3排放，制定业务部门年度碳强度目标，还将针对这些目标的绩效与其他业务审查流程相关联。此外，微软将重组和提升内部碳税，激励内部采取更积极的措施来减少范围3排放，并更好地匹配碳减排的基本成本。例如，为了加强对可持续航空燃料（SAF）采购的支持，将差旅费用增加到每吨二氧化碳当量100美元。

③ 重视合作与投资。微软提供10亿美元设立气候创新基金，帮助加快全球碳减排、碳捕获和碳消除等的发展。微软还提出了一项倡议，通过自身技术帮助全球各地的供应商和客户减少他们的碳足迹。微软非常关注碳消除领域，比如与Carbon Direct合作发布了《二氧化碳消除指南》、资助Carbon Plan去研究分析自愿减排市场中14个土壤碳抵消机制、联合Lawrence Livermore实验室发起研究碳消除量供应与价格预测等。

10.3.4 金融服务行业——华夏银行

（1）碳数据与碳目标 金融服务行业的碳排放量相对不高，但作为国民经济的中流砥柱，对各行各业的"双碳"战略实施发挥着举足轻重的作用，其本身也迎来了绿色低碳转型发展的重要历史机遇。华夏银行是国内首家提出自身碳中和目标的银行，通过践行绿色金融发展取得了良好成效。从温室气体排放情况来看，2021年排放总量约12.07万吨，其中范围1排放量约0.29万吨，范围2排放量约11.78万吨，统计范围覆盖总行及各分支机构，排放源主要为外购电力、公务车用油及后期设备化石燃料使用。华夏银行承诺力争在2025年前实现自身运营的碳中和。

（2）碳减排措施

① 绿色办公。减少建筑运营碳排放，采用高能效水平设备和技术，如办公区域更换 LED 灯具、运用楼宇自动化控制技术推进系统节能、限制空调室内温度。制定《华夏银行节能低碳行为规范》，规范员工日常节能低碳行为，比如提倡和监督打印纸张双面使用、严格落实公务用车使用管理要求、鼓励员工绿色出行、践行"光盘行动"、实施垃圾分类等措施。

② 绿色采购。制定《华夏银行集中采购管理办法》《华夏银行招投标采购管理办法》《华夏银行集中采购委员会工作规则》等 10 余项制度，明确纳入绿色环保、履行社会责任、相关资质等采购要求，提升采购的公开度、透明度和规范度，实现低碳或零碳运营。

（3）碳管理经验

① 数据安全和环境风险管理。控制风险、保障安全是金融机构的"生命线"。华夏银行制定了《华夏银行公司业务条线绿色信贷业务认定管理实施细则》《绿色融资统计制度说明》《华夏银行数据治理管理办法》等一系列制度文件，规范绿色贷款数据和环境效益数据的校验管理，强化数据安全和金融安全的管理。同时，随着金融风险的日益突出，华夏银行开展了环境风险管理机制研究和环境风险量化研究，取得《国内外金融机构环境风险管理政策进展研究报告》《气候经济学原理在银行风险管理中的应用》等成果。此外，按照全面覆盖、分类管理、动态管控的原则，制定《华夏银行非金融机构法人客户授信业务环境和社会风险管理指导意见》，完善授信业务环境风险全流程管理机制，全面识别、计量、监控、管理授信业务中的环境风险，如图 10-5 所示。

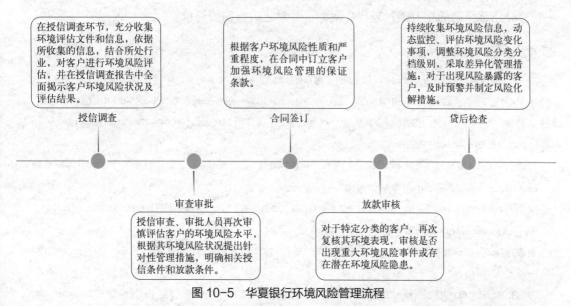

图 10-5　华夏银行环境风险管理流程

② 国际倡议组织和跨境合作。华夏银行积极响应国内外倡议，助力全社会绿色低碳发展。2019 年，华夏银行加入联合国"负责任投资原则"（PRI），成为该组织境内首家商业银行资产管理机构成员，并致力于打造国内首家 ESG 理财投资机构，持续打造国内负责任投资领域的品牌影响力。同年，华夏银行成为全球首批签署《负责任银行原则》的银行之一，持续在发展战略及相关业务领域融入更多的可持续发展元素，强化绿色金融管理和产品服务，应对环境、气候变化相关风险，着力实现经济、环境和社会综合价值的最大化。2021 年，华

夏银行成为 TCFD（气候相关金融披露工作组）支持机构，进一步提高气候风险管理水平和气候风险信息披露能力。此外，华夏银行与多个国际银行机构开展绿色金融合作，形成了转贷款这一特色产品，服务了一批能效、储能、可再生能源项目。截至 2021 年末，转贷项目累计引进外资 10 亿美元，融资服务 98 个项目，可贡献每年碳减排 912 万吨。

③ 绿色投融资。华夏银行积极贯彻国家政策监管要求，加大绿色低碳行业融资，持续提高绿色贷款业务占比，坚持严控"两高一剩"行业授信，发挥绿色金融促进社会绿色低碳转型的重要作用，引导金融资源向绿色、低碳、可持续方向倾斜。截至 2021 年末，绿色贷款余额逾 2000 万亿元，同比增长 15.8%，主要涵盖清洁能源产业、生态环境产业、基础设施绿色升级产业等，折算环境效益可实现碳减排 311 万吨，绿色贷款占比在全国主要商业银行中位居前列。此外，华夏银行发挥"商行＋投行"优势，积极发展绿色投资、绿色债券、绿色租赁等领域，截至 2021 年末，绿色金融投资余额约 143 亿元，ESG 主体理财产品管理总规模约 263 亿元，以绿色金融的力量推动"双碳"目标的实现。

思考题

1. 何谓企业碳管理？如何理解企业碳管理的重要性？
2. 从企业外部和内部两个层面分析企业碳管理存在的困难。
3. 当前我国温室气体重点排放单位的符合条件是什么？
4. 如果你是企业碳管理负责人，如何做好相关工作？
5. 介绍你了解的企业碳管理优良案例，并对之进行简要评价。

参考文献

［1］周三多. 管理学——原理与方法［M］. 第 7 版. 上海：复旦大学出版社, 2018.

［2］联合国. 巴黎协定［EB/OL］.［2015-12-12］. https://www.un.org/zh/documents/treaty/FCCC-CP-2015-L.9-Rev.1.

［3］人民网. 习近平在第七十五届联合国大会一般性辩论上的讲话［EB/OL］.［2020-09-22］. http://politics.people.com.cn/n1/2020/0922/c1024-31871233.html.

［4］财经十一人. 排放量超过全国 40% 的"中国上市公司碳排放榜"里，藏着哪些秘密？［EB/OL］.［2021-11-17］. https://mp.weixin.qq.com/s/9B9jxhmtPu9l7wW_x0nUxQ.

［5］国务院国有资产监督管理委员会. 关于推进中央企业高质量发展做好碳达峰碳中和工作的指导意见［EB/OL］.［2021-11-27］. http://www.sasac.gov.cn/n2588035/c22499825/content.html.

［6］生态环境部. 碳排放权交易管理办法（试行）［EB/OL］.［2020-12-31］. https://www.gov.cn/zhengce/zhengceku/2021/01/06/content_5577360.htm.

［7］郭汀汀, 李华杰. CORSIA 机制和欧盟航空业碳减排政策对生物航油产业发展的影响研究［J］. 中外能源, 2023, 28（08）: 8-14.

［8］吕学都. 碳边境调节机制对我国出口产业的影响与对策思考［J］. 可持续发展经济导刊, 2023（05）:12-17.

［9］IPCC. AR6 Synthesis Report: Climate Change 2023［EB/OL］.［2023-03-20］. https://www.ipcc.ch/report/sixth-assessment-report-cycle/.

［10］比尔·盖茨. 气候经济与人类未来［M］. 北京：中信出版集团, 2021.

［11］刘满平. 我国实现"碳中和"目标的意义、基础、挑战与政策着力点［J］. 价格理论与实践, 2021（02）:8-13.

［12］项目综合报告编写组.《中国长期低碳发展战略与转型路径研究》综合报告［J］. 中国人口·资源与环境, 2020, 30（11）:1-25.

［13］生态环境部. 中国应对气候变化的政策与行动 2022 年度报告［R］. 2022.

［14］人力资源和社会保障部. 人力资源社会保障部、国家市场监督管理总局、国家统计局联合发布集成电路工程技术人员等 18 个新职业［EB/OL］.［2021-03-18］. http://www.mohrss.gov.cn/xxgk2020/fdzdgknr/zcjd/zcjdwz/202103/t20210318_411356.html.

［15］雷舒然, 陈浩. 核证碳减排标准的国内外实践与展望［J］. 金融纵横, 2023（05）:20-28.

［16］生态环境部. 全国碳排放权交易市场第一个履约周期报告［R］. 2022.

［17］北京大学汇丰金融研究院. 碳中和的"技术万花筒"［EB/OL］.［2021-07-26］. https://hfri.phbs.pku.edu.cn/2021/eighth_0915/1571.html.

［18］Science Based Targets initiative. SBTi Monitoring Report 2022［R］. 2023.

［19］中创碳投. 中创碳投企业碳管理秘笈首次公开：新框架、新方法、新步骤（SMART-ABC&5A）［EB/OL］.［2022-02-18］. https://mp.weixin.qq.com/s/Mati81EL7n-RF2N_TLpCCA.

［20］BSAF. BASF Report 2022［R］. 2023.

［21］宝山钢铁股份有限公司. 可持续发展报告 2022［R］. 2023.

［22］Microsoft. 2022 Environmental Sustainability Report［R］. 2023.

［23］华夏银行股份有限公司. 2022 社会责任报告［R］. 2023.

第 11 章

碳市场与碳交易

2020 年 9 月 22 日，国家主席习近平在第七十五届联合国大会一般性辩论上讲话时宣布："中国将提高国家自主贡献力度，采取更加有力的政策和措施，二氧化碳排放力争于 2030 年前达到峰值，努力争取 2060 年前实现碳中和"。"30·60"的"双碳"目标一经提出便引发了众多关注，"碳达峰"与"碳中和"等专业名词也逐渐走入人们的视野。碳排放权交易市场是利用市场机制控制和减少温室气体排放，推动绿色低碳发展的一项制度创新，也是落实习近平主席对外庄严宣示承诺我国二氧化碳排放力争于 2030 年前达到峰值、努力争取 2060 年前实现碳中和的国家自主贡献目标的重要核心政策工具。什么是碳交易？碳交易有什么类型？什么是碳市场？我国的碳市场是怎样运行的……带着以上问题，本章节将从碳市场与碳交易展开，详细描述碳交易的概念与内涵、碳交易的类型、碳市场的概念与运行机制、国内外碳市场发展沿革、中国碳市场的运行特征以及中国碳市场的发展机遇与挑战等内容。

11.1 碳交易的概念与内涵

碳交易是温室气体排放权交易的统称。由于排放总量控制，导致包括二氧化碳在内的温室气体排放权成为一种稀缺资源，从而具备了商品属性，计算单位为每吨二氧化碳当量（tCO_2e）。碳排放权交易可使碳排放权在国际和国内市场发生流动和交换，带来巨大的经济效益，推动企业优化生产结构，增大减排力度，对实现碳达峰、碳中和有重大意义。

11.2 碳交易的类型

根据《京都议定书》以及相关国际组织的规定与通识，国际碳排放交易主要可以分为两大类：基于配额的交易和基于项目的交易。

11.2.1 基于配额的交易

基于配额的交易按照参与主体加入机制的自愿性分为强制碳排放交易和自愿碳排放交易。

强制碳排放交易是由管理者决定纳入交易体系的主体，一般采用"限额交易机制"，管理者制定温室气体排放总量，并按照配额分配给各个排放主体，各个排放主体可根据自身排放需要对配额进行买卖。交易的标的物是减排配额，譬如《京都议定书》下的分配数量单位（AAUs，assigned amount units）、欧盟碳市场配额（EUAs，European union allowance）和我国的碳排放配额（CEAs，Chinese emission allowances）。交易过程可参考图 11-1。

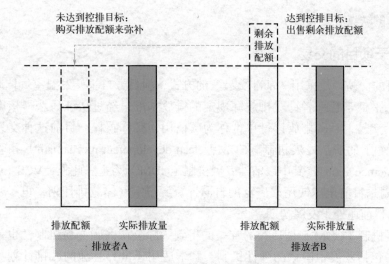

图 11-1　碳排放交易示意图

自愿碳排放交易则是主体自愿选择是否加入碳排放交易，一般是企业出于对社会责任、企业形象等方面的考量，自愿抵消其温室气体排放，而购买减排指标的行为，参与购买的指标一般称为自愿减排量（VER，voluntary emission reduction）。

在基于配额的交易中，碳排放权在一级市场和二级市场并存。一级市场一般是指由国家或各省发改委进行配额初始发放的市场，政府对一级市场的价格和数量有较强的控制力，在配额初始分配机制中需要明确配额分配方式（如何分配）和初始配额计算方法（分配多少）。

在分配方式上，主要分为免费分配和拍卖分配。免费分配即政府直接免费发放给控排企业。这种方式的优点是企业接受意愿强，政策容易推行；对经济负面影响相对小，但可能在项目的运行过程中出现寻租问题。相较之下，拍卖分配是指政府对碳配额进行拍卖，出价高的企业获得碳配额。这种方式可以增加政府收入，通过补贴政策降低扭曲效应；解决寻租问题；分配更有效率。但可能不易被企业接受。

在初始配额计算方法上，主要分为历史排放法、行业基准线法（标杆法）和历史碳强度下降法。历史排放法是指以纳入配额管理的单位在过去一定年度的碳排放数据为主要依据，确定其未来年度碳排放配额的方法。其优点是计算方法简单，对数据要求低。缺点为不公平，变相奖励了历史排放量高的企业；未考虑近期经济发展以及减排发展趋势；未考虑新公司无历史排放数据。基准线法是根据行业（产品）碳排放强度标准来确定企业获得免费配额数量的方法，可最大程度地保证碳配额分配中的公平性，并给早期行动者带来回报，适用于碳市场的早期发展阶段。实际中，基准线法的主要参考依据为碳排放基准线，即"碳排放强度行业基准线值"，指某行业代表某一生产水平的单位活动水平碳排放量。碳排放基准线是碳配额计算的前提，碳排放核算则是编制碳排放清单、推导碳排放基准线的基础，基于碳核算结果可获得基准线法的关键指标，即各生产企业的碳排放强度，进而可以获得整个行业的碳排放基准线。其优点为相对公平；为行业减排树立了明确的标杆，考虑了新老公司的排放；但同时由于基准线等数据要求，其计算方法复杂，所需数据要求高，行政成本高，仅适用于产品类别单一的行业。历史碳强度下降法是指介于历史排放法和行业基准法之间，根据排放企业的产品产量、历史强度值、减排系数等计算分配配额，即企业自身进行纵向对比。其优点为计算方法相对简单，对数据要求相对低；适用于产品类型较多的行业，但存在和历史排放法一样的缺点。

11.2.2　基于项目的交易

基于项目的交易则是采用"基准交易"的方式，项目方自主开发温室气体减排项目，如果实际排放水平低于管理者针对排放源规定的排放基准，经过认证后获得核准的减排单位允许进行买卖交易，其碳排放计量单位称为碳信用，又称碳权。目前这种交易方式主要为《京都议定书》下的清洁发展机制（CDM，clean development mechanism）和联合履约机制（JI，joint implementation），其中以清洁发展机制（CDM）为主。此外，VCS（verified carbon standard）计划是目前全球使用最广泛的自愿性资源温室气体减排计划，也是基于项目的交易方式之一，目前还处于发展初期。

清洁发展机制（CDM）是现存的唯一的得到国际公认的碳交易机制，也是《京都议定书》下面唯一包括发展中国家的弹性机制，基本适用于世界各地的减排计划。其核心内容是允许其缔约方即发达国家与非缔约方即发展中国家进行项目级的减排量抵消额的转让与获得，从而在发展中国家实施温室气体减排项目。CDM 机制下的标的物被称为核证减排量（CER，certified emission reductio），我国的则对应称为国家核证自愿减排量（CCER，chinese certified emission reduction）。CDM 交易机制如图 11-2 所示。

联合履约机制（JI）是指发达国家之间通过项目级的合作实现减排，其所实现的减排单位（ERU，emission reduction unit），可以转让给另一发达国家缔约方，但是同时必须在转让方的分配数量（AAUs）配额上扣减相应的额度。JI 机制如图 11-3 所示。

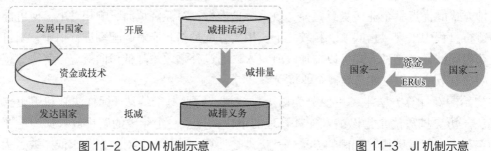

图 11-2　CDM 机制示意　　　　　　　　图 11-3　JI 机制示意

此外，在基于项目的交易过程中，碳汇是减排的重要手段之一。碳汇是指通过植树造林、植被恢复等措施，吸收大气中的二氧化碳，从而减少温室气体在大气中浓度的过程、活动或机制。当前，碳汇主要分为森林碳汇、海洋碳汇、草地碳汇、耕地碳汇等类型。

VCS 由非营利组织 Verra 建立，无须任何国家主管机关审批，该组织由气候组织（CG，The Climate Group）、国际排放交易协会（IETA，International Emissions Trading Association）和世界经济论坛（WEF，World Economic Forum）联合开发，其目的是通过制定和管理有助于国家、私营部门和民间团体实现可持续发展和气候行动目标的标准，来帮助解决世界上最棘手的环境问题和社会挑战。

VCS 计划是目前全球使用最广泛的自愿性资源温室气体减排计划，允许经过其认证的项目将其温室气体减排量和清除量转化为可交易的碳信用额（VCU，verified carbon unit），一个 VCU 代表从大气中减少或清除一吨温室气体。VCU 由最终用户购买和注销，作为抵消其排放，履行社会责任、提升企业形象的一种手段。

VCU 只能发放给企业或组织，个人无法注册账户，无法获得 VCU。企业或组织可以将账户中的 VCU 用于交易，但交易只能在 Verra 的注册账户之间进行，无法转移到其他数据库或作为纸质证书交易。

同时，需要说明的是，Verra 在 VCU 交易中保持中立，不持有、交易或招揽 VCU 交易。进行 VCU 交易的各方需要自行进行尽职调查，自主评估交易风险。所以 VCS 计划要求项目必须是独立合适的、唯一的、永久的、真实的、企业额外的（非日常进行的运营活动）。

VCS 项目涵盖多个领域，包括能源、化工、交通、可再生能源等。林业碳汇项目被纳入农业、林业和其他土地利用领域中。我国已注册的 VCS 林业碳汇项目有江西省乐安县林场碳汇项目、青海省植树造林项目、四川省荥经县植树造林项目、贵州省西关造林项目、湖南省北区和西北区造林项目等近百个项目。2017 年 12 月 25 日，福建省首单 VCS 林业碳汇项目交易签约。

11.3　碳市场的概念与内涵

碳排放交易市场，是指将碳排放的权利作为一种资产标的，来进行公开交易的市场。对于我国而言，碳市场一般指全国碳排放权交易市场，它是利用市场机制控制和减少温室气体排放，推动绿色低碳发展的一项制度创新，是加强生态文明建设、实现碳达峰与碳中和目标的核心政策工具之一。

相比碳税手段，碳市场能在价格发现、预期引导、风险管理等方面发挥积极作用。通过碳价反映碳排放外部成本，引导私人投资，从而推动低碳技术的研发与应用，实现资源的高效配置[1]。

11.4　碳市场的运行机制

本书将聚焦我国碳市场的运行规律对碳市场运行机制进行分析和解读。全国碳市场运行机制框架如图 11-4 所示，该框架揭示了碳市场的运行系统由制度体系、支撑体系、多层级联合监管体系以及政策法规体系共同构成。而其中的制度体系主要包括碳排放数据核算、报告与核查制度，碳排放配额分配与清缴制度，碳排放交易与监管制度。运行支撑系统主要包括碳排放数据报送系统，注册登记系统以及交易系统。多层级联合监管体系主要包括控排企业、政府监管部门、技术服务机构、社会组织与其他利益相关者。本节重点介绍我国碳市场运行机制的重点关节和制度安排内容。

11.4.1　覆盖范围

覆盖范围是排放目标设置和排放权分配的先决条件。覆盖范围需要明确纳入排放源种类，以及交易所涉及的温室气体类型，一般重点考虑覆盖行业、覆盖气体和纳入标准。

11.4.2　总量设定与配额分配

在总量设定上，是由生态环境部根据国家温室气体排放控制要求，综合考虑经济增长、产业结构调整、能源结构优化、大气污染物排放协同控制等因素，制定碳排放配额总量确定与分配方案。而在配额分配上采取的是以强度控制为基本思路的行业基准法，实行免费分配。

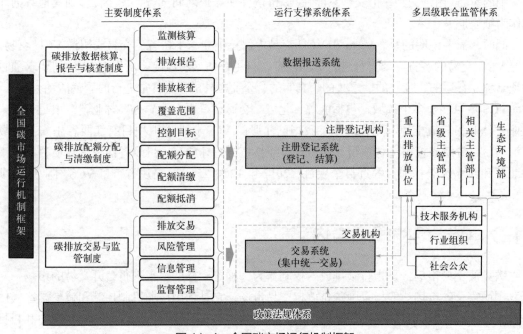

图 11-4　全国碳市场运行机制框架

11.4.3　配额清缴

根据规定，重点排放企业应根据实际的碳排放配额进行生产规划，在履约周期内通过自身减排、市场购买配额等行为完成配额清缴，清缴量应当大于等于省级生态环境主管部门核查结果确认的该单位上年度温室气体实际排放量。重点排放单位每年可以使用国家核证自愿减排量抵消碳排放配额的清缴，抵消比例不得超过应清缴碳排放配额的5%。

11.4.4　违约处罚

《碳排放权交易管理暂行办法》中明确指出了虚报、瞒报温室气体排放报告，或者拒绝履行温室气体排放报告义务的以及未按时足额清缴碳排放配额两种情况分别给予不同惩罚。

对于重点排放单位虚报、瞒报温室气体排放报告，或者拒绝履行温室气体排放报告义务的，由其生产经营场所所在地设区的市级以上地方生态环境主管部门责令限期改正，处一万元以上三万元以下的罚款。逾期未改正的，由重点排放单位生产经营场所所在地的省级生态环境主管部门测算其温室气体实际排放量，并将该排放量作为碳排放配额清缴的依据；对虚报、瞒报部分，等量核减其下一年度碳排放配额。

对于重点排放单位未按时足额清缴碳排放配额的，由其生产经营场所所在地设区的市级以上地方生态环境主管部门责令限期改正，处两万元以上三万元以下的罚款；逾期未改正的，对欠缴部分，由重点排放单位生产经营场所所在地的省级生态环境主管部门等量核减其下一年度碳排放配额。

11.4.5　抵消机制

重点排放单位自行在碳排放权交易中购买核证减排量用来抵消碳排放量，主管部门对核证减排量的使用规定被称为抵消机制。抵消机制可以在不影响体系整体环境完整性的前提下提供更多灵活性，有助于提高企业参与程度、增加市场流动性、实现总量控制。

碳市场配额与履约过程如图 11-5 所示。

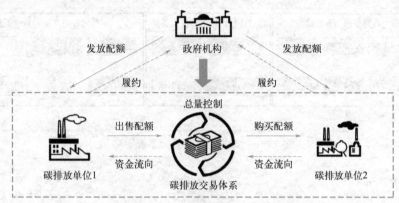

图 11-5　碳市场配额与履约过程示例

11.4.6　碳排放监测核算报告与核查（MRV）

碳排放监测报告与核查（MRV，monitoring，reporting and verification），是指碳排放的量化与数据质量保证的过程，包括监测（monitoring）、报告（reporting）、核查（verification）三个过程。MRV 制度的存在与实施有利于提高利益相关方对数据的认可，增强数据的可信度。具体的 MRV 与监督机制对应负责机构及职责如表 11-1 所示。

表 11-1　MRV 与监督机制对应负责机构及职责

	生态环境部	省级生态环境厅（局）	重点排放单位	核查机构
总体管理	编制指南、总体安排、监督管理			
核算		受理监测计划备案申请，受理变更	制订监测计划，申请监测计划变更	
报告		受理排放报告	编制上一年度温室气体排放报告	
核查		受理核查申诉	对核查有异议可提出申诉	编制核查报告
监督检查	通过对排放与核查报告进行复查等方式实施监督检查	通过对排放与核查报告进行复查等方式实施监督检查	配合检查	编制复查报告

11.4.7　支持系统

支持系统部分将分别描述碳排放数据直报系统、碳排放权注册登记系统与碳排放权交易系统。

（1）碳排放数据直报系统　企业温室气体排放数据直报系统由综合管理、数据报告与监测、核算方法与规则管理、数据质量控制与审核、数据分析与发布五大子系统构成，是集重点排放单位温室气体排放数据报告与审核，国家、省（市）级生态环境主管部门温室气体排放报告管理，温室气体排放方法学管理，排放数据综合分析与发布等需求为一体的综合性温室气体管控工具，服务用户包括国家及地方主管部门、重点企业、技术支撑机构及社会公众等。平台系统架构与企业工作流程如图 11-6 与图 11-7 所示。

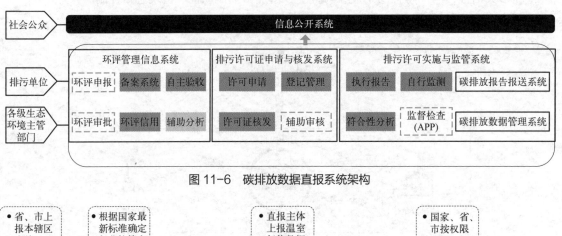

图 11-6　碳排放数据直报系统架构

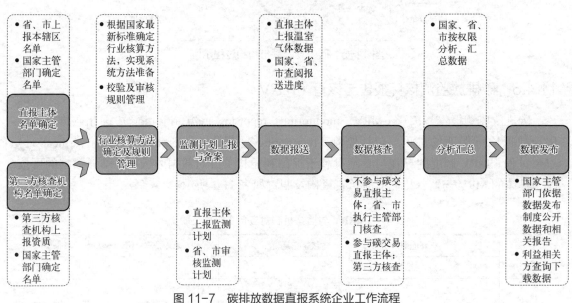

图 11-7　碳排放数据直报系统企业工作流程

（2）碳排放权注册登记系统　碳排放权注册登记系统是指为各类市场主体提供碳排放配额法定确权登记、结算和注销服务，实现配额分配、清缴及履约等业务管理的电子系统。总体来说，注册登记系统是统一存放全国碳市场中碳资产和资金的"仓库"，通过制定注册登记相关制度及其配套业务管理细则，对注册登记系统及其管理机构实施监管。对应主体及功能如表 11-2 所示。

表 11-2　碳排放权注册登记系统参与主体及功能

主体	功能
市场参与主体	开户与账户管理功能、碳资产管理功能、资金管理功能、业务管理功能、交易划转功能
主管部门	用户管理功能、配额管理功能、履约管理功能、信息查询功能、监督管理功能

续表

主体		功能
登记结算管理机构		用户管理功能、登记管理功能、清结算管理功能、分佣管理、业务管理功能、监督管理
用户	国家管理员	开户、账户权限管理；总量设置、省级配额分配、配额拍卖划转、履约管理、注销管理等配额管理；业务审核、信息查询、信息统计与发布；风险预警、市场监管
	省级管理员	所辖区域重点排放单位配额分配、省级拍卖划转、抵消条件设置、履约管理、业务审核；登记结算管理机构包括：开户审核与账户管理、登记管理、清结算管理、分佣管理、质押及存管等业务管理、监督管理
	重点排放单位	开户、持有碳资产登记、碳资产管理、集团账户管理、交易划转、清缴、自愿注销、质押及存管等业务管理
	其他市场参与主体	开户、持有碳资产登记、碳资产管理、交易划转、自愿注销、质押及存管等业务管理

（3）碳排放权交易系统　全国交易系统是为了支撑整个碳排放权交易的客户管理、交易管理、挂单申报、撮合成交、行情发布、风险控制、市场监管等综合功能的电子系统。其构建的目的是高效、安全、便捷地实现碳排放权交易；主要作用为组织碳排放产品的挂单、撮合与成交，信息发布（行情信息和市场历史信息），市场监管。

11.5　中国碳市场发展概述

建立碳排放权交易市场（简称碳市场）是利用市场机制控制温室气体排放的重大举措，也是中国实现碳达峰目标和碳中和愿景的重要抓手。中国自 2011 年起探索开展碳排放权交易试点工作，在试点基础上，稳步推进全国碳排放权交易体系建设。2021 年 7 月 16 日，全国碳市场开市交易，中国碳市场正式从试点走向全国。全国碳市场首个履约周期共纳入发电行业（含其他行业自备电厂）重点排放单位 2162 家，年覆盖二氧化碳排放量约 45 亿吨，是全球覆盖温室气体排放量最大的碳市场。根据全国碳市场首个履约周期工作要求，重点排放单位须于 2021 年 12 月 31 日前完成 2019～2020 年度配额的清缴履约工作。尽管中国的碳市场已有多年试点经验且规模优势显著，但全国统一的碳市场目前尚处于起步阶段，距离成熟市场仍有很长的路要走。

第一阶段（2010～2013 年）政策准备阶段：2010 年 10 月，国务院发布的《关于加快培育和发展战略性新兴产业的决定》中首次提出要建立和完善主要污染物和碳交易制度；2011 年 10 月，国家发展改革委颁布了《关于开展碳排放权交易试点工作的通知》，以地方试点的方式开启了我国碳市场的第一步。

第二阶段（2013～2020 年）地方碳市场试点阶段：从 2013 年下半年到 2014 年上半年北京、天津、上海、广东、深圳、湖北、重庆等七个地方碳市场陆续启动，覆盖了热力、电力、石化、钢铁、水泥、制造业及大型公建等行业；2016 年 12 月，四川、福建两个非试点碳市场启动。地方碳市场的建立有效促进了企业温室气体减排，强化了社会各界低碳意识，为全国碳市场建设积累了宝贵经验。交易额情况与试点情况见图 11-8（详见彩图）与表 11-3。

图 11-8　中国试点碳交易额情况

表 11-3　区域试点情况对比

地区	启动时间	覆盖标准	行业类型	首年配额总量 / 占比	抵消规则	履约机制
北京	2013 年 11 月 28 日	2009 ~ 2011 年均直接或间接 CO_2 排放 1 万吨以上的固定设施排放企业	包括钢铁、水泥、石化等，共 415 家企业和单位	总量目标约 0.6 亿吨 CO_2/ 年，排放量占全市比重约 40%	碳抵消比例不高于当年配额量的 5%，其中本地 CCER 不低于 50%	履约机制 2013 年企业履约率为 97.1%，2014 年履约率为 100%
上海	2013 年 11 月 26 日	2010 ~ 2011 年中任一年中 CO_2 排放 2 万吨以上的工业行业或排放 1 万吨以上的非工业行业	包括钢铁、石化、化工、有色、电力等共 191 家企业	配额 1.60 亿吨，约占全市总量 57%	可使用 5%CCER 用于履约	2013 年度企业履约率为 100%，2014 年度履约率为 100%
天津	2013 年 12 月 26 日	2009 年以来，重点排放行业和民用建筑领域中 CO_2 排放 2 万吨以上的企业	包括钢铁、化工、电力、热力、石化、油气开采行业等，共 114 家企业	配额总量目标为 1.6 亿吨二氧化碳 / 年，纳入的五个行业碳排放量占全市总量的 50% ~ 60%	可使用不超过本年度实际碳排放量 10% 的 CCER	2013 年度企业履约率为 96.5%，2014 年度履约率为 99.1%
重庆	2014 年 6 月 19 日	2008 ~ 2012 年任一年度排放量达到 2 万吨二氧化碳当量的工业企业纳入配额管理	冶金、电力、化工、建材、机械、轻工六大行业，共 242 家企业	配额总量为 1.25 亿吨，约占全市总量 60%	控排企业必须存在配额缺口才可使用碳抵消产品，抵消比例不高于履约期分配的配额总量 8%	2014 年企业履约率为 70%（截至 2015 年 7 月 14 日）
广东	2013 年 12 月 19 日	2010 ~ 2012 年任一年 CO_2 排放 2 万吨（或综合能源消费量 1 万吨标煤）以上的工业行业	包括电力、水泥、石化、钢铁 4 个行业，约 200 家企业	配额总量 3.88 亿吨，约占全省碳排放总量 54%	用于履约的 CCER 不超过 10%	2013 年度企业履约率为 98.9%，2014 年度履约率为 100%
湖北	2014 年 4 月 2 日	2010 ~ 2011 年任一年综合能源消费量超过 6 万吨的工业企业	包括钢铁、化工、水泥等 12 个行业，共 138 家企业	配额总量为 3.24 亿吨 CO_2，约占全省碳排放总量 35%	用于履约的 CCER 不超过 10%	2015 年 7 月是湖北碳交易第一个履约期，企业履约率为 100%

续表

地区	启动时间	覆盖标准	行业类型	首年配额总量/占比	抵消规则	履约机制
深圳	2013 年 6 月 18 日	通过四个原则交叉对比确定纳入行业：工业增加值前 800 家企业、用电量前 4000 家企业、油耗量大的企业和有锅炉的企业	最终纳入工业行业（635 家）、建筑（197 家）	2013 ～ 2015 年配额总量 1.07 亿吨，约占全市总量 38%	可使用不超过本企业上年度实际碳排放量 10% 的 CCER 履约	2013 年企业履约率为 99.2%，2014 年履约率为 99.7%

2016 年 1 月，国家发展改革委发布了《关于切实做好全国碳排放权交易市场启动重点工作的通知》，确保 2017 年启动全国碳市场，实施碳排放权交易制度。2017 年 12 月，《全国碳排放权交易市场建设方案（发电行业）》发布，表明碳市场建设工作将分基础建设期、模拟运行期、深化完善期三阶段稳步开展，标志着全国统一的碳市场正式启动。

第三阶段（2021 年 7 月—）全国碳市场建设阶段：自 2021 年 1 月 1 日起，全国碳市场发电行业第一个履约周期正式启动，全国碳市场碳排放配额（CEA）交易方式包括挂牌协议交易和大宗协议交易两类。2021 年 7 月 16 日，全国碳排放权交易市场正式上线交易，年度覆盖二氧化碳排放量约 45 亿吨，跃居全球覆盖碳排放量最大的碳市场。第一个履约周期的量价走势图如图 11-9（详见彩图）所示。

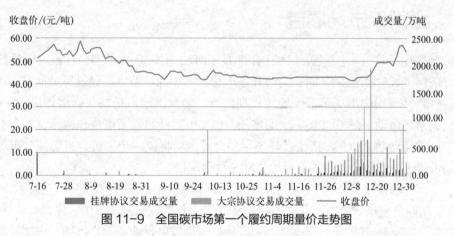

图 11-9　全国碳市场第一个履约周期量价走势图

11.6　中国碳市场建设现存的主要问题

（1）市场结构较为单一　总体来看，全国碳市场目前仍然是一个结构较为单一的市场。首先，纳入行业单一，目前仅纳入了发电行业；二是参与主体单一，目前仅允许控排企业参与交易，尚未纳入机构投资者和个人投资者；三是交易产品单一，目前交易品种仅为配额和 CCER 现货，暂未涉及期货、期权等碳配额衍生品交易，以及碳配额质押、抵押、回购、托管、拆借等融资类碳金融产品服务。

（2）市场流动性不足　市场结构的单一导致目前全国碳市场是一个单一的履约型市场，参与交易的企业主要以履约为目的，市场交易情况随履约周期影响呈现明显波动，交易量分布存在明显的履约驱动现象，碳市场长期流动性无法得到有效支撑，导致流动性不足。从交易总量来看，全国碳市场首个履约周期交易量仅占发电企业 2019 年和 2020 年配额总量的 2%（年覆盖二氧化碳排放量约 45 亿吨，两年为 90 亿吨），换手率较低。流动性不足也使得碳价不能以较为市场化的方式显现，更无法有效反映企业减排的边际成本。

（3）发展路径缺乏明确时间表　2017 年 12 月，国家发改委发布的《全国碳排放权交易市场建设方案（发电行业）》中，将全国碳市场建设分为基础建设期（一年左右）、模拟运行期（一年左右）、深化完善期三个阶段，但由于机构改革等进展落后于计划。目前全国碳市场首个履约周期已经结束，之后的发展路径尚未明确。第二个履约周期纳入行业、配额总量设定与配额分配实施方案等尚未公布，CCER 项目备案申请和减排量签发的重启时间也尚未明确，全国碳市场后续走势仍要看国家政策的出台时间和方向制定。发展路径的缺乏将不利于形成稳定的市场预期。

（4）监测、报告和核查体系建设仍任重道远　碳市场是一个建立在碳排放数据基础上的政策市场，碳排放数据的真实、准确和完整是碳市场公信力的基石。全国首例公开披露的碳排放报告造假案件"内蒙古鄂尔多斯高新材料有限公司虚报碳排放报告案"，是全国碳市场延期开市的原因之一，也暴露了碳排放数据监测、报告和核查（MRV）体系中存在的一些问题。相对容易核算的发电行业尚且如此，在全国碳市场纳入能源使用更多元、生产流程更复杂、过程排放更多样的其他行业后，核算环节等将明显增多，碳排放数据质量管理将面临更大的挑战，全国碳市场监测、报告和核查体系建设仍任重道远。

11.7　全国碳市场展望

（1）制度体系将进一步完善　2021 年 3 月 30 日，生态环境部办公厅就《碳排放权交易管理暂行条例（草案修改稿）》向社会公开征集意见。预计该条例在经过意见征求、审议等立法程序后，将在全国碳市场第二个履约周期出台，为全国碳市场的建设运行提供法律保障。随着全国碳市场带动下对 CCER 需求的增加，CCER 项目的备案申请和减排量签发有望在暂停近 5 年后重新启动，CCER 抵销管理规则和交易流程将进一步完善，自愿减排市场与强制配额市场也将进一步融合，更加有效地推动全社会减排。

（2）重点能耗行业将逐步纳入　全国碳市场覆盖行业范围将逐步扩大，预计在"十四五"期间，全国碳市场将逐步纳入其他 7 个重点能耗行业（石化、化工、建材、钢铁、有色、造纸、航空），其中建材和钢铁行业或将成为继发电行业后第二批纳入全国碳市场的行业。2021 年，生态环境部应对气候变化司先后委托中国建筑材料联合会、中国钢铁工业协会分别开展建材、钢铁行业纳入全国碳市场的配额分配和基准值测算等工作。预计完成对八大高能耗行业的纳入之后，全国碳市场年覆盖二氧化碳排放量将从目前的 45 亿吨扩大至 70 亿吨。在纳入更多减排成本有差异的排放主体后，碳交易将在更大程度上发挥市场导向作用。

（3）配额设定将适度从紧　碳排放配额的供给受碳减排目标的直接影响，预计全国碳市场第二个履约期配额总量设定仍将采用"自下而上"的方式，与中国现行碳排放强度管理制度相衔接。随着中国从以碳强度控制为主、碳排放总量控制为辅的制度向碳排放总量和强度"双控"转变，配额总量设定也将从目前基于强度减排的方式向基于总量减排的方式过渡。配额分配方法短期内仍将以免费分配为主，但基准线将在首个履约期基础上适度下调，体现适度从紧的原则，防止出现配额过度超发的情况，在碳排放配额基础供求关系上保持足够张力。

（4）市场主体将更加多元　预计全国碳市场将在第二个履约期优先引入机构投资者，之后逐步引入个人投资者，市场主体将会更加多元化。更多具有不同风险偏好、不同信息来源、不同未来预期的市场主体共同参与碳市场，有助于扩大交易规模，助推形成更加公平有效的碳排放权交易价格。金融机构、碳资产管理机构等可开展代理开户、撮合交易等碳交易服务，促进碳排放配额的流通，金融机构等各类机构投资者也可基于碳排放配额和 CCER 等基础碳资产开展融资服务，帮助控排企业更有效地管理碳资产，实现碳资产的保值增值。

（5）交易品种将逐步丰富　预计全国碳市场将在未来逐步增加交易品种，在现货产品的基础上，增加碳期权、碳掉期、碳远期等衍生交易产品，为碳市场参与者提供多样化的交易方式和有效的风险对冲手段，提高市场流动性，对冲市场波动风险。碳金融交易产品可以帮助市场发现和形成未来的碳价格，推动全国碳市场从目前单一的履约型市场，逐步发展成为具有金融属性和投资价值的复合型市场。

11.8　数字技术赋能碳市场监管体系及碳资产开发

数字技术通常指包含物联网、大数据、云计算、人工智能、区块链等一系列技术在内的新兴通信技术的统称，被视为发动"第四次"工业革命的重要引擎。当中物联网技术利用传感器、射频识别、二维码等作为感知元件，通过基础网络来实现物与物、人与物的互联。通过物联网采集数据，既可提高数据采集的效率，还可降低人为因素误差。区块链技术具有集体维护、不可篡改、可追溯、公开透明等特征，被誉为数字时代的"信任机器"。将数据存储在区块链上，对数据进行全生命周期管理，不仅可以避免数据被篡改，还能记录数据来源，明确权属，为激活数据潜能奠定基础。物联网与区块链的技术特点相辅相成，二者结合为应对碳市场运行中的痛点提供了以下几种解决思路。

（1）"物联网＋区块链"技术，助力实现 MRV 全流程数字化　MRV 体系运行的难点主要在于碳源端数据采集的复杂性、数据报送的真实性与核查环节的准确性。基于上述问题，从原理上讲，数字技术可以提供有效的解决方案。首先在控排企业生产端的必要环节加装感应器数据采集模块，实现碳排放数据的自动化采集；其次搭建联盟链用于检测数据的记录、调取，既能保证链上数据真实、可信，又能确保链上数据安全，避免外泄风险。因此，通过传感器检测的数据基于物联网的通信网络上传到区块链上的过程，也就是 MRV 中的检测和上报。这一过程实现了数据检测、记录自动化作业，有效降低了人为因素误差和错误，可充分保障数据从检测到报告的准确、真实、可信，从而降低了碳核查中的数据核查压力。

（2）建立可信数据库，激活数据潜能　通过"物联网＋区块链"技术，实现碳排放数据的高效采集与可靠存储，并基于可视化手段形成可信动态数据库，可为监管部门、企业的绿色化发展转型决策提供依据。一方面可以帮助监管部门通过碳排放动态数据库，及时掌握区域碳排放变化趋势，为配额发放、碳排放核查等工作提供依据；另一方面可助力控排企业实现碳资产的有效管理。以电力企业为例，其可通过电、碳数据进行综合分析，建立电碳分析模型，依托大数据快速掌握企业碳排放情况，解决了传统模式下获得碳排放数据滞后性的问题，同时也为电力企业评估、储备、运营碳资产提供数据支持。控排企业通过电碳模型结合企业用能情况进行综合评估，可通过数据帮助企业挖掘控排减碳优化空间，实现智慧化决策。

（3）基于区块链技术的碳资产核证，实现全生命周期可追溯　目前主流的碳汇项目开放周期普遍较长，以林业碳汇为例，CCER 项目开发周期普遍在一年以上，VCS 项目签发流程则更加复杂，周期还要更长。这间接影响了该类产品在碳市场的流通性与业主开发该类项目的积极性。究其原因，以林业碳汇项目为例，森林面积大、树木种类多且分布广，传统的人工监测方式速度慢、成本高，直接影响了林业碳汇项目的开发速度、成本和质量。如在林业碳汇 CCER 项目开发中，引入卫星遥感技术、人工智能、区块链等技术代替传统检测，开发团队即可通过卫星遥感＋人工智能，检测森林面积并识别树种、树龄等信息，快速掌握项目情况，推进项目开发速度；运维团队通过持续检测、对不同时段的数据做对比分析，可随时掌握森林数据，实现数字化常态化巡查并及时发现森林破坏、灾害情况，迅速响应以降低碳储量损失；项目团队依托碳储量算法，融合遥感数据＋人工智能，以区块链为底层，建立林业碳汇项目碳资产动态数据库，可实时反馈森林碳汇项目的碳资产数据，全方位盘活碳资产，促进碳汇项目的交易市场活力。

11.9　欧盟碳市场发展实践及其对我国的启示

自碳排放概念提出以来，截至 2020 年，全球有 54 个国家的碳排放实现达峰，占全球碳排放总量约 40%。这部分国家主要集中在欧洲，以其严格的气候政策和经济发展实践实现了碳达峰，欧盟碳排放交易市场发挥的作用功不可没。

那么，欧盟碳排放交易市场经历了怎样的发展历程？欧盟碳排放交易体系是如何建设的？对于我国碳交易市场又有何启示？本节将一一解答。

11.9.1　欧盟碳交易市场发展情况

《京都议定书》确立后，为更好地实现控排目标，进一步降低减排成本，欧盟于 2005 年在欧盟内部建立了企业级的碳交易体系，即欧盟碳排放交易体系，并以其为关键抓手，逐步推进欧盟碳排放交易市场建设。

欧盟碳排放交易市场共分为四个阶段（如图 11-10 所示）：

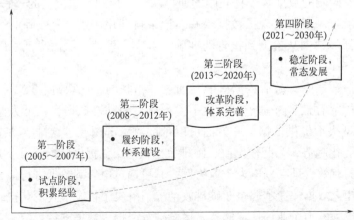

图 11-10　欧盟碳排放交易体系建设历程

第一阶段（2005—2007 年）：试验探索。第一阶段主要为欧盟碳交易市场试运行阶段，该阶段定位于"在行动中学习"，为关键的下一阶段积累经验。该阶段减排总目标是完成《京都议定书》中承诺目标的 45%，覆盖了欧盟 25 国（2019 年时扩大到 31 国，包括 28 个欧盟成员国及冰岛、列支敦士登和挪威 3 个国家）。参与交易的行业包括电力和热力生产，钢铁，石油精炼，化工，玻璃、陶瓷、水泥等建筑材料以及造纸印刷等，交易主体是上述重点行业中的约 11000 家排放设施，交易标的仅包括 CO_2 排放配额。

第二阶段（2008—2012 年）：制度体系的重点建设。第二阶段与《京都议定书》的履约期相对应，主要目标是帮助欧盟各成员国实现在《京都议定书》中的减排承诺。在行业覆盖范围方面，将航空业纳入碳排放交易体系内；在交易标的方面，仍然只包括 CO_2 排放配额一种。公开数据显示，欧盟在第二阶段的碳排放配额总量约为 82.3 亿吨 CO_2 当量，德国是获得配额总量最多的国家，约占全部配额总量的 21%，英国、意大利、波兰分别占 12%、10%、10% 左右。

第三阶段（2013—2020 年）：进一步严苛规范。第三阶段，欧盟开始对欧盟碳交易体系推行改革，制定统一排放上限。一方面，每年对排放上限减少 1.74%；另一方面，逐渐以拍卖的形式取代免费分配的形式。其中，能源行业要求完全进行配额拍卖，工业和热力行业根据基线法免费分配。2013 年，欧盟实现约 50% 的国家计划分配的欧盟排放配额（EUA）通过拍卖形式获得，且这一比例在此之后逐年递增。

第四阶段（2021—2030 年）：推动常态化稳定发展。欧盟在原有的 EU-ETS 改革基础上通过了最新且更加严苛要求的修改，并逐渐推动欧盟碳交易市场步入常态。

11.9.2　欧盟碳交易体系建设情况

（1）总量设定和配额分配制度　欧盟碳交易市场是一个对范围内履约企业实行绝对总量控制的市场。欧盟将决定碳排放配额总量的权利赋予各成员国，各成员国制定国家分配方案，决定本国区域内纳入 EU-ETS 企业的碳排放配额总量，并提交欧洲委员会批准，即由各个成员国选取碳排放量较大的企业设置总量控制目标，相当于各成员国将其总量控制目标拆分成两个部分，第一部分分给纳入 EU-ETS 改革的履约企业，第二部分由成员国政府进行管理。欧盟碳交易体系如图 11-11 所示。

在第二阶段，欧盟要求各成员国分配以免费分配法为主，拍卖法分配的碳排放配额不超过配额总量的 10%，欧盟委员会主要负责审核各成员国上报的信息，"自下而上"提交审核，"自上而下"发文批复，各国分配须遵循以下基本原则：

① 成员国应根据不同行业活动的技术和经济减排潜力决定不同行业的配额量，即成员国需要大致确定履约企业所属行业的配额总量，然后再对该行业内的履约企业进行分配，对减排潜力较大的行业分配配额相对偏紧，对减排潜力较小行业的配额分配相对宽松；

② 不得过分照顾特定行业或企业；

③ 各成员国应明确提出对市场新进入者的配额分配方法；

④ 不过分照顾已经实施了清洁技术（包括能效提高技术）的企业，即不向它们提供超过它们实际排放水平配额；

⑤ 各成员国可以对易受欧盟以外国家或经济实体竞争影响的行业做出有限的保护措施，但是成员国必须说明做出上述措施的主要原因，不能仅将竞争力受影响作为唯一原因。

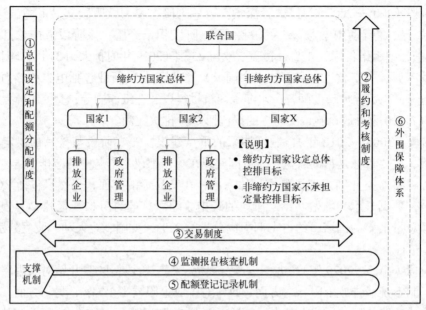

图 11-11　欧盟碳交易体系

第三阶段时，欧盟取消了各成员国各自制定国家分配方案的形式，改由欧盟委员会统筹把控，统一设定碳交易市场内的配额总量和分配方法。在流程上也同步取消了"自下而上"提交审核的过程，而是由欧盟将配额分配至成员国政府，再由成员国政府对辖区内履约企业分配配额。各成员国对企业的分配以拍卖为主，免费分配部分按欧盟统一制定的行业基准线进行分配。

最终，欧盟在第三阶段实现 60% 以上的配额以拍卖的形式进行分配，其中，电力，碳捕捉、运输与储存行业的配额全部以拍卖形式分出，对工业和供热企业中存在严重碳泄漏风险的行业 100% 免费分配配额，其他行业"过渡性免费"获得 80% 的指标，但逐年下调，至2020 年下降至 30%。

（2）履约和考核制度　第二阶段时，欧盟要求各成员国对在 EU-ETS 内的企业履约情况实施年度考核，规定履约企业每年须在规定时间内提交上年度第三方机构核实的排放量及等额的排放配额总量，否则视为未完成，将面临成员国政府处罚。处罚主要包括三个方面：

① 经济处罚，对每吨超额排放量罚款 100 欧元；

② 公布违法者姓名；

③ 要求违约企业在下年度补足本年度超排额等量的碳排放配额。

第三阶段时，欧盟新增了对成员国政府违约行为的处罚，要求违约的成员国政府须在下年度补交超额排放量的 1.08 倍配额数量。

（3）交易制度　从第二阶段的交易主体来看，除欧盟成员国履约企业外，任何自然人和法人均可购买并持有配额。具体包括：履约企业、缔约方国家非履约企业、金融中介、非缔约方国家的排放企业，但均不包括政府。

从第二阶段的交易标的来看，主要包括欧盟排放配额（EUA）、JI 项目减排量（ERU）、CDM 项目核证减排量（CER）及上述交易标的的期权期货形式等。其中，EUA 及其期权期货属于碳排放配额类标的，ERU、CER 及其期权期货属于碳减排信用类标的。在配额交易模式上，主要包括履约企业与本国履约企业交易、履约企业与其他国家履约企业交易、履约企业与金融中介之间的交易。

从第二阶段的交易价格来看，一级市场是政府免费分配配额，价格为零；二、三级市场交易价格由市场供求决定，长期来看，受欧控排总目标、各国指标分配情况影响较大，短期来看，受经济形势、能源价格影响较大。

到第三阶段时，欧盟对交易制度进行了改革，将成员国政府也纳入交易主体，在征得欧盟批准后可参与到碳交易活动当中。但仅允许政府之间开展 EUA 配额交易和碳减排信用交易，不允许政府和企业间开展 EUA 配额交易。

（4）支撑机制

① 监测报告核查机制。欧盟在第二阶段便明确提出，所有履约企业须按照欧盟制定的标准方法对其 CO_2 排放量进行监测，经第三方机构核证后向政府提交。在第三阶段对监测报告核证机制进行改进，统一报告规则，提高监测和报告的质量。同时，设定了新的关于排放量核证与核证人员认证及监督的条例，规定核证人员认证与撤销认证的条件，及核证机构的相互承认和业务评估的条件。

② 配额登记记录机制。第二阶段时，欧盟各成员国均建立了各自的国家登记系统，欧盟则单独建立了独立交易日志，既实现了与各成员国国家登记系统连接，又与联合国国际独立交易日志相连接。在第三阶段，欧盟对配额登记记录机制进行了统一，取消了原有国家登记系统，改由欧盟独立交易日志进行统一管理，即由欧盟独立交易日志负责各成员国开设账户的维护工作，及配额的发放、转让、清除等工作。

11.9.3 欧盟碳交易发展经验启示

欧盟碳排放交易体系（EU-ETS）是第一个区域性、强制性的碳排放交易体系。从理论上看，碳排放交易体系应包括四个关键要素：减排目标与总量设定、配额分配、排放交易市场监督、履行与强制措施。虽然中国与欧盟之间在经济发展、法律体系、社会文化等方面均存在差异，但在设计与实施碳交易体系这一问题上，仍有许多核心原则与经验可供借鉴。

（1）碳减排目标类型的选择与转化 通常，碳减排目标分为绝对目标（如总量控制目标）和相对指标（如碳排放强度）两种类型。《京都议定书》和欧盟的气候政策法律均采用了绝对目标，当前我国尚未制定总量控制目标，只是设定了相对总量目标，但在将碳排放强度目标转化成总量控制目标时，经济发展需求仍是重要考虑要素。碳减排目标类型在相互转化换算时由于对经济发展的预期不同而具有不确定性，因此在碳排放交易体系中目标设定及配额分配等问题上，与欧盟的绝对总量控制目标及相应的总量 - 交易模式会有所不同，这些存在的差异不容忽视。

（2）总量控制目标设定权限的合理配置 欧盟立法者在 EU-ETS 的总量目标设定问题上，为了达到欧盟和成员国之间的平衡，经历了在分散决策模式和集中决策模式之间摇摆变化的过程。我国在"十二五"规划中制定了全国性碳强度指标，并将其层层分解到地方政府，这属于一种自上而下的集中决策模式。

某种程度上说，这种分配碳强度指标的过程是国家发改委与各个地方政府博弈协商的结果，其弊端在于碳强度目标的实现需要在很大程度上依赖于传统的行政命令与控制，对政府及其主要负责人员的考核、问责制度，但碳排放交易机制是一种基于市场的工具，不能仅仅依靠行政控制命令来实施运作。然而，在具体开展碳交易过程中，考虑到各地的经济发展与减排能力间存在巨大差异，我国采取了试点探索继而推向全国的自下而上的路径，但这种地方差异性将长期存在，即使全国性的碳排放交易体系顺利建立。

那么，如何平衡中央政府与地方政府在总量目标设定上的权限配置问题，对欧盟与中国而言均是重大挑战：中国未来的碳排放交易体系如果采用分散决策模式，由各省自主决定其碳排放交易总量控制目标，该怎样保证各省设置总量目标的一致性从而保证排放企业的公平竞争？如果采用集中决策模式，由中央政府（国家发改委）直接确定全国碳排放交易总量控制目标，又该怎样将地方差异性纳入考虑？这些问题还需进一步思考。

（3）碳交易市场的构建与完善　从欧盟发展经验来看，碳交易体系的建立存在"试验 - 建设 - 完善 - 常态化"的循序渐进过程，经过试验阶段后，逐渐步入体系建设、体系改革的发展阶段，在加强碳交易体系建设的同时，提高欧盟对各成员国的总体管控力度，逐步放开市场交易范围，刺激碳交易市场迸发活力。由于我国幅员辽阔、省份众多，各区域产业结构存在差异性、复杂性明显的特点，因此我国碳交易市场发展的第一阶段由"试点"起步，按照"试点 - 建设 - 完善 - 常态化"的过程逐步构建完善。

我国率先在北京、上海、广州、深圳、湖北、天津、重庆、江苏、福建共 9 个省市开展碳交易试点，各试点可根据自身情况对不同的碳排放交易模式进行试验探索，从而为建立全国性碳排放交易制度积累发展经验；第二阶段，形成全国统一的碳排放交易市场，以资源分配方式为主，逐渐扩大纳入控排范围的行业与企业；第三阶段，完善碳交易体系，将免费配额分发的运作模式向竞价拍卖的模式转变，提高碳配额交易竞拍占比；第四阶段，推动我国碳交易市场常态化稳定发展，扩大国际减碳义务承担比重。

（4）"水床效应"的风险防范　以欧盟为例，虽然《欧盟运作条约》促使各成员国制定了宏大的减排目标和严苛碳排放处罚措施，但由于第二阶段时，EU-ETS 采取了欧盟范围内的总量控制目标，各成员国在国家层面缺乏总量控制目标，可能会导致一方成员国以严格的措施减少的碳排放，转化成其他成员国新增的碳排放。因此，在第三阶段时，欧盟调整分配策略为集中决策模式，保障总体目标能够实现的同时，也对各成员国内部及相互间碳排放调整空间进行限制。

目前，我国已初步走过试点阶段，在"九省共建"试点模式的经验支撑下，我国碳交易市场在全国范围内开始推广建设，碳强度目标已经分配到各省区、各市县，在设置总量控制目标时，也应考虑可能产生的"水床效应"问题。如果我国碳排放交易体系采用集中决策模式来设置全国性或全省性的总量控制目标，怎样能够既保证减排目标统一性，又能够鼓励地方政府对碳排放交易企业实行更加严格的碳减排政策措施，从而促进碳减排与低碳经济的发展，将是我们需要面对的重要挑战。

欧盟碳排放交易体系践行了排污权交易理论，为世界各国构建碳交易市场提供了参考，也为全球碳交易体系的构建与运作提供了制度、机构等基础。本文通过分析欧盟碳排放体系的建设情况及对我国的启示，切实依托我国国情，合理选择碳减排目标、合理配置总量控制目标设定权限、循序渐进完善碳交易市场、做好可预知的风险防范是建立符合我国发展利益的碳排放交易机制的必由之路。

11.10 案例 数字化碳交易平台在企业的应用

本书选取了某企业碳交易综合管理平台与国网甘肃省电力公司的实际案例，用现实应用丰富读者对碳交易领域的了解。

11.10.1 某企业碳交易综合管理平台

在"双碳"目标确立与碳市场的构建过程中，企业产生了对绿色转型与数字化碳交易平台的需求，提高了企业数据管理与数据应用层面的要求。结合企业实际需求，构建如图 11-12 所示的碳交易综合管理平台。

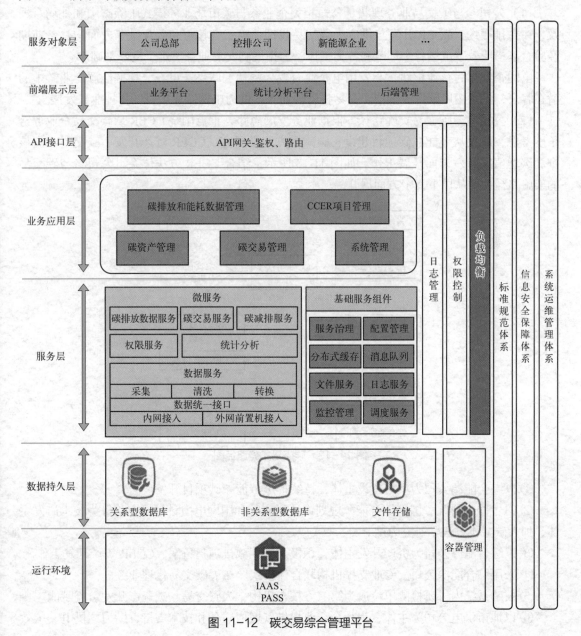

图 11-12 碳交易综合管理平台

系统整体分为服务对象层、前端展示层、API 接口层、业务应用层、服务层、数据持久层、运行环境七个层级。详细记录碳排放和能耗管理数据、CCER 项目数据、碳资产数据、碳交易数据以及其他运行数据，实现数据的统计与分析功能并分类储存在不同的数据库中。系统采用统一的信息化管理架构，实现碳交易过程的统一、规范、高效管理；通过模块化的独立设计，提升系统功能扩展性。系统助力企业实现碳交易过程的"统一管理、统一核算、统一开发、统一交易"，盘活碳资产，降低履约成本，提升企业整体碳资产管理能力和经营效益。

11.10.2 国网甘肃省电力公司碳交易业务模式 [2]

（1）公司参与碳交易业务现状　公司相关企业参与碳市场业务模式中除碳中和外均有涉及，在控排履约、CCER 开发与供应、碳交易代理、第三方核查和碳金融等方面均具备前期经验，基本覆盖碳市场各个环节和各类主体，为拓展碳交易业务奠定了良好基础。

电网企业作为行业枢纽，与发用电企业有较为密切的联系，可充分挖掘能源产业链中的潜在客户，探索拓展碳排放抵消、交易托管等业务，助力电网企业碳资产管理业务发展。

（2）公司参与碳交易实施路径　根据业务发展思路，重点围绕 CCER 从碳交易全业务链角度考虑，建议从节能减碳项目建设、碳减排方法学研究、CCER 资产开发、碳交易、碳核查和碳增值服务六方面开展工作。如图 11-13 所示，结合 CCER 方法体系，公司参与碳交易的实施路径主要从以下六个方面展开。

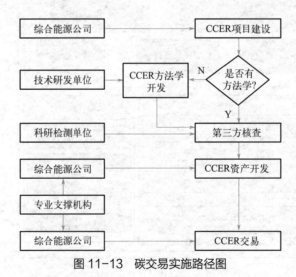

图 11-13　碳交易实施路径图

① 以综合能源公司为项目建设主体，持续推进节能减碳项目开发。

② 以中国电科院、国网综合能源规划设计研究院和国网电力科学研究院等为技术研发主体，加大碳减排方法学研究力度。

③ 以综合能源公司为资产开发主体，积极开展碳减排项目备案、CCER 资产开发工作。

④ 采用综合能源公司、专业支撑机构联合体模式，拓展碳交易代理业务。

⑤ 鼓励系统内科研检测单位成为第三方核查机构，为碳交易、碳资产开发引流赋能。

⑥ 以地市供电公司为主体，为社会企业提供碳增值服务和技术支持，助力"供电 + 能效

服务"。供电公司有必要发扬自身在所属地区的义务，严格保障供电公司所在地稳定和规范的碳交易，充分发挥供电公司属地化客户资源优势。

思考题

1. 碳交易有怎样的类型？

2. 我国碳交易市场的运行特征与运行机制是怎样的？

3. 我国碳排放权交易市场的第一个履约周期何时开始？覆盖了哪个行业？对控排企业有怎样的要求？

4. CCER 项目的开发流程是什么？ CCER 覆盖了哪些领域？请列举出你所知道的 CCER 项目。

5. 请你分享一下对"数字化对碳市场的支撑作用"的认识。

参考文献

[1] 翁智雄，马中，刘婷婷. 碳中和目标下中国碳市场的现状、挑战与对策 [J]. 环境保护，2021，49（16）：18-22.

[2] 姜明军，任明远，陈思行，等. 面向"双碳"目标的公司参与碳排放权交易业务模式及专业能力建设研究 [J]. 电气时代，
　　2023，497（02）：37-41.

第 **12** 章

碳金融与碳资产

　　温室气体排放随着气候问题的日益严重逐渐得到了各国的关注，自 1997 年《京都议定书》正式生效以来，以节能减排为核心的碳金融市场得到了迅速发展，低碳经济和碳金融纷纷被各国提上议程。碳金融通过市场化的金融手段和工具来解决低碳经济发展过程中所遇到的一系列问题，成为时代发展之必然选择。碳减排权已成为一种在发达国家与发展中国家之间进行责任转移的资产。为了让碳减排获得持续不断的融资和资金流，更为了从碳减排权中获得能源效率和可持续发展的收益，全球开始建立碳金融市场体系。碳金融作为金融体系创新的载体，有利于我国优化金融体系结构，提高我国与其他国家金融机构之间的合作水平的同时，也为我国"双碳"目标的实现提供重要的金融支持。

12.1　碳金融

　　世界银行作为碳金融的最早参与者和碳基金的发起者之一，将 carbon finance 严格定义为"指出售基于项目的温室气体减排量或者交易碳排放许可证所获得的一系列现金流的统称"，事实上把碳金融等同于碳融资 [1]。但是，随着京都议定书的实施和全球 CO_2 排放权交易规模不断扩大，人们逐渐认识到碳金融是运用市场化的工具和手段，使碳减排成为一种符合国际认证标准的商品，并进行交易。因此，碳排放权及其相关交易是碳金融中最为核心的部分。

　　那么碳金融的概念是什么呢？本章将从广义和狭义两个视角进行界定和解读。广义来说，碳金融是指所有服务于减少温室气体排放的各种金融制度安排和金融交易活动，包括低碳项目开发的投融资、碳排放权及其衍生品的交易和投资，以及其他相关的金融中介活动 [2]。狭义来说，碳金融是指以碳排放配额、核证自愿减排量（CCER）等碳资产为标的物进行交易的金融活动，业务模式和交易产品包括碳资产质押贷款、碳资产售出回购、碳资产拆借、碳基金、碳现货、碳资产托管以及碳期货、碳期权、碳金融衍生产品交易等。

12.2　碳金融市场

12.2.1　碳金融市场概念

　　目前，国际上几乎没有针对碳金融市场的统一定义，也未区分碳市场和碳金融市场，而是直接用碳市场（carbon market）的概念，这可能是因为国际碳市场诞生时具有较强的金融和交易属性。世界银行和点碳公司（全球著名的碳咨询公司）均使用碳市场概念，其涵盖了项目市场和配额市场，包括各气候交易所的碳金融产品和衍生产品，但未涵盖银行和保险业所提供的相关金融产品；而在世界银行的《碳金融十年》（2011）报告中，世界银行对碳金融的概念定义为"出售基于项目的温室气体减排量或者交易碳排放许可证所获得的一系列现金流的统称"。

我国碳领域相较国外起步较晚，碳金融市场仍处于萌芽阶段，但学界对碳金融市场的讨论从未停止。碳金融市场是指温室气体排放权交易以及与之相关的各种金融活动和交易的总称。狭义仅指企业间就政府分配的温室气体排放权进行市场交易所导致的金融活动；广义泛指服务于限制碳排放的所有金融活动，既包括碳排放权配额及其金融衍生品交易，也包括基于碳减排的直接投融资活动以及相关金融中介等服务。

12.2.2　碳金融市场构成要素

碳金融市场主要由市场主体、市场客体、市场媒介以及市场价格四大关键要素构成，其中市场主体和市场媒介又共同组成了市场上各类利益相关方，市场客体中包括基础资产和金融产品。落到碳金融市场的场景中各构成要素又将进一步细分，如图 12-1 所示。

本书主要聚焦在由市场主体和市场媒介共同构成的利益相关方以及市场客体两大层面，由于国内碳价的不稳定性以及受信息披露限制所导致的权威性缺失，市场价格在本书中不进行具体分析。

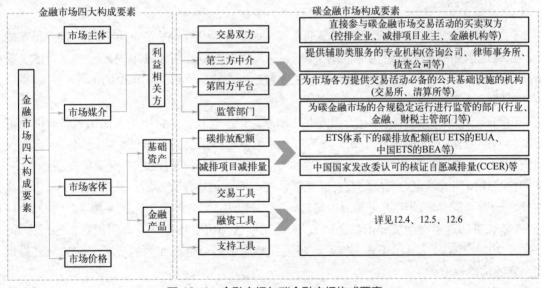

图 12-1　金融市场与碳金融市场构成要素

12.3　碳金融市场工具与产品体系

2022 年 4 月，由中国证监会发布的中华人民共和国金融行业标准——《碳金融产品》将碳金融产品明确分为碳市场交易工具、碳市场融资工具、碳金融支持工具，进一步对三类工具进行进一步细分，并给出了三类工具的应用价值，如图 12-2 所示。

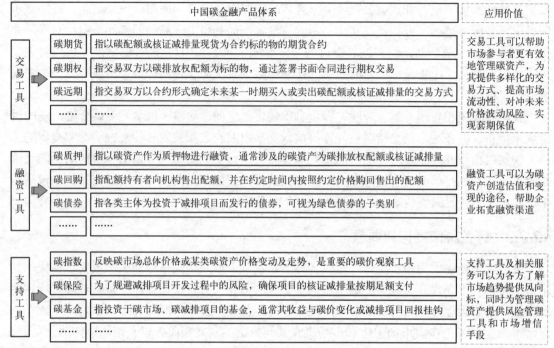

图 12-2　中国碳金融产品体系与应用价值

12.4　交易工具

作为碳市场交易工具的碳金融产品通常指的是碳金融衍生品，它是在碳排放权交易基础上，以碳配额和核证减排量为标的的金融合约[3]。根据 2022 年 4 月中国证监会发布的《碳金融产品标准》中的定义，碳金融衍生品主要包括碳期货、碳远期、碳掉期（碳互换）、碳期权和碳借贷等。

中国碳金融衍生品的出现晚于西方发达国家，但发展较快。自中国人民银行联合财政部等其他六部委在 2016 年 8 月发布《关于构建绿色金融体系的指导意见》中提出"要有序发展碳远期、碳掉期、碳期权等碳金融产品和衍生工具，探索研究碳排放权期货交易"以来，碳期权、碳掉期等碳金融产品的交易已经陆续在上海环境能源交易所、北京绿色交易所等集中交易场所开展，广州期货交易所也将适时推出碳期货交易。全国人大常委会于 2022 年 4 月 20 日表决通过了《期货和衍生品法》，明确了期货和衍生品交易的原则和禁止性行为等。该法于 2022 年 8 月 1 日起正式实施后，将为包括碳金融衍生品在内的金融衍生品交易提供更坚实的法律保障。

12.4.1　碳期货

碳期货是指以碳配额和核证减排量为标的标准化期货合约，即买卖双方约定在未来某一特定时间和地点交割一定数量的碳配额或核证减排量。碳期货实质上是将碳配额和核证减排量交易与期货交易相结合的碳金融衍生品。碳期货是碳交易产品体系的重要组成部分，它能够满足控排企业等市场主体管理碳价波动风险的需求，提高碳期货和现货市场整体运行质量。对于控排企业和其他碳资产投资者来说，碳期货可以起到套期保值、规避现货交易中价格波动所带来风险的作用；对于碳市场来说，碳期货交易可以弥合碳市场信息不对称情况，增加市场流动性并通过碳期货价格变动来指导碳配额和核证减排量等碳现货的价格[4]。

对于中国而言，碳期货属于舶来品。碳期货兴起于碳市场成熟和金融体系发达的国家和地区。最早的碳期货产品是由欧洲气候交易所（ECX）于 2005 年和碳期权产品同时推出的 EUA（即欧盟碳配额）期货。EUA 期货是以根据《欧盟 2003 年 87 号指令》（2003/87/EC）建立的欧洲碳排放交易体系（European Union Emissions Trading System，简称"EU ETS"）下签发的碳配额为标的的。目前国际上主流的碳期货主要包括欧洲气候交易所碳金融合约（ECX CFI）、欧盟碳配额期货（EUA Future）、核证减排量期货（CER Future），以及可在美国洲际交易所（ICE）进行交易的英国碳配额（UK Allowances）、加利福尼亚碳配额（CCAs）和区域温室气体倡议配额［Regional Greenhouse Gas Initiative（RGGI）Allowances］等。其中，截至 2022 年，美国洲际交易所（ICE）进行的碳期货交易量占全球市场碳期货交易量的 95% 以上[5]。

碳期货与普通商品期货类似，碳期货通过专业的期货交易所（例如 ECX、ICE 等）进行交易，并由期货交易所作为中央对手方，碳期货合约到期后进行轧差现金结算或进行碳配额或核证减排量的合约冲抵。值得注意的是，有的碳期货必须进行实物交割。例如，在 ICE 进行交易的 EUA 期货、加利福尼亚碳配额（CCAs）期货和区域温室气体倡议配额（RGGI）期货，在持有到期后须分别通过在 Union Registry、Compliance Instrument Tracking System Service（CITSS）和 RGGI Carbon Dioxide Allowance Tracking System 开立的账户进行实物交割[6]。

碳期货交易在中国起步晚、发展慢，目前并未实际开展实质性交易。直到 2021 年 5 月，中国证监会批准了广州期货交易所两年期品种计划，明确将包括碳排放权等 16 个期货品种交由广期所研发上市，碳期货在中国才算正式迈开了脚步，但离真正开展碳期货交易仍有一段距离。事实上，由于碳配额的获取和清缴履约存在时滞性，中国碳市场对于碳期货具有强烈的需求。而中国期货市场经历了较长时间的发展，积累了充分的经验，有助于符合市场需求的碳期货产品的设计。同时，西方发达国家和地区碳期货交易的实践经验也可以为中国碳期货交易规则的制订提供借鉴。

12.4.2　碳远期

碳远期指交易双方约定未来某一时刻以确定的价格买入或者卖出一定数量的碳配额或核证减排量的远期合约。从定义上看，碳远期合约和碳期货合约在合约结构和条款上有相似之处，但不同之处在于通常情况下碳远期合约不是标准化的。因此，碳远期合约中可以包含符合交易双方特定需要的非标准化条款。正是因为碳远期的这种"非标准化"特性，碳远期交易通常不由碳期货交易所充当中央对手方，而是由指定的清算机构（例如上海清算所）进行交易结算和现金交割或由交易双方进行碳配额或核证减排量的实物交割。与碳期货一样，碳远期也具有锁定碳资产价格、降低碳资产价格波动风险的功能，是重要的碳市场交易工具。

碳远期同样兴起于碳市场成熟和金融体系发达的国家和地区。欧盟的 EU ETS 2005 年建立伊始，欧盟碳市场上就出现了 EUA（即欧盟碳配额）远期合约产品。EUA 碳远期产品通常是由交易双方协商确定远期合约内容，并通过场外方式进行交易，ECX、ICE 等专业交易所不直接介入交易。碳远期在国际市场上的碳配额和核证减排量交易中运用十分广泛，相关交易操作已十分成熟。

中国的碳远期交易自 2017 年起从地方碳市场开始起步，先后在上海环境能源交易所、湖北碳排放权交易中心和广州碳排放权交易所开展试点。其中，广州碳排放权交易所提供了定制化程度高、要素设计相对自由、合约不可转让的远期交易，湖北、上海碳市场则提供了具有合约标准化、可转让特点的碳远期交易产品[7]。截至 2022 年 10 月，全国碳市场上尚未出现碳远期产品交易。

与西方发达国家不同，中国地方碳市场上的碳远期交易中，碳排放权交易所会直接介入。湖北碳排放权交易中心与上海环境能源交易所提供的碳远期产品均基于标准化协议，具有较强的期货色彩，而广州碳排放权交易所推出的碳远期产品则为非标准化协议的场外交易。湖北碳排放权交易中心、上海环境能源交易所和广州碳排放权交易所出台的碳远期交易规则和风险控制规则在交易品种、履约方式、价格形成、保证金、风险和功能几个方面都有所不同。

目前中国地方碳市场试点的碳远期交易在某种程度上还带有碳期货交易的特征，并不是真正意义上的碳远期交易。由于我国全国碳市场于 2021 年 7 月才开始启动，中国碳市场的发展仍处在初级阶段。碳远期交易在中国碳市场上的发展路径还有很大的探索空间。

12.4.3 碳掉期（碳互换）

碳掉期，又称为碳互换，是指以碳配额或核证减排量为标的物的合约，交易双方约定未来的一定时期内交换现金流或现金流与碳配额或核证减排量。碳掉期是碳资产与掉期这一金融衍生品工具相结合的产物。

从类别上看，碳掉期可以分为期限互换和品种互换（也可称为"碳置换"）两大类。其中，期限互换是指交易双方以碳资产为标的，通过固定价格确定交易，并约定未来某个时间以当时的市场价格完成与固定价格交易对应的反向交易，最终对两次交易的差价进行结算的交易合约。品种互换则指的是交易双方约定在未来确定的期限内，相互交换定量碳配额和核证减排量及其差价的交易合约。

与碳远期一样，碳掉期合约由交易双方直接进行协商，可以包含符合交易双方特定需要的定制化条款，是非标准化的碳金融产品。碳掉期合约通常由交易双方自行签署，并根据合约的约定进行碳配额、核证减排量或现金的划转。碳掉期交易一般通过场外交易方式进行，碳配额或核证减排量的专业交易所不直接介入碳掉期交易。多数情况下，碳掉期合约只进行现金结算，很少进行碳资产的实物交割。碳掉期交易的成本较低，能有效降低控排企业持有碳资产的利率波动风险，也是重要的碳市场交易工具。

和碳远期类似，碳掉期最先在碳市场成熟和金融体系完善的西方发达国家兴起，并逐渐成为国际市场上的碳配额和核证减排量交易中运用十分广泛的交易工具之一。中国的碳掉期交易则仍处在地方碳市场试点摸索阶段。中国首单碳掉期交易由壳牌能源（中国）有限公司（"壳牌公司"）与华能国际电力股份有限公司广东分公司（"华能国际"）于 2015 年 6 月 9 日完成，交易中华能国际向壳牌公司出让一部分碳配额，用于交换对方的核证减排量等碳资产[8]。同年 6 月 15 日，中信证券股份有限公司和北京京能源创碳资产管理有限公司（现名为"北京京能碳资产管理有限公司"）完成碳配额场外掉期合约交易，交易标的为 1 万吨当量的碳配额，交易双方委托北京绿色交易所负责保证金监管与交易清算工作。随后，北京绿色交易所于 2016 年发布了场外碳掉期合约参考模板。

在中国，碳掉期有着广阔的应用前景。由于 CCER 可用于碳排放配额清缴抵消，持有 CCER 的市场主体可以利用"碳配额——CCER"的碳掉期安排，锁定碳配额和 CCER 的价格，更好地实现套利保值。目前我国碳掉期交易仅在北京地区的碳市场试点进行，其主要流程如图 12-3 所示。

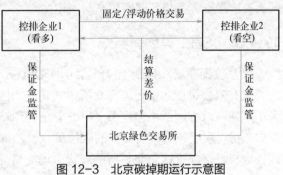

图 12-3　北京碳掉期运行示意图

北京绿色交易所提供支持服务的碳掉期交易显现出了交易所介入的特征，与传统意义上进行场外交易的碳掉期不同。但由北京绿色交易所等专业交易所提供资金监管和结算服务，能够在一定程度上增强碳掉期作为非标准化碳金融产品的交易风险可控度，有利于碳掉期业务在中国的发展。

12.4.4　碳期权

碳期权是以碳配额和核证减排量为标的期权。碳期权的买方在向卖方支付了一定的权利金后，可以按双方期权合约约定的价格买入或卖出一定数量的碳配额或碳减排量。碳期权合约既可以是标准化合约，也可以是非标准化合约。标准化碳期权合约通常由专业的交易所拟定，例如北京绿色交易所曾在 2016 年发布了《碳排放权场外期权交易合同（参考模板）》。而非标准化的碳期权合约则由碳期权的买卖双方自由商定。

碳期权最早诞生于欧洲。首支碳期权是 ECX 于 2005 年推出的 EUA 期权。国际上主要碳市场中的碳期权交易已相对成熟，目前比较常见的碳期权有 EUA 期权、CER（即核证减排量）期权和 ERU（即减排量单位）期权等。根据交易是否在专业的交易所内进行，碳期权交易分为场内和场外交易。以 EUA 期权为例，它既可以在 NYMEX（纽约商业交易所）、EEX（欧洲能源交易所）、ICE（美国洲际交易所）等交易所交易，也可以在场外进行交易[9]。

中国的碳期权交易起步相对较晚，首单碳期权交易合约是由深圳招银国金投资有限公司和北京京能源创碳资产管理有限公司于 2016 年 6 月 16 日签署的碳期权场外交易合约，对应 2 万吨当量的碳配额。值得注意的是，虽然北京绿色交易所拟定了碳期权标准化合约参考模板，我国的碳期权交易至今还是通过场外方式进行的，而交易所则只是负责碳期权权利金的监管和监督碳期权合约的执行。目前我国碳期权交易仅在北京地区试点进行，其主要流程如图 12-4 所示。

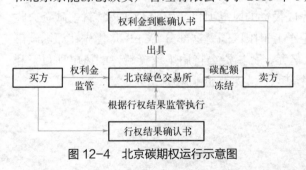

图 12-4　北京碳期权运行示意图

从上述流程图可以看出，在碳期权交易过程中，买方会将购买碳期权的权利金交由交易所监管，交易所出具权利金到账确认书，同时碳期权卖方将碳期权合约对应的碳配额在交易所申请冻结。待碳期权合约约定的行权条件成熟且买方选择行权时，交易所会将冻结的碳配额划转到买方名下，同时将权利金划付给卖方，并出具行权结果确认书。

碳期权作为碳金融衍生品的一种，是投资者对冲碳资产投资风险的重要工具。虽然碳期权交易在我国还处于地方试点的发展阶段，但随着全国碳市场的开启，未来不排除越来越多的碳资产投资者参与到碳期权交易当中。

12.4.5　交易工具创新实践

（1）碳配额场外掉期　2015 年 6 月 15 日，中信证券股份有限公司、北京京能源创碳资产管理有限公司在北京环境交易所正式签署了国内首笔碳排放权配额场外掉期合约，交易量为 1 万吨。双方同意中信证券（甲方）于合约结算日（合约生效后 6 个月）以约定的固定价格向乙方（京能源创）购买标的碳排放权，乙方于合约结算日再以浮动价格向甲方购买标的碳排放权，浮动价格与交易所的现货市场交易价格挂钩，到合约结算日交易所根据固定价格和浮动价格之间的差价进行结算。若固定价格小于浮动价格，则甲方为盈利方；若固定价格大于浮动价格，则甲方为亏损方。交易所根据掉期合约的约定向双方收取初始保证金，并在合约期内根据现货市场价格的变化定期对保证金进行清算，根据清算结果要求浮动亏损方补充维持保证金，若未按期补足交易所有权强制平仓。碳配额场外掉期交易为碳市场参与人提供了一个防范价格风险、开展套期保值的手段。

（2）碳配额远期　2016 年 4 月，湖北碳排放权交易中心推出了现货远期产品（产品简称 HBEA1705），并将其作为在市场中有效流通并能够在当年度履约的碳排放权。湖北碳排放权交易中心同时发布了《碳排放权现货远期交易规则》《碳排放权现货远期交易风险控制管理办法》《碳排放权现货远期交易履约细则》和《碳排放权现货远期交易结算细则》等交易规则。HBEA1705 的挂盘基准价为 21.56 元 / 吨，依据产品公告日前 20 个交易日的碳现货收盘价按成交量加权平均后确定。参与 HBEA1705 交易，最低保证金为订单价值的 20%，履约前一月为 5%，履约月为 30%；涨跌幅度为上一交易日结算价的 4%，上市首日的涨跌幅度为挂盘基准价的 4%。HBEA1705 推出后，成交量曾一度暴涨。

（3）碳债券　2014 年 5 月 12 日，中广核风电有限公司、中广核财务有限责任公司、上海浦东发展银行、国家开发银行及深圳排放权交易所在深圳共同宣布，中广核风电附加碳收益中期票据（中市协注 [2013]MTN347 号）在银行间市场成功发行。这是我国的首支碳债券，债券收益由固定收益和浮动收益两部分构成，固定收益与基准利率挂钩，以风电项目投资收益为保障，浮动收益为碳资产收益，与已完成投资的风电项目产生的 CCER 挂钩。碳资产收益将参照兑付期的市场碳价，且对碳价设定了上下限区间，这部分 CCER 将优先在深圳碳市场出售。该笔债券为 5 年期，发行规模 10 亿元，募集资金将用于投资新建的风电项目，利率 5.65%，发行价格比定价中枢下移了 46 个基点，大大降低了融资成本。

12.5　融资工具

12.5.1　主要融资工具

（1）碳质押　碳质押是指以碳配额或项目减排量等碳资产作为担保进行的债务融资。举债方将估值后碳资产质押给银行或券商等债权人获得一定折价的融资，到期再通过支付本息解押。

（2）碳回购　碳回购是指一方通过回购协议将其所拥有的资产售出，并按照约定的期限和价格购回的融资方式。碳回购指碳配额持有者向其他机构出售配额，并约定在一定期限按约定价格回购所售配额的短期融资安排。在协议有效期内，受让方可以自行处置碳配额。

（3）碳托管　碳托管（借碳）指一方为了保值增值，将其持有的碳资产委托给专业碳资产管理机构集中进行管理和交易的活动：对于碳资产管理机构，碳托管实际上也是一种融碳工具。

12.5.2　融资工具创新实践

（1）碳配额回购　2014 年 12 月 30 日，中信证券股份有限公司与北京华远意通热力科技股份有限公司在北京环境交易所正式签署了国内首笔碳排放配额回购融资协议，融资总规模达 1330 万元。

（2）CCER 质押贷款　2014 年 12 月，上海宝碳新能源环保科技公司与上海银行签署了总金额达 500 万元的 CCER 质押贷款。CCER 质押可以帮助项目业主或碳资产公司获得短期融资，但由于 CCER 受政策影响很大，加上 7 个试点碳市场抵消机制不同导致 CCER 价格参差不齐，同时 CCER 项目开发及签发过程存在很多不确定性，金融机构对 CCER 进行风险定价难度很高。该笔交易意味着 CCER 开始被金融机构认可。

（3）碳基金　2014 年 10 月，深圳嘉碳资本管理有限公司推出了我国首支碳基金，包括嘉碳开元投资基金和嘉碳开元平衡基金两只子基金。其中，嘉碳开元投资基金规模 4000 万元，运行期限 3 年，募集资金主要投向新能源及环保领域的 CCER 项目，认购起点为 50 万元，预计年化收益率为 28%；嘉碳开元平衡基金规模 1000 万元，运行期限 10 个月，主要用于深圳、广东、湖北 3 个市场的碳配额投资，认购起点为 20 万元，预计年化收益率为 25.6%。

12.6　支持工具

12.6.1　主要支持工具

（1）碳指数　碳指数是反映碳市场总体价格或某类碳资产的价格变动及走势的指标，是刻画碳交易规模及变化趋势的标尺。碳指数既是碳市场重要的观察工具，也是开发碳指数交易产品的基础。

（2）碳保险　碳保险是为了规避减排项目开发过程中的风险，确保项目减排量按期足额交付的担保工具。它可以降低项目双方的投资风险或违约风险，确保项目投资和交易行为顺利进行。

12.6.2　支持工具创新实践

2014 年 6 月，北京绿色金融协会正式发布中国碳交易指数（中碳指数）。中碳指数选取北京、天津、上海、广东、湖北和深圳等 6 个已开市交易的试点碳市场的碳配额线上成交数据，样本地区根据配额规模设置权重，基期为 2014 年度第一个交易日（2014 年 1 月 2 日），包括"中碳市值指数"和"中碳流动性指数"两只指数。"中碳市值指数"以成交均价为主要参数，衡量样本地区在一定时间内整体市值的涨跌变化情况；"中碳流动性指数"以成交量为主要参数并考虑各地区权重等因素，观察样本地区一定时间内整体流动性的强弱变化情况。中碳指数由北京绿色金融协会和中国环境交易机构合作联盟联合于每周一发布，节假日顺延至第一个交易日。中碳指数的推出，能够为碳市场投资者、政策制定者和研究机构了解中国碳市场的运行情况提供参照。

12.7　碳金融市场交易体系

现阶段中国碳金融市场主要有三类基础交易方法，分别是碳配额交易、国家核证自愿减排量（CCER）交易和碳金融产品交易。形成了以碳排放配额交易为主，其他两项为辅的交易体系，如图 12-5 所示。

碳配额交易是指在一定的履约时间和空间内，各级政府按照当年国家下发的排放总量和控排目标转化为碳排放配额分配给相关控排企业，企业可通过购入或卖出碳配额的方式实现碳配额合理分配，并在履约期结束时实现控排目标。

国家核证自愿减排量（CCER）交易是指控排企业向实施"碳抵消"活动的企业购买对我国特定项目（可再生能源、林业碳汇、甲烷利用等）的温室气体减排效果进行量化核证后的核证量，以抵消其他排放源产生温室气体排放的活动。

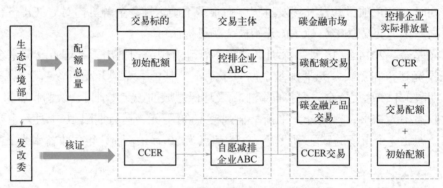

图 12-5　中国碳金融市场交易体系

12.8　数字化碳金融平台建设

绿色低碳发展已经成为全球共识，相关碳市场机制逐步健全，与碳市场相对应的碳金融覆盖内容也不断扩大，在碳达峰碳中和中发挥服务和引导作用。碳金融的基础是碳市场，碳市场的交易标的是碳金融的基础资产，碳金融产品主要是主流金融产品在碳市场的映射。随着中国"30·60"碳中和目标的落实，如何以最低成本实现减排目标是未来"双碳"目标的核心议题，碳金融在其中起到关键性的作用。

12.8.1　数字化赋能碳金融

数字化成为主流发展趋势，碳金融的发展亟须数字化平台赋能。中国"十四五"规划和2035 年远景目标纲提出要迎接数字时代，充分发挥海量数据和丰富应用场景优势，促进数字技术与实体经济深度融合，赋能传统产业转型升级。数字化技术对于提高金融组织运行效率意义重大，充分利用数字化技术解决现有碳金融"成本高、效率低"问题，既能提高服务效率，又能为金融机构开拓出新的"蓝海业务"，通过数字化平台赋能"双碳"目标，将极大提高碳金融的运行效率，最终助力"双碳"目标的实施。

12.8.2　数字化碳金融平台建设特点

（1）促进多方合作　建立数字化碳金融平台将会整合政府、企业、金融机构、智库等社会资源来促进多方合作实现优势互补，发挥平台各方在降低碳排放中的比较优势。政府、金融机构以及其他组织在服务碳中和相关企业时具有比较优势。例如，政府不仅可以利用政策及财政资金支持碳金融发展，还可以利用数字化技术，依托国家信用和科技信用，有机结合政府和市场两种力量，将国家信用注入科技研发全过程；而某些机构在获取企业和业主的信用信息、充分挖掘抵押物价值方面具备较强的优势。平台在整合政府与金融机构资源的同时，引入工商、税务、征信等相关机构或信息平台，丰富基础信用信息的供给渠道，并探索金融征信与政府征信的可行融合模式；将融资担保、资产评估、审计等融资辅助机构引入平台，方便融资服务全流程的顺畅运行。

（2）提高碳市场的流动性和交易价格的有效性　通过建立连接各资源方的数字化碳金融平台，不仅能增加碳交易权的信息流通，还能提高碳交易权的抵押价值，有利于提高碳市场的流动性和交易价格的有效性，从而提升碳交易权的内在价值，这将激励和督促企业出于自身收益的考虑而降低碳排放。

（3）平台通过引入数字化技术实现科技赋能　引入数字化技术，覆盖碳金融项目的交易撮合、风险审核以及贷后管理全流程，进而提高金融组织的运行效率，降低低碳项目的融资成本是提高平台运行效率的关键环节。以数字化碳金融平台为核心，引入大数据、区块链、人工智能等数字化技术，打造线上网站及 App，将金融供给方与需求方有效连接，打通资金渠道，整合政府、金融机构、企业、征信等多方力量和资源，打造一站式线上融资智能生态圈，提升金融机构精准获客、信用评估和风险管理水平，降低资金供需双方信息不对称程度和金融机构运行成本，提高金融机构在服务碳金融相关项目的运行效率。

12.8.3　数字化碳金融平台 CaaS 创新实践

2023 年 2 月 22 日，碳金融科技领域领先企业 DIGICARBON 正式发布全球首个碳金融开放平台 CaaS（碳即服务）。

面对复杂的碳金融业务模型和规则，企业数字化开发部署成本较高（部署难）；碳资产类型较多，金融属性较强，资产定价和管理水平低（定价难）；企业碳金融业务能力较弱，缺乏碳资产交易策略和风控措施，变现能力不足（变现难）等。DIGICARBON 认为，大量的业务需求可以通过标准化的方式提供。CaaS 碳金融开放平台由此应运而生，CaaS 的目标是成为碳金融科技领域的基础设施，通过开放平台的形式大幅度降低企业碳减排的成本。

DIGICARBON 基于独创的"碳即服务"技术架构 CaaS，涵盖碳金融开放平台、基麟碳定价系统、数字碳资产账户三大核心产品。

一是以快速部署为亮点的碳金融开放平台。遵循行业标准集成碳数据管理、碳价分析、碳排放核算、碳资产预测、碳绩效分析、碳资产交易、碳资产定价等上百个数据库指标和数十个标准化 API 接口，采用可解释机器学习分析框架，覆盖碳配额、碳汇、绿证等多种应用场景。

二是以实时定价为亮点的基麟碳定价系统（keiling carbon pricing）。兼容 CCER、CEA、绿证、碳票等国内外主流碳资产类型和国际碳会计准则，实时接入全球金融市场、碳市场行情数据和碳资产数据库，集成 10 多种机器学习分析算法和数十个碳金融指标模型，内置现货、远期和期权资产动态定价模型等。

三是以价值变现为亮点的数字碳资产账户。通过连接国内外碳金融市场，实现碳资产交易对手的提前锁定。可设置交易子账户、配置资产托管配额，支持场内 / 场外、现货、期货、期权等交易模式，内置各种常见智能碳交易策略和最优碳定价模型。

目前，DIGICARBON 已建立了国际领先的碳金融数据库，包括高精度全球碳资产数据库和首个企业级边际碳减排成本数据库。其中，高精度全球碳资产数据库可以实时跟踪国际和国内碳资产价格波动和交易动态，涵盖强制市场、自愿市场等数十个市场，实时跟踪 VCS 等全球主流碳资产交易信息，实现多维度、长周期的资产供求分析，独创的多源碳价指数体系可准确分析碳金融市场趋势。首个企业级边际碳减排成本数据库由顶级专家领衔研发，实时链接宏观经济和行业数据库，覆盖全国数百万家碳排放企业，可精确计算企业级碳减排边际成本，实现企业和地方政府碳中和投入产出效益最大化，支持碳减排贷款、绿色金融等企业碳信用模型。

作为碳金融科技的领先产品，CaaS 的创新之处在于将成本和收益因素引入。未来会逐步将一些基础的 API 接口免费开放，例如碳排放核算和配额预测模型等，不断降低企业的部署成本。

目前 CaaS 已经得到头部央企、交易所、地方政府、金控和能源企业支持。通过快速部署，建立了多个行业的碳金融科技平台。近期会强化国际碳金融生态体系建设，并且与专业机构联合发布相关国际碳定价指数，让中国有自己的碳定价话语权。

思考题

1. 碳金融在狭义和广义上有什么区别？
2. 列出不少于 5 种碳金融衍生产品，说明其主要功能是什么。
3. 结合金融市场四大构成要素，对碳金融市场构成要素进行分类。
4. 简述碳期货的主要作用。
5. 简述碳期权的交易原理。
6. 用结构框架图的形式，说明中国碳金融市场交易体系。

参考文献

［1］姜雪，刘晓玲. 我国商业银行碳金融业务实践与探索［J］. 合作经济与科技，2019，（18）：76-81.

［2］郑宇花. 碳金融市场的定价与价格运行机制研究［D］. 北京：中国矿业大学（北京），2016.

［3］陈淑瑞. 商业银行碳金融结构性存款的定价研究［D］. 上海：上海师范大学，2020.

［4］任宝祥，王汀江. 碳交易市场的建设和碳期货合约的设计［R/OL］.（2021-04-19）［2023-03-18］. http://goootech.com/topics/72010183/detail-10303959.html.

［5］Gandhi D. ICE Carbon Futures Index Family［R/OL］.（2022-08-19）［2023-03-18］. www.theice.com/publicdocs/ICE_Carbon_Futures_Index_Family_Primer.pdf.

［6］International Swaps and Derivatives Association. Role of Derivatives in Carbon Markets［R/OL］.（2021-06-26）［2023-03-18］. https://www.isda.org/a/soigE/Role-of-Derivatives-in-Carbon-Markets.pdf.

［7］韩学义. 中国碳金融衍生品市场发展的几点思考［J］. 中国产经，2020，（08）：151-154.

［8］谢庆裕，高国辉. 国内首宗互换型碳交易昨在粤产生［N/OL］.（2015-06-11）［2023-03-18］. http://m.haiwainet.cn/middle/456689/2015/0611/content_28823324_1.html.

［9］Oxera Consulting Group. Carbon Trading in the European Union［R/OL］.（2022-2-15）［2023-03-18］. https://www.oxera.com/wp-content/uploads/2022/02/Oxera-EU-carbon-trading-report-2.pdf.

［10］黄剑辉，张超. 数字化"碳企链融"平台的设计方案［J］. 银行家，2021，（7）：42-45.

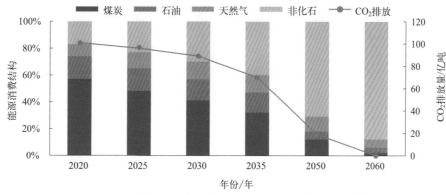

图 1-1 主要研究机构碳达峰实施路径的"中线定位"

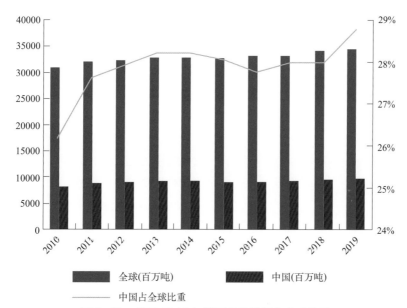

图 3-16 截至 2019 年我国碳排放量占全球比重

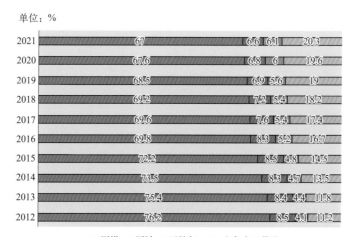

图 5-2 2012~2021 年能源生产结构

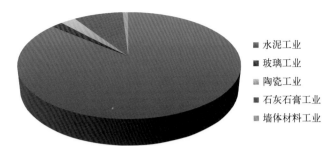

图 6-3　中国建筑材料工业二氧化碳排放分布图

图例：
■ 水泥工业
■ 玻璃工业
■ 陶瓷工业
■ 石灰石膏工业
■ 墙体材料工业

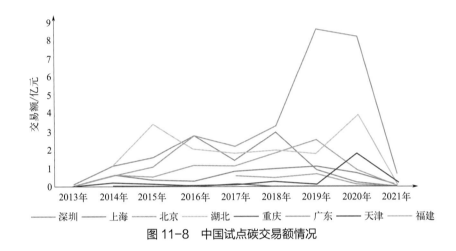

图 11-8　中国试点碳交易额情况

图例：深圳　上海　北京　湖北　重庆　广东　天津　福建

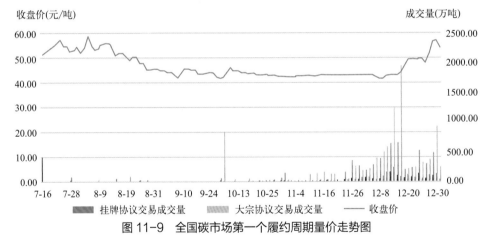

图 11-9　全国碳市场第一个履约周期量价走势图

图例：挂牌协议交易成交量　大宗协议交易成交量　收盘价